小动物外科与产科学

宋玉伟　郁合稳　郭　威　主编

中国农业科学技术出版社

图书在版编目（CIP）数据

小动物外科与产科学／宋玉伟，郁合稳，郭威主编 . —北京：中国农业科学技术出版社，2019.1（2024.7重印）

ISBN 978-7-5116-3552-5

Ⅰ.①小…　Ⅱ.①宋…②郁…③郭…　Ⅲ.①兽医学-外科学②兽医学-产科学

Ⅳ.①S857.1②S857.2

中国版本图书馆 CIP 数据核字（2018）第 044387 号

责任编辑　李冠桥

责任校对　贾海霞

出 版 者　中国农业科学技术出版社

北京市中关村南大街 12 号　邮编：100081

电　　话　(010) 82109705（编辑室）　(010) 82109702（发行部）

(010) 82109709（读者服务部）

传　　真　(010) 82106625

网　　址　http://www.CASTP.cn

经 销 者　各地新华书店

印 刷 者　北京建宏印刷有限公司

开　　本　880mm×1 230mm　1/16

印　　张　18.25

字　　数　510 千字

版　　次　2019 年 1 月第 1 版　2024 年 7 月第 4 次印刷

定　　价　69.00 元

前　　言

近年来，随着人们生活水平的提高，宠物饲养量逐年增加，为了适应小动物临床的发展和需要，进一步提高小动物诊疗技术，普及小动物外科与产科知识，我们组织编写了这部《小动物外科与产科学》。

在编写过程中，根据高职高专的培养目标，遵循高等职业教育的教学规律，针对学生的特点和就业方向，注重对学生专业素质的培养和综合能力的提高，尤其突出实践技能训练。理论内容以"必需""够用"为度，适当扩展知识面和增加信息量；实践内容以基本技能为主，又有综合实践项目。所有内容均最大限度地保证其科学性、针对性、应用性和实用性，并力求反映当代新知识、新方向和新技术。

本书在结构体系上的特色在于将全书分为小动物临床诊断技术、外科手术基础、小动物外科手术操作技术、外科疾病的诊治技术、产科和外科实验实训六大部分。重点介绍了小动物各个系统的诊断技术；外科手术的组织、准备、要求、无菌、麻醉、基本操作规范、包扎及引流等，学生练习；常见手术介绍了头、颈、胸腔、腹腔、盆腔、泌尿生殖和四肢等80余种手术；以外科常见病、多发病的手术疗法为重点；详细介绍了产科的疾病；将"操作技术"与"实验实训"有机地融为一体；将实验实训单独列出，以强化学生的操作技能。本教材既有利于教学和学习，又兼顾了实际工作需要。在教学中可根据教学时数，有针对性地选择讲授。

编委会人员分工：宋玉伟负责第二篇、第三篇、第四篇（第一章至第四章），郁合稳负责第五篇的第二章（九至二十），郭威负责第五篇的第一章，张明亮负责第一篇的第一章至第四章（第一节至第三节），连凯琪负责第一篇第四章（第四节、第五节）、第五章、第六章、第七章，郭海云负责第四篇第五章、第六章，周玲玲负责第六篇，冯晓敏、王雪、韩昊、张永灿、王彦丽、申丽、薛晓楠、邵亚飞负责第五篇第二章（一至八）。

由于小动物医疗行业在我国尚处于起步阶段，相关资料较少，加之编者水平所限，难免有不足之处，敬请专家和读者赐教指正。

目 录

第二篇　外科手术基础

第三篇　小动物外科手术操作技术

第四篇　外科疾病的诊治技术

第五篇　产科

第六篇　外科实践实训

绪　　论

1. 外科及产科的意义和任务

外科包括外科手术和外科疾病。产科包括产科生理和产科疾病。

手术是外科诊断和治疗的技术手段，是外科学的重要组成部分，对小动物实施外科手术的目的主要有以下几点。

(1) 作为疾病的治疗手段，如膀胱结石的取出术、眼睑内矫正术、剖腹产术等。

(2) 作为疾病的诊断手段，如肿物的穿刺术、剖腹探查术等。

(3) 整容手术和生理手术，如立耳手术、断尾手术、绝育手术等。

(4) 作为医学和生物学的实验手段，如试验手术中的脏器移植手术、腺体摘除手术等。

(5) 外科疾病的内容范畴，含外科疾病的诊断、治疗及护理。

(6) 产科生理及疾病，含母畜生理特点及母畜产前、产后疾病的诊断治疗。

以上所有的诊断技术均在第一篇叙述。

2. 着重叙述外科手术学的基础及学习方法

外科手术学是建立在动物解剖学、生理学、动物生物化学、病理学、药理学和微生物学等学科基础之上的一门科学。外科手术与解剖学有着密切的关系。只有具备坚实的解剖学基础，手术时才能不伤及重要器官和组织，保证治疗效果。随着显微外科发展，对机体解剖结构的要求更加细微，从而更好地为实验外科和临床外科服务。

动物生理学和动物生物化学是学习外科手术必须掌握的学科，因为手术过程中除去病变组织的同时，还要注意纠正机体生理机能的紊乱，保证并促进机体机能恢复正常。单纯实行手术等局部治疗方法不能达到合理治疗疾病的目的。

外科手术还需要有良好的病理学基础，以正确区别正常组织和病变组织，了解疾病的发生、发展规律，通过手术去除病变组织。

微生物学和药理学与外科手术有着直接而紧密的关系，如防腐、无菌、麻醉、止血及术后的抗感染等技术，都是外科手术学的重要组成部分。正是由于微生物学和药理学的不断发展，才推动外科手术达到现在的水平。

外科手术学是兽医临床的基础课，是为临床各学科服务的，包括内科、外科及产科等，不掌握兽医临床各学科的知识，就难以为各学科服务。

外科手术学的发展，固然有赖于其他学科的进展，但外科手术的新成就也在不断丰富和推动其他学科，它们之间是相互促进，共同发展的关系，如近代科学发展中"无特定病原体动物"的建立、胚胎移植、器官移植试验等，都依赖于手术的基本操作技术。不仅推动了畜牧、兽医事业的发展，也对医学的发展起了良好的推动作用。

外科手术学是一门实践性极强的科学，只靠理论学习还不能真正掌握。所以要求学习者多接触病例，不断参加手术实践，才能有所收获。但在实践中决不要靠单纯的"经验"，因为并不是所有的人都能从实践中获得有益的经验。如果只是简单的参加实践，只能成为一名熟练的技师，有技术能力，但缺乏理论基础。正确的学习，应该是使理论与实践紧密结合，在理论的指导下去实践，才有可能不断提高外科手术技术和综合判断能力，对临床上遇到的问题做出较为可靠的判断，并能提出合理的手术方案，创造条件采取行动。即使出现解决不了的难题，也能提出探索途径。

外科手术的学习应注意"基本功"的训练。所谓基本功是指手术基本操作的熟练程度和对手术技巧的精通程度。这两个基本功都需要与外科素养作为前提，即无菌素养、爱护活组织素养、操作技术素养。

无菌素养是指外科医生在平时要养成良好的卫生习惯，在手术中自觉遵守无菌操作规程，注意包括手术用品的准备、手术室管理的基本要求，以及手术进行中的无菌操作。

爱护活组织的素养就是在对机体正常生理机能干扰最小情况下，以最小的创伤为机体去除疾病的一种技术素养，要做到这一点并不容易，外科医生除应对患病动物整体状况进行仔细评价、对所治疗的疾病进行深刻地了解、对局部解剖要熟悉外，在手术操作过程中，还要遵循微创原则。反对轻率的、粗暴的、不正确的对待活组织，使活组织遭受不应有的损害，影响创口愈合和功能的恢复。

操作技术素养包括组织的分离、缝合、止血、打结及器械的使用等手术的基本操作技术，是做好手术的必要条件，必须牢固掌握，熟练运用。

俗话说"台上一分钟，台下十年功"，也可用来说明手术基本功对完成手术的重要性。练好基本功的基本条件是术者必须有正常的生理功能（包括体力、眼力及正常的神经活动）和强健的体魄。作为宠物的外科医生，除了身体条件和医学知识水平之外，其医德显得更为重要。一个执意追求科学的人，必定具备勇往直前、艰苦奋斗的精神，敢于在困难环境中锻炼自身，才能在艰苦条件下完成任务。"熟能生巧"是表示反复操作与精通之间的关系，通过多次反复操作，不仅能提高对疾病的认识，也能不断增加动手能力，使臂力、速度、耐力和灵活性得到提高，这些都是顺利完成手术的重要基础。

3. 理论和实践的有机结合

再好的教材也需学生仔细阅读和理解，系统地掌握理论知识。主动参与实践活动，用实践知识再验证理论知识。确实掌握临床技术，方能成为一名合格的兽医工作者。

第一篇
小动物临床诊断技术

第一章　兽医临床的基本方法和程序

第一节　临床检查的基本方法

为了发现和搜集症状、资料，而应用于临床实际的各种检查方法统称为临床检查法。但其中的问诊、视诊、叩诊、听诊、嗅诊是最为简便，适用于各种动物，在任何场合下均可实施，并能较准确地判断病理变化的方法，故又称为临床检查的基本方法。

一、问诊

问诊是向畜主或饲养、管理等人员调查，了解病畜或畜群发病的情况和经过的方法。

（一）问诊方法

问诊应采用交谈和启发式询问的方法。一般在着手检查病畜之前进行，也可边检查边询问，以便尽可能全面地了解发病情况及经过。

（二）问诊的内容

问诊的内容十分广泛，主要包括现病史、既往病史及饲养管理等方面。

1. 现病史

它是指本次发病情况及经过。应重点了解以下方面。

（1）发病时间。例如疾病发生于饲前或喂后，或休息时，舍饲中，清晨或夜间，产前或产后等，借以估计可能的致病原因。

（2）病后表现。向畜主问清其所见到的病理现象。例如，病畜的饮食欲、精神状态、排粪尿状态及粪尿物理性状的变化，有无咳嗽、喘气、流鼻液及腹痛不安、跛行表现，以及乳量和乳汁物理性状有无改变等。可作为确定检查方向和重点的参考。

（3）诊治情况。病后是否进行过治疗？用过什么药物及效果如何？曾诊断为何病？从开始发病到现时病情有何变化？等，借以推断病势进展情况。也可作为确定诊断和用药的参考。

（4）畜主所能估计到的发病原因。例如饲喂不当、受凉，被其他外因所致伤等。常是推断病因的重要依据。

（5）畜群的发病情况、同群或附近地区有无类似疾病的发生或流行？借以推断是否为传染病、寄生虫病、营养缺乏或代谢障碍病、中毒病等。

2. 既往病史

它是指病畜或畜群过去的发病情况。即是否发生过类似疾病，其经过和结局如何？预防接种的内容和实施时间、方法、效果如何？特别当有传染病可疑和群发现象时，要详细调查、了解当地疫病流行、防疫、检疫情况及毒物来源等。这些资料在对确定现病与过去疾病的关系，以及对传染性和地方性疾病的诊断上都有重要的实际意义。

3. 饲养管理

重点了解饲养的种类、数量、质量及配方、加工情况、饲喂制度、畜舍卫生及环境条件、使役情况及生产性能等。这些资料不仅有助于致病原因的推断，而且在制定合理的防治措施方面也有重要的意义。

（三）注意事项

（1）问诊时，语言要通俗，态度要和蔼，随时注意解除饲管人员的思想顾虑，以便得到很好配合。

（2）对问诊所得资料不要简单地肯定或否定，应结合现症检查结果，进行综合分析，找出诊断的线索。

二、视诊

视诊是用肉眼或借助于简单器械（如额镜、内腔镜等）视察病畜异常表现的方法。

（一）视诊方法

视诊是检查病畜个体和从畜群中发现病畜的有效方法。

对病畜个体视诊时，检查者应与病畜保持适当的距离，先视察全貌，而后由前向后，从左到右，观察病畜的头、颈、胸、腹、脊柱、四肢。当至正后方时，应注意尾、肛门及会阴部，并对照观察两侧胸、腹部及臀部的状态和对称性，再从右侧到前方。最后可进行牵遛，观察运步状态。

观察畜群，从中发现病畜时，可深入畜群巡视，注意发现精神沉郁、离群呆立或卧地不动的，饮食异常或腹泻的，咳嗽、喘息的及被毛粗乱无光、消瘦衰弱的病畜，从群中挑出作进一步检查。

（二）应用范围

视诊的应用很广，通常用于对整体状态、被毛皮肤状态、可视黏膜状态、某些生理活动状态（如采食、咀嚼、吞咽、呼吸动作等）以及分泌物和排泄物的物理性状的观察等。

（三）注意事项

（1）视诊最好在自然光照的宽敞场所进行。
（2）对病畜一般不需保定，使其保持自然状态。

三、触诊

触诊是用手或借助于检查器具（如探管、探针等）对被检部位组织器官进行触压和感觉，以判断其有无病理变化的方法。

（一）触诊方法

触诊可分为外部触诊和内部触诊法。
1. 外部触诊法
它又可分为浅表触诊和深部触诊法。
（1）浅表触诊法。是用来检查躯体浅表组织器官的方法。依检查目的和对象的不同，可采用不同的手法，如检查皮肤温度、湿度时，将手掌或手背贴于体表，不加按压而轻轻滑动，依次进行感触；检查皮肤弹性或厚度时，用手指捏皱提举检查；检查皮下器官（如淋巴结等）的表面情况、移动性、形状、大小、软硬及压痛时，可用手指加压滑推法检查。

（2）深部触诊。是从外部检查内脏器官的位置、形状、大小、活动性、内容物以及压痛等开始。常有下列几种。

①双手按压触诊法：从左右或上下两侧同时用双手加压，逐渐缩短两手间的距离，以感知小家畜或幼畜内脏器官、腹腔肿瘤和积粪团块的方法。

②插入触诊法：以并拢的 2~3 个手指，沿一定部位插入（切入）触压，以感知内部器官的性状。适用于肝、脾、肾脏的外部触诊检查。

③冲击触诊法：用拳或并拢垂直的手指，急促而强有力地冲击被检查部位，以感知腹腔深部器官的性状与腹腔积液状态的方法。适用于腹腔积液内容物性状的判定等。

2. 内部触诊法

包括动物的直肠检查以及对食道、尿道等器官的探诊检查等。

（二）应用范围

触诊一般用于检查动物体表状态，如皮肤的温度、湿度、弹性、皮下组织状态及浅表淋巴结等；检查动物某一部位的感受能力及敏感性，如胸壁、肾区疼痛反应及个中感觉机能和反射机能等；感知某些器官的活动情况，如心搏动、脉搏等；检查腹腔内器官的位置、大小、形状及内容物状态等。

（三）触感

由于触诊部位组织、器官的状态及病理变化不同，可产生下列几种触感。

1. 捏粉样（面团样）感

感觉稍柔软，如压面团样，指压留痕，除去压迫后慢慢复平。为组织中发生浆液浸润所致。常见于皮下水肿时。

2. 波动感

感觉柔软而有弹性，指压不留痕，行间歇压迫时有波动感。为组织间有液体潴留的表现。常见于血肿、脓肿等。

3. 坚实感

感觉坚实致密，硬度如肝。见于组织间发生细胞浸润（如蜂窝织炎）或结缔组织增生时。

4. 硬固感

感觉组织坚硬如骨。见于骨瘤等。

5. 气肿感

感觉柔软而稍有弹性，并随触压而有气体向邻近组织窜动感，同时可听到捻发音。为组织间有气体积聚的表现。见于皮下气肿、气肿疽等。

（四）注意事项

（1）触诊时，应注意安全，必要时可适当保定。

（2）触诊检查动物的四肢和腹部时，要一手放在动物体适当部位支点，另一手按自上而下，从前向后的顺序逐渐接近欲检部位。

（3）检查某部位敏感性时应本着先健区后病区，先周围后中心，先轻后重的原则进行，并注意与对应部位或健区比较、判断。

四、叩诊

叩诊是叩击动物体表某一部位，使之发生振动，产生声音，根据所发生音响的特性来推断被检组织、器官的状态及病理变化的检查方法。

（一）叩诊方法

叩诊分为直接叩诊法和间接叩诊法。

1. 直接叩诊法

它是用手指或叩诊锤直接叩击被检部位，判断病理变化的方法。

2. 间接叩诊法

它是在被检部位先放一振动能力较强的附加物（如手指或叩诊板），而后向附加物叩击的检查方法。又可分为指指叩诊法和锤板叩诊法。

（1）指指叩诊法。是将左手中指平放于被检部位，用右手中指或食指的第二指关节处呈90°屈曲，并以腕力垂直叩击平放于体表手指的第二指节处的方法。适用于中、小动物的叩诊检查。

（2）锤板叩诊法。通常以左手持叩诊板，平放于被检部位，用右手持叩诊锤，以腕力垂直叩击叩诊板的方法。适用于大家畜的叩诊检查。

（二）应用范围

多用于胸、肺部及心脏、副鼻窦的检查，偶尔也用于腹腔器官的检查。

（三）叩诊音

由于被叩诊部位及其周围组织器官的弹性、含气量不同，叩诊时常可呈现下列几种声音。

1. 清音

叩击具有较大弹性和含气组织、器官时所产生的比较强大而清晰的音响。如叩诊正常肺区中部所产生的声音。

2. 浊音

叩击柔软致密及不含气组织、器官时所产生一种弱小而钝浊的音响。如叩诊臀部肌肉时所产生的声音。

3. 半浊音

它是介于清音与浊音之间的一种过渡音响。如叩诊肺边缘部分时所产生的声音。

4. 鼓音

它是一种音调比较高朗，振动比较规则的音响。如叩击正常马盲肠底部或正常牛瘤胃上 1/3 部位时所产生的声音。

（四）注意事项

（1）叩诊必须在安静的环境，最好在室内进行。

（2）间接叩诊时手指或叩诊板必须与体表贴紧，期间不能留有空隙，每点必须连续叩击 2~3 次后再行移位。

（3）叩诊用力要适宜，一般对深在器官用强叩诊，浅表器官用轻叩诊。

（4）如发现异常叩诊音时，则应左右或与健康部位对照叩诊，加以判断。

五、听诊

听诊是听取体内某些器官机能活动所产生的声音，借以判断其病理变化的方法。

（一）听诊方法

听诊可分为直接听诊和间接听诊两种。

1. 直接听诊

它是在听诊部位先放置一块听诊布，而后将耳直接贴于被检部位听诊的方法。此法的优点是所得声音真切，但不方便，一般仅用于幼小动物。

2. 间接听诊法

它是借助于听诊器听诊的方法。

（二）应用范围

听诊主用于心、肺、胃、肠的检查。

（三）注意事项

（1）听诊必须在安静的环境，最好在室内进行。

（2）听诊时应注意区别动物被毛的摩擦音和肌肉的震颤音，防止听诊器胶管与手臂或衣服接触。

六、嗅诊

嗅诊是嗅闻、辨别家畜呼出气、口腔气味及排泄物、分泌物等有无异常气味的一种检查方法。其应用范围有限，仅在某些疾病时才有临床意义。

第二节　临床检查的程序

为了全面系统地收集病畜的症状、资料，并通过科学的分析而作出正确诊断，避免遗漏主要症状和产生误诊，临床检查应该有计划、有步骤、按一定的程序进行。在临床实际工作中，对门诊动物一般应按下列程序进行检查。

一、动物登记

病畜登记就是系统地记录就诊动物的一般情况和特征等，以便识别，同时也可为诊疗工作提供某些参考条件。

病畜登记的内容包括：动物的种类、品种、性别、年龄、个体特征（如畜名、畜号、毛色、烙印等），以及畜主的姓名、住址、单位等。这不仅便于对病畜的识别及与畜主的联系，而且因家畜种类、品种、性别、年龄不同，有其不同的常见、多发病及特有的传染病，也有助于对某些疾病的诊断和治疗。

二、病史调查

病史调查包括现病史及既往病史的调查。主要通过问诊而进行调查、了解，但必要时尚须深入现场进行流行病学调查。

三、现症检查

现症检查包括一般检查、分系统检查及根据需要而选用的实验室检验或特殊检查。

最后综合分析前述检查结果，建立初步诊断。并拟定治疗方案，予以实施，以验证和充实诊断，直至获得确切的诊断结果。

第二章 一般检查

一般检查是对病畜全身状态的概括性检查，以了解病畜的全身基本状况，并可发现某些重要症状，为分系统检查提供线索。

一般检查主要的内容：包括整体状态的观察、被毛和皮肤的检查、眼结膜的检查、浅表淋巴结的检查，以及体温、呼吸、脉搏数的测定等。

第一节 整体状态的观察

一、精神状态

健康动物两眼有神，反应敏捷，动作灵活，行为正常。如表现过度兴奋或抑制，则表示中枢神经机能紊乱。兴奋的动物，表现惊恐不安，狂躁不驯，甚至攻击人畜。精神抑制的动物，轻则沉郁，呆立不动，反应迟钝；重则昏睡，只对强烈刺激才产生反应；严重时昏迷，倒地躺卧，意识丧失，对强烈刺激也无反应。

二、体格发育状况

体格是指骨骼和肌肉的发育程度。体格发育良好的家畜，其躯体高大，结构匀称，肌肉结实，给人以强壮有力的感觉，这种动物不仅性能良好，而且对疾病的抵抗力也强；发育不良的家畜，躯体矮小，结构不匀称，虚弱无力，发育迟缓或停滞，为营养不良或慢性消耗疾病所致。多见于某些营养不足，矿物质、维生素或微量元素缺乏症，慢性传染病和寄生虫病过程中。

三、营养状况

动物的营养状况代表着机体内物质代谢的总水平，与饲养管理密切相关。临床上主要根据肌肉丰满程度、皮下脂肪蓄积量的多少及被毛状态等，而将动物的营养状况分为营养良好、中等和不良三级。

营养良好的家畜，表现肌肉丰满，皮下脂肪丰富，轮廓丰圆，骨不显露，被毛富有弹性；营养不良的家畜，则表现消瘦，骨骼显露，被毛粗乱无光泽，皮肤缺乏弹性；营养中等，介于两者之间。营养不良，俗称消瘦，是常见症状，短期内急剧消瘦，多由于急性热病或重剧腹泻所致；缓慢消瘦，多见于长期营养不良及慢性消耗性疾病（如慢性传染病、寄生虫病及慢性肠胃病等）；极度消瘦，并伴有全身机能衰竭，则称为恶病质，为预后不良的指征。

四、姿势

各种动物都有其特有的生理姿势，正常时其姿势自然，动作灵活而协调。在病理状态下，可呈现各种异常姿势，常见有以下几种。

（一）异常站立

动物耳竖尾挺，头颈挺伸，肢体僵硬，不能屈曲，形似"木马"，见于破伤风时。

（二）异常躺卧

病畜躺卧而不能站立，也称强迫性躺卧。伴有昏迷的强迫性躺卧，常见于脑病后期（脑膜炎、传染性脑脊髓炎等）、某些代谢病及某些中毒病过程中；意识清楚的强迫性躺卧，可见于颈部脊髓损伤及重度骨软症时；后躯瘫痪而呈犬坐姿势者，可见于腰荐部脊髓损伤及麻痹性肌红蛋白尿病时。

（三）站立不稳

病畜站立不稳，躯体歪斜或四肢叉开，依墙靠壁站立，多为小脑、前庭神经受损所致，可见于小脑疾患、前庭或迷路神经核损伤时；动物呈扭头曲颈，两肢屈曲，站立不稳，甚至躯体滚转，可见于维生素 B 缺乏及呋喃西林中毒等。

（四）骚动不安

病畜呈现前蹄刨地，后蹄踢腹，回头顾腹，不时起卧，骚动不安，为腹痛的表现，常见于腹痛性疾病时。

（五）强迫性运动

病畜盲目徘徊或行转圈运动，可见于脑病、多头蚴病及食盐中毒等。

五、步态

健康家畜运步时，四肢轻健有力而协调。但在病理状态下，常呈现步态异常，左右摇摆，形似酒醉状，多为大、小脑或前庭受损所致，可见于脑病及中毒病过程中；病畜在运步时呈现跛行，则为四肢病痛的表现。

第二节　被毛及皮肤的检查

一、被毛的检查

健康动物的被毛匀整、柔润而富有光泽，鸟类的羽毛平顺而光泽，除特定的换毛季节外，生长牢固而不易脱落。

鸟类被毛粗乱而无光泽，脆而易断；鸟类羽毛蓬乱而无光泽，换毛（或换羽）迟缓，在非换毛（或换羽）季节，呈现局部或全身性脱毛，均为病理现象。常见于长期饲养不良、营养物质的供给不足、慢性胃肠病、慢性消耗性疾病（如体内寄生虫等）、皮肤病（如湿疹、匐行疹等）、外寄生虫病（如螨病、鸟食毛虱病等）时，也可见于某些微量元素缺乏或中毒症时。例如，锌缺乏时，可见犬、猫全身脱毛，兔大片脱毛，鸟类缺乏翼羽或尾羽；碘缺乏时，可见新生幼犬广泛脱毛，新生仔猫全身无毛；慢性硒中毒时，可见犬、猫尾根及尾部毛簇脱落，或全身脱毛等。

二、皮肤的检查

皮肤检查包括皮肤的气味、颜色、温度、湿度、弹性的检查及有无疹疱及肿胀等。

（一）气味

各种动物的皮肤都有其固有的气味。但患某些疾病时，可呈现病理性特殊气味。如出现类似烂苹果气味，多为醋酮血病的表现；出现腐败性臭味（尸臭味），可见于皮肤坏疽性疾患；出现尿臭味，可见于膀胱破裂及尿毒症时。

（二）颜色

皮肤颜色的检查仅对白色皮肤的动物，特别是犬病的诊断有一定的意义。白色犬皮肤上出现指压不退色的小点状出血，并多发于颈侧、腹侧及股内侧等部位，主色的较大红斑（菱形或多角形）。

鸟类的冠、髯及耳垂，正常红润。如发白，则为贫血的表现；如呈蓝紫色则为缺氧的表现，常见于禽霍乱及中毒性疾病时。

（三）温度

皮温的检查，可用手背或手掌触感。适于判定皮温的部位，犬为耳、鼻端、胸侧及四肢，必要时，也可触摸全身皮肤。健康动物皮肤各部的血管网及散热量不同，其皮温也不完全一样，一般股内侧皮温较高，头、颈、躯干部位次之，尾及四肢部位最低，但耳、鼻、唇部位则常温热。动物兴奋，天气炎热时，可见皮温增高，寒冷时可见皮温降低。

病理状态下，皮温可增高、降低或分布不均。全身性皮温增高，可见于一切发热性疾病时；局部性皮温增高，可见于局部炎症时；皮温降低，是因皮肤血流灌注不足所致，可见于大失血、心力衰竭及休克等；皮温不均，是由于皮肤血液循环不良或神经支配异常引起局部血管痉挛所致，如一耳热，一耳冷，或一耳时热时冷，可见于发热病的初期。

（四）湿度

对犬应特别注意对鼻镜的观察。健康犬鼻镜常凉而湿润，汗珠均匀。如鼻镜变干，可见于肠炎、发热病及其他全身性疾病过程中；鼻镜汗不成珠，或时干时湿，可见于感冒时。

（五）弹性

检查皮肤弹性的部位，小动物可在背部。检查时将皮肤捏成皱褶，然后放开，观察恢复原状的快慢，正常时立即恢复原状。但在病理状态下，放手后恢复原状很慢，为皮肤弹性降低的表现，可见于脱水性疾病及营养不良性疾病过程中。

（六）疹疱

皮肤上常见的疹疱有丘疹、荨麻疹、水泡、脓泡等。

1. 丘疹

为皮肤乳头层发生浆液浸润所引起的圆形隆突，由小米粒到豌豆大。可见于痘病及湿疹的初期。

2. 荨麻疹

为真皮或表皮水肿所引起的圆形扁平隆起，由豌豆大至核桃大，与周围组织的界限明显，迅速发生而又很快消退，并伴有剧痒。多由于机体发生变态反应所致。可见于某些饲料中毒、注射血清、接触荨麻等有害植物或受到昆虫刺螫时。

13

3. 水泡

为大如豌豆、内含有透明浆液的小泡。可见于口炎，痘病及湿疹等病过程中。

4. 脓泡

为内含有脓液的小泡。见于痘病、脓泡性口炎等。

（七）肿胀

皮肤上常见的肿胀有下列几种。

1. 皮下水肿

它又称浮肿，其特征是皮肤紧张，指压留痕，长时复平，呈涅粉样硬度。若无热无痛，是为瘀血性水肿，多由于全身性或局部血液循环障碍或血液稀薄，血浆胶体渗透压下降等因所致，可见于心肾疾病，严重贫血及营养不良性疾病等；如同时伴有热、痛反应，则为炎性水肿，可见于体表炎症及局部损伤时。

2. 皮下气肿

其特征是局部肿起，边缘轮廓不清，皮肤紧张，触诊有气体窜动的感觉和捻发音。按其发生情况可分为以下两种。

（1）窜入性气肿。多由于含气器官，如肺器官发生破裂后，气体沿纵膈及食道周围组织窜入皮下组织，或在体表移动性较大的部位（如肘后、腋窝及肩胛附近）发生创伤后，由于动物运动时，创口开闭，将空气吸入皮下，并逐渐向周围扩散所致。这种气肿，缺乏炎症变化，局部无痛无热，也无机能障碍。

（2）腐败性气肿。主要由于产气性细菌感染，引起局部组织腐败分解产生的气体积聚于皮下组织所致。这种气肿具有明显的局部炎症现象，切开时流出暗红色泡沫样恶臭液体，并含有大量的细菌（多为梭菌属细菌），常发生于肌肉丰满的臀部、股部及肩部等。可见于气肿疽、恶性水肿时。

3. 脓肿

其特征是初期有明显的热、痛、肿胀，而后从中央部位逐渐变软，呈现波动，穿刺或自溃后流出浓汁。可见于皮下组织肌肉的急性化脓性炎症后期。

4. 血肿

其特征是迅速肿起，初期局部微热而有波动感，穿刺可放出血液，以后逐渐变硬、变冷，与周围组织有明显界限，多由于损伤而使皮下小血管破裂出血所致。

5. 淋巴外渗

其特征是逐渐肿大，波动明显，局部湿度不高，穿刺后又可胀满。是由于局部损伤，淋巴液回流受阻所致。

6. 象皮肿

其特征是由于皮下结缔组织受到慢性刺激而致皮肤变厚及硬固的病理现象。其特征是皮肤失去痛觉，缺乏移动性，也不能捏成皱褶。多发生于四肢下部，病肢轮廓变粗，形如大象腿，故称为象皮腿。多由于系部皮炎、皮肤鼻疽等病所引起。

此外，还应注意有无其他肿胀，如腹壁疝、脐疝、阴囊疝及肿瘤等。

第三节　眼结膜的检查

眼结膜是易于检查的可视黏膜之一，它具有丰富的毛细血管，其颜色的变化，往往有助于对有机体血液循环状态和血液化学成分改变的判断，因此，具有一定的诊断意义。

一、检查方法

检查犬猫的眼结膜时，检查者一手握住头，另一手食指第一指节放于眼眶中央的边缘处，拇指放于下眼睑，其余三指屈曲并放于眼眶上面作支点，食指置上眼睑并向内上方稍压，拇指则同时拨开下眼睑，即可使结膜和瞬膜露出。

二、正常状态

健康动物双眼明洁，不羞明，不流泪，眼睑无肿胀，眼角无分泌物存在。犬的眼结膜为淡红色。

三、病理变化

眼结膜颜色的病理变化常见有以下几种。

（一）结膜潮红

它是结膜毛细血管充血的象征。除局部的结膜炎所致外，多为全身性血液循环障碍的表现。结膜弥漫性潮红，可见于多种急性热性传染病、胃肠炎及重症腹痛病等；

结膜潮红并见小血管高度扩充血者，称树枝状充血，可见于脑炎、日射病及热射病、心脏病及伴有心肌能不全的其他疾病过程中。

（二）结膜苍白

它是各种贫血的表现。迅速发生苍白，可见于大失血及肝、脾破裂时；逐渐发生苍白，可见于慢性失血性、营养不良性、再生障碍性、溶血性贫血及其他慢性消耗性疾病（如犬贫血等）过程中。

（三）结膜发绀

结膜呈蓝紫色称为发绀，是血液中还原血红蛋白增多或形成大量变性血红蛋白的结果。可见于因肺呼吸面积减小（如肺炎）及肺循环障碍而致肺内气体交换障碍的肺脏、心脏疾病及某些毒物（如亚硝酸盐等）中毒过程中。

（四）结膜黄染

为血液中胆红素含量增高的表示，可见于肝脏疾病、胆道阻塞及溶血性疾病过程中。

（五）结膜出血

结膜上呈现出血点或出血斑，是因血管受到毒素作用其通透性增大所致。可见于贫血、血斑病及梨形虫病等。

在进行眼结膜检查时，除注意其颜色的变化外，还应观察眼部的其他病理变化。如眼睑及结膜明显肿胀，眼睛羞明流泪，颜角部呈现多量浆性、黏性甚至脓性分泌物，可见于犬流行性感冒、血斑病及犬瘟等病过程中。

角膜浑浊或生翳膜，甚至溃疡、穿孔，可见于角膜炎及各种眼病时。

第四节　浅表淋巴结及淋巴管的检查

淋巴系统是动物机体的防卫系统之一，浅表淋巴结和淋巴管的检查，在判定感染性疾患和对某些传染病的诊断上有一定的意义。

一、浅表淋巴结的检查

由于淋巴结体积较小并深埋在组织中，故在临床上只能检查浅表的少数淋巴结。常检查下颌、肩前、膝上及乳房上淋巴结及腹股沟浅淋巴结。

（一）检查方法

淋巴结的检查主要用触诊法，必要时采用穿刺检查法。检查时应注意其大小、形状、硬度、敏感性及在皮下的移动性等。

1. 下颌淋巴结

检查时将手指伸入下颌间隙内侧，前后滑动触摸即可触及。

2. 腹股沟浅淋巴结

公犬的腹股沟浅淋巴结呈两个点状物，位于精索前后，检查时在腹壁下精索前后触摸；母犬则呈乳房上淋巴结很小。

（二）病理变化

病理状态下，淋巴结常发生下列变化。

1. 淋巴结急性肿胀

淋巴结体积增大、变硬、活动性变小、表面光滑平坦，触诊有热、痛反应。

2. 淋巴结化脓

先呈现重剧的急性肿胀，热、痛明显，进而局部皮肤紧张变薄，表面被毛脱落，触诊有波动感，最后破溃流出浓汁。

3. 淋巴结慢性肿胀

淋巴结肿大、坚硬，表面凸凹不平，与周围组织粘连而失去移动性，无痛无热。可见于附近组织、器官的慢性炎症过程中。

二、浅表淋巴管的检查

正常时动物浅表淋巴管不能明视。在病理状态下，淋巴管肿胀、变粗甚至呈索状，并常沿肿胀的淋巴管形成许多结节而呈串珠肿，结节破溃后形成溃疡。

第五节　体温、呼吸、脉搏数的测定

体温、呼吸、脉搏数是动物生命活动的重要生理指标，在很多疾病过程中，常先发生变化，因此，测定这些指标，在诊断疾病和判定预后上都有重要意义。

一、体温的测定

（一）判定方法

通常都测直肠温度。如遇直肠发炎、频繁下痢或肛门松弛的病畜时，对母畜可测阴道温度（但比直肠温度低0.2~0.5℃）。在禽类，也可测腋下温度（比直肠温度低0.5℃）。

测量时，先对动物适当保定，将体温计的水银柱甩至35℃以下，用酒精棉球擦拭消毒并涂上滑润剂，检查者通常站于动物的左侧后方，用左手提起尾部，用右手将体温计徐徐捻转插入直肠中，并以所附夹子夹于尾毛上固定，经3~5min后取出擦拭干净，读取度数。

测量鸟的体温时，左手臂将鸟抱于怀内，鸟尾略向右向上，右手将体温计缓缓插入直肠内测固定。

（二）正常值

各种常见动物正常体温值见表2-1。

表2-1　各种动物正常体温　　　　　　　　　　　　　　　　　　　　（℃）

动物种类	体温	动物种类	体温
狗	37.5~39.0	猫	38.5~39.5
兔	38.0~39.5	豚鼠	37.5~39.5
银狐	39.0~41.0		

健康动物的体温，除清晨较低，午后稍高外，还常受某些生理因素的影响，发生一定程度的生理性变动。一般幼龄动物的体温比成年稍高，妊娠母畜的体温比空怀母畜稍高，动物兴奋、运动后的体温比安静时略高。但这些生理性变动，一般在0.5℃内，最高也不超过1℃。

（三）病理变化

体温的病理变化有升高和降低两种。

1. 体温升高

动物机体受到病原微生物及其毒素、代谢产物或组织细胞分解产物的刺激后，产生内生性致热源，进入血流，作用于体温调节中枢，使其功能改变，产热增多，散热减少，导致以体温升高为特征，并伴有全身各器官系统功能改变和物质代谢变化的病理过程，产生发热；动物机体受到某些物理因素（如外界气温过高，空气湿度过大或不流通等）的刺激后，虽然体内产热并未增加，但因散热困难导致体温升高，则称为体温过高。因此，发热时必有体温升高这一特征，但仅有体温升高的症状不一定都是发热。

（1）发热。发热是许多传染病和炎性疾病最常见的症状之一，在临床上应注意对热候、发热程度及热型的分析、判定。

①热候：发热时，除体温升高外，尚出现一系列的综合症状，称为热候。如精神沉郁，恶寒战栗，皮温不均，末梢发冷，呼吸脉搏加快，消化紊乱，食欲减退或废绝，尿量减少，尿中出现蛋白质，甚至出现肾上皮细胞及管型，白细胞增多等。

②发热程度：根据体温升高的程度将发热分为微热、中热、高热和极高热。这种分类一般能反映疾病的程度、范围及其性质。

微热：体温升高 0.5~1.0℃。可见于局限性炎症及轻症疾病，如口炎、鼻炎、胃肠卡他等。

中热：体温升高 1~2℃。可见于消化道和呼吸道的一般性炎症及某些亚急性、慢性传染病，如胃肠炎、咽喉炎、急性支气管炎病等。

高热：体温升高 2~3℃。可见于急性传染病和广泛性炎症，如犬瘟、流行性感冒、小叶性肺炎、大叶性肺炎、急性弥漫性腹膜炎与胸膜炎等。

极高热：体温升高 3℃ 以上。可见于严重的急性传染病，如传染性胸膜肺炎、脓毒败血症、日射病等。

③热型：诊疗疾病过程中，把每日上、下午所测得体温，逐日地记录在特制的体温曲线表内所连接成的曲线，称为热曲线。根据热曲线的特点而将发热区分为几种不同的发热类型。许多发热性疾病，都具有特殊的热型，可作为鉴别诊断的依据之一。

稽留热：高热持续 3 天以上或更长，每日的温差在 1℃ 以内是因致热物质在血液内持续存在，病继续不断地刺激体温调节中枢所致。可见于大叶性肺炎、传染性胸膜肺炎、犬瘟、流行性感冒病等。

弛张热：体温在一昼夜内变动在 1~2℃ 或 2℃ 以上，而又不降到常温。可见于许多化脓性疾病、败血症、小叶性肺炎及非典型性经过的某些传染病（如腺疫等）时。

间歇热：发热期与无热期交替出现，可见于牛伊氏锥虫病、亚急性和慢性马传染性贫血、亚急性和慢性钩端螺旋体病等。

不定型热：体温变动极不规则，日差有时极其有限，有时波动很大，忽高忽低，无一定的规律。

但应注意，对发热程度及发热类型的前述区分，只有相对的诊断意义。因为动物个体特点及其反应性的不同，以及受治疗药物的影响，其发热程度有所不同，热型也有所改变。如老龄或过于衰弱的病畜，由于反应能力很弱，即或得了高热性疾病，其体温可能达不到高热的程度；相反，仅能呈现中热的疾病，发生在特殊的个体时，可能出现高热现象；抗生素、解热剂与肾上腺皮质激素的应用，也可使热型（主要是感染性发热）变为不典型。因此，对每个具体病例，应进行具体分析，才能对疾病作出正确的诊断。

（2）体温过高，这时并非产热增加，只因散热障碍，体温蓄积导致的体温过高，可见于热射病、日射病及广泛性皮肤病时。

2. 体温过低

由于病理性原因，使机体内产热不足，或体热散失过多，而导致体温低于常温，称为体温过低。可见于大失血、内脏破裂、严重的脑病及中毒性疾病、产后瘫痪及休克等。在发热性疾病的退热期，如体温突然下降至常温以下，或不能测出（35℃ 以下）多为预后不良的表现。

二、呼吸数的测定

呼吸数的测定，是计数每分钟的呼吸次数，又称呼吸频率，以次/min 表示。

（一）测定方法

呼吸数的测定，必须在动物处于安静状态或适当休息后进行。观察与不负重后肢同侧的胸、腹部起伏运动，一起一伏为一次呼吸；也可将手背放于鼻孔前方的适当位置，感觉呼吸气流，呼出一次气流为一次呼吸。在寒冷的冬季，还可观察呼出气流来测定；必要时可听喉、器官或肺呼吸音而确定。鸟的呼吸数，可观察肛门下部的羽毛起伏动作来测定。

（二）正常值

健康成年常见畜禽的每分钟呼吸数见表 2-2。

表 2-2 健康成年畜禽正常呼吸数　　　　　　　　　　　　　　（次/min）

畜禽种类	呼吸数	畜禽种类	呼吸数
狗	10~30	猫	10~30
兔	50~60		

健康畜禽的呼吸频率，易受外界气温及某些生理因素的影响，而发生一定的变动。外界气温过高、运动均可使呼吸数显著增加（尤其犬）。另外幼畜比成畜的呼吸数稍多，母畜怀孕后期呼吸数也可增加等。应注意与病理变化的区别。

（三）病理变化

在病理状态下，呼吸次数常发生增多或减少两种变化。

1. 呼吸次数增加

为机体缺氧或因高热、剧痛等刺激而使呼吸中枢兴奋性增高所致。见于肺呼吸面积减少性疾病（如各型肺炎）、肺循环障碍性疾病（如肺充血与肺水肿、肺气肿、心机能不全等）、胸膜炎及胸水、各型贫血及血红蛋白变性疾病（如亚硝酸盐中毒）、致使腹内压增高的疾病以及高热性疾病和疼痛性疾病过程中。

2. 呼吸次数减少

为呼吸中枢兴奋性降低所致。可见于颅内压显著增高的疾病（如脑炎、脑水肿、脑肿瘤等）、某些代谢病（如产后瘫痪、酮血病）及高度吸入性呼吸困难时。

三、脉搏数的测定

脉搏数的测定，是计数每分钟的脉搏次数，又称脉搏频率，以次/min 表示。

（一）部位及方法

犬可在后肢股动脉检查；可借助心脏听诊法代替之。

检查脉搏数时，先使动物适当休息，宜在动物安静状态下进行。一般计数 1min 内脉搏数。

（二）正常值

健康家畜的脉搏数，会受年龄、兴奋、运动等生理因素的影响，发生一定程度的增多。

（三）病理变化

在病理状态下，动物的脉搏数常发生增多，也可发生减少。

1. 脉搏次数增多

是心脏搏动加快的结果，可见于多数发热病、心脏病及伴有心机能不全的其他疾病、严重贫血、剧痛性疾病及某些中毒病过程中。

2. 脉搏次数减少

可见于窦性心动过缓及传导阻滞、某些颅内压增高的脑病、胆血病以及有机磷农药中毒等病过程中。

第三章　心血管系统的检查

心血管系统疾病，必将影响全身器官的机能，而其他器官疾病，特别是某些传染病和其他重症疾病过程中，常引起心血管系统的机能紊乱与形态学的变化，甚至终因心力衰竭而导致死亡。因此，对心血管系统的检查，不仅在疾病的诊疗上十分重要，而且对推断预后也有一定的意义。

第一节　心脏的临床检查

一、心搏动的检查

当心脏收缩时，其横径增大，纵径缩短，并沿其长轴向左方旋转，撞击左胸壁，引起相应部位的胸壁振动及被毛颤动，称为心搏动。

（一）检查部位

心搏动的检查部位，各种动物有所不同。通常犬猫在左侧第 4~6 肋间胸壁下 1/3 处，以第 5 肋间最明显，右侧在 4~5 肋间较清楚。

（二）检查方法

检查心搏动可用视诊和触诊法，应以触诊为主。

检查心搏动时，将被检动物取站立姿势，使其左前肢向前伸出半步，以充分露出心区。检查者站于动物的左侧方。视诊时，仔细观察左心区被毛和胸壁的振动情况；触诊时检查者一手放于动物鬐甲部，用另一手的手掌紧贴于动物心区感知胸壁的振动，主要判定其强度及频率。

（三）正常状态及其病理改变

在正常情况下，如心脏的收缩力量不变，胸壁与心脏之间的介质状态无异常，则因动物营养状况、胸壁厚度的不同，而心搏动的强度有所差异。如过肥动物，因胸壁较厚而心搏动较弱，而营养不良的消瘦个体，因胸壁较薄而心搏动相对较强。另外，运动、外界气温增高、动物兴奋或恐惧时，均可呈现生理性心搏动增强。

心搏动的病理性改变，常见有增强、减弱或移位。

1. 心搏动增强

病理性心搏动增强，与心肌收缩力加强有关。可见于一切能引起心机能亢进的疾病过程中，如发热病的初期、剧痛性疾病、轻度的贫血及心脏疾病的代偿期等。

心搏动过度增强，可随心搏动而引起病畜全身的震动，则称心悸。

2. 心搏动减弱

病理性心搏动减弱，可因心肌收缩力减弱所引起。可见于心脏病的代偿机能障碍期及心力衰竭过程中。也可因胸壁增厚，胸腔和心包内积聚多量渗出液或漏出液等所引起。

20

3. 心搏动移位

多由于心脏被邻近器官或病理产物压迫所引起。向前移位，见于马急性胃扩张、肠臌气等病过程中；向一侧移位，见于他侧肺气肿或渗出性胸膜炎等。

此外，当触诊检查心搏动时，如动物呈现疼痛反应，回视、躲闪或抵抗，则为心区疼痛的表现。可见于心包炎或胸膜炎时。

二、心脏的叩诊检查

心脏叩诊检查的目的在于判断心脏体积的大小及疼痛反应。当叩诊心脏直接接触胸壁部分时呈现浊音，称心脏的绝对浊音区；叩诊被肺脏掩盖的心脏部分时呈现半浊音，称心脏的相对浊音区。相对浊音区能够较确切地反映心脏的后上界限。心脏的叩诊，小动物可用指指叩诊法。

（一）心脏叩诊区的确定

大型犬仅在左侧第3~4肋间，胸壁下1/3的中央部呈现相对浊音区，而且范围较小。若呈现绝对浊音区，即为病理状态。

（二）心脏叩诊区的病理性改变

1. 心脏浊音区扩大

为心脏体积增大的表示。可见于心脏肥大、心脏扩张及心包炎、心包积聚等病过程中，特别在牛创伤性心包炎时，心脏浊音区显著扩大。

2. 心脏浊音区缩小

常因遮盖心脏的肺边缘部分的肺气肿所引起，可见于肺气肿时。

3. 心区疼痛

叩诊时病畜呈现回视、躲闪、反抗表现，则为心区敏感疼痛的表示。可见于心包炎或胸膜炎等病过程中。

三、心脏的听诊检查

心脏的听诊检查，通常用间接听诊法，在左心区听诊，必要时再在右心区听诊。将被检查动物行自然站立保定，使左前肢向前伸出半步，以充分显露出心区，在肘头后上方心区内听诊。为了确定某一瓣膜音的病理性改变，以推断其形态和机能方面的病理变化时，可在该瓣膜音的最佳听取点上听诊。

心脏听诊检查的目的，主要在于听诊心音并判断其频率、强度、性质、节律有无改变，以及有无心音分裂与重复和心杂音等，依此推断心脏的机能、瓣膜及血液循环的状态。

（一）正常心音的产生及辨别

在听诊健康家畜的心脏时，每个心动周期内都可听到两个有节律相互交替出现的不同性质的声音，称为心音，分别称第一心音和第二心音。

第一心音产生于心室的收缩期，亦称心缩音。主要是由于心室收缩时，左右房室瓣（二、三尖瓣）的同时关闭与振动所产生，此外，主动脉瓣和肺动膜瓣开放，由心室内射出血液冲击主、肺动脉壁所引起的血管壁的振动，以及心室肌的紧张与振动等均参与第一心音的形成。由于房室瓣在心室开始收缩后就几乎立即关闭，因此第一心音的出现可作为心室开始收缩的标志。

第二心音产生于心室舒张期，亦称心舒音。主要是由于心室舒张时，主动脉和肺动脉瓣的同时关闭与振动所产生。此外，房室瓣的开放，因室内压的突然降低，使血液在动脉基部的振荡等亦参与第二心音的产生。由于主、肺动脉瓣几乎在心室开始舒张时就立即关闭，因此，第二心音的出现，可作为心室开始舒张的标志。

此外，尚有第三和第四心音。第三心音发生于第二心音之后，是在心室舒张的早期，血液自心房急速流入心室，致使心室壁（包括乳头肌和腱索）振动而产生的；第四心音发生于下次第一心音之前，是由于心房收缩所产生的。这两种心音都很微弱，在正常时很难听到，只有在心率减慢或心音描记时，才易听出或描记出来。因此，在临床上一般只能听到第一、二心音。如果第三、四心音变得明显，则属病理状态。

健康犬的心音较清晰，且第一心音与第二心音的音调、强度、间隔及持续时间大致相等。

在正常情况下，依据前述心音的特点及间隔时间辨别第一、二心音，并不困难。但心率代偿性加快后，两心音的间隔时间几乎相等，特别是两心音的强度和音性也变得非常相近（胎样心音）时，则第一、二心音不易区分。在此情况下，可依据第一心音产生于心室收缩之际，与心搏动和脉搏同时出现，而第二心音产生于心室舒张之时，其出现在心搏动和脉搏出现之后的特点，一面听心音，一面触诊心搏动或脉搏，与心搏动或脉搏同时产生的心音便是第一心音，而在心搏动或脉搏后出现的心音则为第二心音。

（二）心音的最佳听取点

在心区内的任何一点都可听到两个心音。但为了判定心脏各瓣膜音的变化及心内杂音的产生部位，必须确定各瓣膜音的最佳（最强）听取点。心脏各瓣膜所产生的声音，常沿血流的方向传导到心区胸壁的一定部位，在此部位听诊时其相应瓣膜音最清楚，临床上称此部位为该瓣膜音最佳（最强）听取点。由于心音沿血流的方向传导，实际听到各瓣膜音最清楚的部位，并不完全与心脏各瓣膜在心区胸壁上的投影部位一致。可按下表确定各种家畜心脏各瓣膜音的最佳听取点（表3-1）。

表3-1　犬心音的最佳听点

区分	第一心音		第二心音	
	二尖瓣口	三尖瓣口	主动脉瓣口	肺动脉瓣口
犬	左侧第4肋间主动脉瓣音最佳点下方	右侧第4肋间，肋骨和肋软骨结合部稍下方	左侧第4肋间肩端水平线直下	左侧第三肋间靠近胸骨的边缘处

（三）心音的病理性改变

在病理情况下，常可发生心音的频率、强度、性质或节律的变化。

1. 心音频率的测定及改变

心音频率是依每分钟的心动周期数而计测的，每呈现第一和第二两个心音，即表示一个心动周期，依此测定每分钟的心跳次数。但在某些严重病理过程中，尤其第二心音极度减弱时，可能只听到一个心音（第一心音），此时不能按每两个心音计算为一个心动周期，而应结合心搏动或脉搏数的测定结果推断心跳频率。

心音频率的病理性改变，常呈现加快或减慢两种，其原因和诊断意义与脉搏数的病理性增多或减少的原因和诊断意义基本相同。

2. 心音强度的改变

心音强度是指心音的强弱而言。在正常情况下，第一心音在心尖部，即第 4 或第 5 肋间的下方较强；第二心音在心基部，即第四肋间肩端水平线稍下方较强。因此，判定心音的强弱时，必须在心尖和心基部进行比较听诊，如果两处的心音都增强或减弱，才能认为是心音增强或减弱。

心音强度的改变，可表现为第一、第二心音同时增强或减弱，也可呈现某个心音的增强或减弱。两个心音同时增强或减弱，可由于某些生理因素所引起，例如动物兴奋、恐惧、重剧运动时，可呈现两心音同时增强。但某一心音的单独增强或减弱，多属病理性改变。

（1）心音的病理性增强。

①第一、二心音同时增强：是由于心肌收缩力加强，心脏输出血量增加，动脉根部血压增高，使房室瓣和动脉瓣的振动均增强所致。可见于发热病的初期、剧痛性疾病、心脏肥大和其他心脏病的代偿机能亢进，以及轻度的贫血或失血等。

②第一心音增强：第一心音增强，可因心肌收缩力增强，而致房室瓣振动增强所引起。可见于高热性疾病及心脏肥大时；但更多因病理性心动过速，心室舒张期缩短，心室充盈不良，一方面由于室内压降低，在心室收缩初期，心肌很快达到最大紧张度，房室瓣迅速而紧张关闭；另一方面驱出血量减少，动脉压降低，动脉瓣的关闭与振动减弱，从而使第一心音明显增强。可见于重症心脏疾病（如急性心肌炎、急性心内膜炎、心力衰竭等）及伴发严重心肌能不全的其他疾病过程中；还常由于第二心音显著减弱而相对增强，可见于能引起第二心音减弱的疾病（如大失血、严重脱水、休克及虚脱等）时。

③第二心音增强：是因主动脉或肺动脉血压升高，在心室舒张时，动脉瓣的关闭与振动增强所致。主动脉口第二心音增强，是因主动脉增高所致。可见于肾炎、马肠系膜动脉血栓性腹痛症等；肺动脉口第二心音增强，是因肺动脉压增高所致。可见于慢性肺泡气肿、肺充血与肺炎的初期，二尖瓣关闭不全及其他能引起肺循环障碍的疾病过程中。

（2）心音的病理性减弱。

①第一、二心音同时减弱：是因心肌收缩力减弱，心脏输出血量减少，主、肺动脉根部血压下降，使房室瓣和动脉瓣的关闭与振动均减弱所致。多见于心肌炎、心肌变性后期、心脏代偿机能障碍及濒死期。此外，还可见于影响心音传导的疾病，如心包积水、渗出性心包炎、渗出性胸膜炎、胸腔积水、重症的肺气肿及胸壁浮肿等。

②第一心音减弱：比较少见，只是在心肌收缩力异常减弱，在心室过度充盈的情况下，房室瓣的关闭与振动减弱所致。可见于心肌炎和心肌梗死的末期，以及主动脉瓣关闭不全等病过程中。此外，在第二心音增强的同时，也可呈现第一心音相对减弱。

③第二心音减弱：第二心音的减弱甚至消失比较常见，是因动脉根部血压显著降低所致。主、肺动脉口第二心音均减弱，多见于能够导致血容量减少的疾病（如大失血、严重脱水、休克与虚脱等）过程中；主动脉口第二心音减弱，时因主动脉根部血压下降所致。可见于主动脉口狭窄或主动脉瓣关闭不全时；肺动脉口第二心音减弱，是由肺动脉根部血压下降所致。可见于肺动脉口狭窄或动脉瓣关闭不全时。

3. 心音性质的改变

心音性质的病理性改变，可表现为心音浑浊或异常清朗（带有金属音色）。

（1）心音浑浊。是临床上最常见的病理性心音。其特点是心音低浊，甚至于含混不清，像是被杂音所掩盖。主要由于心肌变性或心脏瓣膜有一定的病变，使瓣膜振动能力发生改变所引起。可见于心肌炎、心肌营养不良与变性，以及伴发心肌变性的多种疾病（例如某些高热性疾病、严重贫血、高度的衰竭症、犬瘟、流行性感冒、幼畜硒缺乏症及某些中毒病等）过程中。

（2）心音异常清朗（金属样心音）。其特点是心音过于清脆，而带金属音响。可见于破伤风或邻近心区的肺叶中形成含气性空洞，以及膈疝时。

4. 心音分裂与重复

第一心音或第二心音分裂成性质完全一致的两个声音，称心音的分裂或重复。两个声音未完全分开呈现前后高而中间低的音响，称心音分裂，如果两个声音完全分开，并有很短的间隔，则称心音重复。心音分裂与重复的诊断意义相同，只是程度不同而已。

（1）第一心音分裂与重复。是由于左、右心室不同时收缩，使左、右房室瓣不同步关闭所致。可见于一侧房室束传导阻滞或一侧心室肌严重变性而收缩力减弱时。多提示心肌有重度的变性。健康犬猫有时也因兴奋或一时性血压升高而出现第一心音分裂，但安静后可自然消失，无诊断意义。

（2）第二心音分裂与重复。是由主、肺动脉压单方面明显升高，使主、肺动脉瓣不同步关闭所致。可见于能使主动脉压单方面升高的重剧肾炎，或能使肺动脉压单方面升高的左房室口狭窄、肺淤血、肺气肿等病过程中。

5. 奔马律

除第一、二心音外，又有第三个附加的心音连续而来，恰似从远处传来的奔跑的马蹄音，故称奔马律。一般认为是第三、四心音病理性增强的结果。若附加的心音发生于心舒期（第二心音之后），称为心舒张早期奔马律，是在心肌收缩严重无力，心室壁异常弛缓的状态下，来自心房的血液进入心室，使心室壁振动增强，第三心音变得明显易被听到所致。可见于严重的心肌炎、心机能不全等；若附加的心音发生于心缩期前（第一心音之前），则称为缩期前奔马律。可由于左心室肥大，房室传导迟缓，心室收缩较晚，致使第四心音（心房音）变得明显而易听到所致。见于右心室肥大，心脏瓣膜病、心肌炎等。

6. 心音节律的改变

在正常情况下，每次心音的间隔时间相等，强度一致。如果心音的间隔时间不等，强度不一，则称心律不齐。多由于窦房结兴奋起源发生紊乱、传导系统机能障碍及窦房结以外的异位兴奋灶所引起。并与植物性神经的兴奋性有关，常见有以下几种。

（1）窦性心动过速。它是一种快速而均匀的心律。犬心率在 60 次/min 以上，常逐渐增强，逐渐减慢。可见于发热性疾病、心力衰竭及其他伴发心机能不全的疾病过程中。

（2）窦性心动过缓。它是一种缓慢而均匀的心律，犬心律在 25 次/min 以下。可见于颅内压增高的疾病、严重黄疸及洋地黄中毒等。

（3）期外收缩（过早搏动）。期外收缩是在原来心律的基础上突然提前出现的心脏收缩，继之有个较长的间歇，使基本心律发生紊乱。听诊时，在一次或数次正常心音之后，经很短时间出现一次提前收缩的心音，称期外收缩音，其第一心音明显增强，第二心音则大多减弱，有时第二心音消失，仅能听到第一心音，其后再经较长的间歇时间，才出现下次心音。在期外收缩时所产生的脉搏微弱，甚至不能触及。

期外收缩属异位心律，当心肌的兴奋性改变而出现窦房结以外的异位兴奋灶时，在正常的窦房结兴奋冲动来之前，由异位兴奋灶先传来一次强烈的兴奋冲动，正好落在心室的相对不应期，引起心室的提前收缩，并产生期外收缩音，而来自窦房结的正常兴奋冲动刚好落在心室收缩的绝对不应期，致使原来应有的正常搏动消失，以致要待下次正常兴奋冲动传来后，才引起心室的正常收缩，产生正常心音，从而使其间歇时间延长，即出现所谓代偿性间歇。期外收缩时，由于心室舒张不全，心室充盈度下降，心脏驱出血量减少，甚至因充盈度过小而在心室收缩时不能将动脉瓣启开，从而致使第一心音明显增强，第二心音减弱，甚至消失，脉搏微弱或短促。

偶尔出现的期外收缩，多无重要意义。频繁而持续的期外收缩，常为心肌损害的标志。

（4）传导阻滞。其特征是连续几次正常心搏动后，突然出现一次心室收缩暂停，两心音消失，在前次第二心音与后次第一心音之间出现长时间的间歇，其间歇时间一般相当于正常间歇期的两倍。是因心肌病变波及心脏传导系统，使窦房传导阻滞或房室传导阻滞，由窦房结传来的兴奋冲动不能传向心室而引起心搏动脱漏所致。明显而顽固的不规则传导阻滞性心律不齐，常为心肌损害的一个重要标志。健康老犬在休息状态下有时偶尔可见之，但无诊断意义。

复杂的心律不齐，通常仅靠临诊方法很难识别。必要时可行心电图检查而确定之。

（四）心杂音

心杂音是伴随心脏活动而产生的正常心音以外的附加音响。依据杂音产生的部位，可分为心外杂音和心内杂音。

1. 心外杂音

主要由于心包病变所引起。常见的有以下两种。

（1）心包摩擦音。由于心包发炎，纤维蛋白沉着，心脏搏动时，粗糙的心包内层与心外膜相互摩擦所产生，其性质类似于皮革的摩擦音，伴随心脏搏动而出现，在心收缩期和舒张期均可听到，杂音如在耳下，紧压集音器时，其音增强。纤维素性心包炎的特征常见于心包炎过程中。

（2）心包拍水音。因心包发炎或贫血、循环障碍，使心包内积聚一定量的渗出液或漏出液的条件下，心脏搏动时引起积液的振荡所产生。其性质类似于水击河岸或摇振不满水瓶的声音，伴随心脏搏动出现。其强度则受心包内积液量的多少、有无气体存在及心肌收缩力强弱等因素的影响，当渗出液发生腐败而产生气体，致使心包内积聚一定量的液体和气体时，变得更为明显。相反，当心包内积液量过多，或心肌收缩极度无力时，则变得十分微弱。可见于渗出性心包炎或心包积水时。

2. 心内杂音

是由于心脏瓣膜关闭不全或瓣膜口狭窄，以及血流速度加快等原因所引起的杂音。依据心脏瓣膜或瓣膜口有无不可逆性的病理形态学改变，可分为器质性心内杂音和机能性（非器质性）心内杂音；也可按其发生的时期（即缩期或舒期），又可分为缩期杂音和舒期杂音。缩期杂音是发生在心缩期，跟随在第一心音后面或和第一心音同时出现的杂音，可由于房室瓣关闭不全或主、肺动脉口狭窄而产生；舒期杂音是发生在心舒期，跟随在第二心音后面或和第二心音同时出现的杂音，可由于房室口狭窄或主、肺动脉瓣关闭不全而产生。

（1）器质性心内杂音。它是由于心内膜发炎，引起心脏瓣膜肥厚、粘连、缺损、穿孔及腱索短缩或断裂等病理形态学变化，致使瓣膜关闭不全或瓣膜口狭窄所引起的杂音。

①瓣膜关闭不全性杂音：由于心脏瓣膜关闭不全时，在心室的收缩和舒张过程中，瓣膜不能完全地将其瓣膜口关闭而留有空隙，从而使血液经过病理性空隙而发生逆流，形成漩涡，并引起血液、瓣膜、心壁的异常振动所产生。此类杂音的性质多类似于吹风样，较柔和，开始时较强而后逐渐减弱到消失。

左（二尖瓣）、右（三尖瓣）房室瓣关闭不全性杂音：发生在心缩期。其杂音跟随在第一心音之后或和第一心音同时出现，常可将第一心音所掩盖，并往往占据全心缩期。在二、三尖瓣最佳听取点上听诊最明显。

主、肺动脉瓣关闭不全性杂音：发生于心舒期。其杂音跟随在第二心音之后或和第二心音同时出现，常可将第二心音掩盖，往往占据全舒张期。在主、肺动脉瓣音最佳听取点上听诊最明显。

②瓣膜口狭窄性杂音：由于瓣膜口狭窄时，在心室的收缩和舒张过程中，血液流经狭窄的瓣膜口而形成漩涡，并引起瓣膜、心室壁、血管壁的异常振动所产生。此类杂音的性质比较粗糙，类似

于喷射音、锯木音或箭鸣音。

左、右房室口狭窄性杂音：发生于心舒期的中、晚期。其杂音出现于第二心音之后，终止于第一心音之前，开始时较弱而后逐渐增强到消失。

主、肺动脉口狭窄性杂音：发生于心缩期，其杂音出现于第一心音之后，终止于第二心音之前，由弱逐渐增强到心室收缩中期后又逐渐减弱到消失。

器质性心内杂音主见于心内膜炎，特别是慢性心内膜炎过程中，是心脏瓣膜病的重要诊断依据。但也不能作为唯一依据，如在普通血流速度下，高度的狭窄或关闭不全，可能不发生杂音。因此，在临床上，必须结合其他临床症状和疾病发展经过，综合分析，才能得出合乎逻辑的结论。

（2）机能性心内杂音。它是心脏瓣膜上并无不可逆性的形态学改变，是由于机能的变化所引起的杂音。常见有两种。

①房室瓣相对关闭不全杂音：是由于心室高度弛缓或扩张，房室瓣不能将扩大了的相应房室口完全关闭，形成房室瓣膜相对关闭不全的条件下，心室收缩过程中，血液发生逆流形成漩涡，并引起瓣膜的异常振动所产生。杂音发生在心缩期，跟随于第一心音之后或和第一心音同时出现，其性质类似于柔和的吹风样音，通常不掩盖第一心音。可见于心扩张、心脏病的代偿机能障碍及心力衰竭等病过程中。

②贫血性（血流加速性）杂音：是由于严重贫血，血液变得稀薄、黏度降低，致使血流速度加快，形成漩涡，并引起心壁或血管壁的异常振动所产生的杂音。只产生于心缩期，属缩期杂音。常见于各种类型的严重贫血，尤其多见于亚急性和慢性马传染性贫血时。

（3）器质性缩期杂音与机能性心内杂音的区别。这两类杂音都发生于心缩期，均属缩期杂音，必须进行区别，主要应追随病程听诊观察而确定。器质性缩期杂音较粗糙而强，具有"不可逆性"特点，可长期存在，特别使动物运动或应用强心剂后，伴随心肌收缩力的增强，而其杂音变得更为明显而强；机能性心内杂音则较柔和而弱，不够稳定，时隐时现，时强时弱，并随病情的好转或应用强心剂后，杂音减弱或消失。

四、心脏的功能试验

心脏的功能试验是给予动物一定时间、一定强度的运动，并对比观察运动前、后的心跳（脉搏）数变化及其恢复正常（试验前的水平）的时间，以推断心脏机能状态的方法。

此法简便易行，在心机能不全的判断上有一定的意义。例如，心机能正常的犬，经 15min 的快步运动之后，心跳（脉搏）可增至 45~65 次/min，但经 3~7min 休息之后，即可恢复正常；当心机能不全时，可增加 1 倍而达到 70~95 次/min，且须经 15~30min 休息之后，才能恢复正常。

进行此试验时，必须严格掌握运动的时间、距离及速度，并应注意地形、路面及外界温度等条件的影响。

在临床上，应将试验的结果，同其他症状、资料相结合进行分析，以确切判断心脏的机能状态。

五、心包穿刺检查

当怀疑心包内有渗出液、漏出液或血液时，可行心包穿刺检查，进一步判定性质。

第二节　血管的检查

一、动脉脉搏的检查

脉搏的检查主要包括脉搏的频率、性质及节律的检查。

（一）脉搏频率的检查

详见一般检查。

（二）脉搏性质的检查

脉搏的性质一般指脉搏的强弱、大小、虚实、软硬及迟速等特性而言。脉性的变化，可反映整个心血管系统的机能状态。

1. 脉搏的强弱与大小

脉搏的强弱是指脉搏搏动力量的强弱，其搏动力量强称强脉，搏动力量弱称弱脉；脉搏的大小是指脉搏搏动时脉管壁振幅的大小，其振幅大称大脉，振幅小称小脉。强脉与大脉、弱脉与小脉，通常综合而体现，形成强大脉与弱小脉。

（1）强大脉。也称洪大脉，是强、大、充实的脉搏。其特点是脉搏冲击检指的力量强，抬举检指的高度大。为心脏收缩力加强，每搏输出量增多，脉管壁比较迟缓而振幅增大，收缩压升高，脉压差增大的表示。可见于热性病初期，心脏肥大及其他原因而致的心脏代偿机能亢进时。

（2）弱小脉。是弱、小、充盈度不足的脉搏。其特点是脉搏冲击检指的力量弱，抬举检指的高度小。为心脏收缩力减弱，每搏输出量或血液总量减少，脉管壁振幅变小，收缩压下降，脉压差变小的表示。可见于心脏衰弱及其他重症疾病中、后期。如果脉搏搏动极微弱，甚至不感于手，则为病情重危、预后不良的表示。可见于心力衰竭及濒死期。

2. 脉搏的虚实

脉搏的虚实是指脉管的充盈度的大小。主要由每搏输出量及血液总量所决定。可用检指加压、放开反复操作，依据脉管内径的大小判定。

（1）虚脉。脉管内径小，血液充盈不良，为血容量不足的表示。可见于大失血及严重脱水时。

（2）实脉。脉管内径大、血液充盈、为血液总量充足及心脏功能代偿性增强的表示。可见于热性病初期及心脏肥大时。

3. 脉搏的软硬

脉搏的软硬是由脉管壁的紧张度所决定，依据脉管对检指的抵抗力的大小而判定。

（1）软脉。检指轻压脉搏即消失，为脉管紧张度降低、脉管弛缓的表示。可见于心力衰竭、长期发热及大失血时。

（2）硬脉。又称弦脉。对检指的抵抗力大，为血管紧张度增高的表示。可见于破伤风、急性肾炎及疼痛性疾病过程中。

硬而小的脉又称金线脉，可见于重症腹膜炎、胃肠炎、肠变位等。

4. 脉搏的迟速

脉搏的迟速并非指的是脉搏快慢，而是指动脉内压上升和下降的速度。

（1）迟脉。脉搏波形上下变动迟慢，触诊时感到脉搏徐来而慢去。可见于主动脉口狭窄时。

（2）速脉。又称跳脉，脉搏波形上升及下降快速，触诊感到脉搏骤来而急去。为主动脉瓣关闭不全的一个特征。

（三）脉搏节律的检查

正常情况下，每次脉搏之间的间隔时间相等，强度一致，称为有节律的脉搏。反之，则称为脉搏节律不齐。可呈现脉搏的强弱、大小不均，间隔时间不等，甚至出现间歇等，均为病理性表现。脉搏节律不齐是心律不齐的直接后果和反映，其诊断意义与心律不齐相同。

二、静脉的检查

（一）体表静脉淤血程度的检查

为判定全身性静脉瘀血的程度，除注意观察可视黏膜血管的充血程度外，重点观察颈静脉的表现。

（二）颈静脉搏动的检查

根据其产生的原理，可分为下列 3 种。

1. 阴性颈静脉搏动

又称心房性颈静脉搏动，是左右心房收缩时，还流入心房的腔静脉血一时受阻，使部分静脉血的逆行，波及前腔静脉及颈静脉，而引起的颈静脉搏动。在正常情况下，这种搏动只在胸腔入口处或颈静脉沟的下 1/3 处明显，但在病理状态下，如心力衰竭时，这种搏动可波及颈静脉沟的中、上 1/3，甚至波及下颌支后下方的颈沟处。其特点是指压时，远心端和近心端波动均明显减弱或消失，出现时间与脉搏或心搏动不相一致。

2. 阳性颈静脉搏动

又称心室性颈静脉搏动，多在三尖瓣关闭不全的条件下，心室收缩时，使部分血液经关闭不全的空隙逆流入右心房，并经右心房逆流入腔静脉以至颈静脉所引起的搏动。其特点是波动力量较强，表现明显，通常可波及颈静脉沟的上 1/3 处，指压时远心端搏动消失，近心端搏动则不消失，甚至加强，并与心搏动和脉搏同时出现。可见于三尖瓣关闭不全时。

3. 假性（伪性）颈静脉搏动

它是由于颈动脉的强力搏动所引起的颈静脉波动。其特点是与动脉搏动同时出现，指压时远心端和近心端的搏动均不消失。多在主动脉瓣关闭不全时产生。健康动物也可出现假性颈静脉搏动。

三、微血管再充盈时间的测定

微血管再充盈时间的检查，在判定微循环功能状态方面具有重要的诊断意义。

1. 测定方法

保定好被检动物，助手打开口唇（鸟打开口腔），检查者观察齿龈黏膜颜色（鸟为上颚部黏膜），左手持秒表，用右手指（鸟及犬实验动物用铅笔的橡皮头），压迫齿龈黏膜 2~3s，然后除去手指（橡皮头），同时按动秒表，当黏膜颜色恢复到压迫前颜色时，则按停秒表，记录所示时间，然后与正常值相比较，判定微循环功能状态。

2. 正常参考值

为便于比较，现将国内所测得结果列表于下（表 3-2）。

表3-2　各种畜禽微血管再充盈时间正常参考值　　　　　　　　（单位：s）

动物种类	变动范围	动物种类	变动范围
犬	0.68±0.12	兔	1.25±0.10
猫	1.23±0.10		

资料来源：云南农业大学郭成裕等

3. 诊断意义

在兽医临床上，微血管再充盈时间的检查，是判断微循环障碍程度的一项重要参考指标。微循环障碍，毛细血管网处于瘀血的状态下，不仅可见到可视黏膜瘀血及发绀，而且微血管再充盈时间延长，通常达3~5s以上。可见于犬出血性盲、结肠炎，心力衰竭，中毒性休克等。

第三节　心血管系统检查结果的综合分析

心血管系统正常的表现是脉搏充实有力，心音音质纯正，第一心音低而长，第二心音高而短，节律整齐，且无杂音。如发现动物无力、出汗、气喘、发绀，静脉瘀血和皮下浮肿，心音和脉性异常，可提示心血管系统机能不全或有器质性病变。应进一步综合分析对血管系统检查的异常所见，初步判定其机能不全的程度和所发生疾病的性质。

1. 初步判断心血管机能不全

心血管机能不全包括急、慢性心机能不全和血管机能不全（又称外周血管衰竭），是临床上常见的病理过程，首先应注意判定。

（1）病畜脉搏弱快，甚至不感于手，心动过速，第一心音高朗，第二心音减弱甚至消失，严重时常呈现缩期心内杂音，同时伴有极度无力，呼吸速快，黏膜发绀等症状，可初步判断为急性心机能不全（急性心力衰竭）。

（2）病畜表现易疲劳、出汗、动则气喘，夜间浮肿，次日运动消失，心音浑浊、减弱，其他器官系统因瘀血而其机能障碍。可初步判断为慢性心机能不全（慢性心脏衰弱）。

（3）病畜可视黏膜苍白或发绀，体表静脉萎陷，脉搏十分微弱甚至不感于手，第一心音增强，而第二心音微弱甚至消失，体温降低，末梢厥冷，大量出冷汗，短暂的惊恐后出现共济失调，甚至倒地、昏迷和痉挛，可初步判断为血管机能不全（外周血管衰竭）。

2. 初步判断所发生疾病的部位及性质

（1）病畜静脉瘀血，甚至怒张，皮下浮肿，心区敏感疼痛，听诊有心包摩擦音或拍水音。可初步诊断为心包炎。

（2）病畜表现极度虚弱无力，脉搏虚快，节律不齐，甚至短促，心悸亢进，心动过速，第一心音浑浊或分裂，第二心音显著减弱，心律不齐（期外收缩，传导阻滞），严重时呈现心内杂音。体温升高，白细胞增多。可初步诊断为急性心肌炎。

（3）病畜无力，脉搏弱快，心悸亢进，振动胸壁，呈现恒定的心内器质性杂音，体温升高，多为急性心内膜炎的可能；病畜易疲劳、出汗，并呈现恒定的心内器质性杂音，则多为慢性心脏瓣膜病的可能。

心血管系统疾病多为继发性，可继发于多种急性传染病，某些中毒病及其他器官系统重症疾病过程中。因此，在临诊中应特别注意对原发病的诊断。

第四章　呼吸系统的检查

呼吸系统疾病的发病率仅次于消化系统，而且在许多传染病及某些寄生虫病时，都可侵害呼吸系统而致病，因此，呼吸系统的检查具有重要的实际意义。

第一节　呼吸运动的检查

动物呼吸时，鼻翼、胸廓和腹壁呈现有节律的协调运动，称为呼吸运动。呼吸运动的检查主要包括呼吸频率、呼吸类型、呼吸对称性、呼吸节律及呼吸困难的检查。

一、呼吸频率的检查

呼吸频率的检查，详见第二章一般检查。

二、呼吸类型的检查

呼吸类型也称呼吸方式，是指呼吸时胸壁与腹壁起伏动作强度的对比。健康家畜呼吸时胸壁与腹壁的运动协调，强度也大致相等，称胸腹式呼吸，只有犬例外，属胸式呼吸。呼吸类型的病理改变，有以下两种。

（一）胸式呼吸

其特征为呼吸时胸壁的起伏动作特别明显，而腹壁运动却极微弱。为膈肌、腹壁、腹膜有病或腹腔内器官患有某些能使腹内压增高而影响膈肌运动疾病的表现。可见于膈肌麻痹或破裂、腹壁创伤、腹膜炎及腹腔大量积液等。

（二）腹式呼吸

其特征为呼吸时腹壁的起伏动作特别明显，而胸壁的活动却极微弱。为胸壁及胸腔内器官有病的表现。可见于胸壁创伤、肋骨骨折、胸膜炎、胸膜肺炎、胸腔大量积液等。

三、呼吸对称性的检查

健康家畜呼吸时，两侧胸壁起伏的强度一致，称呼吸对称（匀称）。当胸部疾患局限于一侧时，则患侧的呼吸运动显著减弱或消失，而健侧的呼吸运动常出现代偿性加强。可见于一侧性胸膜炎、肋骨骨折、肋间肌风湿及气胸时。

四、呼吸节律的检查

健康家畜的吸气与呼气所持续的时间有一定的比例（犬为1：1.6），每次呼吸的强度一致，间隔时间相等，称为节律性呼吸。呼吸节律可受兴奋、运动、喷鼻、嗅闻等生理因素的影响，发生暂时改变，但很快恢复正常。呼吸节律的病理性改变，常见有以下几种。

30

（一）间断性呼吸

其特征是在呼吸时，出现多次短促的吸气或呼气动作。是由于病畜先抑制呼吸，然后补偿以短促的吸气或呼气所致。常见于细支气管炎、慢性肺泡气肿、胸膜炎等。有时也可见于呼吸中枢兴奋性降低的疾病（如脑炎、中毒及濒死期等）。

（二）陈-施二氏呼吸

又称潮式呼吸，其特征是呼吸逐渐加强、加深、加快，当达到高峰后，逐渐减弱、变浅、变慢，而后代之以呼吸暂停，约经数秒乃至15~30s以后，又重新出现同样的呼吸运动，如此周而复始，呈现周期性变化。其发生机理是在呼吸中枢机能严重障碍，而在兴奋性降低的情况下，来自肺和血管反射区的正常冲动，只能引起呼吸中枢微弱的应答反应，血液中正常浓度的CO_2不足以引起呼吸中枢的兴奋，以致呼吸逐渐减弱而停止，在呼吸暂停期间，血液中CO_2浓度又逐渐增高，并刺激呼吸中枢及颈静脉窦与运动脉弓的化学感受器，重新引起呼吸中枢的兴奋，使呼吸运动加强、加深、加快，待达到高峰后，随着血液中CO_2浓度的下降，而血氧浓度的升高，呼吸中枢兴奋性也随之降低，呼吸又逐渐变弱、变浅、变慢，最后暂停，待到血液中CO_2浓度再次升高，又呈现同样的呼吸运动。多为呼吸中枢机能衰竭的早期表现。可见于脑炎、心力衰竭、中毒病及某些重症疾病的后期。

（三）毕欧特氏呼吸

又称间歇呼吸，其特征是数次连续而深度大致相等的呼吸后，呈现一短时的呼吸暂停，然后重新发生同样的呼吸，并交替发生。多为呼吸中枢兴奋性极度降低，病情危重的表现。可见于脑膜炎、某些中毒症（如酸中毒及尿毒症等）时。

（四）库斯摩尔氏呼吸

又称深长呼吸，其特征是呼吸深大而慢，呼吸次数减少，且带有明显的呼吸杂音（如鼾音），但无呼吸暂停现象。为呼吸中枢机能衰竭的晚期表现。可见于脑脊髓炎、脑水肿、某些中毒病、大失血后期及濒死期。

五、呼吸困难的检查

呼吸运动加强，呼吸频率改变，辅助呼吸肌参与活动，有时呼吸节律及呼吸类型也发生变化，称为呼吸困难。依据引起呼吸困难的原因及表现形式，可分为3种类型。

（一）吸气性呼吸困难

其特征是吸气时间延长，吸气费力，辅助吸气肌也参与吸气运动。病畜在吸气时，表现鼻孔张大，头颈伸直，肘头外展，胸廓开张，肛门内陷，并可常听到类似口哨声的狭窄音。为上呼吸道狭窄、空气吸入发生障碍的表现。可见于上呼吸道狭窄性疾病，如鼻腔狭窄、喉水肿、咽喉炎等。

（二）呼气性呼吸困难

其特征是呼气时间延长，呼气用力，辅助呼气参与呼气运动。病畜呼气时表现脊背弓曲，腹肌强力收缩，腹部动作明显加强，肛门突出，并常呈现二重性呼气（连续二次呼气运动），严重时可沿肋骨弓下缘出现较深的凹陷，称"喘线"或"息痨沟"。为肺泡壁组织弹性减弱或细支气管狭窄，而致肺泡内空气排出障碍的表现。可见于肺泡气肿、急性细支气管炎、胸膜肺炎等。

（三）混合性呼吸困难

其特征是吸气和呼气都发生困难，并常伴有呼吸频率增加，甚至呼吸节律改变，是最多见的一类呼吸困难。不仅因肺内气体交换障碍、血氧浓度下降所致，也常因对血氧的输送障碍，组织细胞对氧的利用障碍，以及呼吸中枢机能障碍等原因所引起。

肺内气体交换障碍、血氧浓度下降而致的呼吸困难，可见于肺实质发炎、实变而使呼吸面积减少的各型肺炎；致使肺内气体交换受阻的肺充血与肺水肿、肺气肿；既使膈肌运动障碍的胸膜疾病、膈肌疾病及腹内压增高的疾病；又使肺循环障碍的心脏疾病过程中。

对血氧的输送发生障碍而导致呼吸困难，可见于致使红细胞减少、血红蛋白含量下降的各型严重贫血，伴发贫血的传染病、寄生虫病、溶血性疾病，以及致使血红蛋白变性的中毒病（如亚硝酸盐中毒等）。

组织细胞对氧的利用障碍而导致呼吸困难，可见于能使组织细胞呼吸酶系统受到抑制的某些中毒病（如氢氰酸中毒等）。

呼吸中枢机能障碍而致的呼吸困难，可见于某些脑病（如脑膜炎、传染性脑脊髓炎、脑瘤等）、某些中毒病和代谢障碍病过程中。

第二节　呼出气、鼻液及咳嗽的检查

一、呼出气的检查

（一）呼出气的气味

健康家畜的呼出气一般无特殊的气味。但在某些疾病过程中，可使呼出气具有某种特殊气味。例如，当肺组织或呼吸道的其他部位有坏死性病变时，致使呼出气具有腐败气味，可见于副鼻窦炎、腐败性支气管炎及肺坏疽时；在尿毒症时，呼出气可呈现尿臭气味；酮病时，呼出气可呈现酮体气味（类似烂苹果气味）。

（二）呼出气的温度

呼出气温度增高，常见于发热病及呼吸系统炎症性疾病过程中；呼出气温度降低，发凉，常见于严重的脑病、中毒、虚脱及严重的贫血时。

（三）呼出气流强度的匀称性

健康家畜两侧鼻孔呼出气流相等。如一侧鼻孔呼出气流小于他侧，则表示该侧鼻腔有狭窄、肿胀、肿瘤等，并常伴有鼻狭窄音。

二、鼻液的检查

鼻液是经鼻孔流出的呼吸道黏膜分泌物、炎性渗出物及其他病理产物。健康家畜亦有少量鼻液。因此，如发现家畜流多量鼻液，多为呼吸系统有疾病的表现。对鼻液的检查，应注意其排出状态、流量、性状及有无混合物等，必要时还可进行鼻液中弹力纤维的检查。

（一）鼻液的排出状态

一侧鼻孔流鼻液，仅见于一侧鼻腔、副鼻窦、喉囊的炎症和鼻腔鼻疽等病过程中；两侧鼻孔流鼻液，则为两侧鼻腔、副鼻窦，特别是喉以下部位有疾病的表示。

（二）鼻液的量

鼻液的流量取决于呼吸系统疾病的发生部位、性质及发展时期。一般在呼吸器官急性炎症的初期、慢性炎症及某些传染病时，鼻液量较少。可见于急性气管炎和肺炎初期，慢性支气管炎及肺结核等；而在呼吸器官急性炎症的中、后期及某些传染病时，鼻液量较多。可见于急性支气管炎、支气管肺炎、大叶性肺炎的溶解期、肺坏疽、肺脓肿破裂等；当病畜低头、咳嗽、采食等动作发生时，从一侧鼻腔流出多量鼻液，可见于一侧性副鼻窦炎或喉囊炎时。如两侧鼻腔流出多量鼻液，可能是由肺坏疽等引起。

（三）鼻液的性状

因炎症的性质及病理过程的不同而有所差异。一般可分为下列几种。

1. 浆性鼻液

无色透明，呈水样。可见于呼吸道炎症、感冒及犬瘟热病的初期等。

2. 黏性鼻液

黏稠、蛋清样，灰白色不透明，因含有多量黏液，可呈牵丝状。可见于呼吸道卡他性炎症的中后期等。

3. 脓性鼻液

黏稠浑浊而成糊状、膏状或凝乳样，多呈灰黄色或黄绿色。可见于副鼻窦炎、流行性感冒、鼻腔鼻疽及肺脓肿破溃时。

4. 腐败性鼻液

污秽不洁，呈灰黄或灰褐色，有时混有崩溃的组织碎块，具有腐败臭味。可见于坏疽性肺炎及腐败性支气管炎等。

5. 铁锈色鼻液

呈红褐色。可见于大叶性肺炎和传染性胸膜肺炎等病的肝变期。

6. 泡沫状鼻液

呈白色或淡红色，含有细小泡沫，一般流量不多。可见于肺充血和肺水肿等。

（四）混合物

鼻液中混有血丝、血凝块或全血，则为鼻出血或肺出血的表现；鼻液中混有唾液及食物碎片，则为呕吐或吞咽障碍的表现。可见于急性咽炎、食道阻塞等。

（五）鼻液中弹力纤维的检查

鼻液中弹力纤维的检查，对了解肺实质有无破坏具有重要的意义。

检查时，取鼻液 2~3mL 置于试管中，加入等量的 10%氢氧化钾（钠）溶液，在酒精灯上加热煮沸，直到变成均匀溶液为止，然后加 5 倍蒸馏水混合，离心沉淀 5~10min，取沉淀物少许滴在载玻片上，加盖玻片，镜检；也可取鼻液置载玻片上，加 10%氢氧化钾（钠）溶液 1~2 滴，放置片刻镜检。

弹力纤维呈细长弯曲如羊毛状，折光力强，边缘呈双层轮廓，末端常分叉，可能单独存在，或集聚成乱丝状。

鼻液中发现弹力纤维，则为肺实质崩解的结果。可见于坏疽性肺炎、肺脓肿等。

三、咳嗽的检查

咳嗽时，喉及其以下呼吸道、肺、胸膜等受炎性产物或强烈的理化性因素的刺激而产生的一种保护性反射动作。

咳嗽的检查可通过问诊、听其自然咳嗽声和人工诱咳法进行。

人工诱咳检查时，检查者站在病畜颈侧，面向头方，一手放在鬐甲部作支点。用另一手的拇指和食指压迫第一、二气管软骨环，观察反应。对小动物短时间闭塞鼻孔，也可诱发咳嗽。正常时不发生咳嗽或仅发生一二声咳嗽，如发生连续多次的咳嗽，则为病理表现。

咳嗽的检查应注意其强度和性质。一般强大有力的咳嗽，多为喉及气管有病的表现；而低弱痛性的咳嗽，多为肺和胸膜有病的表现。

干性咳嗽（声音清脆而干、短）为呼吸道内无分泌物或仅有少量黏稠分泌物存在的表示，常见于急性喉炎的初期、慢性支气管炎、肺结核等病过程中；湿性咳嗽（声音钝浊湿而长）为呼吸道内有多量稀薄分泌物存在的表示，常见于支气管炎、支气管肺炎、肺脓肿、肺坏疽等疾病过程中；昼轻夜重的咳嗽，最常见于慢性喉炎、慢性气管炎及慢性肺泡气肿等疾病过程中；低弱、痛性、抑制性咳嗽，常见于肺炎及胸膜炎等。

第三节　上呼吸道的检查

上呼吸道的检查主要包括鼻、副鼻窦、喉囊、喉及气管的检查。

一、鼻的检查

（一）外部状态的观察

重点注意鼻面部形态的变化。鼻面部、唇周围皮下浮肿，外观呈河马头样，可见于血斑病；鼻部位膨隆，常见于软骨症，尤以幼小动物更为典型。

（二）鼻部敏感性的检查

鼻部位敏感性增高时，病畜可呈现喷鼻、摩擦鼻端现象，捏压鼻颌切迹部则发生喷鼻反应。可见于鼻炎等。

（三）鼻黏膜的检查

1. 检查方法
可用徒手法开张鼻孔，利用自然光线或头灯照明检查，小动物还可用鼻镜检查。
2. 正常状态及病理变化
健康动物的鼻黏膜稍湿润，有光泽，表面呈颗粒状，呈淡红色。在病理状态下，其颜色及形态等都可发生改变。

鼻黏膜潮红、肿胀，常见于急性鼻炎、流行性感冒及犬瘟热；鼻黏膜上呈现出血斑，可见于血斑病等。

二、副鼻窦的检查

副鼻窦的检查可用视诊、触诊、叩诊法进行，必要时还可行穿刺检查、X 线检查。额窦或上颌窦区隆起、变形、触诊敏感疼痛，叩诊呈现浊音，可见于副鼻窦炎等；窦区隆起变形，触诊坚硬，无明显疼痛，可见于骨瘤等。

三、喉及气管的检查

喉及气管的检查，主要用视诊、触诊及听诊法。

（一）视诊

注意喉部有无肿胀。喉周围组织及附近淋巴结肿胀，可见于咽喉炎等。

（二）触诊

轻触诊喉部位敏感、疼痛、肿胀，并呈现剧烈的咳嗽，多为急性喉炎的表现；较用力触诊喉部位敏感、咳嗽，多为慢性喉炎的表现；当触压健侧勺状软骨时，呈现呼吸困难，甚至发生窒息现象，则为马喘鸣症的表现；触诊气管敏感、咳嗽，多是气管炎的特征。

（三）听诊

听诊健康家畜的喉及气管时，可听到类似"赫"的声音，呼气时最清楚，称为喉呼吸音，是在呼吸过程中气流冲击声带和喉壁形成漩涡运动所产生。此音沿整个气管向内传导扩散，渐变柔和，在气管出现者，称气管呼吸音，在胸部支气管区出现者，称支气管呼吸音。喉和气管呼吸音的病理性改变常见有下列几种。

1. 喉、气管呼吸音增强

喉和气管呼吸音变为强大而粗粝的"赫"音，多见于各种呼吸困难性疾病过程中。

2. 喉狭窄音

其性质类似于口哨音、丝丝音或拉锯音，有时声音相当粗大，可在数步外听到。是在喉黏膜重度肿胀，致使喉狭窄的条件下有产生。可见于喉水肿、重症咽喉炎等病过程中。

此外，当返回神经麻痹时出现的喉狭窄音又称为喘鸣音，见于马喘鸣症时。

3. 啰音

当喉及气管内有分泌物存在时，可呈现啰音。如分泌物黏稠时，可听到干性啰音，分泌物稀薄时，则呈现湿性啰音，可见于喉炎、气管炎及其以下呼吸道炎症过程中。

对鸟类、肉食兽及兔，可开口直接对喉腔及其黏膜进行视诊，注意喉黏膜有无肿胀、出血、溃疡、渗出物、异物及肿瘤等。

第四节　胸部和肺的检查

胸部和肺的检查是该系统检查的重点。主要用触诊、叩诊、听诊法，必要时配合 X 线检查和胸腔穿刺检查。

一、胸部的触诊检查

将手背或手掌平放于胸壁上，以判定其温度及胸膜摩擦震颤感；用并拢伸直的手指，垂直放在肋间，自上而下依次进行短促触压，以判定胸壁的敏感性等。

胸壁局部温度增高，可见于胸壁炎症、脓肿及胸膜炎时；触诊时病畜表现回视、躲闪、反抗，为胸壁敏感性增高的表现。可见于胸膜炎及肋骨骨折等病过程中；当患纤维素性胸膜炎时，因胸膜表面纤维蛋白沉着而变得粗糙，在呼吸过程中粗糙的胸膜壁层和脏层相互摩擦，触诊患部胸壁可感知与呼吸一致的震颤，称为胸膜摩擦震颤。可见于纤维蛋白性胸膜炎。

二、胸部和肺的叩诊检查

胸部和肺的叩诊检查主要判定肺部有无能用叩诊法检查出的实变区，肺叩诊区有无病理性改变及胸腔有无积液等。

（一）肺叩诊区的确定

肺叩诊区仅表示肺的可叩诊检查的投影部位，并不完全与肺的解剖界限相吻合。由于家畜肺的前部被发达的肌肉和骨骼所掩盖，以致叩诊不能振动深在的肺脏，因此，家畜的肺叩诊区，比肺脏实体约小 1/3。家畜的肺叩诊区因种类不同而有所差异，但均略呈三角形。

犬肺叩诊区：前界为自肩胛骨后角并沿其后缘所引线，止于第 6 肋骨间下部；上界为自肩胛后角所引水平线，距背正中线为 2~3 指宽，后下界为自第 12 肋骨与上界线相交点开始，向下向前所引经髋结节水平线与第 11 肋骨相交点、坐骨结节水平线与第 10 肋骨相交点、肩端水平线与第 8 肋骨相交点，止于第 6 肋间下部与前界相交的弧线。

（二）叩诊方法

小动物宜用指指叩诊法。叩诊时，一般两侧肺区均应自上而下、自前向后地沿每个肋间进行全面的叩诊，如发现异常，则与周围健区及健侧相应区域进行比较叩诊，以正确判断其病理变化。

（三）肺叩诊区的病理改变

比正常肺叩诊区扩大或缩小 3cm 以上，才能认为是病理性改变。肺叩诊区的病理改变主要表现为扩大，有时也可见缩小。

1. 肺叩诊区扩大

为肺过度膨胀或胸腔积气所致，可见于急慢性肺泡气肿和气胸时。

2. 肺叩诊区缩小

由于腹内压增高，将肺的后缘向前推移所致，可见于急性胃扩张、肠臌气等病过程中；也因心脏体积增大，使心区肺缘向后上方移动所致，可见于心脏肥大、心脏扩张、心包炎和心包积液等。

（四）胸壁叩诊音

胸部叩诊音是由胸壁的振动音和肺组织及肺泡内空气柱振动音组成的综合音。其性质和强弱受胸壁厚度、肺内含气量和叩诊力量等因素的影响。

1. 肺正常叩诊音

在小动物（如犬、猫、兔等），由于肺内空气柱振动较小，则正常叩诊音稍带鼓音性质。由于动物胸壁各处的厚度和肺脏各部的含气量不同，再加之胸腔后下部又有腹腔器官（如肝脏、胃肠）的影响，健康家畜肺叩诊区各部所呈现的叩诊音也不完全相同，一般在肺叩诊区中部叩诊音较响亮，而其周围部分的叩诊音则较弱而短，带有半浊音性质。

2. 胸、肺部病理性叩诊音

在病理情况下，胸肺部叩诊音的性质可发生明显变化，并在不同的病理状态下，可呈现不同的异常叩诊音。

（1）半浊音、浊音。叩诊病畜肺部呈现半浊音，为肺组织被浸润，肺内含气量减少所致。可见于肺充血与肺水肿、大叶性肺炎的充血渗出期与溶解吸收期等。

叩诊病畜肺部呈现大面积或散在性、点片状浊音区，为肺泡内充满炎性渗出物，使肺组织发生实变或肺内形成无气组织所致。大面积浊音区，可见于大叶性肺炎的肝变期（典型经过者多发生于肺叩诊区的前下部，且上界呈弓形，非典型经过者多发生于肺叩诊区的后上部）以及传染性胸膜肺炎、牛肺疫、牛出血性败血病和猪肺疫等病过程中；散在性、点片状浊音区（病灶大小一般要到拳头大，并距胸壁5~7cm 内时，才能叩诊出），常见于小叶性肺炎，也可见于肺脓肿、肺棘球蚴病、肺结核、异物性肺炎及肺肿瘤等。

另外，当胸壁发生外伤性肿胀、发炎或胸膜炎而致胸壁过度增厚时也可呈现半浊音，应注意判断，不要误认为是肺实质的病变。

（2）水平浊音。叩诊胸部呈现具有水平上界的浊音区，其上界可随病情的加重而上升，并随病畜体位的变更而改变，为胸腔内积聚多量渗出液、漏出液或血液等所致。可见于渗出性胸膜炎、胸水及血胸等病过程中。

（3）过清音。是清音和鼓音之间的一种过渡性声音，其音调较高，其性质类似敲打空盒的声音，故又称为空盒（匣）音。为肺泡扩张，含气量增多所致。可见于肺泡气肿及各型肺炎病变周围健康肺组织代偿性气肿、大叶性肺炎的消散恢复期等。

（4）鼓音。为肺内形成洞壁光滑，紧张度较高的肺空洞（其直径不小于4cm，距离胸壁不超过5cm）或胸腔积气所致。可见于气胸、肺空洞及膈疝时。

（5）破壶音。类似于叩击破壶所产生的声音。是在肺内形成大的肺空洞，并与支气管相通的条件下，叩诊是空洞内空气急剧的经支气管逸出而产生。可见于肺坏疽、肺脓肿及肺结核等疾病过程中。

（五）胸部叩诊的敏感性

叩诊胸部，呈现回视、躲闪，甚至抗拒检查，则为胸部疼痛敏感的表现，常见于胸膜炎、肋骨骨折、胸部创伤时。叩诊发生咳嗽，可见于幼畜支气管肺炎等。

三、胸、肺部的听诊检查

胸、肺的听诊与叩诊配合应用，是诊断肺和胸膜疾病比较可靠的方法。家畜肺听诊区与叩诊区是基本一致的。

（一）听诊方法

对家畜胸、肺部的听诊检查，必须在安静环境条件下（最好在室内）进行。一般用间接听诊法，在野外吹风的情况下或对幼小动物可用直接听诊法。听诊时先从胸中部开始，其次听上部和下部，均由前向后依次进行，每个部位听2~3 次呼吸音，直至听完全肺。如发现呼吸音有异常时，与该部周围及对侧相应健康部位进行比较听诊。为了使呼吸增强，便于发现病理变化，可使家畜适当运动，或短时间闭塞鼻孔后再行听诊。

(二) 肺正常呼吸音

健康家畜肺区内一般都可听到肺泡呼吸音。此外，在犬的整个肺区内尚可听到生理性支气管呼吸音。

1. 肺泡呼吸音

正常肺泡呼吸音比较微弱，类似于轻读"夫"的声音。其特点是吸气时较明显而长，在整个吸气期间都可听到，于吸气之末最为清楚，呼气时则变短而弱，仅于呼气的初期可以听到。

肺泡呼吸音主要是在吸气时，空气通过毛细支气管和狭窄的肺泡口进入肺泡内产生漩涡运动，并引起肺泡壁振动及肺泡壁由弛缓转为紧张时产生的声音，以及呼气时将肺泡内空气从狭窄的肺泡口驱出至毛细支气管及肺泡壁由紧张转为弛缓时产生的声音所组成。此外，还有部分来自上呼吸道的呼吸音也参与肺泡呼吸音的形成。由于在肺呼气时肺泡壁迅速地由紧张转为弛缓，故肺泡呼吸音很快消失。

在正常情况下，家畜整个肺区内的肺泡呼吸音强度并不完全一致，一般在肺区中 1/3 最为明显，肩后、肘后及肺边缘部分则较弱。

肺泡呼吸音的强度还常因家畜种类、年龄、营养状况及胸壁厚度的不同而有差异。犬、猫的肺泡呼吸音又比其他家畜明显而强；幼畜的肺泡呼吸音较明显，成年家畜次之，老龄家畜微弱；营养良好、胸廓宽广家畜的肺泡呼吸音，则比营养不良、胸廓狭窄家畜的肺泡呼吸音弱。

2. 生理性支气管呼吸音

支气管呼吸音是一种类似于将舌抬高而呼出气时所发出的"赫"的声音，是空气通过声门裂时产生漩涡运动所引起的喉呼吸音，沿气管传到支气管而形成的。其特点是吸气时较弱而短，呼气时较强而长，声音粗糙而高。

健康家畜肺区的前部接近较大支气管处（支气管区），虽可听到生理性支气管呼吸音，但并非是单纯的支气管呼吸音，而是带有肺泡呼吸音的混合性呼吸音（混合性支气管呼吸音）。

在生理状态下，犬在其整个肺部都能听到明显的支气管呼吸音。

(三) 病理性呼吸音

在病理情况下除正常呼吸音的性质和强度发生改变外，还呈现其他异常呼吸音，统称为病理性呼吸音。

1. 肺泡呼吸音的病理性改变

可分为增强、减弱或消失。

（1）肺泡呼吸音增强。可表现为普遍和局限性增强两种。

①肺泡呼吸音普遍增强：其特征是在整个肺区内的肺泡呼吸音均增强，皆可听到重读"夫"的音。为呼吸中枢兴奋、呼吸运动和肺换气加强的结果。可见于发热病及其他伴有轻度呼吸困难的疾病过程中。

②肺泡呼吸音局限性增强：又称代偿性增强，为一侧或肺的一部分发生病变，使其呼吸机能减弱或丧失，而健侧或无病部分肺组织发生代偿性呼吸机能增强所致。可见于各型肺炎等。

（2）肺泡呼吸音粗糙。它也是肺泡呼吸音增强的一种表现。其特征是肺泡呼吸音异常增强而粗糙。主要是毛细支气管黏膜充血肿胀，使肺泡口处变得更为狭窄，从而使空气出入肺泡口时多产生的狭窄音成分异常增强所致。可见于毛细支气管炎、支气管肺炎等疾病过程中。

（3）肺泡呼吸音减弱或消失。肺泡呼吸音过于微弱称减弱，完全听不到称消失。

肺泡呼吸音减弱，由于进入肺泡内空气量减少、肺泡壁弹性减弱或丧失、肺泡呼吸音的传导受阻等原因所致。进入肺泡内空气量减少而导致肺泡呼吸音减弱，可见于细支气管炎、肺炎及胸膜炎、肋骨骨折等病过程中；肺泡壁弹性减弱或丧失而致的肺泡呼吸音减弱，可见于急慢性肺泡气肿时；肺泡呼吸音的传导受阻而致的肺泡呼吸音减弱，可见于渗出性胸膜炎、胸水及气胸等病过程中。

肺泡呼吸音消失，多由于肺部发生大面积实变，空气完全不能进入肺泡内所致。可见于大叶性肺炎、传染性胸膜肺炎的肝变期，以及其他类型的肺炎等疾病过程中。

2. 病理性支气管呼吸音

动物肺部听到支气管呼吸音，除正常可听到混合性支气管呼吸音区域以外的部分呈现支气管呼吸音，均为病理现象。是在肺部发生大面积、浅在性实变，但在支气管畅通的条件下，实变肺组织对支气管呼吸音的传导性增强所致。为肺部有大面积、浅在性实变的表示。可见于大叶性肺炎和传染性胸膜肺炎的肝变期，以及其他类型的肺炎和伴发肺炎的某些传染病和寄生虫病过程中。此外，在渗出性胸膜炎、胸水等病过程中，由于胸腔内积液压迫被浸于其中的肺组织引起脾变，其传音能力增强，故可在水平浊音界上缘附近区域也可听到支气管呼吸音。

3. 病理性混合呼吸音

它又称为支气管肺泡呼吸音。其特征是在吸气时以肺泡呼吸音为主，呼气时以支气管呼吸音为主，形成类似"夫–赫"的声音。一般认为在浸润实变区与正常的肺组织相间存在，深部肺组织发生炎症而周围被正常肺组织所遮盖，以及肺部实变逐渐形成或开始溶解消散的条件下所产生。可见于小叶性肺炎、大叶性肺炎的初期和末期、肺结核等病过程中。

4. 啰音

它是一种最常见的病理性附加音。据其性质可分为干啰音和湿啰音两种。

（1）干啰音。其性质类似于哨音、笛音、飞箭音及丝丝音。其特点是在吸气和呼气时都能听到，但在吸气时最为清楚，且有变动性，时而明显，时而消失。是在支气管黏膜发炎、肿胀、管径变窄或有黏稠分泌物存在的条件下，空气通过狭窄的支气管腔或气流冲击附着在支气管内壁上的黏稠分泌物并引起振动所产生，为支气管有病变的表示。可见于支气管炎、支气管肺炎、慢性肺结核及肺线虫病等。

（2）湿啰音。其性质类似于水泡破裂音，亦称水泡音。其特点是在吸气和呼气时都可听到，但在吸气末期更为清楚，也有变动，有时连续不断，有时在咳嗽后消失，经短时间后又重新出现。在临床上又可分为大、中、小三种湿啰音，分别产生于大、中、小支气管内。是在支气管内有稀薄渗出物存在的条件下，气流通过时引起稀薄渗出物的移动或形成气泡并破裂而产生。湿性啰音是支气管疾病最常见的症状，亦为肺部许多疾病的症状之一。

5. 捻发音

它是一种细小均匀、类似耳边捻发的声音。其特点是吸气时听到，尤以吸气的顶点最明显，呼气时听不到。是在肺实质发炎，肺泡内有渗出物存在，并将肺泡壁相互黏着，但并未完全实变，或毛细支气管黏膜肿胀并被黏稠的分泌物黏着的条件下，吸气时气流将黏着的肺泡壁或毛细支气管部分分开时所产生。捻发音的出现，表明肺实质的病变。常见于小叶性肺炎、大叶性肺炎的充血期与溶解消散期、肺充血与肺水肿、肺结核等病过程中，也可见于毛细支气管炎时。在临床上应注意与小湿啰音的区别（表4-1）。

表 4-1　捻发音与小湿啰音的区别

区分	捻发音	小湿啰音
出现时间	吸气顶点最明显	吸气与呼气时均可听到

（续表）

区分	捻发音	小湿啰音
性质	类似于耳边捻发的声音，大小一致	类似于小水泡破裂的声音，大小不一致
咳嗽后	几乎不变	咳嗽后减少，或可能暂时消失或移位

6. 空瓮呼吸音

其性质类似于轻吹狭口瓶时所产生的声音。较柔和而深长，带有金属音色，吸气与呼气时均能听到，呼气时更为明显。是在肺内形成周壁光滑与支气管相通的较大肺空洞，其周围肺组织又处于实变的条件下，支气管呼吸音进入空洞内共鸣而增强所致。见于坏疽性肺炎、肺脓肿破溃时。

7. 胸膜摩擦音

其性质类似于将一手平放于耳边，用另一手在此手背部摩擦所产生的声音。其特点是音调干而粗糙，声音接近体表，且呈断续性，出现于吸气末期和呼气初期。是在胸膜发炎，纤维蛋白沉着，使之变得粗糙的条件下，在呼吸时，胸膜壁、脏两层相互摩擦所产生。为胸膜炎的示病症状。可见于纤维素性胸膜炎、传染性胸膜炎、肺结核等病过程中。

8. 胸腔拍水音

类似摇振半瓶水或水浪撞击河岸时产生的声音，吸气和呼气时都能听到。是在胸腔内有积液和气体同时存在的条件下，随呼吸运动或体位的突然改变而引起振动所产生。见于腐败性胸膜炎及气胸伴发渗出性胸膜炎时。

四、胸腔穿刺检查

胸腔穿刺在胸膜炎及胸腔积液等病的诊断上具有重要的作用。

第五节　呼吸系统检查结果的综合分析

通过检查，如发现病畜咳嗽、流鼻液及呼吸困难，可提示呼吸系统有病，应主要依据对上呼吸道及胸、肺检查的异常所见，并参考整体状态的变化，综合分析，初步判定疾病的部位及性质。

（1）如见病畜喷鼻、喷嚏，流多量鼻液、咳嗽声音较粗大，有时还呈现吸气性呼吸困难，但全身症状轻微或不明显，胸肺检查无明显异常，则提示病变的部位在上呼吸道。

①如见病畜喷鼻或喷嚏，流鼻液，鼻部敏感，鼻黏膜发红、肿胀，但对喉以下部位检查无明显异常，可提示为鼻炎；病畜单侧或两侧鼻孔流脓性鼻液，特别在低头时流量增多，副鼻窦部肿胀，多为副鼻窦炎的可能；病畜呈现剧烈咳嗽，触诊喉部敏感，并发生连续性咳嗽，但对胸、肺部检查无明显异常，可提示为喉炎。

②病畜不仅呈现上呼吸道炎症的症候，还具有传染流行特点时，应考虑某些主要侵害上呼吸道的某些传染病。例如，在犬见流鼻液，剧烈咳嗽，并迅速传染流行，多为传染性上呼吸道卡他的可能；在鸟见呼吸困难、咳嗽、喘气、鼻孔有分泌物，有时咳出带血的黏液，喉黏膜上有淡黄色凝固物附着，不易擦去，迅速传播，多为传染性喉气管炎的可能。均应进一步确诊。

（2）如见病畜咳嗽、流鼻液、明显呼吸困难，肺部叩、听诊及 X 线检查异常，可提示疾病主要侵害支气管及肺脏。

①病畜咳嗽，流鼻液，听诊肺部有明显的干性或湿性啰音，叩诊肺部无异常，X 线检查肺纹理增重，并有程度不同的全身症状，可初步诊断为支气管炎。

②病畜呼吸困难，低弱痛性咳嗽、流鼻液，肺部叩诊呈现点片状或大面积浊音区，听诊呈现捻发音、病理性支气管呼吸音，病变部肺泡呼吸音减弱或消失，全身症状重剧，X 线检查可见点片状或大面积阴影，可初步诊为肺炎。

③病畜呼吸困难，鼻液淡红色或白色泡沫状鼻液，肺泡呼吸音粗糙或呈现广泛湿性啰音，可提示为肺充血与肺水肿。

④病畜高度呼吸困难，叩诊肺部呈现过清音，叩诊界扩大，听诊肺泡呼吸音减弱或消失，可提示为肺泡气肿；如见病畜呼吸困难，叩诊肺部呈现过清音，但叩诊界多不明显扩大，常伴有皮下气肿，可提示为肺间质气肿。

（3）如见病畜呼吸表浅困难，低弱痛性咳嗽，触、叩诊胸壁敏感疼痛，听诊胸部呈现胸膜摩擦音或叩诊呈现水平浊音，胸腔穿刺，放出渗出液，可诊断为胸膜炎。

（4）如见病畜不仅具有肺、胸膜发炎的症喉群，而且还具有传染流行特点时，多考虑为主要侵害肺、胸膜的传染病（如结核病、传染性胸膜肺炎等）和寄生虫病（肺线虫病等）。应进一步作流行病学调查及病原学、血清学诊断等，以确诊之。

第五章 消化系统的检查

家畜消化系统疾病是多发、常见病，如不早期诊疗，就会直接影响动物的生长发育、生产性能及其他器官系统的正常机能活动，直至造成死亡。其他系统的疾病也常会引起消化机能的紊乱。因此，消化系统的检查有着重要的临床意义。

第一节 饮食机能与动作的检查

一、饮食欲的检查

饮食欲的检查，主要用问诊和视诊，必要时可进行饲喂或饮水试验，以了解动物对饲料或饮水的要求和采食量或饮水量的多少等。

（一）食欲

在生理状态下，家畜的食欲常因饲料种类和质量的不同、饲喂制度和饲喂环境的改变等因素的影响而发生暂时改变，但能很快适应和恢复。在病理状态下，家畜的食欲常发生下列变化。

1. 食欲减退

病畜采食量明显减少，即使给予优质适口的饲料也只采食少量。是消化机能轻度障碍的表现。可见于各种较轻微的胃肠疾病、发热及能引起消化机能轻度障碍的其他疾病过程中。

2. 食欲废绝

病畜食欲完全丧失，拒绝采食。是消化机能严重障碍或病情重剧的表现。可见于重症的消化道疾病、肝脏疾病、高热性疾病及其他中部过程中。

3. 食欲不定

食欲时好时坏，变化无常，常见于慢性消化不良时。

4. 异嗜

俗称异食。是食欲紊乱的另一种异常表现。病畜喜食正常饲料成分以外的物质，如垫草、泥土、灰渣、骨头、碎布、破塑料布、砖块、皮、毛、羽毛等。多由于某些矿物质、维生素、微量元素及氨基酸缺乏所引起。可见于骨软症与佝偻病，铜、钴、锌缺乏症，以及慢性氟中毒、慢性胃肠卡他等。

5. 食欲亢进

病畜食欲异常旺盛，采食量异常增多。可见于犬、猫糖尿病及其他家畜的重症疾病恢复期和肠道寄生虫病等。

（二）饮欲

在正常情况下，家畜的饮欲常受气温、运动和饲料中含水量等因素的影响而有所变化。但在病理状态下，则呈现明显异常。

1. 饮欲减退或废绝

病畜饮水量显著减少或不饮水。可见于咽麻痹、食道完全阻塞、脑病及重危疾病时。

2. 饮欲增加

病畜口渴喜饮，饮水量显著增加。可见于发热病、脱水性疾病（如重剧腹泻、大量出汗及渗出性腹膜炎或胸膜炎等）及食盐中毒等。

二、采食

咀嚼和吞咽状态的检查，各种家畜都有其固有的采食方式，在病理状态下，常可呈现各种障碍。

（一）采食饮水障碍

病畜表现采食不灵活，或不能用唇舌采食，或采食后不能利用唇、舌运动将饲料送至臼齿间进行咀嚼。可见于颜面神经麻痹、牙齿疾患、舌伤、下颌骨骨折、下颌关节脱臼及放线菌病等；如在采食时用牙齿去衔草，将饲草衔在口中而忘记咀嚼，饮水时将口鼻伸入水中而不吸饮，直至呼吸困难时急剧抬头，多为脑机能障碍的表现，可见于慢性脑室积水及脑炎等。

（二）咀嚼障碍

可表现为咀嚼缓慢、痛苦和困难。病畜咀嚼无力，次数减少，称咀嚼缓慢，可见于发热疾病初期及消化机能障碍的疾病等；咀嚼时小心谨慎，想咀嚼而又不敢用力，并往往突然停止咀嚼，将食物吐出，称咀嚼痛苦，可见于口炎、舌伤、牙齿疾患等；咀嚼费力，张口困难或不能咀嚼，则称咀嚼困难，可见于咀嚼肌麻痹、破伤风和士的宁中毒等。

（三）吞咽障碍

轻者吞咽时表示摇头、伸颈、前蹄刨地，屡次试咽之后，拒绝采食。可见于轻症咽炎及食道炎等；严重者吞咽困难或不能吞咽，大量流涎，食物或饮水经鼻孔逆流而出。常见于重症咽炎、咽麻痹及食道阻塞等。

三、流涎、呕吐的观察

（一）流涎

口腔中的分泌物（正常或病理性）流出口外，称为流涎。健康家畜均不流涎，若呈现流涎，均为病理状态，为唾液腺分泌机能亢进或唾液的咽下障碍所致，可见于重症口炎、唾液腺炎、咽炎、咽麻痹、食道阻塞及某些中毒病等。

（二）呕吐

胃内容物不自主地经口或鼻孔中排出来，称为呕吐。杂食动物发生呕吐，均为病理现象，肉食动物可发生生理性呕吐。由于各种家畜胃和食道的解剖生理特点和呕吐中枢的感应性不同，呕吐的难易程度也不一样，肉食动物容易发生呕吐，呕吐依其发生原因可分为反射性呕吐和中枢性呕吐两种。

1. 反射性呕吐

多由于咽、食道、胃肠黏膜或腹膜受到刺激后，反射性地引起呕吐中枢兴奋所引起。可见于咽梗塞、食道阻塞多为预后不良的表现。

2. 中枢性呕吐

多由于呕吐中枢直接受到有毒物质和炎性刺激所引起。可见于某些脑病（如乙型脑炎、脑炎）及某些中毒病过程中。

检查呕吐时还应注意呕吐出现的时间、频度及呕吐物的性状等。如刚采食后，一次性吐出大量食物，多因采食过量所致，可见于肉食动物；频繁多次性呕吐，多因胃黏膜长期遭受某种刺激或呕吐中枢机能紊乱所致，可见于中枢神经系统重症疾病（如脑炎）过程中；呕吐物呈黄色或绿色，且为碱性，则为混有胆汁的表现，可见于小肠阻塞或变位时；呕吐物呈红色或暗红色，则为混有血液的表现，可见于肉食动物及某些出血性疾病（如犬瘟热、猫瘟热等）过程中。

第二节　口、咽、食道的检查

一、口腔的检查

（一）开口方法

动物的开口法，可根据临诊的需要，选用徒手开口法或开口器开口法。

犬开口法：用两手把握犬的上下颌骨部，将颊压入齿列，使颊被盖于臼齿上，然后掰开口，或用开口器开口。

（二）口唇的检查

健康家畜的口唇，除老弱大型犬因其下唇组织的紧张性降低而松弛下垂外，两唇闭合良好。在病理状态下，常可出现下列变化。

1. 口唇下垂不能闭合

可见于颜面神经麻痹、昏迷、某些中毒病等。一侧呈颜面神经麻痹时，则口唇歪向健侧。

2. 口唇紧张性增高

双唇紧闭，口角向后牵引，口腔不易或不能打开。可见于破伤风和士的宁中毒等。

3. 口唇肿胀

可见于血斑病、口唇黏膜深层发炎及马传染性脑脊髓炎等。

4. 唇部疹疱

可见兔传染性脓疱性口炎等。

（三）口腔气味

健康动物的口腔一般无特殊臭味。当动物患消化机能障碍的某些疾病时，由于长期饮食欲废绝，口腔上皮脱落及饲料残渣腐败分解而发生臭味。可见于口炎、热性病、胃肠炎及肠阻塞等；当患齿槽骨膜疾患时，也可呈现腐败臭味；犬猫酮血病时，可呈现类似氯仿的酮体气味。

（四）口黏膜的检查

应注意其色泽、温度、湿度及形态变化。

1. 色泽

健康家畜口黏膜颜色淡红而有光泽。在病理情况下，可呈现苍白、发红、发黄及发绀等变化，其诊断意义与眼结膜颜色变化的意义相同。

2. 温度

口腔温度的检查，可将手指伸入口腔内感知。口温升高，可见于口炎、胃肠炎及一切发热病等；口温降低，可见于肠痉挛、严重贫血、虚脱及濒死期。

3. 湿度

口腔湿度的检查可用视诊，也可用手指检查。如检查大型犬口腔湿度时，可将食、中指伸入口腔，转动一下后取出观察。检指上干、湿相间为湿度正常；检指干燥者，为口腔稍干的表现；检指湿润者，为口腔稍湿的表现。口腔过于湿润，甚至流涎，为唾液分泌增多或吞咽障碍所致，可见于肠痉挛、口炎、咽炎、食道阻塞、有机磷农药中毒、脱水性疾病时。

4. 口黏膜的形态变化

口黏膜肿胀，并发生水泡、脓疱、糜烂、溃疡等，除见于各型口炎外，还可见于某些传染病，如传染性水泡病、痘病等。

（五）舌苔及舌的检查

舌苔是覆盖在舌面上的一层疏松或紧密的附着物，主要由脱落不全的上皮细胞所组成，呈灰白色或黄白色。是消化机能，特别是胃和小肠消化机能障碍的表现，可见于胃肠卡他、胃肠炎及引起胃肠消化紊乱的其他疾病时。

舌的检查应注意舌色及舌体的变化。舌色绛红（深红或带紫色），多为循环高度障碍或缺氧的表现；舌色青紫，舌软如绵则可提示病到危期，预后不良；舌体肿胀、变硬、体积增大，多为放线菌病的表示；舌垂于口角外并失去活动能力，则为舌麻痹的表现，可见于各型脑病后期及某些饲料中毒病时；舌部创伤，可被骨刺伤，尖锐异物刺伤，也可因中枢神经机能紊乱而被咬伤。

（六）牙齿的检查

在幼龄犬猫应注意有无赘生齿发生，在成畜及老龄家畜应注意齿列及牙齿的磨灭状况。切齿珐琅质失去光泽，表面粗糙，呈现黄褐色斑纹，过度磨损，多为慢性氟中毒的表现；臼齿磨灭不整，牙齿松动，且下颌骨肿胀，多为齿槽骨膜炎的表示；老龄犬猫还可见锐齿、过长齿、波状齿等。

二、咽的检查

（一）检查方法

咽的检查主用视诊和触诊，视诊应注意病畜头颈姿势，咽喉局部肿胀及舌咽机能的变化。触诊时，检查者站于病畜颈侧面斜向头的方向，用两手从咽部两侧对称按压，判定有无肿胀和局部敏感性、温度变化等。咽部正常时只感到两手指间被薄层组织分开，无痛无热。

小动物及禽类还可打开口腔进行咽的内部诊视，以判定咽黏膜的病变。

（二）病理变化

视诊见病畜吞咽机能障碍，咽部肿胀，触诊咽部敏感疼痛，甚至发生咳嗽，局部肿胀发热，可提示为咽炎；虽见病畜吞咽机能障碍，但触诊部无热、痛、肿胀，可提示为咽麻痹。

三、食道的检查

检查食道，常用视诊、触诊及探诊，有条件时可行 X 线造影检查。

（一）视诊

健康家畜的食道深在于食道沟内，正常时不易看见。当颈部食道阻塞时，常可看到局限性膨隆，如阻塞物前部食管充满饲料、唾液时，可见食管自下而上的逆蠕动现象。

（二）触诊

健康家畜的食道触摸不到。但在颈部食道阻塞时，可触摸到阻塞物，并可感知其大小、形状及性质；食道痉挛时，可感知食道呈索状物；食道炎时，触及患部，病畜表现疼痛反应。

（三）探诊

食道探诊，小动物可用家畜导尿管或其他适宜的橡胶导管。

1. 探诊方法

探诊前先将家畜妥善保定。将胃管用温水浸泡软后涂以润滑剂（如石蜡油）。探诊时术者站于犬的一侧，一手握住鼻翼软骨，另一手将胃管前端沿下鼻道底壁缓缓送入，当胃管前端抵达咽部时即可出现抵抗感，此时不要强行推送，可将胃管轻轻转动或前后移动，趁患畜发生吞咽动作之际将胃管送入食道内。若患畜不吞咽时，可用捏压咽部或牵拉舌等法诱发吞咽动作，再将胃管送入食道内。在判定无误后，继续缓慢送入直达胃内。

胃管通过咽后，应立即进行试验，正确判定在食道内后送入。当胃管进入食道内后，可感到推送有一定阻力，而不像误送入气管内那样畅通无阻；若前后移动胃管或向胃管内吹气时，可于左侧颈静脉沟部见到波动，在胃部也可听到特殊音响；通常在左侧颈静脉沟触摸胃管；如用口将胃管内空气吸出，使舌尖或上唇接触管口时能够吸住，或将压扁的橡皮球插入胃管口时不会鼓起。相反，则表明误送入气管内，特别是病畜呈现频频咳嗽时更应注意，应将胃管抽回到咽部，重新再送。

2. 临床意义

食道探诊在食道疾病的诊疗上具有一定的意义。例如食道阻塞时，胃管到达阻塞部位后受阻不能继续送入，若用力推送时，病畜疼痛不安，吹气不通，灌水不下；在食道炎时，胃管到达发炎部位后，表现剧烈疼痛，极度不安；食道狭窄时，只能使细小胃管通过；食道扩张并形成憩室时，胃管到达病变部位后往往抵于憩室部受阻，但细心调转胃管方向后又可顺利通过等。

（四）X线检查

X线造影检查能为食道疾病（如食道阻塞、食道狭窄、食道扩张等）的诊断提供可靠的依据。

第三节　腹部及胃肠的检查

一、腹部的检查

（一）腹部视诊

主要观察判定腹围的大小及有无局限性肿胀等。

1. 腹围的检查

腹围的病理性改变，可呈现增大或缩小。

（1）腹围增大。多由于胃肠积气、积食及腹腔积液等原因所致。

胃肠积气所致者，腹围常于短时内迅速增大，尤以腹部上方显著膨胀，叩诊呈现鼓音。可见于肠臌气等。

胃肠积食所致者，腹围增大比较缓慢，程度较轻，并且常于接近积食器官部位的腹部明显增大。

腹腔积液所致者，腹部对称性膨大下垂，冲击触诊可产生波动感。

（2）腹围缩小。腹围急剧缩小，多由于重剧腹泻、严重吞咽机能障碍性疾病以及伴有腹壁肌肉痉挛的疾病所引起。可见于急性胃肠炎、重剧咽炎、咽麻痹、急性弥漫性腹膜炎初期、破伤风等；腹围逐渐缩小，多由于长期发热、慢性腹泻及慢性消耗性疾病所引起。可见于慢性发热病、慢性胃肠卡他、结核、慢性贫血及肠道寄生虫病等。

2. 腹部病变的检查

应注意腹部有无局限性膨大及肿胀，如腹壁疝、腹壁浮肿、血肿及腹壁局限性淋巴外渗以及腹壁创伤等。

（二）腹部触诊

腹部触诊主要用于判定腹壁的敏感性、紧张度及有无腹腔积液等，也常用于动物胃及肠管疾病的诊断。触诊时，检查者站在动物胸侧，面向尾方，一手放在背部作支点，另一手平放于腹部，用手掌或手指有序地进行触压检查。健康家畜的腹部柔软无痛。若触诊腹壁敏感疼痛、腹部肌肉紧张板硬，可提示为腹膜炎；腹壁肌肉紧张性增高，但无疼痛反应，则仅为腹壁肌肉紧张性增高的表现，可见于破伤风及后肢疼痛性疾病时；如见下腹部对称性膨大下垂，行冲击触诊产生波动感，多为腹腔积液的表现。

犬猫动物腹部触诊的应用较广，不仅用于腹部敏感性、紧张度及腹腔积液的判定，也可用于腹腔内器官状态的检查。

（三）腹腔穿刺检查

其目的主要是查明腹腔穿刺液的性质，借以诊断某些疾病，如腹膜炎、心包炎、肠变位及胃肠破裂等。

二、小动物胃肠的检查

犬、猫、兔及毛皮兽胃肠的检查，主要用视、触、听诊法，必要时也可行胃液检查、直肠检查及X线检查等。

（一）胃的检查

1. 视诊

应注意有无呕吐及胃区膨胀。呕吐，可见于急性胃炎、胃溃疡、胃扩张、胃扭转及胃肠炎等；在左侧肋弓下方膨隆，是胃扩张的特征。

2. 触诊

使动物站立，有时横卧或提举前肢保定；将两手置于两侧肋弓的后方，用拇指于肋骨内侧向上方触压，观察其反应。如呈现疼痛及呕吐反应，则为胃部有病的表示。可见于胃炎、胃溃疡及胃肠炎时。

（二）肠的检查

1. 视诊

注意有无腹痛、腹胀及腹泻现象。腹痛，可见于出血性胃肠炎、肠梗阻（小肠阻塞）等；结肠便秘时，于髋结节和季肋部之间出现局限性隆起；腹泻，常见于肠卡他、胃肠炎等。

2. 触诊

各型肠炎、肠便秘及肠变位时，触诊腹部均可呈现疼痛反应。肠便秘时，可触感到积粪块；肠套迭（多发生于十二指肠及回肠）时，可触感到圆筒状有弹性、局限性肿胀。

3. 听诊

小动物肠音类似哗拨音或捻发音。其病理变化可呈现增强、减弱或消失。肠音高亢、次数增多，可见于肠炎、腹泻及中毒病等；肠音减弱，次数减少，可见于胃炎、便秘初期及热性病等；肠音废绝，可见于便秘后期及肠变位等。

4. 直肠检查

将动物行站立或横卧保定，然后用食指或食中指，涂以润滑剂，缓慢伸入直肠检查，另一手由腹部下壁徐徐向骨盆腔前口压迫，使内脏后移，以便检查。当肠套迭时可感知套入肠段的钮扣状端，触压敏感疼痛。便秘时，也可感知积粪块。

第四节　排粪状态及粪便的检查

一、排粪状态的检查

排粪是一种复杂的反射动作。在正常情况下，当直肠内粪便充满到一定程度后，压迫刺激直肠的感觉神经末梢，反射地引起排粪动作。

健康家畜排粪时，都呈现背部微拱起，后肢稍开张，并略向前伸。只有犬排粪时采取近似坐下的姿势。

健康家畜的排粪次数及所排粪便的性状，与采食饲料的数量、质量情况等有密切关系。

在病理状态下，常因肠道运动及吸收机能障碍，或因腰荐部脊髓损伤及脑病而致对排粪动作的神经调节障碍，常可引起排粪状态的下列变化。

（一）便秘

排粪费力，粪便干硬、色深、量少，次数减少或停止。为肠蠕动机能减弱或肠道阻塞的表示。除见于慢性消化不良及发热病外，常见于肠阻塞、胃弛缓、肠便秘。

（二）腹泻

排粪频数，甚至排粪失禁，粪便呈稀粥状或水样，为肠蠕动机能病理性增强，吸收机能减弱的表示。可见于各型肠炎、肠卡他及能引起肠炎的某些传染病（如肠结核、大肠杆菌病、传染性胃肠炎、犬瘟等）、肠道寄生虫病及某些中毒病过程中。

（三）排粪失禁

动物不作排粪姿势而不自主地排出粪便，为肛门括约肌弛缓或麻痹所致。可见于持续性腹泻、腰荐部脊髓损伤及脑病后期。

（四）里急后重

其特征是屡呈排粪动作并强力努责，但仅排出少量粪便或黏液，为直肠炎的特征。顽固性腹泻，常有里急后重现象，是炎症波及直肠黏膜结果。

（五）排粪痛苦

排粪时病畜表现疼痛不安、惊惧及呻吟等，可见于腹膜炎、胃炎、胃肠炎、直肠炎等。

二、粪便的检查

（一）粪便物理性状的检查

应注意粪便的气味、颜色、硬度及混合物等。

动物的粪便有其固有的气味、颜色及硬度。粪便呈现特殊的腐败臭或酸臭气味，可见于消化不良或胃肠炎时；前端肠管出血时，可使粪便呈褐色或黑色，后段肠管出血时，可在粪便表面附有血液；阻塞性黄疸时，粪便可呈灰白色；粪便变得干硬难下，为便秘的特征；粪便变得稀薄如粥状或水样，为腹泻的特征。

粪便中混有多量未消化的饲料颗粒和粗纤维，可见于消化不良；粪便稀软，混有黏液，见于胃肠卡他；泻粪呈粥状或水样，混有脓血，可见于胃肠炎；混有多量血液，则为出血性肠炎的特征；混有大量脓样液体，可见于化脓性肠炎、痢疾；混有灰白色、成片状的脱落伪膜，可提示伪膜性肠炎，亦可见于犬瘟等。此外，还应注意有无线虫虫体、绦虫节片等。

（二）粪便的化学检查

常行其酸碱性、潜血的检查等。

第五节　肝、脾的检查

一、肝脏的检查

动物肝脏疾病及其功能障碍，并非少发，只因肝脏位置深在，临床检查甚为困难，常被忽视或误诊。对肝脏的临床检查可用触诊、叩诊法，但必须配合肝功能检查，结合临床症状，必要时还可行肝穿刺检查，有条件时亦可作超声波检查。

（一）肝脏的临床检查

事先应注意有无肝脏疾患的临床症状，如消化障碍、黄疸、心动徐缓、腹腔积水、嗜眠和昏迷等。再行对肝脏的触诊、叩诊检查。

犬在右侧第7~12肋间，肺的后缘有1~3指宽的肝浊音区，左侧第7~9肋间沿肺的后缘也有较小的肝浊音区。肉食动物的腹壁薄，从右侧最后肋骨的后方，用拇指向前上方触压可触知肝脏。

（二）肝功能检查

肝功能检查，能为肝脏疾病的诊断提供有价值的诊断依据。其内容较多，但在兽医临床上以血清胆红质的定性试验、血清蛋白质的测定及血清谷-草转氨酶（GOT）和谷-丙转氨酶（GPT）的测定等具有较大的诊断意义。

二、脾脏的检查

脾脏是体内最大的淋巴器官，其主要功能有造血（主要在胎儿时期）、破坏红细胞、储存血液及调节血量以及参与免疫活动等。它无消化功能，不属于消化系统，只是因其位于腹腔，在此不再详述。

第六节　消化系统检查结果的综合分析

病畜饮食减少或废绝，采食、咀嚼、吞咽机能紊乱，腹痛、腹胀、便秘或腹泻等症候群的出现，可提示为消化系统的疾病。应结合对本系统各组成器官的检查所见，进一步综合分析，初步推断疾病主要侵害的部位、器官及性质。还应考虑主要侵害消化系统的某些传染病、寄生虫病。

一、口腔、咽及食道疾病

病畜流涎、采食、咀嚼及吞咽机能障碍，可提示疾病发生于口腔、咽及食道。

（一）口炎

病畜采食小心，咀嚼缓慢，口内过度湿润或流涎，口温较高，口黏膜红肿或有水泡溃疡，但无明显全身症状，吞咽正常，可提示为口炎。

（二）牙齿疾患

检查牙齿有无异常者，可提示为牙齿疾患。但还应考虑佝偻病、骨软症及慢性中毒等。

（三）咽炎

病畜吞咽困难，甚至食物、饮水从鼻腔逆流而出，触诊咽部敏感疼痛、肿胀，可提示为咽炎。但还应考虑并发咽炎的某些传染病及寄生虫病。

（四）咽麻痹

病畜虽现严重吞咽机能障碍，但触诊咽部则无热、痛、肿胀者，应多考虑为咽麻痹。

（五）食道阻塞

常于采食过程中突然发病，咽下不能、探诊不通或在颈部食道触摸到阻塞物，可提示为食道阻塞。

二、胃卡他或胃肠炎

病畜食欲减退或废绝，呕吐（肉食兽），腹泻或便秘，肠蠕动音异常，可提示为胃卡他或胃肠炎。胃肠卡他的全身症状较轻，体温正常，口色青白或青黄，肠音不整，粪便稀软或呈水样，混有黏液，不含脓血或伪膜；胃肠炎的全身症状明显，体温升高，口色红燥，舌苔黄厚，肠音在中、后期减弱，泻粪腥臭呈粥状或水样，混有脓血或伪膜。这两种疾病常继发于多种传染病、寄生虫病及中毒病，应注意对原发病的诊断。

三、肝脏疾病

病畜食欲减退，可视黏膜黄染，严重时表现昏睡或昏迷，心动徐缓，触诊肝区敏感，叩诊肝浊音区扩大，肝功能检查明显异常，可提示为肝脏疾病。

四、腹膜炎

病畜呈现缓解腹壁疼痛的异常姿势，触诊腹壁紧张板硬，敏感疼痛，体温升高，腹腔穿刺有渗出液，可提示为腹膜炎。

第六章　泌尿、生殖系统的检查

泌尿、生殖系统在解剖生理上有着密切的联系，临床检查不宜截然分开。

家畜泌尿生殖系统疾病并不少见，因此，泌尿生殖系统的检查，对疾病的诊断与治疗均具有现实意义。

第一节　泌尿系统的检查

一、排尿状态的检查

排尿状态检查，包括排尿姿势、排尿次数及排尿量的检查。正常时，各种动物依其性别不同而采取固有排尿姿势，并有一定的排尿次数和排尿量。排尿状态的病理变化，常见有以下几种。

（一）频尿和多尿

排尿次数增多，但每次仅有少量尿液排出，称为频尿。多因膀胱或尿道发炎，敏感性增高所致。可见于膀胱炎、尿道炎等。

排尿次数增多，每次排尿量并不减少称多尿。是肾小球滤过机能增强或肾小管重吸收机能减弱的结果。可见于慢性间质性肾炎、糖尿病、渗出性胸膜炎的吸收期等。

（二）少尿与无尿

排尿次数减少，每次排尿量亦少，称少尿。多因肾小球滤过机能减弱或肾小管重吸收机能增强，尿液的生成减少所致。可见于急性肾炎、发热病及脱水性疾病过程中。

排尿停止称无尿。多因肾功能衰竭、尿液的生成严重障碍，或因尿液的排出障碍所致。前者称真性无尿，常见于肾功能衰竭时；后者称假性无尿，常见于输尿管阻塞、膀胱麻痹、膀胱括约肌痉挛、膀胱破裂及尿道阻塞等。

一般将真性无尿又称尿闭，其特点是排尿停止，膀胱内也无尿；假性无尿又称尿潴留，其特点是排尿停止，但膀胱内充满尿液。

（三）尿失禁与尿淋漓

病畜无一定的排尿动作和相应的排尿姿势，不自主地继续排出尿液，称尿失禁。可见于脊髓挫伤、膀胱括约肌麻痹及重症脑病时。

排尿不畅，尿液呈点滴状流出，称尿淋漓。多是排尿失禁、排尿疼痛和神经性排尿障碍的一种表现。

（四）排尿痛苦

排尿时病畜呻吟不安，回头顾腹或屡取排尿姿势，但无尿排出或呈点滴状排出。见于尿道炎、尿结石等。

二、泌尿器官的检查

（一）肾脏的检查

犬类肉食兽的右肾位于第1~3腰椎横突的腹面，左肾位于第2~4腰椎横突的腹面；对肾脏的检查主要用触诊法。

1. 外部触诊

小动物皆可用。检查小动物肾脏时可用两手插入肾区腰椎横突下触压，同时观察动物反应。正常时一般无明显反应，如肾区敏感性增高，动物表现疼痛不安，拱背摇尾，躲避检查，多为急性肾炎或肾损伤的表示。

2. 直肠检查

主要用于大家畜。小动物不易。

（二）输尿管的检查

只适应大家畜输尿管的检查。

小动物的输尿管不能用一般方法检查，如有条件时可行X线造影检查。

（三）膀胱的检查

小动物膀胱位于耻骨联合前方的腹腔底部，当膀胱充满时可达脐部。检查主要用腹壁外触诊，可触感到如球形而有弹性的光滑物体。其诊断意义基本与大家畜相同。如触压膀胱敏感疼痛，多为膀胱炎的表示；膀胱体积过于增大，多为膀胱积尿的表现。

检查膀胱的较好方法是膀胱镜检查，可直接观察膀胱黏膜状态及其病理形态变化。

（四）尿道的检查

母畜尿道很短，多无检查意义，但对公畜尿道必须进行检查。对位于骨盆腔内的部分，位于骨盆切迹以外的部分，可行外部触诊。如触诊或探诊尿道，表现剧痛不安，多为尿道炎的表示；触诊尿道某部有坚硬的固体物存在，探诊时导管不能通过，并出现剧痛，可提示为尿道结石。

三、尿液的检查

尿液物理性状的检查

重点检查尿液的气味、颜色、透明度及比重等。可结合排尿状态的检查进行，也可用导尿管采集尿液，结合尿液的化学检验等进行。

各种健康家畜的尿液有其固有的气味、颜色及透明度。其病理变化也有一定的诊断意义。

1. 气味

尿液呈现强烈的氨臭味，见于膀胱炎或长期尿潴留时；呈现腐败性臭味，可见于膀胱、尿道有溃疡、坏死或化脓性炎症时；呈现其芳香的丙酮气味，见于醋酮血病等。

2. 尿色

其病理改变常见有下列几种。

（1）尿色深黄。尿量减少，尿色变深，见于发热病；尿呈深黄色，摇振后可产生黄色泡沫，为尿中含有胆红素的表示，常见于肝胆疾病。

（2）尿呈红色。为尿中混有血液、血红蛋白或肌红蛋白所致。

尿中混有血液，称血尿，其特征是尿液浑浊红色，静置或离心后，有少量红色沉淀，镜检有大量红细胞，为肾脏或尿路部分出血的表示。可根据血尿出现的时期大致推断出血的部位。排尿初期呈现血尿，多为尿道出血所致，排尿终末出现血尿，多为膀胱出血所致。常见于相应出血部位的重剧炎症、结石等。

尿中混有血红蛋白，称血红蛋白尿。尿液呈透明红色或暗红色，甚至呈酱油色，静置或离心无沉淀，镜检无红细胞或仅有少数红细胞。常见于新生仔畜溶血病及血孢子虫病等。

尿中混有多量肌红蛋白，称肌红蛋白尿。尿呈暗红色，静置或离心无沉淀，镜检无红细胞。易与血尿区别，而与血红蛋白尿相似。但血红蛋白尿时有严重的贫血症状，如血液红细胞减少，血红蛋白含量下降；肌红蛋白尿时，具有明显的肌肉病变及其功能障碍。还可用分光镜或电泳法、化学检验等加以区别。常见于幼畜硒缺乏症等。

此外，有时可见尿成乳白色，镜检有大量的脂肪滴和脂肪管型，为尿中含有脂肪所致。常见于犬脂肪尿病，也可见于肾及尿路的化脓性炎症时。

检查尿色时，应注意某些药物的影响，如内服呋喃西林、痢特灵后，尿呈深黄色；注射美蓝或台盼蓝后尿呈黄色等。

3. 透明度

犬类肉食动物尿变浑浊，多由于尿中混有黏液、白细胞、上皮细胞、坏死组织片所致。可见于肾盂肾炎、尿路及母畜生殖器官疾病时。

第二节　生殖系统的检查

一、公畜外生殖器官的检查

公畜外生殖器官通常指阴囊、睾丸和阴茎，检查主要用视诊和触诊法。

（一）阴囊和睾丸的检查

应注意其形状、大小及硬度等。单纯的阴囊肿胀，可见于阴囊局部炎症及心功能不全、严重贫血等；阴囊增大，睾丸肿胀，触诊局部热痛明显，睾丸在阴囊内的滑动性很小，并常有明显的全身症状，为睾丸发炎的表现，可见于睾丸炎、睾丸周围炎等过程中。

去势后不久，发现精索断端形成大小不一、坚硬的肿块，同时伴有阴囊、阴鞘甚至腹下水肿，为精索硬肿的特征。

（二）阴鞘和阴茎的检查

阴鞘包皮的肿胀，除常见于包皮炎外，也可见于心、肾功能不全等疾病过程中；阴茎脱出不能缩回，称阴茎麻痹，可见于支配阴茎的神经麻痹或中枢性神经机能障碍过程中；阴茎及龟头部发生不规则的肿块，多呈菜花状，表面溃烂出血，有恶臭分泌物，则为阴茎龟头肿瘤的特征。

二、母畜生殖器官的检查

（一）外生殖器官的检查

母畜外生殖器官主要指阴道和阴门。检查主要用视诊，先注意观察外阴部病变及所附分泌物，而后用开膣器打开阴道，观察其黏膜状态、分泌物及子宫颈口状态。阴门中流出浆液黏性或黏脓性污秽腥臭分泌物，甚至附着在阴门尾根部变为干痂，病畜表现不时拱背、努责等，多为阴道炎或子宫疾病的表示。

健康母畜的阴道黏膜呈淡粉红色，光滑而湿润。母畜除发情时，阴道黏膜可发生特征性变化外，如见阴道黏膜潮红、肿胀、溃疡或糜烂，并有病理分泌物存在，多为阴道炎的表现；子宫颈口潮红肿胀，为子宫颈口发炎的表现；子宫颈口松弛，并有多量浆液黏性或黏液脓性分泌物不断流出，为子宫内膜炎的表现；若分泌物呈脓性，流量增多，并有腐败臭气味，多为化脓性子宫内膜炎或胎衣滞留的表现。

（二）子宫、卵巢的检查

借助于超声波仪器检查。

三、乳房的检查

乳房的检查主要用视诊和触诊，注意乳房有无肿胀、疼痛、乳腺硬结以及乳汁和乳房淋巴结的状态等。

在正常时，乳房柔软，乳汁正常。在病理状态下，如见乳房肿胀，热痛明显，乳腺硬结，乳汁稀薄，含絮状物、乳凝块、纤维凝块、血液和脓汁，患侧乳房淋巴结肿大，可提示为乳房炎；乳房淋巴结肿胀、硬结、无热痛反应，见于乳腺结核。

第三节　泌尿、生殖系统检查结果的综合分析

一、泌尿系统检查结果的综合分析

排尿状态的异常，尿液物理性状的变化往往提示泌尿系统疾病。应结合对泌尿器官的检查、尿液的化学检验及尿沉渣检查结果，综合分析，初步判断疾病的发生部位、器官及性质。

病畜排尿量减少，甚至呈现无尿，具有较明显的全身症状，触诊检查肾脏敏感疼痛，尿液检查多量的肾上皮细胞及管型，可提示为急性肾炎。慢性肾炎的临床症状不明显，主要依据尿液检验结果而确诊。

病畜频尿，尿液浑浊或混有脓血、触诊膀胱敏感疼痛，可提示为膀胱炎。

病畜排尿痛苦，有时呈现腹痛，血尿明显，多提示为尿石症，可进一步通过仪器设备等方法确定结石存在的部位。

有肾功能严重障碍的病史和症状，病畜精神由沉郁转为昏迷，食欲废绝，甚至腹泻或呕吐时呈阵发性痉挛，应多考虑为尿毒症。

二、生殖系统检查结果的综合分析

公畜睾丸肿胀、硬结、伴有热痛反应，运步时后肢强拘，常伴有全身症状，为睾丸炎的特征。

母畜阴道分泌物增多，或混脓血并有恶臭，阴道黏膜潮红、肿胀或有溃烂，可提示为阴道炎。

阴道内流脓性分泌物，子宫颈口弛缓甚至开张，仪器设备检查子宫体积有增大，触诊并有波动感，全身症状明显，可提示为化脓性子宫内膜炎或子宫蓄脓症。

第七章　神经系统的检查

神经系统的检查与其他器官系统不同，往往很难运用一般的听诊、叩诊等方法确定其病理状态，主要根据神经机能的异常改变，来分析、推断病理过程的部位与性质。

第一节　精神状态的检查

动物的精神状态是中枢神经系统，特别是大脑皮质机能活动的反映。主要通过问诊、观察动物的神态和对各种刺激的反应进行检查。

正常时大脑皮质的兴奋与抑制过程保持着动态平衡，因而动物姿态自然，动作灵活，反应敏捷，行为正常。在病理状态下，由于兴奋与抑制过程的相对平衡被破坏，而呈现过度兴奋或抑制。

一、精神兴奋

轻者表现易惊、不安，对轻微刺激即产生强烈的反应。重则狂躁不驯，前冲后退，顶撞墙壁，暴目凝视，甚至攻击人及其他动物，有时癫狂、抽搐、摔倒而骚动不安。为中枢神经兴奋过程病理增强所致。可见于脑及脑膜充血、脑膜炎、日射病与热射病、某些侵害神经系统的传染病（各型流行性脑脊髓炎、狂犬病、李氏杆菌病等）及某些中毒病（如食盐中毒等）过程中。

二、精神抑制

精神抑制按其程度，又可分为沉郁、昏睡和昏迷。

（一）精神沉郁

病畜对周围食物的注意力降低，离群呆立，低头耷耳，眼睛半闭，行动无力，但对外界刺激尚易作出有意识的反应。是由于脑组织受到有毒物质轻度刺激、大脑皮质机能轻度抑制所致。可见于各种热性病、缺氧及其他多种疾病过程中。

（二）昏睡

病畜重度萎靡，头常抵于饲槽或墙上，或躺卧而陷入沉睡状态，只对强烈刺激才能产生迟钝而短暂的反应，但又很快陷入沉睡状态。为大脑皮层机能中度抑制所致。可见于脑膜炎，脑室积水及其他侵害神经系统的疾病过程中。

（三）昏迷

病畜躺卧不起，昏睡不醒，意识丧失，反射消失，甚至瞳孔散大，粪尿失禁，对强烈刺激也无反应，仅保留植物神经的活动，心搏动、呼吸虽仍存在，但多缓慢而节律不齐。为大脑皮层机能高度抑制所致。见于严重的脑病、中毒、生产瘫痪、肝肾机能衰竭等。

精神兴奋和抑制，可因一定的条件而相互转化或交替出现。例如在脑炎初期，脑细胞受炎性产物或毒素的刺激，以及轻度的缺氧而呈现兴奋状态。以后由于脑细胞受到损伤、高度缺氧或颅内压增高等，即转变为抑制状态。也有的病例兴奋与抑制交替发生，最终至昏迷状态。

第二节　运动机能的检查

家畜的运动是在大脑皮质的调节下，通过椎体系统和椎体外系统实现的。在生理状态下，椎体系统与椎体外系统互相配合，共同完成各种协调的运动。但在病理状态下，由于致病因素的作用，而使支配运动的神经中枢、传导径路及感受器等任何一部位受害或机能障碍，家畜的运动便发生障碍。一般表现为共济失调、痉挛、麻痹（瘫痪）及强迫运动等。

一、共济失调

健康家畜不论站立或运动时，在大脑皮质的调节下，主要借小脑、前庭、椎体系统和椎体外系统以调节肌肉张力，协调其动作，从而维持体位平衡和运动协调。此外，视觉也有参与维持体位平衡和运动协调的作用。在病理状态下，大脑皮质、小脑、前庭及脊髓传导径路损伤及反射性调节机能障碍后，就会导致家畜体位及各种运动的异常，称为共济失调。通常可分为体位平衡失调和运动失调两种。

（一）体位平衡失调

俗称静止性共济失调。其特点是病畜站立时体位不能保持平衡，表现头部摇晃，体躯偏斜，四肢叉开发抖，关节屈曲，力图保持平衡，如将四肢稍微收拢，缩小支撑面积，便很易跌倒。通常提示小脑、前庭神经或迷路受损害。

（二）运动失调

俗称运动性共济失调。其特点是运动时出现失调，病畜体躯摇摆，步态不稳，动作笨拙，运步时肢蹄高举，并过分向侧方伸出，用力着地，如涉水样动作，有时呈醉酒状。可见于大脑皮质、小脑、前庭或脊髓损伤时。

此外，按所致共济失调的病变部位，又可分为以下几种。

1. 大脑性失调

病畜虽然能直线行进，但躯体向健侧偏斜，在转弯时失调特别明显，容易跌倒。可见于大脑皮层的颞叶或额叶受损伤时。

2. 小脑性失调

不论静止或运动时均呈现明显的失调现象，只有当整个身体倚托在墙壁等支持物上后，失调现象才开始消失，不伴有眼球震颤，也不因遮眼而加重。当一侧性小脑损伤时，患侧前后肢失调现象明显。可见于小脑疾病及损伤时。

3. 前庭性失调

动物头颈屈曲及平衡被破坏，头向患侧歪斜，常伴有眼球震颤，遮眼失调加重。为迷路、前庭神经或前庭神经核受损伤所致。可见于鸟类的 B 族维生素缺乏症、新城疫等。

4. 脊髓性失调

运步时左右摇晃，但头不歪斜，遮眼后失调加重。可见于脊髓根损伤时。

二、痉挛

骨骼肌（随意肌）的不随意地急剧收缩称痉挛。是神经肌肉的一种常见病理现象，多由于大脑皮层受刺激，脑干或基底神经节受损伤所致。按其形式可分为以下几种。

（一）阵发性痉挛

又称间歇性痉挛。肌肉作短暂、快速、重复的收缩，收缩与弛缓交替出现，常突然发生而又迅速停止。主要是大脑皮层受到刺激，兴奋性增高，直接向脑干和脊髓的运动神经原发出多量、强烈的运动性冲动所引起，也可在某些代谢病，如钙镁缺乏，使神经肌肉的应激性增强所致。常见于病毒或细菌感染性脑炎、某些中毒病（如有机磷农药中毒、食盐中毒等）、低钙血症、低镁血症等代谢障碍病过程中。

阵发性痉挛常发生于单个肌肉或单个肌群，但有时也向邻近肌组扩散，甚至蔓延到体躯的广大范围，有时仅限于个别肌束。临床上将大范围的强大而快、发作时能引起全身震动的阵发性痉挛，称为惊厥或搐搦；而将仅限于个别肌束纤维而不扩散到整个肌肉、不产生运动效应的轻微阵发性痉挛，称为纤维性痉挛。可见于酮血病、急性败血症等重剧疾病时。

（二）强直性痉挛

其特点是肌肉作长时间均等的持续性收缩，无弛缓和间歇。是大脑皮质受抑制，基底神经节受损伤，或脑干和脊髓的低级中枢受刺激的结果。常见于破伤风、士的宁中毒时，也可见于脑炎、脑脊髓炎、肉毒菌素中毒等。

（三）癫痫

癫痫是大脑无器质性变化，而脑神经兴奋性增高所引起的病理现象。其特点是阵发性痉挛和强直性痉挛同时发生，同时感觉和意识也暂时消失，可反复发作，家畜极少见。家畜有时因大脑皮质器质性变化，而出现癫痫样症状，称为症候性癫痫，发作时呈现强直性痉挛，意识丧失，大小便失禁，瞳孔散大。见于脑炎、尿毒症、脑肿瘤及某些传染病。

三、瘫痪（麻痹）

动物骨骼肌随意运动机能减弱或丧失，称为麻痹（瘫痪）。其随意机能减弱，称不完全麻痹，丧失则称完全麻痹。

动物骨骼肌的随意运动，是借椎体系统和椎体外系统的运动神经元（上运动神经元）和脊髓腹角及脑神经核的运动神经元（下运动神经元）的协同作用而实现的。当上或下运动神经元受损伤而致肌肉与脑之间的传导中断，或运动中枢机能障碍，均可引起随意运动机能减弱或丧失。通常按引起麻痹的病变部位分为中枢性麻痹和外周性麻痹。

（一）中枢性麻痹

是由于大脑皮层运动区及上运动原损伤所致。其特点是麻痹范围大，肌肉紧张性增高，甚至出现痉挛，腱反射增强，被动运动时抵抗力强，皮肤感觉机能减弱，并常伴有意识障碍，但肌肉萎缩现象轻微。见于脑炎、脑脊髓炎、脑部肿瘤及脊髓损伤等。

（二）外周性麻痹

它是由于下运动神经元、脊髓腹角等损伤所致。其特点是麻痹范围局限，肌肉紧张性降低，腱反射减弱或消失，麻痹部肌肉易发生萎缩，但意识清楚，饮食正常。如肩胛上神经麻痹、桡神经麻痹、颜面神经麻痹等。

瘫痪按其病变的范围又可分为单瘫、偏瘫和截瘫。

1. 单瘫

它是指某一肌肉和肌群的麻痹。多属外周性麻痹，如颜面神经麻痹等。

2. 偏瘫

一侧躯体发生瘫痪。由于大脑半球或椎体传导径路受损伤所致。常见于脑病及脑脊髓疾病时。

3. 截瘫

身体两侧对称部位发生瘫痪。由脊髓疾病所致。可见于脊髓炎、脊髓震荡与挫伤、脑脊髓丝虫病等。

四、强迫运动

是指脑机能障碍所引起的不自主运动。检查时应将病畜绳索放开，任其自由活动，以便观察其运动行为的变化。

（一）盲目运动

病畜作无目的徘徊，对外界刺激缺乏反应。有时不断行进，一直走到头顶障碍而无法再前进时，则头抵于障碍物而不动，人为地将其头转动后，又开始徘徊。见于脑炎等。

（二）圆圈运动

病畜按一定方向作圆圈运动或以一肢为轴向一侧作圆圈运动（时针运动）。前庭核的一侧性损伤向患侧转圈运动；四迭体后部至脑桥的一侧性损伤向健侧运动；而大脑皮层的两侧性损伤可向任何一侧运动。可见于脑膜炎、李氏杆菌病、伪狂犬病及食盐中毒等。

第三节　感觉机能与感觉器官的检查

一、感觉机能的检查

（一）皮肤感觉机能的检查

主要包括触觉和痛觉的检查。

1. 检查方法

一般在检查前应遮盖动物的眼睛。用细木棒、手指尖等轻触鬐甲部被毛或胶部或肘后部皮肤，以检查动物的触觉；用消毒的细针头，由臀部开始向前沿脊柱两侧直至颈侧，或从四肢远端逐渐向上而至于脊柱部轻刺皮肤，以观察动物的痛觉反应。

健康动物当被毛及皮肤受到刺激时，出现相应部位被毛颤动、皮肤和肌肉收缩，并见回头、竖耳、躲闪、鸣叫或四肢骚动等。

2. 皮肤感觉障碍

常见有以下几种。

(1) 感觉减弱或消失。表现为对强烈刺激也无反应或反应不明显。是由于感觉神经末梢传导径路或感觉中枢机能障碍所致。局限性感觉减弱或消失，乃是支配该区域的末梢感觉神经受损害的结果。全身性皮肤感觉减弱或消失，常见于各种疾病所引起的精神抑制或昏迷时。

(2) 感觉过敏。是因对刺激的兴奋阀降低，轻微刺激即可引起强烈反应（但应注意，有力的深触诊反而不能显示感觉过敏点）。见于局部炎症、脊髓膜炎、酮血症和农药中毒等。

(3) 感觉异常。指不受外界刺激影响而自发产生的感觉，如痒感、蚁行感、烘灼感等。但动物不能以语言表达，只是表现为对感觉异常部位反复啃咬、摩擦、搔抓等。见于酮血病、狂犬病、伪狂犬病、多发性神经炎等。

（二）深部（本体）感觉的检查

位于皮下深处的肌肉、关节、骨骼、韧带等，将有关肢体的位置、状态和运动等情况的冲动传到大脑产生深部感觉，即所谓本体感觉。借以调节身体在空间的位置、方向等。

检查时，可人为地使动物肢体取不自然的姿势，如将其两前肢交叉或广为分开站立等。健康动物在除去人为力量后能立即恢复。深部感觉障碍时，则较长时间不能恢复自然姿势。可见于慢性脑室积水、脑炎、脑脊髓炎、植物中毒等。

二、感觉器官的检查

（一）视觉器官的检查

一般用视诊，注意观察动物的眼睑、眼球、角膜、瞳孔的状态，必要时检查瞳孔对光的反应。检查视力时可用手指在动物眼前轻轻晃动观察其闭眼反应。

1. 眼睑

注意有无眼睑擦伤、肿胀、下垂等。眼睑擦伤多由于横卧时擦伤所致；眼睑肿胀，可见于外伤、流行性感冒、恶性卡他热、水肿病及血斑病等；眼睑下垂，可见于颜面神经麻痹、脑炎及某些中毒病时。

2. 眼球

注意眼球有无下陷、不正及震颤等。眼球下陷为脱水的表示；眼球萎缩，见于周期性眼炎、瞎眼等；眼球不正（斜视），为一侧眼肌麻痹或一侧眼肌过度牵张所致，为支配该眼肌的神经核或神经受损伤的表示；眼球震颤的表现为眼球有节奏的呈水平（左、右）、垂直（上、下）或回旋的剧烈运动，为动眼肌痉挛所致。可提示小脑、脑干及前庭神经损伤。常见于症候性癫痫、脑炎及食盐中毒等。

3. 角膜

角膜浑浊或形成角膜翳，可见于角膜炎、周期性眼炎、流行性感冒、恶性卡他热及角膜受伤等。

4. 瞳孔

瞳孔散大，可见于脑炎、脑脊髓炎、脑肿瘤及阿托品类毒物中毒时；瞳孔缩小，可提示脑内压中等程度升高或能使副交感神经兴奋或交感神经抑制的毒物中毒，可见于脑水肿、脑炎、有机磷农药中毒等；两侧瞳孔大小不等，变化无常，时而一侧大，时而另一侧稍大，并伴有对光反射迟钝或消失，以及昏睡或昏迷，为脑干受损伤的特征。

5. 眼底检查

注意视网膜及视神经乳头的状态及变化。

6. 视觉丧失（失明）

先天性失明，常见于幼小动物，可能与近亲繁殖有关；后天性失明，可由重症眼病所致，也可见于某种物质中毒、急性硒中毒、食盐中毒及维生素 A 缺乏症等。

（二）听觉器官检查

可用不同音量或在不同距离发出声响，观察动物的反应，以判断其听觉机能的状况。检查时应遮盖眼睛，以避免视觉干扰。听觉机能障碍可表现为以下方面。

1. 听觉过敏

对音响敏感，表现不安，易惊，对轻微声响即作出强烈反应，耳的动作特别灵活。多见于脑和脑膜疾病、酮体病早期时。

2. 听觉减弱或丧失

多见于中耳、内耳疾病或大脑皮层颞叶受损伤时。

第四节　反射机能的检查

反射是神经活动的基本方式。但只有当反射弧的结构和机能保持完整时，反射才能得以实现。当反射弧的任何部分发生病变时，都可使反射机能发生病理性改变。检查时应避免视觉的参与。

一、反射种类及检查方法

（一）浅表反射的检查方法

1. 鬐甲反射

轻触鬐甲部被毛，则见肩部及鬐甲部皮肤发生收缩，其反射中枢在第 7 颈髓及第 1~2 胸髓段。

2. 肛门反射

轻触或针刺肛门部皮肤，正常时肛门括约肌迅速收缩。反射中枢在第 4~5 荐髓段。

3. 眼睑及角膜反射

用手指、羽毛等轻触眼睑或角膜时，动物立即闭眼。反射中枢在桥脑。

（二）深部反射的检查方法

1. 膝反射

将动物横卧保定，使上侧后肢保持松弛状态，然后叩击膝韧带的直上方，正常时由于股四头肌牵缩，而下腿伸展。其反射中枢在第 4~5 腰髓段。此反射检查在犬可得满意结果，但在其他家畜效果较差。

2. 腿腱反射

叩击腿腱后，健康动物跗关节伸展而球关节屈曲。反射中枢在荐髓前端。

3. 蹄反射

针刺、锤轻击蹄，则家畜立即提起该肢或回视。前肢蹄冠反射中枢在颈膨大，后肢蹄冠反射中枢在腰膨大。一般认为此种反射检查意义较大，当患颅内压增高性脑病（如慢性脑积水）时，四肢蹄冠反射均减弱或消失（尤以前肢明显）；当发生脑内寄生虫病等脑占位性病变时，则对侧蹄冠反射减弱或消失。

二、反射机能的病理变化

（一）反射机能增强

可因反射弧或反射中枢兴奋性增高或刺激过强，以及大脑皮层对脊髓内反射中枢失去控制（如脊髓横断性损伤）所引起。可见于脊髓膜炎、破伤风、脊髓损伤等。

（二）反射机能减弱或消失

可由于中枢神经抑制或反射弧的感觉纤维或运动纤维受损所致。可见于脊髓背根、腹根及脑、脊髓的灰、白质受伤或昏睡、昏迷时。

第五节　头盖及脊柱的检查

检查头盖和脊柱常用视诊和触诊。对头盖尚可配合叩诊进行检查。

一、视诊

观察头盖和脊柱形态有无异常变化。额部和头盖局限性隆凸，可由外伤、脑和颅壁的肿瘤压迫而引起。脊柱下弯及侧弯，多由于颈肌痉挛所致，见于脑脊髓炎、霉饲料中毒及鸟的维生素 B_1 缺乏和前庭神经麻痹等。颈部脊柱向背后弯曲称为角弓反张，见于脊髓疾病及某些中毒病过程中。

二、触诊

应检查头盖温度、硬度以及是否发生椎骨骨折。头盖温度增高，见于中暑、脑膜炎等。椎骨骨折，则压迫局部疼痛明显，软组织肿胀，有时出现摩擦音。

第六节　植物性神经机能检查

对植物神经检查，主要依据症状分析，也可配合应用其他检查方法。

一、植物性神经机能障碍的症状

（一）交感神经紧张性亢进

交感神经异常兴奋时，可呈现心搏动亢进，外周血管收缩，血压升高，口腔干燥，肠蠕动减弱，瞳孔散大，出汗增加（犬、猫），如高血糖等症状。

（二）副交感神经紧张性亢进

副交感神经异常兴奋时，可呈现与前者相拮抗的症状。即表现心动徐缓，外周血管紧张性降低，血压下降，腺体分泌机能亢进，口内过湿，胃肠蠕动增强，瞳孔缩小，低血糖等。

（三）交感、副交感神经紧张性均亢进

可出现恐怖感，沉郁，眩晕，心跳加快，呼吸加快或困难，排尿和排粪障碍，子宫痉挛和性欲

减退等症状。

二、植物性神经机能障碍的检查方法

常用物理检查法，即先计数动物的心跳次数，而后用耳夹子（心–耳反射），或用手压迫眼球（心–眼反射），再计数心跳次数，以比较前后心跳的变化。一般当副交感神经过度紧张时，则每分钟心跳次数可减少6~8次，甚至更多，而且心律不齐；如交感神经紧张时，则心跳次数不减少，甚至反而增多。

第二篇
外科手术基础

第一章　外科手术学概论

第一节　外科手术学的组成和主要内容

外科手术由两个主要部分组成，一部分是研究动物的保定、无菌技术、麻醉、手术的组织等手术基本知识，以及切开、止血，组织的分离、缝合、包扎、引流等手术基本操作；另一部分则分别研究动物身体不同部位、不同器官疾病的手术治疗方法及有关的局部解剖。

手术的施行主要由3个步骤组成，即打开手术通路、进行主手术和闭合切块。

打开手术通路是已发生病理变化的器官或病灶目的，以便加以手术处理，是进行主要手术操作的先决条件。合理的手术通路是手术顺利进行和获得成功的重要条件。所谓合理的手术通路就是为了显露发病器官或病灶，在通路的组织上所做切口的部位、方向和长度应该是合理的。切口一般应选择在最接近发病器官或病灶，便于显露手术操作的部位。切口的方向和长度以及通往深部病区的通路的选择，应该是以最小程度地损伤组织和足够的显露发病器官或病灶为原则。应该尽可能地避免损伤大血管、神经干、腺体输出管以及重要肌肉和腱膜的完整性。但是，"最小损伤"并不意味着"切口愈小越好"，因为切口过小会影响发病器官的显露及对其进行有效的手术处理，而且由于勉强的显露或拉出要处理的目的器官，往往造成手术通路组织（创缘及深部组织）遭受强力牵拉、压迫，其害处远大于因延长切口所造成的组织损害。

主手术是对主要患病器官或组织进行手术处理，因而是整个手术的核心部分，是手术成败的关键步骤。

闭合切口是完成手术的最后步骤，目的是将创口关闭，并进行适当的处理，保护创口，预防感染，以利于创口愈合。

上述手术的3个步骤并非所有手术都如此。例如，有些手术其手术通路与主手术可能是一致的（圆锯术）；有些手术，主手术与手术切口的闭合很难明确分开（如脐疝疝轮的缝合）；还有些手术，切口并不需要闭合（如公猫去势术）或仅部分闭合。

第二节　手术的分类

外科手术的种类很多，按手术的性质和内容可划分为以下几类。

1. 根治手术和姑息手术

既能消除疾病的症状，又能同时消除其原因，以彻底根治为目的之手术称为根治手术，例如尿道结石的取出，良性肿瘤的摘除等。在不能彻底除去其原因时，为了消除或缓解其症状而进行的手术称为姑息手术，例如，进行某种神经的切断术，以缓解疼痛症状等。

2. 紧急手术和非紧急手术

这种分类方法在临床上具有特别的意义。紧急手术是在疾病严重威胁生命的情况下需要紧急进行抢救的手术。例如，鼻道或气管阻塞，以致有窒息危险时，需要刻不容缓地施行气管切开术；尿闭时需要紧急进行的尿道切开术或膀胱穿刺术。非紧急手术是病情进展较缓的病例，不需要紧急施行的手术，这种手术可安排在适当或方便的时间来进行，例如某些良性肿瘤的摘除手术。

3. 无菌手术和污染手术

无菌手术是在无菌条件下，对未受感染组织进行手术，例如胸、腹腔等大手术，韧带截断等小手术均属无菌手术。在手术治疗疾病的过程中，经常要对感染或化脓的组织进行手术，例如对脓肿、蜂窝织炎的切口等，这些均属污染手术。

有些手术，例如胃、肠手术，开始是无菌手术，随后胃、肠切口时已转为污染手术，在处理胃、肠后又必需转为无菌手术，这就要求将手术的无菌阶段与污染阶段严格划清界线，处理胃、肠完毕后换去所有被污染器械和手术创巾。严格对被污染的手臂和术部进行消毒，使之重新合乎无菌手术的要求。

4. 观血手术和无血手术

一般将需要破坏组织的完整性，造成血液外流的手术称为观血手术。无血手术特指那些不见血液外流的手术，例如非开放性骨折的复位手术、脱臼的整复手术以及无血去势等。

5. 小手术和大手术

一般机体损伤较小，手术操作简便的手术称为小手术，例如穿刺术、浅部脓肿切开、去势等。某些施术范围广、组织损伤大、对机体影响明显，手术操作也较复杂的手术，称为大手术，例如胸、腹腔手术等。

此外，按不同的手术目的还可以划分为治疗手术、诊断手术、经济手术（如去势和卵巢摘除术）、成形手术（目的是补偿任何器官的破坏部分或恢复组织的连续性，例如关节前面的皮肤缺损用单纯的皮肤修整法、大面积烧伤时行皮肤移植法加以修补等）与试验手术（如各种科学实验所进行的动物实验手术）等。随着近代实验外科学的进展，器官和组织的移植手术也取得了不小成就，例如肾脏移植手术、角膜移植手术、骨组织和骨髓移植手术，以及诸如动物体内人造机械心脏移植手术等，都大大丰富了手术的种类和内容。有些还在临床上取得了明显的效果。

最后，还有一类被称为细微外科的手术，是指某些需借助于手术显微镜来进行的，对微细组织结构所施行的手术，例如对微血管、神经进行吻合术即属于此类手术。

第三节　手术的组织和分工

外科手术需要有良好的组织和分工，便于在工作上各尽职责，有条不紊，迅速而准确地共同完成手术任务；手术又是一项集体活动，在明确个人分工的同时，还必须强调集体合作的精神，只有参加手术的人员相互协调，紧密配合，才可能使手术顺利并完成。

手术各相关人员术前应明确每个人的职责，了解整个手术进程、目的、要求以及手术时应注意的事项等，所有这些在制订手术计划时，都应该充分论证，做到人人心中有数。

1. 手术人员一般可做如下的组织分工

（1）术者。是手术的主要负责人，要对病情、有关局部解剖的情况等，事先应有充分的了解和准备，并负责手术计划的拟定，手术时亲自负责主要的手术操作，术后负责必要的总结工作。

（2）助手。是协助术者进行手术，视具体情况可设1~3人。第一助手负责局部麻醉、术部消毒、手术巾隔离，以及配合术者进行切口、止血、结扎、缝合、清理及显露术部等主要操作。助手必须细心留意，使术者操作方便，了解术者意图和操作中困难所在，并及时给予密切配合，在术者因故不能手术时，可以替代术者继续手术；第一助手的位置一般设在术者对面。第二、三助手的职责主要是补充第一助手之不足，例如牵拉创钩，显露深部组织、清理术部等，必要时还应协助器械助手准备缝线或传递器械等工作，位置可根据需要分别设于术者旁边或对面。

（3）器械助手。它是术前负责器械及敷料的准备和消毒工作。手术时负责供应、传递器械及敷料。因此，器械助手事先应了解和熟悉该手术的操作及程序，做到正确而敏捷地配合手术人员的需要。此外，还要养成利用空隙时间经常维持器械台整洁的习惯，随时消除线头、血迹，归类放置器械，使工作进行有条不紊，在闭合腹腔之前，应注意清点敷料和器械的数目，术后负责器械的清洁和整理。

（4）麻醉助手。

一般仅在施行全身麻醉或申针麻醉时另设麻醉助手，负责患病动物的麻醉。麻醉助手在麻醉全过程中应严密注意或记录呼吸、循环、体温、各种反射以及其他的全身变化情况，如有异样应及时将情况反映给术者。麻醉助手还应负责手术时的给氧、强心、补液或急救等。

（5）保定助手。

负责手术动物的保定工作。保定助手在整个手术过程中，都要注意保定情况，如发现保定不确定时，应随时加以纠正，手术后保定助手解除保定，并将动物送到合适的位置，作妥善安排。

以上所述手术人员的组织分工，根据具体情况可适当增减、灵活掌握，但参与无菌操作的手术人员就不应兼任接触污染的工作。

2. 手术人员之间的配合

手术人员各司其职固然重要，但他们之间的默契配合对手术的顺利完成、缩短手术时间，减少手术中的失误起决定性作用。

（1）术者与助手的配合。直接关系到手术进程的效果。术者的每一个操作几乎都离不开助手的配合。心领神会的配合是术者与其助手长期同台磨合的结果。这种娴熟默契的配合不仅有利于顺利完成高质量的手术，而且还可以避免手术人员之间的意外损失。作为术者应熟练掌握手术常规步骤，并及时给予助手以任何配合的暗示，不可一人包揽全部操作；作为助手更应主动积极地领会术者的意图和操作习惯，正确做好配合操作，不可随意发表意见扰乱术者的思想情绪，更不可代替术者操作。例如：术者在切割皮肤和皮下组织时，伤口出血，助手应立即用纱布压迫并用血管钳夹出血点；术者在作深部组织切开时，助手应及时用纱布或吸引器清理手术野，以便术者在直视下完成下一步操作；术者分离组织时，助手用血管钳或手术镊作对抗牵引，以便更清楚的显露组织层次；术者在游离有较大血管的网膜、系膜、韧带时，术者先用血管钳分离出要切断的血管，助手应持血管钳插入术者所持血管钳的对侧，用两钳夹住血管，术者在两钳之间将血管切断，然后将血管结扎；术者在缝合时，应将线尾递给助手抓住，助手应及时清理手术野，可用纱布拭，吸引器清理渗血、渗液，充分显露缝合的组织，在缝针露出针头后应夹持固定在原处，避免缝针回缩，以便术者夹针、拔针；助手结扎时，术者轻轻提起血管钳，将夹持组织的尖端固定在原处，待助手抽紧缝线做第一个单结时才可撤出血管钳。遇张力较大时术者还要帮助夹住进线结处，以免在做第二个单结时前一个单结松滑。术中的配合需要术者和其他参加手术人员灵活机动地进行；然而，术者是手术小组的核心，助手的如何操作都不应影响术者的操作，所以，助手的操作动作应在尽可能小的范围进行，为术者提供充分的操作空间。

（2）器械助手与术者的配合。器械助手密切注意手术进程，及时准备和递送手术所需的物品，最好熟悉术者的操作习惯，领会术者的暗示性动作，主动递送各种适当的手术用具。

（3）麻醉助手与术者的配合。麻醉助手只有使手术动物无痛和肌肉松弛，术者才能更好地手术，术中密切观察动物的生命体征，如有异常，及时通报手术人员做出相应的处理，保障生命安全。

第四节　手术前的准备

术前准备包括术前检查、手术计划的拟定以及一系列术前的具体准备工作。

1. 手术前对动物的检查

手术前要对施术对象的基本状况有一个全面了解。因此，对有病动物进行检查是外科手术工作的基本要求之一。首先应了解有病动物的病史，并对有病动物进行必要的临床检查（在必需和条件许可时，还应该包括不要的实验室检查、心电、B超、X射线检查等），以便了解施术对象的心血管系统，呼吸系统，胃、肠、肝、肾的状态和全身状况以及现正病情，从而做出尽可能正确的诊断，并判定有病动物机体抵抗力、修复能力。能否经受麻醉或手术刺激，是否为手术适应症等。对于怀孕的动物还要考虑到保定和麻醉对胎儿的影响。上述的了解和检查结果，是作为制订手术计划时的重要依据。

2. 手术计划的拟定

根据术前检查的结果，事先深入考虑手术过程中可能遇到的一切细节，提出手术方法设想，通过召开术前会议的形式，充分发挥集体智慧，拟定出尽可能合乎实际的手术计划，这不仅是手术工作中的一项良好习惯，也是保证手术合理和顺利进行的一个重要措施。但遇到紧急情况，没有时间拟定完整的书面手术计划时，争取由术者召集有关人员，就一些手术关键问题，进行简短而必要的意见交换，以求统一认识，分工协作，对于顺利完成手术任务，也是很有帮助的。这对于一些未能确诊或比较复杂的非常规手术尤为必要。

手术计划通常可包括下列基本内容。

（1）手术人员分工。

（2）手术所需药械、缝合材料、敷料等的种类和数量（还包括某些可能出现的情况需要备用的器械，例如某些疝手术可能出现肠管截除情况所需的器械）。

（3）动物保定和麻醉方法的选择。

（4）术前应提出的注意事项（例如禁食、胃肠减压、术前给药、导尿等）。

（5）手术方法及术中应注意的事项。

（6）可能发生的手术并发症的预防和急救措施（如虚脱、休克、窒息、大出血等）。

（7）术后的治疗和护理以及饲养管理注意事项。

此外，在手术计划的后面，最好附上"手术总结"。实践是经验真理的唯一标准，在每次手术后认真总结经验，通过不断实践和总结，能更有效地提高外科手术水平。

除了紧急手术外，大手术最好安排在上午进行，以便日间有较长的时间对病情进行观察。污染手术一般均安排在无菌手术之后，以减少污染机会。

3. 患病小动物的准备

患病小动物的准备是外科手术重要组成部分。患病小动物术前准备工作的目的，是尽可能使手术小动物处于正常生理状态，各项生理指标接近正常，从而提高小动物对手术的耐受力。因此可以认为，术前准备的如何，直接或间接影响手术的效果和并发症的发生率。通常患病小动物的术前准备工作包括以下几个方面。

（1）禁食。有许多手术术前要求禁食，如开腹术，充满腹腔的肠管形成机械障碍，会影响手术操作。饱腹动物麻醉后的反胃机会增加。禁食时间不是一成不变的，要根据动物患病的性质和动物身体状况而定，禁食时间也属于外科判断力的一个部分。因为小动物消化管短，容易将肠内容物排空，故禁食不超过12h。禁食可使肝脏降低糖原的储备，过长的禁食是不适宜的。临床上有时为了缩短禁食时间而采用缓泻剂，但激烈的缓泻剂能造成动物脱水，一般不使用。当肛门和阴门手术时，为防止粪便污染，术前要求直肠排空，小动物可将肛门做假缝合或进行灌肠，以截断排泄，可大大减少污染。

（2）营养。动物在手术之前，由于慢性病或禁食时间长，大创伤、大出血等造成营养低下或水、电解质失衡，从而增加了手术的危险性和术后并发症的发病率。蛋白质是动物生长和组织修复不可缺少的物质，是维持代谢功能和血浆渗透压的重要因素。术前宜注意检查，出现严重的蛋白质缺乏征象，应给予紧急补充，以维持氮平衡状态。同时也要注意碳水化合物、维生素的补充。

（3）保持安静。为了使患病动物平稳的进入麻醉状态，术前要减少动物的紧张与恐惧。麻醉前最好有畜主伴随，或者麻醉人员要多和患病动物接触，以消除其紧张情绪。根据临床观察，环境变化对犬的影响较大。长时间运输的患病动物，应留出松弛的时间。尽量减少麻醉和手术给动物造成的应激、代谢紊乱和水电解质平衡失调，要注意术前补液，特别是休克动物。一般情况下，大剂量输液，能使心血管的负担增加，血管扩张，对动物机体也十分不利。

（4）特殊准备。对不同器官的功能不全，术前应做出预测和准备，如肺部疾病，要做特殊的肺部检查。因为麻醉、手术和动物的体位变化均能影响肺的通气量，如果肺的通气量减少到85%以下，并发感染的可能性增加，故宜早些采取措施；肝功能不良的患病动物应检查肝功能，评价其手术的耐受力；肝功能不全直接影响体内代谢产物的排泄，而且肾是调节水、电解质和维持酸碱平衡的重要器官，若发现异常，在术前要进行纠正，补充血容量。此外，在术前和术后避免应用对肾脏有明显损害药物，如卡那霉素、多黏菌素、磺胺类药物等。有些对肾血管强烈收缩的药物，如去甲肾上腺素等应避免使用。

第五节　手术中的注意事项

1. 手术中的注意事项

每个手术的具体情况不同，都有特别注意的问题，例如：鼻腔手术时，应注意防止吸入血液；食管梗塞的手术疗法，应注意避免大量唾液分泌物沾污切口；妊娠后期在保定及麻醉方法的选择上，要特别注意避免引起流产等。每个手术应注意的问题，都应反映在手术计划中。

手术中应共同注意的是自始至终都要严格遵守无菌原则，手术人员应该有正确的无菌概念和养成无菌操作的习惯。对于手术时的环境、物品、人员、畜体等，哪些部分应认为是无菌的，哪些是可疑的，哪些是污染的，应该经常有一个明确的概念，并在行动中加以严格的区分。为了保证达到无菌要求，手术中应注意下列事项。

（1）手术人员应共同自觉遵守无菌原则进行操作，发现有违反无菌规则时，应及时指出并加以纠正。

（2）避免不必要的谈话和走动，不许在手术区咳嗽或打喷嚏，避免飞沫及汗水等进入手术区。

（3）手术人员消毒后的手，在未操作前均应放在手术衣布内，不要垂至腰下部或接触没必要接触的东西，即使这些东西是经过消毒或灭菌的。其他人员参观或协助工作时，应避免触及手术者的手、臂及无菌区。

（4）器械不应在手术人员的背后，不要在腰部以下或头顶传递；用于污染部位的器械应分开放置，不可再回到无菌区；暂时不用的手术器械，不可随手放置。

（5）手术时间较长或存在污染可能时，根据需要随手进行手的消毒。潮湿的手术巾或创布，由于毛细管作用已失去术部隔离的作用，也应及时予以更换。

（6）闭合切口前应清除创内凝血块、创液、组织碎片等，并清点器械、纱布数量是否相符，缝线缝头是否剪除，用灭菌生理盐水冲洗创腔。最后用碘酊消毒缝合的切口。

2. 手术中对病畜的监护

在手术进行的整个过程中，都应让病畜在人监护之下，对于休克的预防和救治尤其重要。在兽医临床上极少采用特征的病畜监护仪。通常对病畜进行下列几方面的检查。

（1）外周循环的灌流状态。通过视诊齿龈和舌的颜色，微循环良好时色彩红润有光泽，微循环障碍时呈干枯紫蓝色，用指压齿龈或挤压舌缘驱血后，一般在 1s 内恢复灌流，如果数秒钟后才恢复说明微循环障碍，也可见耳、鼻、四肢发凉，体表静脉瘪。

（2）脉搏、血压与体温。血压是病畜监护的重要指标，休克时血压下降。

（3）呼吸频率。休克时由于补偿代谢性酸中毒使呼吸频率增加。

（4）肾脏功能障碍。休克出现的早期，由于肾灌流量减少致使尿量趋于减少。应该着重指出，任何一项检查的单次指标，都不如其动态更为重要。因而间隔时间重复检查，以掌握病情的发展变化，有利于采取及时和有效的防治措施。

第六节　手术后的治疗和护理

手术完成后，并不等于治疗的任务完成。所谓"三分治疗，七分护理"，其含义就在于强调一般容易忽视术后护理的重要性。为了落实贯彻术后应注意的措施，应将护理方法及有关注意事项告诉直接负责的护理人员，并说明如果疏忽可能造成的后果，以引起重视。术后护理和治疗有关事项如下。

1. 术后护理的一般注意事项

如果病畜是经全身麻醉的，手术后完全苏醒前，应有专人看管，此时吞咽功能未完全恢复，不可饮水或喂饲，而且病畜体温往往偏低，应该注意保暖。手术后一段时间内应加以细致观察，特别注意有无术后出血或其他并发症，以便及时处理。在术后，每天最少检测体温 1~2 次，并注意观察脉搏、呼吸、精神状态、食欲、排便以及切开的局部变化，根据病情需要还应做临床或实验室的检查，并将检查结果详细记录，以便及时采用相应的措施。术后能走动的，则根据具体情况，决定其应该运动或限制其运动的时间，早期适当运动能帮助消化、促进循环、增强体质，有利于术部功能的恢复以及切口的愈合。例如，对一般腹部手术，如果病畜在术后能自由活动，术后第二、三天即可开始做牵遛运动。初时运动宜短，每次 15min，以后逐渐增加时间。但过早或过量有可能导致术后出血，缝线裂开，机体疲劳（尤其是衰弱病畜），反而不利于创伤愈合和机体的恢复。对于截腱术、截肢术等四肢手术以及颈静脉结扎术等有术后出血危险的病例，术后应防止病畜过早运动。

2. 合理饲养

病畜在手术（尤其是大手术）中都经受了一定程度的组织损伤、出血和体液的丧失，术后往往影响食欲、饮欲，使营养摄入减少，而需要量则有所增加。因此，营养的补给是必需的，补给营养以饲喂容易消化而富含蛋白质和维生素的饲料为宜。

术后饮水，除在全麻后规定的禁饮时间外，一般不加限制。

在非消化道手术，如果术后病畜精神、食欲良好，一般并不需要限制喂饮，但术后机体衰弱或消化道功能未完全恢复的病畜则应以递增的方式逐渐恢复至正常饲喂，避免一次食量过多，造成消化道功能紊乱。最后还应该指出，术后病畜食欲的递进，营养的改善，对于创伤的愈合和机体的恢复是有利的。因此，病畜术后饮食不必要或过度的节制是无益而有害的。

3. 输液

输液是手术后治疗中常用的治疗措施之一。如果在术前由于疾病的原因造成水、电解质和酸碱平衡的失调，要尽可能在术前加以纠正。输液的目的在于补充必要的水分、热量、纠正电解质和酸碱平衡的紊乱，以及维持手术后病畜的循环血量和血压等。病畜在术后是否需要输液则视术后的病情而定，如出现上述输液的适应症而未能采取措施加以及时纠正，会延迟愈合和健康的恢复，甚至可能发展为酸中毒、碱中毒、循环衰竭或休克，以致死亡。

4. 术后感染的预防和控制

上述的感染率与手术时无菌操作的执行情况，与清创是否彻底以及病畜的全身抵抗力等密切相关，同时与术后的护理情况也有很大关系，有时术后护理不良是术部感染的主要原因。因此，手术后首先对畜体（尤其是术部）应尽量保持清洁，并防止切口与墙壁或地面接触，为了避免啃咬、摩擦、践踏等对切口外部的刺激和污染，应根据需要采取相应的措施，例如戴项圈加以头部保定，去势创或后驱切口，常采用尾绷带固定。在四肢下部的手术创，除按常规加绷带外，有时采用特制的套鞋以保护切口。

通常术后在4天内，应着重注意病畜体温的变化，在手术中组织破坏较多的病例，由于血液、淋巴液、分解的组织等所形成的创液被吸收，可以引起暂时性体温增高，但一般不高于正常温度1~2℃，而且不久即可复原，如果体温偏高且持续时间较长，则应注意检查手术切口的状态，看是不是感染造成的，在手术后3天内可出现轻度炎性水肿（无菌性炎症），随即逐渐消退。如果切口持续感染、水肿、局温升高并流出较多量创液，应立即拆除1~2针缝线，检查创口的情况，给予适当处理。

在蚊蝇滋生的季节，对于开放的切口，为了避免蚊蝇对伤口的骚扰、污染或发生蝇蛆症，可在伤口周围涂抹驱蝇油类。

在破伤风感染率较高的地区，或者某些污染大、创伤深，或者感染破伤风可能性较大的手术，为了预防术后可能发生的破伤风感染，最好能在术前两周以上的时间，预先注射破伤风抗毒素，或在必要时，在手术的同时注射破伤风抗毒素（犬1 200~3 000IU）。

为了预防和控制术后感染，提高手术的治愈率，适当配合应用抗生素和磺胺类药物，可收到良好的效果，例如，在容易造成污染的环境条件下施术，或对于感染可能性较大的一些手术（如精索窦道，胃肠手术等）如能及早配合使用抗菌药物，有助于预防或控制感染的发生或发展。然而在病畜机体状态良好，手术过程中能严格执行无菌原则或在非感染的手术，抗菌药物不一定采用。恰好相反，如果滥用抗菌药物，不仅造成浪费，还可能导致周围环境内耐药菌株的增加，致使感染一旦发生时，更难于控制。

常用的抗菌药物主要有磺胺类药物和抗生素。磺胺类药物只有抑菌而无杀菌作用，而各种抗生素中有的具有抑菌作用，有的能直接杀菌，但都不是绝对的。青霉素、链霉素、卡那霉素、新霉素、多黏菌素在低浓度是抑菌的，在高浓度是杀菌的，但四环素族和红霉素族都是抑菌的。

在使用抗菌药物时应注意以下几点。

（1）药物的选择。因磺胺类药物和抗生素的作用是有高度选择性的，所以应当针对各种感染的主要病原菌，按照其抗菌谱来选择相应的药物。

（2）用药时机和剂量。对于感染可能性大的手术，最好从术前开始用药，对于术后感染一旦确诊，应尽早用药。用药的剂量应从一开始即用足量，因为剂量不足，不仅没有疗效，而且有导致细菌抗药性增加的危险。

（3）用药的途径和停药的时机。根据病情采取不同的用药途径，例如，在一般感染，可采用口服或肌内注射，病情严重（如全身化脓性感染或中毒性休克时）应采用大剂量的静脉注射；作为肠管手术准备，可以口服肠管不易吸收的磺胺类药物；经久不愈合的伤口，则局部应用抗生素溶液或软膏。停药时机不宜过早，有时可见感染重新加重，一般应在体温正常，局部症状消失，白细胞计数及分类正常后再停药。

（4）创造必要条件以提高药物疗效。例如，清除伤口内的坏死组织、凝固血块和浓汁，可以增强抗菌药物在伤口的作用；采用碳酸氢钠使尿碱化，可以避免磺胺类药物在酸性尿中形成结晶，导致机械性尿闭；链霉素在碱性尿中作用也较强，可在并发尿路感染时使用。

第七节　手术记录书写

手术记录是对手术过程的书面记载，不仅是具有法律意义的医疗文件，也是科学研究的重要档案资料，因此，术者在完成手术以后应立即以严肃认真、实事求是的态度书写。在书写手术记录时首先要准确填写有关病畜的一般项目资料，如小动物名、性别、年龄、品种、体重以及畜主的姓名、联系方式等；还要填写手术时间、参加手术人员和手术前后的诊断，然后书写最为重要的手术经过。手术经过一般包括以下内容。

（1）麻醉方法及麻醉效果。

（2）手术体位，消毒铺巾范围。

（3）手术切口名称、切口长度和切口时所经过的组织层次。

（4）术中探查肉眼观病变部位及其周围器官的病理生理改变。一般来说，急诊手术探查从病变器官开始，然后探查周围的器官。如腹部闭合性损伤应首先探查最可能受伤的器官，如果探查到出血或穿孔性病变，应立即做出相应的处理，阻止病变进一步发展后再探查是否合并有其他器官的损伤；非急诊手术探查应从可能尚未发生病变的器官开始，最后探查病变器官。

（5）根据术中所见病理改变做出尽可能正确诊断，及时决定施行的手术方式。

（6）使用医学专业术语，实事求是地描写手术范围及手术步骤。

（7）手术出血情况，如术中出血量、输血输液总量，术中引流方式及各引流管放置的位置等。

（8）清理手术野和清点敷料、器械结果。确认手术野无活动性出血和敷料、器械与术前数量相符后才能缝合手术切口。

（9）术中发生的意外情况及术后标本的处理。

（10）术后的处理及注意事项。

第二章　外科手术的无菌技术

微生物普遍存在于动物体和周围环境。一旦皮肤的完整性受到破坏，微生物就会侵入体内并繁殖。为了避免手术后感染的发生，必须在术前和术中有针对性地采取一些预防措施，即无菌技术。它是外科手术操作的基本原则。

第一节　消毒无菌的概念

抗菌术一般是指应用适宜的化学消毒药剂消灭细菌或抑制细菌的生长、繁殖等活动，其具体措施在临床上统称为消毒，例如手术人员的手臂、术部以及手术室空气的消毒等。

灭菌是指用物理方法（尤其是高温高压灭菌方法），将附在手术所用物品上的细菌消灭，例如，手术器械和敷料的高压蒸汽灭菌或煮沸灭菌等。

消毒特指化学药剂的消毒，一般能杀灭不包括芽孢在内的细菌或抑制其活动。灭菌则指用物理方法杀灭包括芽孢在内的所有微生物。

人类对于微生物和创伤感染规律的认识，以及对防腐和无菌等技术的掌握都曾经历过一个不断实践和认识的漫长过程。1867年，李斯特首先创用"化学防腐法"，使原来认为不可避免的伤口感染、化脓等现象得到很好的控制。但化学防腐法的缺点也是明显存在的，因而也不是一种完整的方法。首先化学防腐法的防腐作用很不彻底，对许多细菌芽孢并不能杀灭，有些对细菌本身也仅起到抑制作用。如果加大药物的浓度、作用温度或延长作用的时间，虽能提高其效果，但同时也增加了对有机体的刺激性，破坏机体全身抵抗力甚至造成对组织的严重损伤。故从1888年起，"灭菌法"开始逐渐代替"防腐法"而被采用于外科实践中，以后并得到广泛应用和不断的改进。但是，灭菌法的应用仍然受到一定限制，例如手术者的手、臂、术部皮肤的处理等，都不可能采用灭菌法。随着化学消毒药品不断地发展和改进，出现了许多杀菌力强、抗菌谱广、对机体和伤口组织刺激性和损害都较小的化学消毒剂。目前，在采用灭菌法的同时，化学消毒法在外科工作中也成为不可缺少的重要环节。

综上所述，外科手术所以能发展到今天的水平，与防腐和无菌术的发现和发展有着密切的关系。因此，防腐和无菌术也是外科手术主要的基础之一。

第二节　手术感染的途径

皮肤和黏膜是预防外界细菌侵入机体的坚强防线，当发生创伤或手术切口皮肤（黏膜）后，皮肤（黏膜）的完整性被破坏，就为细菌开辟了入侵门户，因而有可能引起手术感染的危险。手术感染的途径是多方面的，其中以接触感染最为重要，但其他感染途径也不可忽视。因为万一疏忽，某些本来不是手术的主要感染途径，有可能成为感染的主要来源。

通常手术感染的途径可分为外源性感染和内源性感染。

一、外源性感染

外源性感染是指外界微生物通过各种途径进入伤口内部，引起感染，是手术感染的主要因素。可分为下列几种。

1. 空气感染

所谓空气感染，通常是指空气中尘埃附着其上的细菌落入伤口引起的感染。由于细菌必须附着在尘埃上才能比较容易落入伤口内，因此，一般空气中含有的细菌数量与空气中尘埃的多少成正比。为了避免空气感染，要求施术场所必须整齐、清洁、避风、保持安静，没有灰尘浮动，良好的手术室可使空气感染程度降至最小。

2. 飞沫和滴入感染

"飞沫感染"是由于手术人员谈话、咳嗽和打喷嚏时喷出的飞沫（其中带有大量微生物）落入创口所引起的感染。应该指出患有龋齿、口腔炎或上呼吸道疾病的手术人员，应特别注意避免飞沫感染，因为此时飞沫中的微生物毒力较强。此外，手术人员手、臂和前额上的汗滴中含有"来自汗腺的细菌"，如果落入伤口，也容易一起感染。

3. 接触感染

是发生手术感染的主要途径，要特别注意和预防。接触感染有以下几种：

（1）手术人员手、臂污染。手术者的手、臂在手术时因需要直接或间接，并且反复多次地接触手术创口，所以手、臂消毒不良是造成手术感染的主要原因之一。平时手上就带有许多细菌，如果手术人员在处理化脓伤口或进行剖检时不注意手的保护，则手的污染将更为严重。由于手、臂的消毒受到许多限制，严重污染的手、臂在数天之内都不易做到彻底消毒。因此，手术人员除了在施术前应严格进行手的消毒外，平时也应注意避免手、臂的严重污染。

（2）术部被毛的污染。皮肤和被毛上存在大量的微生物，因此，在术部消毒不良时，术部皮肤、被毛的微生物可因落入创内而引起感染。

（3）手术器械、敷料和其他用品的污染。直接或间接接触手术创的器械、敷料及其他手术用品，如果沾染细菌就不可避免的被带入创口造成感染。因此，这类物品应严格灭菌或消毒，并不可再与任何污染的物品相接触。

（4）植入感染。植入感染是指长期留在创内或不慎留在创内成为感染源的东西所引起的感染，例如灭菌不良的缝线、剪下的缝线、异物或留在创中作为引流的纱布或引流管等，这些东西因为长时间留在组织中，如果灭菌不良或被污染则成为细菌的隐蔽场所，成为危险的手术感染来源。

（5）术后切口的污染（继发外源性感染）。术后对手术切口缺乏妥善保护致使伤口受到污染，也是常见的手术感染来源之一。施术时即使充分注意消毒及无菌操作，但术后创口接触污染物，也会被感染。

二、内源性感染

它是较少遇到的手术感染形式。当微生物以某种形式以隐性状态存在于机体内时，如果手术过程中触动或偶然切到包菌的组织，或者因机体抵抗力下降，可能在手术后产生意外的并发症或手术感染。例如创伤愈合后的疤痕、脐部的瘢痕、淋巴结和已形成包膜的脓灶都可能成为隐性感染灶。因此，在手术中要引起足够的重视。

第三节　手术器械和物品的灭菌与消毒

手术器械和物品的灭菌与消毒，是外科手术无菌最重要的环节。灭菌法是指杀灭一切活的微生物（包括灭菌芽孢等）。消毒法（又称灭菌法），是指只能杀灭病原菌与其他有害微生物，但不能杀死细菌的芽孢。采用灭菌法比消毒法对细菌的杀灭作用更为彻底可靠。但是灭菌法并不适用所有手术器械物品的灭菌，必须结合消毒法应用。实施时，原则上能用灭菌法灭菌的器械物品不用消毒法处理，把用消毒法的器械和物品减少到最低水平。在手术操作时也应尽量减少灭菌器械和物品与消毒器械和物品的接触，使手术操作达到灭菌的要求。

一、手术器械和我的准备

1. 手术器械

手术器械应清洁，不得沾有污物和灰尘等。首先，要检查所准备的器械是否有足够的数量，以保证全手术过程的需要。更应注意每件器械的性能，以保证正确的使用。不常用的器械或新启用的器械，要用温热的清洁剂溶液除去其表面的保护性油脂或其他保护剂，然后再用大量清水冲去残存的洗涤剂，烘干备用。结构比较复杂的器械，最后拆开或半拆开，以利充分灭菌。对有弹性锁扣的止血钳和持针钳等，应将锁扣松开，以免影响弹性。锐利的器械用纱布包裹其锋利部，以免变钝。注射针头、缝针需要放在一定的容器内，或整齐有序的插在纱布块上，防止散落而造成使用不便。每次所用的手术器械，可以包在一个较大布质包内，这样便于灭菌和使用。手术器械高压蒸汽灭菌法，紧急情况或没有高压蒸汽设备，也可采用化学药物浸泡消毒法或煮沸法。

2. 敷料、手术巾、手术衣帽及口罩

首先值得提出的是，随着现代科学的发展以及经济水平的提高，一次性使用的止血布、手术巾、手术衣帽及口罩等均已被广泛使用。多次重复使用的这类物品均为纯棉材料制成，临床使用后可回收再经灭菌利用。敷料在手术中主要指止血纱布。止血纱布通常用医用脱脂纱布。根据具体手术要求，先将纱布裁剪成大小不同的方块，似手帕样，然后以对折方法折叠，并将其断缘毛边完全折在内面。折叠的纱布块整齐的放入贮槽内。如无贮槽可用大块纱布包扎成小包，以便灭菌和使用。灭菌前，将贮槽底窗和侧窗完全打开，灭菌后从高压锅内取出，立即将底窗和侧窗关闭。贮槽在封闭的情况下，可以保证一周内无菌。目前，临床教学实验用手术巾、手术衣帽及口罩主要为纯棉质地。事先按一定的规格分别将手术巾、手术衣帽及口罩整理、折叠。并将帽、口罩放入已折叠的手术衣内，再用大的布块将手术巾、手术衣帽包好，准备灭菌。这些物品一般均采用高压蒸汽灭菌法，在 126.6℃ 的条件下，经过不少于 30min 的灭菌，则可完全达到灭菌的要求。如没有高压蒸汽灭菌器，也可采用流动蒸汽灭菌法（可选用普通蒸锅）。由于这种容器密闭性能差，压力低，内部难以升高，温度浸透力较差，故消毒所需时间应适当延长，一般需 1~2h（从水沸腾并蒸发大量蒸汽时开始计算）。

施行灭菌的物品包裹不宜过大，包扎不宜过紧，在高压灭菌锅内包裹排列不宜过密，否则将妨碍蒸汽进入包裹内，影响灭菌质量。

3. 缝合材料

缝线直接接触组织，有些可能永久置留与组织中，如不注意严格的灭菌和无菌操作技术，容易造成创口感染。缝线种类很多，包括可吸收缝线和不可吸收缝线。目前，国外兽医临床多用一次性缝线，灭菌可靠，使用方便，但费用高，浪费大；我国兽医临床最常用的不可吸收缝线是丝线，因为这种丝线成本低，拉力及坚韧性均较强，耐高压蒸汽灭菌。其缺点为多次灭菌易变脆，用时易断裂。因此，最好使用只经一次灭菌的丝线。灭菌前将丝线缠绕在线轴或玻璃片上，避免丝线缠得过紧或过松。缝线可放在贮槽内，手术巾、手术衣包内高压蒸汽灭菌。

4. 橡胶、乳胶和塑料用品

临床常用的有各种插管和导管、手套、橡胶布、围裙及各种塑料制品等。橡胶类用品可用高压

蒸汽灭菌，但多次长期处理会影响橡胶的质量，故也可采用化学消毒液浸泡消毒或煮沸灭菌。乳胶类用品可用高压蒸汽灭菌，一般仅用一次，也可用化学消毒液浸泡消毒，但有些消毒液容易引起化学反应，如新洁尔灭可使乳胶手套表面发生一定的黏性（不影响手术）。橡胶、乳胶手套采用高压蒸汽灭菌时，为防止手套粘连，可预先将手套内外撒上滑石粉，并用纱布将每只手套隔开并成对包在一起，以免错乱。目前，这类用品很多都是一次性的，这就减少了消毒工作中的许多繁琐环节，但其费用较高。

塑料类用品如塑料管、塑料薄膜等一般用化学消毒法。有些医疗单位使用环氧乙烷气体灭菌，对细菌、芽孢、立克次氏体、病毒都有杀灭作用，可用于器械、仪器、敷料、橡胶、塑料等灭菌。

5. 玻璃、瓷和搪瓷类器皿

所有这些用品均应充分清洗干净，易损易碎者用纱布适当包裹保护。一般均采用高压蒸汽灭菌法，也可使用煮沸法和消毒药物浸泡法。玻璃器皿、玻璃注射器如用煮沸法，应在加热前放入，否则，玻璃易因聚热而破损。尽管现在普遍使用一次性注射器，但手术中最好使用经高压蒸汽灭菌的玻璃注射器，尤其是在需要用大容量的玻璃注射器时，如 20mL、50mL、100mL 注射器，因一次性注射器一般容量较小。如手术需要玻璃注射器，应将洗净的注射器内栓、外管分别用纱布包好，以免错乱或相互碰撞。较大的搪瓷器皿可使用酒精火焰烧灼灭菌法，即在干净的大型器皿内倒入适量的酒精）（95%），使其遍布盆底，然后点燃。

二、灭菌与消毒方法

（一）灭菌法

1. 高压蒸汽灭菌法

本法为外科应用最普遍、效果最安全可靠的灭菌方法。因而，高压蒸汽灭菌器是现代外科不可少的无菌设备。高压蒸汽灭菌器的型号、形状及加热方法有多种，但它们的主要功能是通过水加热后蒸汽压力增加，来提高温度的一种灭菌方法。当蒸汽压力达到 0.1～0.137MPa［15～20lb（磅）/in²］时，温度可达到 121～126℃，维持 30min，不但可以杀死一切细菌，而且能杀灭有顽强抵抗力的细菌芽孢，达到完全灭菌的目的。采用这种灭菌的物品可用于两周内使用。高压蒸汽灭菌法用于能耐高温、高压的物品灭菌，各种物品所需的时间、温度和压力，详见表 2-1。

表 2-1　高压蒸汽灭菌的时间、温度及压力

物品种类	所需时间（min）	蒸汽压力（kg/cm²）	表压（lb/in）	饱和蒸汽相对温度（℃）
橡胶类	15	1.06～1.10	15～16	121
器械类	10	1.06～1.40	15～20	121～126
器皿类	15	1.06～1.40	15～20	121～126
瓶装溶液类	20～40	1.06～1.40	15～20	121～126
敷料类	30～45	1.06～1.40	15～20	121～126

大型高压蒸汽灭菌器不应设在手术室和病房楼内。使用时应有专人负责，严格执行操作规程和灭菌要求。每次灭菌前要注意检查各种部件是否正常、安全阀门是否良好、加热过程中要随时掌握压力时间，以免压力过高发生爆炸事故。

高压蒸汽灭菌的注意事项：

（1）需要灭菌的包裹不应过大，也不要包的过紧，一般应小于 55cm×22cm×33cm。

（2）放入灭菌器内的包裹不要排得太紧、太密，以免阻碍蒸汽透入，影响灭菌效果。

（3）包裹中间应放入灭菌效果检测剂，进行检测，这一点对不参加灭菌操作的手术人员最为重要。常用检测剂有 1%新三氮四氯，装入琼脂密封玻璃管中，该物在压力达到 15lb，温度达到 120℃，并维持 15min 时，管内琼脂变为蓝紫色，表示已达到灭菌要求。也有使用硫黄粉纸包放入包裹中间的检测方法，一旦融化表示达到消毒要求，但因为所用硫黄的品种、纯度不同，多数熔点为 114~116℃，故用此检测结果并不可靠。

（4）易燃和易爆物品，如碘仿、苯类等禁用高压蒸汽灭菌法。

（5）锐利器械，如刀、剪等不应用此方法灭菌，以免变钝。

（6）对灭菌物品应做记号，表明时间，以便使用时识别。

2. 煮沸灭菌法

一般细菌在 100℃沸水中持续 15~20min 便可被杀灭，但带有芽孢的细菌至少需 1h 才能被杀灭。如果在水中加入碳酸氢钠，使之变为 2%碱性溶液时，沸点可达到 105℃。灭菌时间可缩短 10min，并能防止金属生锈。高原地区气压低，水的沸点也低，煮沸时间应适当延长，一般海拔每高出 30m，需延长灭菌时间 2min。为了节省时间并保证灭菌质量，可用压力锅进行煮沸灭菌，压力锅的气压一般可达到 1.3kg/cm²，锅内水的温度能达到 124℃左右，10min 即可达到灭菌目的。

煮沸灭菌法适用于耐热、耐湿物品，如金属、玻璃、橡皮类的灭菌。在进行煮沸时，物品必须完全浸泡在水中，并严密关闭煮沸器盖，防止其他物品落入，并能保持沸水的温度，灭菌时间应从水沸腾开始计算。如果途中加入其他物品，要重新计算时间。

3. 火燃灭菌法

在急需情况下，金属器械可用此灭菌法，操作时，在搪瓷或金属器皿内，倒入 95%酒精少许，点燃后，用长钳夹持灭菌器械，在火焰上部烧烤，即达到灭菌目的。火燃灭菌对器械的损害大，非紧急情况不用。

4. 流动蒸汽灭菌法（蒸笼灭菌法）

本法只在缺少高压蒸汽灭菌器时使用。操作时将灭菌物品放在蒸笼的最上格内，并与沸水保持一定距离，以防过潮。时间应从水沸上气开始计算，共蒸 1~2h。一般多用于辅料、手术衣、手套的灭菌。

采用流动蒸汽灭菌，温度不易控制，为检测可将熔点为 85℃的明矾末，装入玻璃管内密封，然后放在灭菌包内。如蒸后明矾融化成为白色液体，证明达到操作要求。

流动蒸汽灭菌时，带有芽孢的细菌不能一次杀死。需用间歇灭菌法才能杀死，每次 2h，共连续 3d，才可达到完全灭菌。

（二）消毒法（抗菌法）

1. 药物浸泡消毒法

对于锐利器械、内窥镜等不适于热力灭菌的物品，可用化学药液浸泡消毒。常用化学药物消毒剂有以下几种。

（1）新洁尔灭与洗必泰。两者都是新兴的表面活性抗菌剂，皆为阳离子清洁剂，能吸附细菌膜，改变其通透性，使细菌体内重要成分外溢而起到杀菌作用。洗必泰的杀菌作用比新洁尔灭强。两者浸泡消毒的浓度均为 0.1%溶液，常用于浸泡刀片、剪刀、针等，浸泡时间为 30min，两者对机体细胞均有一定毒性，器械使用时要用无菌生理盐水冲洗干净。另外还要注意这类阳离子表面活性剂与碱、肥皂、碘酊、酒精等多种物质接触后会失效。

（2）酒精。常用浓度为75%，浓度过低则不足以使细菌蛋白质凝固变性，减弱杀菌作用；而浓度过高，又使细菌表面蛋白质凝固太快、妨碍作用深入。在外科手术中常用于皮肤消毒，并有脱碘作用。消毒锐利器械时，浸泡30min至1h。酒精易蒸发、应每周过滤一次，并核对其浓度是否达到要求。

（3）升汞。常用浓度0.1%~0.5%，用于浸泡膀胱镜、胶质导尿管等，时间为30min，使用前须用无菌生理盐水冲洗，以预防汞对机体的毒性作用。

（4）甲醛。能使蛋白质变性，不仅杀菌力强，且能杀灭细菌芽孢。但有强烈的刺激性气味，并对细胞有损害作用。常用10%甲醛溶液，浸泡塑料管、导尿管和有机玻璃物品等，浸泡时间为4~6h，使用时用无菌生理盐水冲洗干净。

（5）来苏儿。可与菌体蛋白质结合并发生沉淀而杀灭细菌。不溶于水，易溶于皂液中。故制成5%煤酚皂液备用，浸泡金属器械需1h，使用时应彻底用无菌盐水冲洗干净。

（6）器械溶液（防锈消毒液）。配方是石灰酸20g、甘油266mL、95%酒精26mL、碳酸氢钠10g，加蒸馏水至1 000mL。浸泡锐利器械为30min。

消毒剂浸泡消毒注意事项：应用化学消毒剂浸泡器械物品时，在浸泡前将物品洗净并擦去油脂（有机脂类影响消毒效能），消毒物品须全部浸入溶液内，有轴节器械（如剪刀），应将轴节张开；空腔管瓶须将空气排净，管腔内外均应有消毒液浸泡。在浸泡消毒中间，如加入物品，应重新计算时间。因化学消毒剂对人体大多有毒性和侵蚀性，故在器械使用前，需用无菌盐水将附在其上的药液冲洗干净，以免组织受到损害。

2. 甲醛蒸汽熏蒸消毒法

用直径24cm的有蒸格铝锅，蒸格下放一量杯，加入高锰酸钾2.5g，再加入40%甲醛5mL，盖紧熏蒸1h，即达到消毒目的。如果部件较大可采用大型熏蒸器，可参照以上比例加大用药量。

使用后的器械和用具等，都必须经过一定的处理后，才能重新进行灭菌、消毒，供下一次手术使用。处理方法随物品种类、污染性质和程度不同而定。金属器械、玻璃、搪瓷类物品，使用后都需清洗干净，特别注意沟、槽、轴节等处的去污，金属器械还需擦油、防锈，橡皮和塑料等管道要注意管内冲洗、接触过一些感染的手术用品应作特殊处理。

3. 注意事项

（1）由于化学消毒剂不能进入油脂，不能杀死油脂中的细菌，因此浸泡前应擦净器械上的油脂。

（2）化学消毒剂一般都具有一定的刺激性，且多有毒性，因此，浸泡物品在应用前必须用无菌生理盐水或凉开水反复冲洗、浸泡。

（3）新洁尔灭和洗必泰在水溶液中离解成阳离子活性基因，相反，肥皂水在水溶液中离解成阳离子活性基因，二者相遇会影响效力，所以，凡是接触过肥皂水的器械、物品必须用清水洗净后再进行浸泡消毒。此外，与高锰酸钾、碱类物质等配伍禁忌，应单独使用。

（4）需消毒的一切器械物品，必须全部浸泡在药液里。

（5）无菌物品的保存。

①设无菌物品室专放无菌物品，所有物品均应注明消毒灭菌日期、名称以及执行者的姓名。

②高压灭菌的物品有效期为7d，过期后需重新消毒才能使用。

③煮沸消毒和化学消毒有效期为12h，超过有效期后，必须重新消毒。

④已打开的消毒物品只限24h内存放手术间使用。

⑤无菌辅料室应每日擦拭框架和地面1~2次，每日紫外线灯照射1~2次。

⑥无菌辅料室应有专人负责，做到三定：定物、定位、定量。

⑦对特殊感染病畜污染的辅料器械应作二次消毒后再放回无菌室。

手术室中的器械经消毒灭菌后还应注意防止再次污染。运送灭菌后的手术包、辅料包等，不论是从供应室领取或是在手术室内周转，均应使用经消毒的推车或托盘，决不可与污染物品混放或混用。手术室内保存的灭菌器材，应双层包装，以防开包时不慎污染。小件器械应包装后进行灭菌处理，连同包装储存。存放无菌器材的房间，应干燥无尘，设通风或紫外线消毒装置，尽量减少人员出入，并定期进行清洁和消毒处理。

三、外科一次性无菌用品的应用

1. 一次性无菌用品的发展及意义

在 20 世纪 40 年代的第二次世界大战中，首先在军队野战医院手术中应用了一次性无菌物品。战后，在工业工作的基础上，一些国家在普通医院开始使用。由于无菌的一次性物品使用方便、又安全可靠，因而得到广泛和迅速发展。但到目前为止，还不能完全代替所有传统的手术器械和物品。先用于外科的一次性无菌物品，除注射器、输液管外，还有帽子、口罩、手术衣、手术辅料、黏贴手术膜、不黏敷贴（也叫手术创口垫）、缝合线、吸引器头和连管、药碗和导尿管等。这些物品的使用，无疑可减少无菌物品的准备工作，既方便又安全可靠，在一定程度上促进了外科无菌技术的发展。

2. 一次性无菌物品质量检测要求

一次性无菌物品，由于生产厂家设备及管理水平、原材料使用、制作工艺、包装性能、运输与保存过程等因素，质量有很大差异。购买使用时，不能仅凭商品宣传，而必须符合检测要求，既要严格测定该一次性无菌物品在规定的保存期内，是否真正达到灭菌水平；无毒性、无刺激性；无抗原性、无致敏性；无致癌性、牢固性（包括包装质量）；与机体和其他手术用品（包括药物）接触后是否有突变性等。

3. 一次性无菌物品使用时应注意事项

（1）首先检查有效期是否符合。

（2）检查包装是否受到损害，是否发生漏气。

（3）开包装时要严格执行无菌操作。

（4）开包装后应立即使用。

（5）用完后应立即销毁，以防止再用。

由于我国人民生活水平还没有普遍提高，一次性物品经济上消耗较大，会增加医疗负担，如果处理不好还会带来环境污染。因此，应在不影响医疗质量的前提下，尽量节制使用。

第四节　手术器械的保管

手术器械是进行手术的重要工具，如果使用不当，保管不善或缺少维修、管理，则耗损很大，造成浪费。反之，如能本着勤俭节约的精神，经常给予充分注意，并制订必要的使用保管制度，则能很大程度上增加器械的使用次数，延长其使用年限。

外科器械在使用后，应及时清点和清洗。首先将用过的器械放入冷水中浸泡。有锋刃的锐利器械（如刀、剪等）最好拿出另外处理，以免与其他器械互相碰接，使锋刃变钝。能拆卸的器械（如止血钳、剪等）最好拆开清洗。洗刷时用指刷或纱布块仔细擦净血迹。特别注意止血钳、持针钳、钳齿的齿槽、外科刀柄槽和剪、钳的活动轴，或有螺丝钉固定的地方。清洗后应立即使其干燥。可用纱布擦干或放回热水中加热片刻趁热捞起擦干则干燥更快些。也可用吹风机吹干或放在干燥箱中烘干。

被脓液、腐败创伤等严重污染的器械，应浸入纯煤酚皂溶液中 5min，或 2% 煤酚皂溶液 1h，进行初步消毒，然后再清洗干净。

不是经常使用的器械，在清洁干燥后，可涂上凡士林或液体石蜡保存。

经清洁的器械应分类整齐排列在器械柜内，不要任意堆放。器械柜内应保持干燥，不得在同柜内贮存药品。尤其碘、汞、酸、碱等腐蚀性药品。

缝针清洗干燥后分类贮于容器内或插在纱布上以免丢失。注射器清洗后应及时抽出内芯，成对地放入盘中或用纱布包好。橡胶手套和其他塑料制品用后洗净擦干，并贮存在干燥通风的阴凉处，避免挤压、折叠、暴晒或沾染松节油、碘等化学药品。手套保存时还必须用滑石粉撒于内外。被脓液污染的橡胶制品应先经化学药品初步消毒，再按上述处理。

辅料使用后，一般还可回收利用。污染的血液创布辅料可先放在冷水或 0.5% 氨水内浸泡数小时，然后用肥皂水搓洗，最好在清水里漂净、晾干，经灭菌后再用。被碘酊沾染的辅料可拣出，另用 2% 硫代硫酸钠溶液浸泡 1h，使碘褪色后，用清水漂净拧干，再浸泡于 0.5% 氨水中，然后用清水漂净晾干。

第五节　手术室的要求与管理

一、手术室的基本要求

手术室的条件与预防手术创的空气尘埃感染关系极为密切。良好的手术室有利于手术人员完成手术任务，所以，根据客观条件的可能，建立一个良好的手术室，也应视为预防手术创外科感染的重要内容之一。手术室的建立需要基本建设和设备投资，应因地制宜，尽可能创造一个比较完善的手术环境。手术室的一般要求如下：

（1）手术室应有一定的面积和空间，一般小动物手术室的面积应不小于 $25m^2$，房间的高度在 2.8~3.0m 较为合适，否则活动的空间将受到限制。天花板和墙壁应平整光滑，以便于清洁和消毒；地面应防滑，并有利于排水；墙壁最好砌有釉面砖；固定的顶灯应设在天花板以里，外表应平整。

（2）手术室应有良好的给、排水系统，尤其是排水系统，管道要粗，便于疏通，在地面应设有排水良好的地漏和排水沉淀池（便于清除污物、被毛等）。如排水不畅通，会给手术的清洁消毒工作带来很大的不便，这点必须充分注意。

（3）室内要有足够的照明设备（不包括专用手术灯）。

（4）手术室应有较好的通风系统，在建筑时可考虑设计自然通风或是强制通风，在设计上要合理，使用方便，有条件时可以安装恒温箱换气机。门窗应密封，防尘良好。

（5）手术室内应保存适当的温度，以 20~25℃ 为宜。有条件时可以安装空调，最好是冷暖两用，冬季保暖，夏季防暑。

（6）在经济条件允许时，最好分别设置无菌手术室。如果没有条件设置两种手术室，则一般化脓感染手术最好安排在其他地方进行，以防交叉感染，如果在室内做过感染化脓手术，必须在术后及时严格消毒。

（7）手术室内仅放置重要的器具，一切不必要的器具或手术无关的用具，都不得摆放在手术室内。

（8）手术室还需设立必要的附属用房。为了使用上的方便，房间的安排既应毗邻，又要合理。附属用房包括消毒室、准备室（可以洗手、换衣）、洗刷室（清洗手术用品）。最好能有一个单独的器械室（保存器械），当然厕所和沐浴室也是必要的。有条件时可以考虑设置一个更衣室。

（9）比较完善的手术室，可再设置仪器设备的存储间，用以存放麻醉机、呼吸机以及常用的检测仪器、麻醉药品和急救药品。现代化的仪器设备很多用电脑控制，因此仪器存贮间应防潮。不设上下水系统。

二、手术室工作常规

手术室内的一些规章制度的制定和执行，可以保证手术室发挥最好的作用，使手术创不受感染，保证手术创有良好的条件。首先必须有严格的使用和清洁消毒等规章制度，否则手术室就会成为病原菌聚集的场所，增加手术创感染的机会。特别是平时的清洁卫生制度和消毒制度是绝对必要的。每次手术之后应立即清洗手术台，冲刷手术室地面和墙壁上的污物，擦拭器械台，及时清洗手术的各种用品，并分类整理好摆放在固定位置。手术室被污染的地方或污染后的器械物品都要用适宜的消毒浸泡清洗或擦拭，术后经过清洗的手术室应及时通风干燥。在施行污染手术后，应及时进行消毒。在制定规章制度之后，更重要的是坚持执行，否则流于形式，就不能保证在清洁的、无菌的条件下进行手术，反而使手术室成为感染的重要来源。

三、手术室的消毒

最简单的方法是：使用5%石灰酸或3%来苏儿溶液喷洒，可以收到一定的效果。这些药液都有刺激性，故消毒后必须通风换气，以排除刺激性气味。在消毒手术室之前，应先对手术室进行清洁卫生，再进行消毒。常用方法包括下述几种：

1. 紫外光灯照射消毒

通过紫外消毒灯光的照射，可以有效地净化空气，可明显减少空气中细菌的数量，同时也可以杀灭物体表面附着的微生物。紫外光灯的杀菌范围广，可以杀死一切微生物，包括细菌、结核杆菌、病毒、芽孢和真菌等。市场的紫外线消毒灯有15W和30W两种，既可以悬吊，也可以挂在墙壁上，有的安装在可移动的落地灯架上。一般在非手术时间开灯照射2h，有明显的杀菌作用，但光线照射不到之处则无杀菌作用。实验证明，照射距离以1m之内最好，超过1m则效果减弱。活动支架的消毒灯有很大的优越性，它可以改变照射的方位（不同的侧面）和照射距离，能发挥最好的杀菌效果。

2. 化学药物熏蒸消毒

这类方法效果可靠，消毒彻底。手术室清洁完毕后，关闭门窗，做到较好的密封，然后再实施蒸汽熏蒸消毒。

（1）甲醛熏蒸法。甲醛是一种古老的消毒剂，虽然有不少缺点，但因其杀菌效果好，价格便宜，至今仍然采用。

①福尔马林加热法：含甲醛40%的福尔马林是一种液体。在一个抗腐蚀的容器中（多用陶瓷器皿）加入适量的福尔马林，在容器的下方直接用热源加热，使其产生蒸汽，持续熏蒸4h，可杀灭芽孢、细菌繁殖体、病毒和真菌等。因为是蒸发的气体消毒，故消毒彻底可靠。使用时取40%甲醛水溶液，每立方米的空间用2mL，加入等量的常水，就可以加热蒸发。一般在非手术期间进行熏蒸。消毒后，应使手术室通风排气，否则会有很强的刺激性。

②福尔马林加氧化剂法：方法基本同福尔马林加热法，只是不再用热源加热蒸发，而是加热氧化剂使其形成甲醛蒸汽。按计算量准备好所需的40%甲醛溶液，放置于耐腐蚀的容器中，按其毫

升数的一半称取高锰酸钾粉。使用时，将高锰酸钾粉小心地加入甲醛溶液中，然后工作人员及时退出手术室，数秒钟之后便可产生大量烟雾状，消毒持续4h。

除了福尔马林之外，还有一种多聚甲醛，它是白色固体，粉末状、颗粒或片状，含甲醛91%~99%，多聚甲醛直接加热会产生大量甲醛蒸汽，在运输、贮存和使用上都较方便。

（2）乳酸熏蒸法。乳酸用于消毒室内的空气早已被人们所知。使用乳酸原液$10~20mL/100m^2$，加入等量的常水加热蒸发，持续60min，效果可靠。乳酸的沸点为122℃，实验证明，乳酸在空气中的浓度为0.004mg/L，持续40s，可以杀死唾液飞沫中的链球菌，有效率达99%。但若浓度偏低，小于0.003mg/L时，其杀菌的效果显著降低。若浓度偏高，则会有明显的刺激性。此外，空气中的湿度也应注意，以相对湿度为60%~80%为最佳，低于60%，则效果不会太好。

第六节　手术进行中的无菌原则

参加手术人员在手术过程中，必须严格注意无菌操作，否则已建立的无菌环境和已经灭菌的物品及手术区域，仍会受到污染、引起伤口感染的可能，有时可使手术因细菌感染而失败，甚至危及生命。手术中如果发现有人违反无菌操作过程，必须立即纠正，在整个手术进行中，必须按以下规则施行。

（1）手术进行中，全体人员必须保持严肃认真，注意力集中，避免发生任何失误。

（2）手术人员的手和前臂不能触碰别人的背部、手术台以外物品，手术台以上布单也不能接触。穿灭菌手术衣和带灭菌手套后，背部、腰以下和肩以上都应视为有菌地带，不能接触。

（3）不可在手术人员背后传递器械及手术用品，手术人员也不要伸手自取。掉落到手术台平面以下器械物品不可捡回再用。

（4）术中需要更换位置时，应背靠背进行交换。出汗较多时，应将头偏向一侧，由其他人代为擦拭，以免汗液落在手术区内。

（5）在手术操作中，如果灭菌单湿透，失去隔离作用，应另加无菌单遮盖。发现灭菌手套破损或被污染，应立即更换。衣袖被污染时应更换手术衣，或加戴无菌袖头。

（6）必要的谈话，或偶有咳嗽，不要对着手术区，以防飞沫污染。

（7）手术切口前，戴灭菌手套的手不要随意触摸消毒水平的皮肤，触时应垫有灭菌纱布，用完丢掉。开皮用的刀、镊，不能再用于深部手术，需更换。

（8）手术开始前要清点器械、敷料，手术结束时，认真核对器械、敷料（尤其是纱布块）。清点无误后，才能缝合切口，以免异物遗留在伤口内，产生严重后果。

（9）手术进行中，如果台上需要加用器械或其他物品，应由巡回助手用灭菌钳夹持，送器械助手不能靠近器械台，并要将台上增加物品作清点记录，便于术后核对。

（10）切开空腔器官之前，要用纱布垫保护好周围组织，以防止或减少污染。消化管吻合后，要用盐水冲洗手套，该吻合器械一般不能再用于处理其他组织。

（11）参加手术的人员不可靠近手术人员或站得过高，尽量减少在室内走动和说话。

（12）手术完毕若连续施行另外一手术，倘若手套未破，术者不必重新刷手，仅需要浸泡酒精等消毒剂5min即可。如果用洗必泰消毒，可再用该剂涂擦一遍，然后再穿灭菌手术衣、戴灭菌手套。更衣时要先将手术衣自背部向前反折脱去，手套的腕部随之反转于手上，用戴手套的右手指摘下左手手套至手掌部，再以左手摘去右手手套，最后用右手指在左手掌部退下左手手套。摘掉手套时，手套的外面不能接触皮肤，否则需重新刷手。若前一手术为污染手术，连续施行手术前应重新刷手。

第三章 手术的准备

第一节 手术动物和术部的准备

一、手术动物的准备

经术前检查确定手术治疗后，应做好必要的手术准备工作。

非紧急手术在手术前，根据病畜的病情需要，给予必要的术前治疗，如强心、输液、输血、给氧、抗生素等治疗，使病情缓和，增强体质和抵抗力，有利于更好的耐受手术。

手术前对畜体进行清洁，以减少切口感染的机会，有些手术根据其性质或保定方法（如需长时间卧或横卧保定的手术）需要术前禁食半天至一天。有些手术（臀部、肛门、外生殖器、会阴及尾巴的手术），为了避免施术时粪尿污染术部，可在术前先灌肠、导尿。为了避免高度充盈的膀胱发生破裂，有时在尿道结石手术前，先在膀胱穿刺前排尿。食管阻塞引起大量唾液分泌的病例，施术时可注射阿托品抑制其分泌，预防吸入性肺炎同时，又可避免手术切开食管时，大量流出的唾液感染术部。对可能流血较多的某些手术，术前采取全身预防性止血措施，例如术前输血或静脉内注入止血敏等。

二、术部的准备

术部准备通常分为 3 个步骤。

1. 术部剃毛

动物的被毛浓密，容易沾染污物，并藏有大量的微生物。手术前必须对术部周围大面积的被毛用肥皂清水刷洗。天气寒冷时，为了避免受凉，也可用温消毒水湿润被毛，再用干布擦干。用剪毛剪将术部被毛剪短、剃净，剃毛时避免造成微细创伤，或过度刺激皮肤而引起充血。剃毛时间最好在手术前夕，以便有时间缓解因剃毛引起的皮肤刺激。术部剃毛的范围要超出切口周围 10~15cm，小动物灵活掌握，有时考虑到有延长切口的可能时，则应更大一些。在紧急手术时仅将被毛剃去，用消毒水洗净即可。

在兽医临床上使用脱毛剂也很方便。配方为：硫化钠 6.0~8.0g，蒸馏水 100mL，制成溶液，使用时先将上述溶液以棉球在术部涂擦，经 5min 左右，当被毛呈糊状时，用纱布轻轻擦去，再用清水洗净即可。通常密毛部硫化钠用量及浓度应大一些，在毛稀、皮薄处浓度小一些（又可加入 10g 甘油，保护皮肤）。为了避免脱毛剂流散，也可以配制成糊状，配方为：硫化钡 50.0g，氧化锌 100.0g，淀粉 100.0g，用温水调成糊状。使用时先将预定脱毛区的被毛剪短，然后用水湿润，再将配制好的药涂薄薄的一层，约经 10min，擦去药物，用清水洗净。脱毛剂使用方便，脱毛干净，对皮肤刺激性小，不影响创伤愈合，不破坏毛囊，故术后毛可再生。缺点是有臭味，有时有个体敏感，使用浓度过大或作用时间过长时，对皮肤角质层有损害，有时可使皮肤增厚，使切皮时出血增多。因此，脱毛剂最好也在手术前 1 天前使用。

2. 术部消毒

术部的皮肤消毒，最常见的药物是 2%~5% 碘酊和 75% 酒精。在涂擦碘酊或酒精时要注意，如是清洗手术部的皮肤，应由手术区的中心部向四周涂擦，如是已感染的创口，则应由较清洁处涂向患处；已经接触污染部位的纱布不要再涂清洁处。涂擦所涉及的范围要像剃毛区。碘酊涂擦后，必须稍等片刻，等其完全干后（此时碘酊已经浸入皮肤深部，灭菌作用较大），再以 75% 酒精将碘酊擦去，以免碘酊沾到手和器械上，被带入创内造成不必要的刺激。

有少数动物的皮肤对碘酊敏感，往往涂碘酊后，皮肤变厚，不便手术操作，可改用其他皮肤消毒药，如 1∶1 000 新洁尔灭，0.5% 洗必泰醇（70%）溶液，1∶1 000 消毒净醇溶液等涂擦术部。在使用新洁尔灭之前，皮肤上的肥皂必须洗干净，否则会影响新洁尔灭的效果。

对口腔、鼻腔、阴道、肛门等处黏膜的消毒不可能使用碘酊，以免灼伤。一般先以水洗去黏液及污物，可用 1∶1 000 新洁尔灭、高锰酸钾、利凡诺溶液洗涤消毒。爪部手术，术前用 2% 煤酚皂溶液脚浴。

3. 术部隔离

术部虽经消毒，但不能绝对无菌，而术部周围未经严格消毒的被毛，对手术创更容易造成污染的威胁，加上动物在手术时，更容易挣扎、骚动，易使尘埃、毛屑等落入切口中。因此，必须进行术部隔离。

一般采用有孔手术巾覆盖术部，仅在中央露出切口部位，使术部与周围完全隔离。有些手术巾中央有预先做好的开口，为了使手术巾上的口与手术切口大小适合，可预先将手术巾上的缺口作若干结节缝合，手术时根据需要的大小临时剪开几个缝合结节。也可采用四块小手术巾依次围在切口周围，只露出切口的部位。手术巾一般用手术巾钳固定在身体上，也可用数针缝合代替手术巾钳。

手术巾要有足够的大小隐蔽非手术区。面布手术巾或纱布在潮湿或吸收创液后即降低其隔离作用，最好在外面再加一层非吸湿性的手术巾（例如塑料薄膜或胶布）。手术巾一经铺下后，原则上只许自手术区向外移动，不宜向手术区内移动。此外，在切开皮肤后，还要再用无菌巾沿切口两侧覆盖皮肤。在切开空腔脏器前，应用纱布垫保护四周组织，这些措施都能进一步起到术部隔离的作用。对于四肢，尤其是四周末端等难于清洗消毒的部位，有些术者采用塑料袋将爪部套住，并将袋口用橡皮筋收紧，必要时还可用特制的塑料袋将整肢套住。

第二节 手术人员的手术前准备

一、一般准备

参加手术人员，进入手术室后，首先在专用更衣室更换手术衣、裤、鞋帽、口罩，以免将外部灰尘带入手术室内。帽子要盖住全部头发，口罩要求遮住口和鼻，上衣袖口平前臂的 1/3，下襟放在裤内。认真地修剪指甲并要搓平，除去甲缘积垢。手臂有化脓性感染和患有呼吸道感染者不能参加手术。

二、手臂消毒方法

在皮肤皱纹内和其深层，如毛囊、皮脂腺等都藏有细菌。据化验检查，$1cm^2$ 手臂皮肤上约 4 万个细菌，1g 甲垢可有 38 亿个细菌。手臂消毒后，只能清除皮肤表面的细菌，不能完全消灭藏在皮肤深层的细菌，手术过程中，这些细菌会逐渐移到皮肤表面。因而，在手臂消毒后，还要戴上无菌橡皮手套和穿灭菌手术衣，以防这些细菌污染手术创口。

手术前手臂的消毒方法很多。传统的手臂消毒方法有肥皂刷手后消毒液浸泡法、氨水刷手法和紧急简易手臂消毒法等。氨水刷手已经很少应用。肥皂刷手法在欧美、日本已经不用，但在国内仍普遍采用，其缺点是操作时间长，对手臂皮肤刺激性大。

随着各类新型灭菌剂问世，新的手臂消毒方法应运而生，它不仅减轻了刷手人员手臂消毒的繁琐过程，而且增加了手臂消毒的可靠性。现将几种手臂消毒方法分别介绍如下：

1. 肥皂刷手消毒液浸泡法

该法分两步：第一步主要是刷洗手，参加人员先用肥皂作一般手臂清洗，可初步除去油垢皮脂，继而用无菌毛刷蘸上消毒肥皂液，从指尖开始刷洗，逐次手掌、手背、前臂内侧、前臂外侧直至肘上10cm处。刷洗时要均匀并适当用力，特别注意甲沟、甲缘、指间、手掌纹等处的重点刷洗。每刷一次3min左右，用流水冲洗一次，冲洗时从手指开始，始终保持肘低位，免得水逆流至手部。这样反复刷洗三遍，时间约10min。然后用灭菌巾依次由手部向上臂擦干，擦干过程也不能逆行。第二步用化学消毒液浸泡5min，常用的消毒液有75%酒精、0.1%新洁尔灭或0.1%洗必泰。把消毒液放入盆内，用小毛巾轻轻擦洗手臂，使药液充分发挥作用，一般要泡至肘上6cm，浸泡5min。泡手后手要保持拱手姿势，即手要远离胸部30cm以外，向上不能高于下颌下缘，向下不能低于剑突。不能再接触非消毒物品，否则要重新刷手。

2. 洗必泰制剂手臂消毒法

洗必泰制剂是国内新兴的一种方法。其制剂有灭菌王、术必泰等，内含1.5%~1.8%不等的洗必泰（双氯苯双胍乙烷）。4%洗必泰是最有效的刷手配方，可按常规刷手3min，用流水将手冲洗干净、用无菌毛巾擦干后，再取此液浸泡纱布由手部向上涂擦至肘上6cm，亦有使用灭菌王、术必泰等，方法基本相同，效果亦佳。

3. 络合碘手臂消毒法

本法在欧美、日本应用很普遍，并用于手术区皮肤消毒。络合碘又称PVP-碘（聚乙烯吡咯酮-碘），它能克服碘酊对皮肤的强烈刺激而又具有碘的强烈杀菌作用。其商品名目前在国内很多，有络合碘、碘伏、碘优、碘络酮、强力碘、强力消毒碘等。由于它的消毒是游离碘起作用，所以不管商品名和原液如何，使用前必须了解其有效浓度。文献报道有效浓度为0.1%~0.5%，PVP-碘的浓度越高，碘与PVP的结合越紧密，游离碘的含量与抗菌活性反而下降。可先用肥皂常规刷手3min，流水冲洗干净，用无菌巾擦干后，取浸透PVP-碘纱布，涂擦手臂，然后穿手术衣，戴手套，进行手术。

以上不难看出洗必泰制剂和络合碘手臂消毒，使用方法得当均可获得良好效果。一般认为PVP-碘优于洗必泰，因为目前市场出售的灭菌王、洗必泰等含双氧苯双肌己烷的成分，作为清洁剂刷手浓度偏低，有的甚至没有标明有效期。另外洗必泰是阳离子表面活性剂，与碱类、肥皂、碘酊、酒精等许多物质接触后失效，因而应用不当易出现问题。

三、穿手术衣、戴手套法

手术衣和手套都是高压蒸汽灭菌物品，而手术人员手臂则是消毒水平，在操作时要严格按过程进行，不可马虎，操作原则是要切实保护好手术衣和手套灭菌水平。

1. 无菌手术衣的穿法

首先进行病例手术前消毒和覆盖后，再穿无菌手术衣而后戴手套。

穿手术衣时，先拿起反叠的刷手衣领，在较宽敞的地方将手术衣轻轻抖开，注意切勿触及周围人员和物品。一种方法是提起衣领两角，稍向上掷，顺势将两手插入袖内，两臂前伸，由他人帮助向后拉拢，最后两臂交叉提起衣带，注意手不能碰到衣面，由别人在身后将衣带系紧。还有一种方法是一手抓住衣领，一手先插入同侧袖筒，由助手帮助拉紧后，再用穿衣的手提衣领，将另一只手插入另一个袖筒，以下操作同上。

2. 无菌手套的戴法

穿好无菌手术衣后，取出手套包内的无菌滑石粉，轻轻敷擦双手，使之光滑。用左手从手套包内捏住手套套口翻折部，经手套取出，紧捏套口将右手插入手套内戴好，再用戴手套的右手插入左手手套的翻折部内，协助左手插入手套内，最后分别将手套翻部翻回、盖住手术衣袖口。

通过以上操作，刷手人员的手臂与身体前外侧部完全被灭菌物品盖住。操作的关键是消毒水平的手臂不能接触到灭菌水平的衣面和手套面。

第四章　穿刺手术

第一节　胸部穿刺术

一、心包液穿刺术

心包液穿刺术是用针或者套管针穿胸廓进入心包，用于收集或排出液体以作诊断或治疗。

适应症：通过引流心包内积液，降低心包腔内压，是急性心包填塞症的急求措施，通过穿刺抽取心包积液，作生化测定，涂片寻找细菌和病例细胞，做结核杆菌或其他细菌培养，以鉴别诊断各种性质的心包疾病。通过心包穿刺，注射抗生素等药物进行治疗。

X线造影检查：心包内给予阳性或隐性造影剂，提高 X 线照相的对比度。以便清晰的显示心包内结构。

保定：机械保定可采用侧卧保定、仰卧保定或站立保定。有时可采用少量镇定剂，如安定（valium）0.2~0.6mg/kg，静脉注射。

操作技术：于胸骨到胸中线和从第二到第八肋骨间隙的右侧胸区域做一矩形术野，并作消毒处理。理论上，可用胸超声波来检查进针部位。如果不能使用胸超声波，进针部位的选择可以基于背腹部和侧胸，X 射线复查以便于评估心包轮廓。通常第四、第五、第六肋间隙部位最好，因为在心切迹部分不存在肺组织（大约第四肋间隙部位）。选择胸骨和肋软骨汇合处的1/4处，这个区域减少了动脉被穿刺针刺破的危险。

进针前穿刺处的皮肤和皮下组织以及脉间组织使用局部麻醉剂进行浸润麻醉。安置带穿刺针的静脉导管（19 号针），针穿过皮肤、皮下组织和肋间肌肉直至心包区。撤去穿刺针，安置一个三通管和无菌注射器（10mL 或者 20mL）。吸出积液，积液抽干后，可以抽出导管，如果没有液体，一边进行间歇性抽吸，同时缓慢地抽出导管。将抽出液体转移到加了 EDTA 的管中，进行细胞学研究或者接种到相应的培养基进行细胞学分析。

并发症：血液采集后很快凝固说明冠状动脉破裂，冠状动脉破裂能够导致大出血和心包充盈，对采集后很快凝固的血液进行分析可以确定冠状动脉破裂，在腹部（靠近心尖）进行针刺或者在 X 线检查或超声波扫描的监视下，可以减少这种并发症发生的可能性。

二、胸腔穿刺术

胸腔穿刺术是用穿刺针穿入胸腔排出液体或气体，以作诊断和治疗的一种方法。

适应症：胸腔积液，获取分析用的液体样本，排出液体，减轻呼吸困难。

保定：动物俯卧以便于胸腔内液体可由重力作用而位于胸腔的腹侧面，而气体则位于胸腔背面。配合的患畜可用手来保定。暴躁不安的动物可以用镇静剂使其安静。如猫使用克他命静脉注射0.1mL；犬用乙酰丙嗪 0.05~0.15mL。

操作技术：

1. 对穿刺部位的皮肤进行剪毛，需无菌操作

空气：吸出脊背在第七到第九肋间的空气。

液体：吸出胸部在第七到第八肋间的液体，避免心跳过速。

2. 吸空气或者液体时使用合适的器械

空气：20 号或者 22 号注射针头，三通开关，12~20mL 注射器。

液体：17 号或者 19 号注射针头，静脉注射导管接头，三通开关，12~20mL 注射器。

用针穿过皮肤、肋间肌肉和腔壁胸膜进入胸膜腔。如果使用一个静脉注射导管，导管穿入胸腔大约几厘米，然后抽出穿刺针。在开口位置的三向管开关处应用负压进行注射。

并发症：一般没有并发症。

三、胸导管的放置

放置胸导管是指插入一个内置的胸导管用于治疗胸膜腔疾病。

适应症：胸导管留置于胸膜腔内，可以重复利用，随时抽出胸膜内的液体。可以不断排出气体，以防止出现严重或者紧张性气胸。有利于连接外置装置并且有利于胸腔内抗生素和灌洗溶液的排出。

保定：为了确保胸导管插入，动物须侧卧保定，也可人工保定，但需要少量镇静剂镇定。一旦胸导管插入并且固定了，可在胸部任何有利于排出液体的部位抽吸。

技术操作：进行剪毛，无菌操作。如果时间允许，对穿刺点 1~2 肋骨后缘处的皮肤和肌肉组织进行局部浸润麻醉。穿刺点位置的选择与胸腔穿刺术相似。

空气：脊背第七到第八肋间隙。

液体：胸部第六到第八肋间隙，一个或者多个导管从一侧或两侧同时插入。

胸导管插入处的皮肤用手术刀切开，将带套管针的胸导管从皮肤切口插入，沿皮下向头侧伸到所需部位，用力插入肋间肌肉进入胸腔。将套管针移开，导管用夹子夹住，末端与三向管单向瓣膜或者连续抽吸泵相连。松开夹子，确保导管不闭合，并且对导管置留出的皮肤缝合，非水溶液性软膏涂抹在出口位置。通过蝶状缝合将导管固定在胸部，轻轻包扎胸部，防止导管移动。

并发症：肋间、胸廓内或者心脏血管撕裂，移走套管针时意外造成气胸。在插入胸导管的几天内，要密切监视，必须确保导管置留明显，并且所有可移动部分必须确保黏性物自由排出。胸腔内导管的位置正确，并且不能来回活动。所有连接部位紧密，不能使空气进入胸腔。所有入口部位防止细菌污染。

第二节　腹部穿刺术

一、膀胱穿刺

膀胱穿刺是指通过腹部穿刺膀胱收集尿液，这种脓液不含下泌尿道和生殖道细胞及碎屑和细菌。

适应症：在尿路可能感染的病例，采尿进行总量、显微镜、化学、物理和微生物化验，鉴别分类尿中的细胞、结晶和细菌，有助于选择特效治疗方法。有助于鉴别肾脏感染或膀胱疾病与阴道、前列腺或尿道感染。有助于鉴别血尿的原发部位（如前列腺和肾脏出血）。

此外还有治疗作用，如下泌尿道阻塞的动物可暂时排出尿液，在尿道结石取出前采用水冲压法（在被尿道污染前收集样品，再使用水冲压法给予大量液体前减轻膀胱压力）。

保定：一般不需要化学保定。后肢向背侧伸展，侧卧（猫和小型犬）。也可使用站立保定。

操作方法：动物前躯侧卧，后躯半仰卧保定。术部剪毛、消毒，用盐酸普鲁卡因 0.5% 溶液在局部消毒麻醉。膀胱不充满时，操作者一手隔着腹壁固定膀胱，另一手持有 7~9 号针头的注射器，其针头与皮肤呈 45° 角向骨盆方向刺入膀胱。回抽注射器活塞，如有尿液，证明针头在膀胱内。并将尿液立即送检化验或细菌培养。如膀胱充满，可选 12~14 号针头，当刺入膀胱时，尿液便从针头射出。可持续地放出尿液，以减轻膀胱压力。穿刺完毕，拔下针头，消毒术部。

并发症：可能出现暂时的血尿。膀胱穿刺收集的样品进行显微镜化验时，红细胞数量变化较大，可能是因为这种方法在进针处造成膀胱膜出血引起的。前列腺增大或前列腺囊肿或血肿的草率抽吸可能干扰实验结果。

二、腹腔穿刺术

腹腔穿刺是指穿透腹部，排出或抽吸腹腔液体，并进行诊断。

适应症：多用于腹水症、减轻腹内压。也可通过穿刺，确定其穿刺液性质，进行细胞学和细菌学诊断，以及腹腔输液、给药和腹腔麻醉等。

保定：动物站立或侧卧保定。

操作技术：

1. 穿刺部位

在耻骨前缘腹白线一侧 2~4cm 处。

2. 穿刺方法

术部剪毛消毒，先用 0.5% 盐酸利多卡因溶液局部浸润麻醉，先将皮肤稍微拉紧，再用套管针或 14 号针头垂直刺入腹部，深度 2~3cm。如有腹水经针头流出，使动物站立，以利于液体排出或抽吸。术毕，拔出针头，用碘酊消毒。

第三节　其他常用穿刺术

一、脑脊液收集

使用脑脊液（CSF）管通过透皮针在蛛网膜下腔抽吸采集 CSF。

适应症：当中枢神经系统器官损伤时采集 CSF 进行检查，近期有神经症状病史，检查到神经缺陷。向蛛网膜下腔注入造影剂。通过 X 射线有助于对脊髓损伤进行定位。

保定：犬、猫 CSF 穿刺常进行全身麻醉，进针时正确定位十分关键。池状穿刺，动物侧卧保定使头向胸部弯曲以打开环枕间隙。耳朵前拉紧皮肤。可在头下放一条毛巾或沙袋稳定脊柱与桌面的距离。腰部穿刺，动物俯卧，一助手将后腿拉向头侧以打开腰尾椎骨的关节间隙，脊柱必须保持直线。

操作技术：

1. 池状穿刺

（1）距离嘴 2cm 处从枕部隆起到第三颈椎的横突间的背颈部，剪毛，皮肤消毒。

（2）术者用左手触诊部隆起和环椎横翼。用食指触压三者的凹陷处为进针部位。

（3）透过皮肤、皮下组织和肌肉，慢慢插入带探针的脊髓针。大型犬：20 号 8.89cm 针头。小型犬和猫：22 号 3.81cm 或 7.62cm 针头。

（4）穿刺硬脑膜和蛛网膜：针头每刺入一层膜便抽出一次探针检查有无液体，在深推针头时要重置针头。

（5）当针头出现液体时，立刻装上三向阀门的脊髓压力计：压力计应该垂直于针头纵轴，并打开阀门使 CSF 流入压力计中。当压力计中液面稳定后读数（cm）。当测压时应确保身体各部位没有外压力，而且一定不能压迫颈静脉。

（6）将 3mL 的注射器接于三向阀门末端并小心轻轻抽吸收集 CSF，在测压和收集液体时不可移动针头。将压力计中的液体抽吸到注射器中以增加样品量。小动物（< 7kg）的 CSF 量比较少会影响测压操作。因此，注射器应直接接于针头或将 CSF 滴注到无菌收集管中。

收集脑脊液的量：大型犬为 1.0~3.5mL；小型犬、猫为 0.5~1.5mL。

（7）需要的话，可以注入造影剂进行脊髓造影。

（8）小心轻轻地拔出针头。将液体保存在无菌管中以便进行显微镜、化学和微生物化验。

2. 腰髓穿刺

（1）对背腰椎皮肤进行消毒。

（2）触诊腰椎的背脊柱，收集 CSF 的最佳位置位于 L4、L5 或 L5、L6 间隙。

（3）在刺入点的尾侧面紧靠脊柱刺入 20 号或 22 号 8.89cm 的脊髓针，针头向脊髓管刺入直到遇到脊柱板状面，针头应保持与脊柱平行。沿板状面前后移动直到其刺入关节间隙。后肢或尾巴的轻微颤动暗示进针正确。

（4）抽出探针，将注射器接于针头并轻轻抽吸直到出现液体，在抽吸过程中，针头进针深度应做轻微调整。腰部蛛网膜下腔间隙较小，而且仅可抽出少量液体（0.5~2.5mL）。

（5）在该部位若需要脊髓造影可以注入造影剂。

（6）抽出针头并将液体保存于无菌试管中进行显微镜、化学和微生物检查。

并发症：若进针不小心或控制不当，可能造成脑脊髓软组织被针刺伤。医源性出血使实验室结果无法解释。若发生了血液污染应考虑以下纠正方法：

每 500 个红细胞与 1 个白细胞，1 000 个红细胞可增加 CSF 约为 1mg/dL。

二、骨髓活组织检查

通过用骨髓针抽吸或用环钻穿孔活检（髓心活组织检查）获得骨髓样本。

适应症：抽吸或髓心活组织检查，非再生性贫血，骨髓疾病（如脊髓或红细胞抑制或肿瘤），某种凝血疾病，特别是血小板。

髓心活组织检查：研究骨髓结构，当无法间隙抽吸活组织检查时，寻找转移性或隐蔽性肿瘤时，骨的代谢疾病。

保定：

（1）大多数骨髓活组织检查需要使用局部麻醉，或用轻度镇静剂。

（2）组织检查位置决定了保定位置。

①髋骨翼。

大型犬：站立或俯卧；小型犬、猫：后肢伸向腹侧，俯卧。

②股骨近端：仰卧。

③肋骨：俯卧或仰卧。

④肱骨近端：仰卧。

⑤其他少用部分，坐骨结节和胸骨。

操作技术：活组织检查部位剃毛、消毒，并用局部麻醉剂浸润麻醉。在皮肤上用解剖刀做一个切口。选用 16 号或 18 号 3.81cm 活组织检查针头。该针头带探针刺入软组织中直到遇到骨的阻挡。旋转针头将针头刺入骨内。阻挡力下降说明针头已经穿透骨外层进入骨髓腔。再将针头刺入骨髓后，取走探针，接上 12mL 注射器。注射器为负压，抽吸时动物有疼痛症状说明针头在骨髓腔内。

过分抽吸会导致样品混有外周血液。在玻片上快速涂片，并在福尔马林中保存所有凝结块，进行组织检查。样品可送去进行培养。获得足够样品后，拔出针头。皮肤切口可缝合也可任其自愈。

选用髓心活组织检查设备，针头带有探针，穿透软组织并在压力和来回旋转下刺入骨内。一旦穿过外层，取走探针，并将环钻推进骨髓内。推进 1~2cm，接着绕其长轴旋转。取走针头，用加长探针获得骨髓样品并在福尔马林中保存。

并发症：可能对周围组织造成损害，针头在转接窝内位置不当可能对坐骨神经造成损伤，肋骨活组织检查偶见气胸或肋骨间脉管破裂。转接用局部麻醉剂浸润可造成坐骨神经暂时麻醉。

三、关节穿刺术

关节穿刺术是指用针头经皮刺入骨膜腔收集滑液以进行实验室检查。

适应症：有助于诊断关节感染，对滑液进行分析有助于鉴别腐败性或感染性关节炎、免疫介导性关节炎、关节积血和外伤性滑液渗出。

注入造影剂进行 X 光拍照检查。

滑液内治疗方法的使用。

保定：根据动物性情可能需要使用局部麻醉剂和轻度化学镇静剂，对膝关节、跗关节、肘和肩关节进行穿刺多用仰卧保定，对腕关节进行穿刺使用仰卧或俯卧皆可。

操作技术：对患病关节部位的皮肤进行消毒。

对穿刺前触诊肿胀的关节或确定关节间隙。

膝关节部分屈曲，可见膝盖的末梢边缘和胫骨结节的近端边缘。在两者之间通路约 1/3 的位点进入关节。侧向平行于韧带，稍微偏向两股骨骨节中间的地方将针刺入关节之间。跗关节部分屈曲，穿刺针在脚底侧踝关节下侧向刺入胫跗关节。注意避免刺入侧位隐静脉后支。

腕骨部位屈曲，通过正中面的桡腕关节或任何可触到的腕间位置刺入穿刺进行抽吸。

接有 3mL 或 6mL 注射器的 22 号针头缓慢刺入皮肤、皮下组织、关节周围组织和滑液囊组织，进入滑液囊腔。抽吸注射器吸收滑液。收集到足够的滑液后停止抽吸，拔出针头。

将液体置于 EDTA 管中进行细胞学分析，并装入可移动培养基中进行微生物检查。准备薄片涂片并风干。准备玻片时可检查液体黏性。

怀疑为多发性关节炎的病例应抽吸多个关节的滑液。

并发症：皮肤准备工作不充分会使关节内引入细菌或污染样品。若操作不规范，针头造成的滑液囊外伤可能导致关节积血或关节软骨磨损。若忽视解剖学知识可能造成针头对关节周围血管的直接损害。医源性出血造成的样品污染，可能需要从其他关节穿刺或在 48h 后在同一关节穿刺。

四、眼结膜穿刺术（眼前房穿刺术）

适应症：外伤性前房积血超过瞳孔下缘。

麻醉：眼神经传递麻醉，表面麻醉。

术前准备：眼结膜囊注入生理盐水青霉素溶液，固定上、下眼睑和瞬膜。

穿刺方法：一般位于角膜缘下方位置，穿刺器与虹膜平面呈 90° 角。以小指为支点，用腕部力量刺入前房。然后将针放平,与虹膜平行,放出前房的积液和血液,取出穿刺针。

注意事项

(1)穿刺针要锋利,术者用拇指和食指固定好针尖,以小指为支点,防止刺入过深。

(2)创口不能过大,防止虹膜脱出。

(3)术后防止眼内感染,应用抗生素和可的松溶液眼内注射,抗生素溶液点眼。

第五章 麻醉术

良好的麻醉是使外科手术得以顺利进行的重要环节，因此，麻醉是外科手术的基本技术之一。

麻醉术的目的在于安全有效的消除手术疼痛，确保人和动物安全，使动物失去反抗能力，为顺利手术创造良好的条件。

麻醉具有下列意义。

（1）简化保定方法，节省保定人力。

（2）便于手术操作（例如麻醉可减免腹腔手术时的内脏膨出，使肌肉松弛便于缝合，术部的安定便于某些细微的手术操作等）。

（3）为无菌手术操作创造有利条件（因动物骚动时易造成污染）。

（4）避免手术的不良刺激，防止外伤性休克。

（5）在手术过程中避免人、畜的意外损伤，确保手术安全顺利进行。

但麻醉药使用不当，有可能给动物机体带来不良后果（尤其是全身麻醉），麻醉效果也往往关系着手术的成败。这就要求对麻醉技术切实掌握好。采用麻醉时必须对具体事物做具体分析，不同种类的动物和不同的手术，是否需要麻醉或采用何种麻醉方法都应认真斟酌选择。一般能用局部麻醉达到目的不用全身麻醉。对孕畜采用全身麻醉时要特别慎重，尽可能避免影响胎儿。对老弱病畜，全身情况危重的病畜采用全身麻醉时也应特别慎重。对后躯（如肛门、直肠、外生殖器官、尾部等手术）可选用硬膜外麻醉或其他局部麻醉方法。即使某些用全身麻醉的病例也常采用浅度的全身麻醉，配以局部麻醉进行。只有在某些复杂的大手术或对异常凶猛的动物，为了保证手术效果和安全，有时才不得不采用较深度的全身麻醉。

在麻醉前，应对患畜做常规检查。例如，最后一次进食时间、可视黏膜颜色、毛细血管再充盈时间、皮肤弹性、体温、肺部和心脏听诊、脉搏及呼吸数，根据条件，还可做常规的实验室检查。

第一节 局部麻醉

局部麻醉是借助局部麻醉药的作用，选择性地作用于感觉神经末梢，产生暂时的可逆性的感觉消失，从而达到无痛的手术目的。局部麻醉简便、安全，适用范围广，可在不少手术上应用。

局部麻醉具有许多优点，因而得到广泛的应用。在局部麻醉下，全身生理的干扰轻微，麻醉并发症和后遗症很少，所以是一种比较安全的麻醉方法。此外，局部麻醉的设备简单、操作方便、费用经济，可用于全身各部位的许多手术。目前，许多包括腹腔在内的手术也都可在局部麻醉下进行。对于患有心、肺、肝或肾等疾病的动物，局部麻醉因对全身影响小，也提供了较好的手术条件。但是，在局部麻醉下，因病畜仍保持神志清醒状态，手术时应特别注意保定，或在必要时配合应用镇定剂。某些局部麻醉方法，要求熟悉局部解剖知识和熟练的操作技术，否则，不易收到好的麻醉效果。

使用麻醉药前应该了解它们的药理性能，如该药的组织渗透性、作用显效时间、作用维持时间及毒性等，这样就可正确选择，表面麻醉要用渗透性好的药物；局部浸润麻醉用药量较大，宜用毒性低的药物，并配成最低有效浓度；传导麻醉应选用渗透性好、显效快、作用时间长的药物等。一般来说，同一局部麻醉药，其浓度愈高，作用时间愈长，则渗透性愈强，显效愈快，但毒性也愈高。

此外，不同的神经纤维对局部麻醉也有不同的敏感性。由于各种神经纤维的粗细，分布的深浅，以及有无髓鞘等不同的原因，往往也会出现不同麻醉效果。例如，感觉神经纤维最细，多分布在神经干的表面，大多无髓鞘，因此，最先受药液影响而麻痹，因此感觉首先消失，温觉、触觉次之，而交感神经往往在感觉神经麻痹后才受影响。运动神经纤维较粗，分布在神经干深部，而且多有髓鞘，故受影响最迟，但最后也可被麻痹。

一、局部麻醉药

局部麻醉药的种类很多，常用的有盐酸普鲁卡因、盐酸利多卡因和盐酸丁卡因 3 种。

1. 盐酸普鲁卡因（如佛卡因）

本品是临床上最常见的局部麻醉药，使用安全。药效迅速，注入组织 1~3min 即可出现麻醉作用。但药物易被各种组织中的酯酶水解而作用消失，所以作用时间较短，一次量可维持 0.5~1h。此外，因本品穿透黏膜能力很弱，故不宜用于表面麻醉。如必须采用作为黏膜麻醉时则需要将溶液浓度提高至 5% 以上，临床上最多用做浸润麻醉剂，使用药液浓度为 0.5%~1%，传导麻醉一般采用 2%~5% 溶液，脊髓麻醉用 2%~3% 溶液，关节内麻醉可用 4%~5% 溶液。

为了延长局部麻醉作用的时间，减少出血量并降低因吸收药物过多、过速而引起中毒的可能，在临床应用上，常在本品溶液中按每 250~500mL，加入 1mL 的 0.1% 肾上腺素溶液。

盐酸普鲁卡因用量过大会产生毒素。中毒时一般症状轻微，短时间内能自行耐过，一般无须特殊处理。严重者表现兴奋、狂躁、呼吸困难、脉搏增数、大出汗，甚至惊厥，后期由兴奋转为抑制或呼吸麻痹而死亡。中毒的解救在兴奋期给予小剂量中枢神经抑制药，同时注意呼吸、循环变化，必要时采用吸氧、强心、输液等措施，如已进入抑制期则不能再用兴奋药解救。

本制剂煮沸灭菌，但不耐高压灭菌，遇碱类、氧化剂能分解。

2. 盐酸利多卡因

本品局部麻醉强度和毒性在 1% 浓度以下时，与普鲁卡因相似，但在 2% 浓度以上时，局部麻醉强度可增强至 2 倍，并有较强的穿透性和扩散性，作用出现时间快、持久，一次用药量可维持 1h 以上。本品的毒性较普鲁卡因稍大，但对组织无刺激性，可用于局部麻醉。

用作表面麻醉时，溶液浓度须提高至 3%~5%，传导麻醉为 2% 溶液，浸润麻醉为 0.25%~0.5% 溶液，硬膜外麻醉为 2% 溶液。

本品溶液性质稳定，可耐反复高压灭菌和酸碱的作用。

3. 盐酸丁卡因

本品的局部麻醉作用强，作用迅速，并具有较强的穿透力，常用于表面麻醉。本品的毒性较普鲁卡因强 12~13 倍，而麻醉强度则强 10 倍。表面麻醉的强度较可卡因强 10 倍，而且点眼时不散大瞳孔，不妨碍角膜愈合。因此，近年来在角膜麻醉的应用上已取代了可卡因，常用浓度为 0.5% 溶液。

本品因毒性大，不适于浸润麻醉。作为鼻、喉、口腔等黏膜表面麻醉，可以 1%~2% 溶液。

二、局部麻醉的方法

1. 表面麻醉

将药液滴、涂或喷洒于黏膜表面，让药液透过黏膜，使黏膜下感觉神经末梢消失。一般选用穿透力较强的局部药，如1%~2%可卡因（常用于眼部手术）。2%利多卡因（常用于猫气管插管前的咽喉表面麻醉）等。该方法广泛用于眼、鼻、口腔、阴道黏膜的麻醉。

2. 浸润麻醉

沿手术切口线皮下注射或深部分层注射麻醉药，阻滞神经末梢，称局部浸润麻醉，常用麻醉剂为0.25%~1%盐酸普鲁卡因溶液。为了防止将麻醉药直接注入血管中产生毒性反应，应该在每次注药前回抽注射器。一般是先将针头插至所需深度，然后边退针头边注入药液。有时在一个刺入点可向相反方向注射两次药液。局部浸润麻醉的方式有多种，如直线浸润、菱形浸润、扇形浸润、基部浸润和分层浸润等，可根据手术需要选用。为了保证深层组织麻醉作用完全，也为了减少单位时间内组织中麻醉药液的过多积聚和吸收，可采用逐层浸润麻醉法，即用低浓度（0.25%）和较大量的麻醉药液浸润一层随即切开一层的方法将组织逐层切口。由于这种麻醉药液浓度很小，部分药液随切口流出或在手术过程中被纱布吸走，故使用较大剂量药液也不易引起中毒。

此外，为了减少药物吸收的毒副作用，延长麻醉时间，常在药物中加入适量0.1%的盐酸肾上腺素。

3. 传导麻醉

将药物注入神经干周围，使该神经干所支配的区域产生麻醉作用，又称神经干阻滞麻醉。其优点是用药量少，麻醉的范围广。常用2%~3%普鲁卡因或1%~2%利多卡因溶液。可用于睑神经、臂神经丛等的传导麻醉。

（1）犬眶下神经传递麻醉。犬的眶下神经支配同侧所有上齿。进针部位有两种：

一是在眶下神经进入眶下管的入口（上颌孔）处，即翼突与腭的凹陷地方。一般犬在眼外角的下方大约2.5cm，在颧骨前方和下颚冠状突后方之间，用5cm长的20号针，对准凹陷处，慢慢刺入，一直到穿过颧骨线为止，然后将针指向上门齿，在3~3.5cm深处会遇到上颌孔。注射2%盐酸普鲁卡因2mL，同侧的门齿、犬齿和1~2臼齿感觉即变为迟钝。

（2）犬下颌神经传递麻醉。

①下颌管：在下颌骨角突的前面，可摸到凹陷。用3cm长的22号针，在下颌的腹侧缘，垂直刺入，其深度为1~2cm。在此处注射2%盐酸普鲁卡因溶液，则同侧下颌的牙齿均被麻醉。

②颏孔：共有前、中、后3个颏孔中作为注射点，该空位于下颌第二前白齿前面的基部，约在下颌骨背侧与腹侧缘的中间，其孔口用手触摸不到，必须用针尖进行探针，将针刺入该孔内少许，并向下颌管内注射2%盐酸普鲁卡因溶液1mL，则门齿、犬齿和1~2白齿都受到麻醉。

犬的3个颏孔在形态方面有许多变化。另外，两侧下颌间有吻合情况，因此，在给药之后，所有门齿都处于麻醉状态。而给药的同侧其他部位，不发生麻醉作用。

（3）犬睑神经传递麻醉。睑神经是耳睑神经的分支，又是面神经的分支。在颧骨弓的背面最外侧，将1mL麻醉剂注射到皮下1cm深处即可达到麻醉。除了眼睑提肌之外，所有眼睑肌肉都将呈现麻醉，这对应用β射线治疗角膜或者在眼外科中都是有益的。如果不进行全身麻醉，眼睑不会合拢，而眼球仍然转动和收缩。为了防止角膜干燥，应当使用眼软膏。

4. 脊髓麻醉

是将局部麻醉药注射到椎管内，阻滞脊神经的传导，使其所支配的区域无痛，称为脊髓麻醉。感觉局部麻醉药液注入椎管内的部位不同，又可分为硬膜外腔麻醉和蛛网膜下腔麻醉两种。在兽医临床上，目前仍多采用硬膜外腔麻醉，很少采用蛛网膜下腔麻醉。掌握脊髓麻醉技术，要求熟悉椎管及脊髓的局部解剖，以及由于脊神经阻滞所致的生理干扰。

椎管局部解剖：脊柱由很多椎骨连接而成，各个椎骨的锥孔贯连构成椎管，脊髓位于椎管之中。在两个椎骨连接处的两侧各有一孔称椎间孔，为脊神经通出的地方。脊髓外被3层膜包裹，外层为脊硬膜，厚而坚韧；中层为脊蛛网膜，薄而透明；内层为脊软膜，有丰富的血管。在脊硬膜与椎管的骨膜之间有一较宽的间隙称为硬膜外腔，内含疏松结缔组织、静脉和大量的脂肪，两侧脊神经即在此经过，向腔内注入麻醉药液，可阻滞若干对脊神经；脊硬膜与脊蛛网膜之间形成一较大腔隙，称为蛛网膜下腔，内含脊髓液，向前与脑蛛网膜下腔相同，麻醉药注入此腔可向前、后阻滞若干对在此经过的脊神经根。

（1）硬膜外腔麻醉。即将局部麻醉药注入硬膜外腔。本法可用于不适宜全身麻醉的腹后部、尿道、直肠或后肢的手术及断趾、断尾等，尤其适用于剖腹产。动物麻醉前用药镇静后，多施右侧卧保定（也有人习惯站立或背紧靠诊疗台缘，背充分屈曲，增大椎间间隙，胸卧保定）。麻醉部位是最后腰椎与荐椎之间的正中凹陷处，大型犬的断尾可在第一至第二尾椎间实施。选择髂骨突起连线和最后腰椎棘突的交叉点，局部剪毛、消毒，皮肤先小范围麻醉，用4~5cm长的注射针在交叉点上慢慢刺入，在皮下2~4cm深度刺通弓间韧带时，有"噗嗤"的感觉。若无此感觉，则是刺到骨头上，可拔出针，改变方向重新刺入。如有脊髓液从针头流出，是刺入蛛网膜下腔所致，把针稍稍拔出至不流出脊髓液的深度即可，注入局部麻醉药，2%普鲁卡因，0.5mL/kg体重，用于骨折的整复；0.25mL/kg体重，用于尾部、阴道、肛门的手术。

猫腰荐硬膜外麻醉：将猫用绳子保定在手术台上，腰部向下，左手的拇指和中指压放在左右两髂骨外角，食指在中线上触压药荐凹窝。局部剪毛消毒，左手食指为正确定位的标记，右手持针，在凹窝处将针以垂直方向刺进凹窝。针透过坚韧的弓间韧带时，通常有（呼）的一声感觉，而且针透过后阻力消失。应用反回压以确保无血液流出，用含有肾上腺素的2.5%盐酸普鲁卡因2~3mL，当针正确定位后便可开始注射，注射时的速度要缓慢。此时猫的尾巴通常也随之出现肌纤维颤动，这是针位置正确标志。松弛几乎是立即开始，在5~10min内完全达到阻滞的效果，持续20~30min。该麻醉用于睾丸摘除术、子宫切开术、子宫切除术和尿道结石等手术。

（2）蛛网膜下腔麻醉。即将局部麻醉药注入蛛网膜下腔，麻醉脊髓背根和腹根的麻醉方法。腰椎穿刺位于腰荐结合最凹陷处。腰椎穿刺时，针头经过的层次分别为皮肤、皮下组织、棘上韧带、棘间韧带和黄韧带时会出现第一个阻力减退感觉。继续缓慢推进针头，待针头穿过硬脊膜和蛛网膜时，可出现穿刺过程中的第二个阻力减退感觉。拔下针栓，即见有脊髓液从针孔中流出。当判定穿刺正确后，接着以吸有2%普鲁卡因的注射器，缓慢注入5~10mL，然后再回吸脊髓液，若能畅通抽出，针头可一起拔下。经3~10min，便可进行腹部、会阴、四肢及尾部所有手术。

（3）脊髓麻醉的注意事项。要注意注射药液的温度和注射速度。一次快速注入大量冷药液可引起呼吸紧迫，角弓反张或猝倒等严重反应。

注入大量药液时要保持动物前高后低的体位，防止药液向前扩散，阻滞胸段的交感神经，使血管扩张，血压下降；或阻滞胸部神经引起呼吸困难或窒息。此外，还应该注意到侧卧保定的家畜，其下侧的麻醉效果往往较上侧为好。

脊髓麻醉，尤其是蛛网膜下腔麻醉，要求严密消毒，否则有可能引起脊髓液的感染。在腰椎领域穿刺，即所谓的腰麻，广泛被应用。而动物脊髓的尾侧端和蛛网膜下腔非常接近，安全部位不易选择，而棘突间隙穿刺又很困难。进针操作要谨慎，防止损伤脊髓，导致尾麻痹或截瘫等后遗症。

第二节　全身麻醉

全身麻醉是指用药物使中枢神经系统产生广泛的抑制，暂时使动物的意识感觉、反射活动和肌肉张力减弱或完全消失，但仍保持延髓生命中枢的功能，主要用于外科手术。

一、全身麻醉的分期

全身麻醉药通常开始先抑制大脑皮层功能，随着剂量增大，逐渐抑制间脑、中脑、桥脑和脊髓，最后可抑制延髓。随着不同部位的中枢神经系统的抑制，会有一定的体征表现，根据这些表现可分成数个时期，借以判断麻醉的深度。但应指出，麻醉的分期通常是参照人的乙醚麻醉典型经过来描述的，而在动物上往往无如此明显的划分，况且不同的畜种、个体或不同的药物也有不同的表现。但了解人的麻醉分期（特别是吸入麻醉）仍然有助于识别麻醉的过程，掌握麻醉的深度和防止麻醉事故。麻醉通常可分为四期。

（1）第 1 期（朦胧期或随意运动期）。此期是由麻醉开始至意识完全丧失而转入第 2 期。此期主要是大脑皮层的功能逐渐被抑制。动物焦躁或静卧，对疼痛刺激反应减弱，但仍然存在。瞳孔开始放大，各种反射灵活，站立的动物则平衡失调。

（2）第 2 期（兴奋期或不随意运动期）。此期是由意识完全丧失至深而规则的自动呼吸开始停止。此时大脑皮层功能完全受到抑制，皮层下中枢释放，家畜反射功能亢进，出现不由自主运动，肌肉紧张性增加，血压升高，脉搏加快，瞳孔散大，呼吸不规则，眼球出现震颤。在猫科动物常见分泌大量唾液，猫、狗可能出现呕吐。此时，如果不受外界干扰，动物仍可安静度过，如受到外界刺激或过早进行手术，可出现强力挣扎、四肢划动、排粪尿等明显兴奋现象。在第 2 期转入第 3 期时兴奋现象逐渐减弱，眼球震颤变慢，但眼球震颤不能作为可靠的麻醉深度的指征，因为不同个体间的差异较大。

（3）第 3 期（外科麻醉期）。此期是深而规则的呼吸开始至停止前阶段。外科手术主要在此期的前、中阶段进行。本期按其麻醉深度又分为 4 级，即：

①1 级：痛觉开始消失，但麻醉仍较浅，因而骨膜、腹膜及皮肤等 3 种敏感的组织仍略有感觉。此时动物呼吸规则，瞳孔开始缩小（如以阿托品作为术前用药则例外），眼睑、角膜及肛门反射仍然存在，眼球颤动缓慢。

②2 级：眼睑反射由迟钝至消失，角膜反射略呈迟钝，眼球颤动停止，瞳孔继续缩小，呼吸深而规则，肌肉出现松弛。

③3 级：角膜反射由迟钝渐趋消失，肋间肌开始麻痹（浅而略慢带痉挛性的胸式呼吸），瞳孔由于睫状肌的麻痹而逐渐放大。此时麻醉已深，血压开始下降，脉搏快而弱，肌肉完全松弛。第三眼睑脱出。

④4 级：是本期麻醉最深的一级，实际上已是麻醉过量，进入危险边缘，因此，在临床上不应达到这一深度。此时动物因呼吸中枢麻痹，呼吸浅且无规则，带有痉挛性并渐趋停止，血压下降，脉搏快而弱。括约肌松弛，有时尿失禁（尤其母畜）。瞳孔放大，对光反射渐消失。可视黏膜发绀，创口血液瘀黑。进入此级，应立即停止麻醉，并采取急救措施。

（4）第 4 期（延髓麻痹期）。进入此期，麻醉已严重过度，故临床上严禁出现此期。此时呼吸接近停止，瞳孔全部放大，心脏因缺氧而逐渐停止跳动，脉搏和全部反射完全消失，必须立即抢救，否则死亡瞬即来临。

如果麻醉未进入第 4 期前停止麻醉，或有时进入第 4 期后抢救有效，则动物可沿相反的顺序而逐渐苏醒和恢复。

全身麻醉的分期完全是人为的，其区分的指征受到诸如年龄、体质、品种以及个体的差异等因素影响。不同药物产生的机体反应也有很大区别，例如：氯仿、巴比妥钠和水合氯醛等很少引起兴奋现象。麻醉前用药的种类也影响着麻醉的指征，如阿托品可使瞳孔扩大，而肌松剂则使眼球比较固定，眼部变化不够灵敏等。因此，判断麻醉的深度很难根据某一指征做出结论。比较合理的做法应该是综合呼吸、循环、反射、肌肉张力、眼部变化等，前后加以对比，并考虑其他因素的影响来判断麻醉的深度。

二、麻醉前给药

给予动物神经安定药或安定-镇痛药，其作用是：

（1）使动物安静，以消除麻醉诱导时的恐惧和挣扎。

（2）手术前镇痛。

（3）作为局部或区域麻醉的补充，以限制自主活动。

（4）减少全麻药的用量，从而减少副作用，提高麻醉的安全性。

（5）使麻醉苏醒过程平稳。

抗胆碱药（如阿托品）主要作用，是可明显减少呼吸道和唾液腺的分泌，使呼吸道保持畅通；见底胃肠道蠕动，防止在麻醉时呕吐；阻断迷走神经反射，预防反射性心率减慢或骤停。

常用的麻醉前用药主要有：

（1）安定。肌内注射给药 45min 后，静脉注射 5min 后，产生安静、催眠和肌松作用。犬、猫 0.66~1.1mg/kg 体重。

（2）乙酰丙嗪。犬 1~3mg/kg 体重；猫 1~2mg/kg 体重。

（3）吗啡。本品对犬、兔效果较好，犬 2mg/kg 体重皮下或肌内注射；兔和啮齿类 3~5mg/kg 体重。

（4）阿托品。犬 0.5~5mg，皮下或肌内注射。

三、常用的全身麻醉方法

根据麻醉药种类和麻醉目的，给药途径有吸入、注射（皮下、肌肉、静脉、腹腔内）、口服、直肠内注入等多种。全身麻醉时，单用一种麻醉药效果不理想，应采用两种以上药物合并麻醉。常用全身麻醉方法有以下几种。

（一）吸入麻醉

用挥发性较强的液态麻醉药剂（如乙醚、氯仿及氟烷等）或气体麻醉剂（氧化亚氮、环丙烷等），通过呼吸道以蒸气或气体状态吸入肺内，经微血管进入血液以产生麻醉的方法，称为吸入麻醉。如果利用气管插管直接将麻醉气体送入气管，称为气管内麻醉。吸入麻醉是有较长历史的麻醉方法，其优点是较容易和迅速地控制麻醉深度和较快的终止麻醉，但缺点是操作较复杂，而且往往需要专用的麻醉装置。

1. 常用吸入麻醉

（1）乙醚。为无色透明液体，有特殊气味，易挥发（沸点 35°），较空气重 2.6 倍，其蒸气易燃，甚至可能爆炸。在光和空气作用下乙醚可产生有毒的乙醛及过氧化物，故乙醚应装入有色瓶内，在阴凉处避光贮存。乙醚对呼吸道黏膜有强烈刺激性，可使其分泌增多，如随唾液进入胃内可引起呕吐。在麻醉前使用阿托品可减少分泌。乙醚有可能引起胃肠道平滑肌的紧张性降低，有时导致胃扩张或肠蠕动的减弱。施行乙醚麻醉时，因其对心脏、肝脏无毒性，对肾脏刺激作用也很弱，同时外科麻醉所需浓度与呼吸麻痹浓度约相差 3 倍，安全范围比较广，肌肉松弛也良好，但麻醉诱导期较长。此外，容易发生乙醚燃烧、爆炸等意外事故；麻醉初期由于呼吸道而引起反射性的呼吸频数，随着麻醉的发生，呼吸中枢兴奋降低，呼吸数逐渐减少，呼吸深度增加；乙醚达到中毒浓度时呼吸变浅和无节律，并发生缺氧现象。目前已被淘汰，但可用于啮齿类动物麻醉。

（2）氟烷。为一种氟类液体挥发性麻醉药。本药无色透明，有水果样香味，无刺激性，易被动物吸入，不易燃易爆。在光作用下缓慢分解，生成氯化氢、溴化氢和光气。该药麻醉性能强，对心肺有抑制作用，故在麻醉中严格控制麻醉深度。为了减少麻醉药用量，吸入麻醉前，需要麻醉前用药和麻醉诱导（多用 25% 硫喷妥钠溶液）。临床上常与氧化亚氮或其他非吸入性麻醉药合并使用。

（3）安氟醚。为一种氟类吸入麻醉药，无色、透明，具有愉快的乙醚样气味，动物乐于接受。麻醉性能强（麻醉浓度犬、猫分别为 2.2% 和 1.2%），但比氟烷、异氟醚弱。诱导和苏醒均迅速。

（4）异氟醚。是一种新的氟类吸入麻醉药。有轻度刺激性气味，但不会引起动物屏息和咳嗽。麻醉性能强，其麻醉浓度犬、猫分别为 1.28% 和 1.63%。血压下降与氟烷、安氟醚相同，不过心率增加，心输出量和心搏动减少低于氟烷。对心肌抑制作用较其他氟类吸入麻醉药轻，不能引起心律失常。本药对呼吸抑制明显，苏醒均比其他氟类吸入麻醉药快，更易控制麻醉深度。异氟醚在体内代谢很少，故对肝、肾影响也很小。

2. 吸入麻醉需要的材料与设备

（1）气管插管。通常用橡胶或塑料制成，是一个弯曲的末端为斜面并与麻醉环路相结合的管子。要根据动物个体的大小，选择合适的气管插管。选择气管插管时尽量使用口径较大的。

（2）套囊。是防止漏气的装置，附着在气管插管壁距开口斜面 2~5cm 处，长 4~5cm 不等。套囊接有 30~40 长的细乳胶管，使套囊与气管壁紧密接触，而不漏气。

（3）牙垫。为一硬塑料管，管的内径略大于气管插管的外径。当气管插管经口腔插入后，将牙垫从气管插管的一端套入，送入口腔内达最后臼齿处，另一端在口腔外固定。

（4）喉镜。将喉镜叶片插入口腔，暴露声门裂，进行明视插管。

（5）麻醉机装置。

氧气瓶：内装高压液化氧气，经减压器与高压胶管进入流量表。

流量表：气化氧经流量表进入呼吸囊内。每分钟放出的氧气流量可直接不经流量表直接进入呼吸囊内。

呼吸囊：可通过挤压该囊控制呼吸，也可贮存气体。呼吸囊随动物自发而起伏。呼吸囊的大小应与动物个体大小呈正比。

3. 插管方法

插管前应进行麻醉前给药（阿托品、镇静、镇痛药等）和诱导麻醉（静脉注射硫喷妥钠）。

（1）明视插管。犬正常的头部位置为口腔轴与气管轴呈 90°角，将犬嘴上举可使轴的角度趋近 180°。这时把喉头下压，舌稍拉向前，易将气管插管插入气管。犬气管内插管时，主要取胸卧位，如操作者熟练，也可取侧卧或仰卧位。在助手的帮助下，头扬起，头颈伸直，打开口腔，操作者一手拉出舌头，另一手持喉镜柄，并将喉镜叶片深入口腔压住舌基部会厌软骨，暴露声门。选择适宜气管插管插至胸腔入口处为宜。其插管后端套入牙垫或用纱布绷带固定在上颌或下颌犬齿后方，以防滑脱。如咽喉部敏感妨碍插管，可用 2% 利多卡因溶液或追加硫喷妥钠，再插入。轻压胸侧壁，如气流从气管插管喷出，或触摸颈部仅一个硬质索状物，提示插管通过，调整挥发器档次，控制麻醉深度。

（2）气管切口插管。如上、下颌骨折，口腔手术，不能经口腔气管插管时，可做气管切口插管。其优点是减少呼吸阻力，又能较顺利地排除气管内分泌物。

（二）非吸入全身麻醉

非吸入全身麻醉有许多优点，如操作简便，一般不需要特殊的麻醉装置，不出现兴奋期，也不严格要求掌握麻醉的深度等，故目前仍为重要的麻醉方法。但这种麻醉的缺点是不易灵活掌握用药剂量、麻醉深度和麻醉时间，因而要求更准确地了解药物的特性、个体的反应情况并在施行麻醉时认真地进行操作。

非吸入麻醉剂输入途径有多种，如静脉内注射、皮下注射、肌内注射、腹腔内注射、口服以及直肠灌注等，其中静脉注射麻醉法因作用迅速、确实，在兽医临床上占有重要地位。但在静脉注射有困难时，也可根据药物的性质，选择其他投药途径。

非吸入麻醉药因动物种属的不同，在使用上各有其本身的特点。除了应考虑到种属之间的差异外，有时还应考虑到个体之间对药物的耐受力的不同，即所谓个体间的差异。在临床使用上，应针对动物的种类选择相宜的药物。用药的剂量，因给药的途径不同而有所差别。剂量过小，则常达不到理想的麻醉效果，追加给药比较麻烦，且多次追加还有蓄积中毒之忧。剂量过大，一旦药物进入体内，则很难消除其持续的效应作用，故应慎重。对某些安全范围狭窄的药物要特别注意。

1. 动物常用的非吸入性全身麻醉药，包括巴比妥和非巴比妥两大类

（1）常用的非巴比妥类非吸入性麻醉药。

①氯胺酮：本品是一种较新的、快速作用的非巴比妥类静脉肌内注射麻醉药，注射后对大脑中枢的丘脑-新皮质系统产生抑制，故镇痛作用较强，但对中枢的某些部位产生兴奋。注射后虽然有镇静作用，但受惊扰仍能醒觉并表现有意识的反应，这种特殊的麻醉状态称作"分离麻醉"。本品根据使用剂量大小的不同，可产生镇静、催眠、麻醉作用，在兽医临床上已用于马、猪、羊、犬、猫及多种野生动物的化学保定，基础麻醉和全身麻醉药。由于氯胺酮对循环系统具有兴奋作用，可使心率增快38%，心排量增加74%，血压升高26%，中心静脉压升高66%，外周阻力降低26%，因此，静脉注射时速度要缓慢。本品对呼吸只有轻微抑制，对肝、肾功能未见不良影响，对唾液分泌有增强现象，事先注入少量阿托品可以抑制。

根据国内资料，以本品肌内注射，并与芬太尼［0.02~0.04mg/（kg体重）］配伍应用，可收到良好的保定和麻醉效果。

②隆朋：该药现已广泛用于马、牛、羊、犬和猫等动物，同时也有效地用于各种野生动物，做临床检查及各种手术，也用于许多动物的保定、运输等。

隆朋为白色结晶体，易溶于氯仿、乙醚、苯，难溶于石油、醚和水。临床上常以其盐酸盐配成2%~10%水溶液供肌内注射、皮下注射或静脉注射。

隆朋根据使用剂量的不同，可出现镇静、镇痛、肌肉松弛或麻醉作用。但增加剂量时对镇静作用的加深往往不如镇静时间的延长显著。本品用作麻醉药物，在一般使用剂量下，实际上并不能使动物达到完全的全身麻醉程度，而仅能使动物精神沉郁、嗜睡或呈熟睡状态。动物对外界刺激虽然反应迟钝，但仍能保持防卫能力和清醒的意识。但在大剂量使用时，也能使动物进入深麻醉状态，此时则往往会出现不良反应。用药后通常出现心跳和呼吸次数减少，静脉注射时常出现短暂的血压升高，静脉注射后出现过性房室传导阻滞，随即下降至较正常稍低的水平。为了预防房室传导阻滞的出现，可以用药前注射适量阿托品。

隆朋作用出现的时间，一般肌内注射在10~15min后，静脉注射在3~5min后，通常镇静可维持1~2h，而镇静作用的延续则为15~30min。由于用药后动物一般仍处于清醒状态，而且其镇静作用较肌肉松弛作用出现的早，消失的慢，因此，在动物卧倒与恢复站立期间不至于出现挣扎、摔伤的危险。

隆朋的安全范围较大，毒性低，无蓄积作用，可以作为麻醉前给药，再施以吸入麻醉。本品是a_2肾上腺受体激动剂，可作用于a_2受体，而a_2受体拮抗剂有拮抗其药理作用的效能。

③噻胺酮注射液（复方氯胺酮注射液）是我国自行复合的一种新的动物用麻醉药，近年来已

在临床被广泛应用，对犬、猫等均可应用。本药是一个复合型的药物，其有效成分包括氯胺酮、隆朋，还有苯乙哌脂（类似阿托品样药）。肌内注射给药较为方便，给药后动物进入麻醉状态时比较稳定，由站立而自行倒卧，无明显的兴奋期，在麻醉期间体温下降，肌松良好，对呼吸有一定的抑制作用，应用剂量较大时对循环系统也有影响。本药的恢复期较长，且有复睡现象。复方噻胺酮给药方便，安全剂量的范围较宽，起效迅速，诱导和恢复都平稳，连续给药不蓄积，无耐受。

④其他非巴比妥类非吸入性麻醉药：a_2肾上腺素受体激动剂舒泰等新药。舒泰对于呼吸的抑制很小，麻醉效果确实。

（2）巴比妥类常用麻醉药。巴比妥类的药物在体内由肝细胞微粒体的药物代谢酶氧化失效，其氧化物可以呈游离状态排泄（经肾）或是与硫酸基结合后由尿中排泄。有的可以以原形由肾脏排泄。排泄较慢的药物在使用时应注意防止蓄积中毒，如苯巴比妥钠。临床使用巴比妥类药物根据其作用时限不同，可以分成四大类别，即长、中、短和超短时作用型四种。长及中时作用型的巴比妥类药物多作为镇静、催眠或抗痉挛药物。而作为临床麻醉剂使用的则多属于短或超短时作用型。在兽医临床上与神经安定药或其他麻醉药协同用作复合麻醉的有硫喷妥钠、硫戊巴比妥钠和戊巴比妥钠等。短和超短时作用型的巴比妥类药物可以少量多次给药，作为维持麻醉之用。但因其有较强的抑制呼吸中枢和抑制心肌的作用，故在临床应用时应慎重计算用量，严防过量导致动物死亡。

①硫喷妥钠：本品是淡黄色粉末，味苦，有洋葱样气味，易潮解，在水中的溶解度尚好。但水溶液很不稳定，呈强酸性，pH值约为10。市场售卖为硫喷妥钠粉（含稳定剂），密封于安瓿中，用时现配制成不同浓度的溶液。本品粉剂吸潮变质后增加其毒性，故在安瓿有裂痕或粉末结块而不宜再使用。硫喷妥钠静脉注射的麻醉诱导和麻醉持续时间以及苏醒时间均较短，一次用药后的持续时间可以从2~3min到20~30min不等。这与剂量和注射速度密切相关，麻醉的速度与注射速度有关系，注射愈快麻醉越深，维持时间越短，在用药时要特别注意注射的速度，当然还应严格正确计算所用药量。在静脉注射时，应将全量的1/2~2/3在30s内迅速注入，然后停注30~60s，并进行观察。如果体征显示麻醉的速度不够，再将剩余量在1min左右的时间内注入，同时边注入边观察动物的麻醉体征，尤其应注意呼吸的变化，一经达到所需麻醉程度即停止给药。以硫喷妥钠作为维持麻醉，可在动物有觉醒表现时，如呼吸加快、体动，在追加时给药，在追加时也要密切关注动物麻醉体征的变化，即达到所需麻醉的深度时应及时停止静脉注射。硫喷妥钠除用作全麻外，还可以作为吸入麻醉，用此方法可以消除吸入麻醉药在诱导期的不良反应，使麻醉进行得平稳安全。此外，如果采用静脉滴注，则可以维持较长时间的麻醉，也很安全可靠。

②戊巴比妥钠：戊巴比妥钠是临床常用的一种药物。它是白色粉末（或结晶颗粒），易溶于水，无臭。其代谢产物由尿中排出，而经由胆汁、粪便和唾液排泄则很少。肝功能不全的家畜应慎用。实验结果提示幼畜和饥饿的动物应使用较小的剂量。本品易透过胎盘影响胎儿，甚至会造成胎儿死亡，故在孕畜或进行剖腹产手术时不能用本品做麻醉。

作为麻醉剂量会对呼吸有明显的抑制现象，同时也影响循环系统，减少心排量。故此在静脉注射戊巴比妥钠时速度要慢。当动物进入浅麻醉之后，应稍暂停注射，并仔细观察呼吸和循环的变化，然后再决定是否继续给药。临床给犬静脉注射戊巴比妥钠进行麻醉时，在苏醒阶段不可静脉注射葡萄糖溶液（因有些病例需要术后输液），因为有的犬在给静脉注射葡萄糖后又重新进入麻醉状态，即所谓"葡萄糖反应"，有的甚至造成休克死亡。本药的麻醉平均持续时间在30min，犬为1~2h，猫的持续时间较长，可达72h，故应慎重。为了减少用量和减轻其副作用（苏醒期兴奋），可以在给本药之前注射氯丙嗪以强化麻醉。

③异戊巴比妥钠：白色结晶粉末，味苦，无异臭，易溶于水。进入体内的本品在肝脏中被氧化，然后经过肾脏从尿中排出，也有不经代谢以原形由尿排出。主要用作镇静和基础麻醉。由静脉

注射给药，和戊巴比妥钠类似，在苏醒期也有兴奋现象，临床应用相对较少。

④环己丙烯硫巴比妥钠：本品为淡黄色粉末或结晶，易溶于水，水溶液呈碱性，比较稳定。其临床作用和作用持续时间与硫喷妥钠相似。为短时作用型的巴比妥类药物，具有催眠和麻醉作用，对呼吸的抑制较硫喷妥钠轻。出现作用快，维持时间亦短。动物被麻醉后，呼吸变慢变深而均匀，同时伴有良好的松肌作用。比戊巴比妥钠的麻醉效应快，苏醒也快（可伴有轻度兴奋）。用本品麻醉时，麻醉前应给予阿托品，以减少唾液腺体的分泌。犬、猫均可应用，其毒性不大，比较安全。

⑤硫戊巴比妥钠：淡黄色结晶，易溶于水，呈黄色透明液体，具有硫和大蒜样气味。本品属于超短时作用型的巴比妥类，用作短时间的静脉麻醉，它是硫代巴比妥钠类的同系物。其作用类似于硫喷妥钠，使用剂量稍低于硫喷妥钠。快速静脉注射显著抑制呼吸，但对心脏的影响则较轻，蓄积作用也较小。常用剂量对肝、肾的影响不大，但肝功能不正常时则可增强其毒性，是因为它主要在肝脏内代谢后排出。静脉注射给药 30s 可产生麻醉效果，根据用量的不同，可维持 10~30min，常用 4%溶液给小动物做静脉麻醉之用。

2. 犬的非吸入全身麻醉

（1）吗啡。吗啡对犬是比较好的麻醉剂。麻醉前应给予阿托品 0.03~0.05mg/（kg 体重）皮下注射。20min 后皮下注射吗啡，剂量 1mg/（kg 体重），给药之后经过 15~30min 逐渐进入麻醉状态，可持续 1~3h 不等。给药后犬会出现不安，继而行动蹒跚迟钝，并有流涎、呕吐及排便、排尿等兴奋现象。然后对外界的反应淡漠，卧地不起，沉睡并进入麻醉状态，痛觉和知觉消失，而听觉的抑制稍差。注意个体之间的差异会使该药量有所不同。

（2）硫喷妥钠。静脉给药 25mg/（kg 体重），通常将硫喷妥钠稀释成 2.5%的溶液，按体重折算总药量。先将 1/2 或是 2/3 以较快的速度静脉注射，大约为 1mL/s。在注射过程中，动物即很快呈现肌松，全身松软无力，眼睑反射减弱，呼吸均匀平稳，瞳孔缩小。剩余量需较慢给药，并密切注意观察动物在麻醉后的临床表现，当达到所需要的深度时，应停止给药。如果静脉注射给药过快，或是剂量偏大，会严重抑制呼吸，甚至会使呼吸停止。故为防止意外，应准备好呼吸兴奋剂以及人工呼吸装置。一旦发生呼吸抑制，人工支持呼吸比用呼吸兴奋剂药物更有实际意义。通常如上述一次麻醉给药，可以持续 15~25min，其恢复期稍长，可达 2~3h。在临床具体应用时，有时为了延长麻醉时间，常把静脉注射针（头皮针，有连接软管比较方便）留置在静脉内（注意应固定好），当动物有所觉醒、骚动或有叫声时，再从静脉适量推入，当然还要观察动物体反应以决定给药的多少，用这种反复多次给药的方式，则可以延长所需的麻醉时间，能更好地配合完成手术。

（3）氯胺酮。用药前常规给予注射阿托品，防止流涎。注射阿托品 15min 后，进入注射氯胺酮 10~15mg/kg 体重，5min 后产生药效，一般可有 30min 的麻醉持续时间，适当的增加用量，也可相应延长麻醉持续时间。但是如果给药过多，可能出现全身性强直痉挛，如不能自动消失时，可静脉注射 1~2mg/kg 体重的安定。临床上又常常将氯胺酮与其他神经安定药混用以改善麻醉状况。

①氯丙嗪+氯胺酮：麻醉前给予阿托品，以氯丙嗪 3~4mg/kg 体重肌内注射给药，15min 后再给予氯胺酮 5~9mg/kg 体重肌内注射，麻醉平稳，持续 30min。

②隆朋+氯胺酮：麻醉前给予阿托品，先肌内注射隆朋（麻保静）1~2mg/kg 体重，15min 后再给予肌内注射氯胺酮 5~15mg/kg 体重，持续 20~30min，这种方法许多兽医工作者愿意采用。

③安定+氯胺酮：安定 1~2mg/kg 体重肌内注射，15min 后再肌内注射氯胺酮又能产生平稳的全身麻醉。

（4）戊巴比妥钠。由静脉给药，临时配制成 5%葡萄糖水溶液，剂量为 25~30mg/kg 体重。以全量的 1/2~2/3 快速以静脉给药，动物不会表现出明显的兴奋而进入麻醉状态。随后则应减慢给药，在注射给药的同时，注意观察动物的反应，直达到预定麻醉的深度为止。当动物进入较深的麻醉时表现出肌肉松弛，腹肌亦松弛，开口时无抵抗力，眼睑反射消失，瞳孔缩小，对光反射变弱，脉搏强而稍快，呼吸变慢而均匀。麻醉持续时间与给药的剂量有关，一般能持续 40~60min，恢复期较长，需要数小时，术后应给予保护，注意有复睡现象。

（5）安定镇痛类药物麻醉。对犬用安定镇痛的效果是肯定的，如速眠新、保定 1 号、保定 2 号等都有满意的效果。此外，兽医临床有不少人使用噻胺酮做犬的全身麻醉，效果亦好。

3. 猫的非吸入全身麻醉

（1）氯胺酮。给猫肌内注射 10~30mg/kg 体重，可使猫产生麻醉，持续 30min 左右。鉴于氯胺酮在单独使用时的某些不足之处，可以复合其他药物应用，例如：

①隆朋+氯胺酮：麻醉前给予阿托品，这对猫很重要，15min 后，首先肌内注射隆朋 1~2mg/kg 体重，再经 5min，肌内注射氯胺酮 5~15mg/kg 体重。给予不同的剂量可使麻醉期长短不一。

②氯丙嗪+氯胺酮：首先以盐酸氯丙嗪肌内注射给药，剂量为 1mg/kg 体重，15min 后再肌内注射氯胺酮 15~20mg/kg 体重。

（2）巴比妥类。这类药物中的硫喷妥钠和戊巴比妥钠比较常用。用量大约为 25mg/kg 体重，由静脉注射给药。必要时可以追加用药，一般追加量为第一次用药量的 1/3 是安全的。硫喷妥钠可以维持 20min 左右，而戊巴比妥钠则可长达 60min 之久。使用时应注意，这类药物有明显的抑制呼吸作用，对患有心、肺、肝、肾疾病的猫要慎用，或是改用其他麻醉方法。

（3）噻胺酮（复方氯胺酮）。使用本品不表现流涎（因含有苯乙哌脂）。猫对噻胺酮有较好的耐受性，一般临床用量为 3~5mg/kg 体重，肌内注射。而实验证明，2~10mg/kg 体重的范围内都是安全的。给药后 3~5min 产生药效，可持续 50~60min，个别猫恢复期较长，本品对猫比较平稳、安全、可靠。

（4）速眠新。剂量为 0.1mg/kg 体重，肌内注射给药。个别猫需要加大剂量达 0.2~0.3 mg/kg 体重，并且表现进入麻醉延时，苏醒期也较长，但麻醉期间的肌肉松弛和镇痛效果均好。且配有苏醒灵 4 号以作为催醒之用，这就减少了麻醉苏醒期持续延长所带来的很多麻烦。

4. 犬、猫常用的麻醉前给药药物

（1）乙酰普吗嗪（2mg/mL 注射液）。当单独使用时，不是一个特别有效的镇静药物或麻醉前药物，剂量为 0.0125~0.1mg/kg 体重，慢速静脉注射、肌内注射或皮下注射。在拳狮犬和巨型犬，剂量不要大于 0.025mg/kg 体重，因为可以导致昏厥或虚脱。通常与其他药物联合应用。主要用于犬，因为猫可以导致兴奋，偶见犬有攻击性行为的报道。

（2）安定止痛药。与 ACP 和吗啡类（阿片类），止痛药结合应用可降低各自的使用剂量。剂量为 ACP0.0125~0.05mg/kg 体重，与以下药物中一种结合使用：哌替啶（即杜冷丁）2~10 mg/kg 体重，肌内注射；吗啡 0.1~1mg/kg 体重，肌内注射；丁丙诺啡 0.005~0.01mg/kg 体重，静脉注射或肌内注射；布托啡诺 0.1~0.3mg/kg 体重，静脉注射或肌内注射。

（3）阿托品。剂量为 0.045mg/kg 体重肌内注射、皮下注射或 0.02mg/kg 体重静脉注射。一般与 ACP 合用，有助于消除 ACP 的心颤作用（心搏徐缓）。用于牙科治疗，可以减少流涎。

（4）隆朋（20mg/kg）。使用剂量为 1~3mg/kg 体重肌内注射。

（5）苯丙安定。单独应用并不可靠，因为可以导致对动物的刺激，包括运动性增强到兴奋，可以引起患病动物的高度镇静。

（6）安定（5mg/kg 注射液）。使骨骼松弛并刺激食欲。剂量为 0.1~0.25mg/kg 体重，静脉注射。

（7）苯丙安定/阿片类受体混合物。效果确实，对患病动物相对安全。首先给予阿片类受体混合物，20~30min 后给予苯丙安定。剂量：安定 0.25mg/kg 体重，缓慢静脉注射。

四、神经安定镇痛

为了减轻某些麻醉药物对机体的不良影响，尽量减少对中枢神经系统的过度抑制，在临床实践中逐步形成了神经安定镇痛的应用技术，它适用于某些不能接受深麻醉的动物，特别是原有心脏功能不全或肝肾机能差的动物。这种方法是将神经安定药和镇痛药合并应用，药量小，镇痛、镇静的效果均好，意识和反射所受的抑制比较轻，有时会使动物处于一种精神淡漠的清醒状态，但可以经受手术。20 世纪 50 年代初，就提出将某些药物作用互补，互相强化。近年来在兽医临床也应用了神经安定镇痛技术，取得了满意的效果，同时也促进了兽医麻醉学的新进展。

速眠新注射液（846 合剂），按 846 合剂的组成，它应属于神经安定镇痛剂。它的主要成分是双氢埃托啡复合保定宁和氟哌啶醇，故有良好的镇静、镇痛和肌肉松弛作用。近年来，本药逐渐用于临床药物制动或手术麻醉，本药对小动物应用的效果较好，在犬、猫的应用已较广泛。其使用剂量：犬 0.1~0.15mg/kg 体重；猫、兔 0.2~0.3mg/kg 体重。主要本品与氯胺酮、巴比妥类药物有明显的协同作用，复合应用时要特别注意。对动物的心血管和呼吸系统有一定的抑制作用（阿托品有缓解作用），特效的解药为苏醒灵 4 号，以 1：（0.5~1）（容量比）由静脉注射给药，可以很快逆转 846 合剂的作用。注意本品在某些个体会造成长时间持续的麻醉状态，或是苏醒期过长。例如，有的犬可长达 48h 以上。最好能在术后及时给予苏醒灵 4 号使动物尽快复苏。苏醒灵 4 号具有兴奋中枢、改善心血管功能、促进胃肠蠕动功能的恢复作用，可用于保定、麻醉后的催醒和过量中毒的解救，按说明书所提示剂量给予，静脉注射时要缓慢推注。

五、全身麻醉的监护与抢救

（一）手术动物的监护

手术动物的麻醉事故，与患畜的年龄与健康状况、麻醉方法和外科手术等有关，但监护疏忽是致死性麻醉事故的最常见原因。

手术期间，对患畜的监护范围很广。手术期间的主要关注点是手术过程，而麻醉监护常处于次要地位。如无辅助人员在场，外科医生也能成功进行手术，这是因为麻醉人员和术者通常是同一人。在很多情况下，麻醉监测系统和生理监测系统可快速客观反映出机体在麻醉下的总体状况，但这些设备需要很大的经济投资，由于条件的限制，麻醉监护以临床观察为主。

在生命指征消失之前，通常存在一些征兆，及早发现这些异常，是成功救治的关键。因此，麻醉监护的目的是及早发现机体生理平衡异常，以便能及时治疗。麻醉监护是借助人的感官和特定监护仪器观察、检查、记录器官的功能变化。由于麻醉监护是治疗的基础，因而麻醉监护需要按系统进行，其结果才可靠。

特别要注意患畜在诱导麻醉与手术准备期间的监护。因剪毛和动物摆放的工作令人注意力分散，许多麻醉事故就出现在这个时期。在诱导麻醉期，由于麻醉药的作用，存在呼吸抑制及随后氧不足与高碳酸血的危险。此时，监护者应检查脉搏，观察黏膜颜色，指压齿根黏膜观察毛细血管再充盈时间、呼吸深度与频率等。

手术期间的患畜监护重点是中枢神经系统、呼吸系统、心血管系统、体温和肾功能。监护的程度最好视麻醉前检查经过和手术的种类与持续时间而定。通常兽医人员和仪器设备有限，但借助简单的手段，如视诊、触诊和听诊，也能及时发现大多数麻醉并发症。

1. 麻醉深度

麻醉深度取决于手术引起的疼痛刺激。应通过眼睑反射、眼球位置和咬肌紧张度来判断麻醉深度。呼吸频率和血压的变化也是重要的表现。如出现动物的眼球不再偏转而是处于中间的位置，且凝视不动，又瞳孔放大，对光反射微弱，甚至消失，乃是高深度抑制的表现，表示麻醉已过深。

2. 呼吸

几乎所有的麻醉药均抑制呼吸，因而监护呼吸具有特别的意义，必须确保呼吸的正常功能，即患畜相应的吸入氧气和排出二氧化碳的需求。其前提是每分钟充足的通气量。首先应注意观察呼吸的通畅度。吸入麻醉时麻醉机的呼吸通路、气管内插管或是吸入面罩，会影响呼吸的通畅度。如果麻醉技术不当，会人为地影响动物的呼吸通畅度，继而呼吸的频率和幅度也会随之发生变化。故呼吸的通畅度、呼吸频率和呼吸的幅度都是观察的重点。若是呼吸道通畅度不好，甚至发生不同程度的阻塞时，则动物会表现呼吸困难，胸廓的呼吸动作加强，鼻孔的开张度加大，甚至黏膜发绀。观察胸廓的呼吸动作如同应用呼吸监视器那样，仅限于确定呼吸频率。借助听诊器听诊是一简单的方法，可确定呼吸频率和呼吸杂音。

还可以应用潮气量表做较为准确的潮气量测量。呼吸变深、变浅和频率增快等，都是呼吸功能不全的表现。如果发现潮气量锐减，继之很快会发生低血氧症。潮气量的减少，多是深麻醉时呼吸重度抑制的表现。从潮气量表可以比较精确地知道潮气量减少的程度，并可测知每分钟通气量的变化。

可视黏膜的颜色可提供有关患畜的氧气供应和外周循环功能情况。这可通过齿龈以及舌部的黏膜颜色来判断。动脉血的氧饱和度降低表现为黏膜发绀。借助这种方法可粗略地判断缺氧的程度，因为观察可视黏膜的颜色受周围环境光线的颜色与亮度的影响。此外，当血红蛋白降低至 5g/dl 时也可出现黏膜发绀。但在贫血动物因氧饱和度极低，则不会明显见到黏膜发绀。观察可视黏膜颜色为最基本的监护，应在手术期间定期进行。

有条件者可通过动脉采血进行血气分析。它可提供氧气和二氧化碳分压资料，判断吸入氧气和排出二氧化碳是否满足患畜的需求。又可测定血液 pH 值和碳酸氢根以及电解质浓度，监测机体水、电解质和酸碱平衡。

二氧化碳监测仪可连续地测定呼出气体的二氧化碳浓度与分压。其原理是以二氧化碳吸收红外线为基础，可通过侧气流或主气流来测定呼气末二氧化碳浓度。呼气末二氧化碳浓度取决于体内代谢、二氧化碳输送至肺和通气状况。监测呼气末二氧化碳浓度变化，就能记录体内这些功能的变化。所测出的呼气末二氧化碳浓度应介于 4%～5%，如呼气末二氧化碳浓度升高，则表现每分钟通气量不足。其结果是二氧化碳积聚于血液中，导致呼吸性酸中毒。这可影响心肌功能、中枢神经系统、血红蛋白与氧的结合以及电解质的平衡。监测呼气末二氧化碳浓度有助于减少血气分析次数，甚至取而代之。

在吸入麻醉时，连续不断地监测吸入的氧气浓度，可以确保患畜的氧气供给，因为吸入气体混合物的组成，只取决于麻醉机的功能和麻醉助手的调节。它可避免由于机器和麻醉失误所导致吸入氧气浓度降低至 21%以下。

3. 循环系统

对血液循环系统的监控，主要是应用无创伤方法，如摸脉搏、确定毛细血管再充盈时间和心脏听诊。有条件者，可应用心电图仪监护。

摸脉搏是一项最古老、最可靠和最有说服力的监测方法，可从心率、节律及动脉充盈状况评价心脏效率。可在后肢的股动脉或麻醉下的舌动脉摸脉搏。

指压齿根黏膜，观察毛细血管再充盈时间。犬毛细血管再充盈时间应不超过 1～2s。当休克或明显脱水时，毛细血管再充盈时间则明显推迟。

心区的听诊是简便易行的方法，可用听诊器在胸壁心区听诊，也可借助食道内听诊器听诊。首先应该注意的是心跳的频率，心音的强弱（收缩率），判断有无异常变化。血压是心脏功能的一个重要指标，但在动物测量血压有一定的困难，在犬可以测量后肢的股动脉。当然用动脉穿刺导入压力传感器的方法也可以精确测知血压，但会造成损伤，操作方法也烦琐，还需要一定的特殊设备，在临床上比较少用。对外周循环的观察，可注意结膜和口色的变化以及毛细血管再充盈时间。在手术中，如果发现脉搏频数，心音如奔马音，结膜苍白，血管的充盈度很差，是休克的表现，多由于手术中出血过多，循环的体液和血容量不足，或是由于脱水等原因造成。而由于麻醉的过量过深，反射性血压下降，多表现心搏无力，心动过缓。心电图的监测，可以了解生理活动的状态、心律的变化、传导状况的变化等。

4. 全身状态

对动物全身状态的观察，应注意神志的变化，对痛觉的反应以及其他一些反射，如眼睑反射、角膜反射、眼球位置等。动物处于休克状态时，神志反应很淡漠，甚至昏迷。

5. 体温变化

由于麻醉使动物的基础代谢下降，一般都会使体温下降，下降 1~2℃或 3~4℃不等。但动物的应激反应强烈或对某些药物（氟烷）的不适应可能会发生高热现象。体温的测定以直肠内测量为好。

（二）心肺复苏

心肺复苏（简称 CPR），是指当突然发生心跳呼吸停止时，对其迅速采取的一切有效抢救措施。心肺复苏能否成功，取决于快速有效地实施急救措施。每位临床兽医师均应熟悉心肺复苏的过程，并在临床上定期训练。

心跳停止的后果是停止外周氧气供应。机体首先能对细胞缺氧做代偿。血液中剩余的氧气用于维持器官功能。这样暂短的时间间隔，对大脑来说仅有 10s。然后就无氧气供应，不能满足细胞能量的需求。在这种情况下，无氧糖原分解，产生能量，以维持细胞结构，但器官功能受限。因此，心跳停止后 10s，患畜的意识丧失是中枢神经系统功能障碍的信号。

尽管如此，如果没有不可逆性损伤，器官可在一定的时间内恢复其功能。这一复活时间对不同器官而言，其长短不一。复活时间取决于器官的氧气供应、血流灌注量和器官损伤状况以及体温、年龄和代谢强度等。对于大脑而言，它仅持续 4~6min。

如果患畜在复活时间内能成功复活，经一定的康复期后，器官可完全恢复其功能。康复期的长短与缺氧的长短成正比。如复活时间内不能复活，那么就会出现不可逆性的细胞形态损伤，导致惊厥、不可逆性昏迷或脑死亡等后果。

只有迅速实施急救，复活才能成功。实施基础生命支持越早，成活率越高。在复活时间内开始实施急救是患畜完全康复的重要先决条件，如果错过这一时间，通常意味着患畜死亡。

1. 基本检查

在开始实施急救措施前，应对患畜做一快速基本检查，如呼吸、脉搏、可视黏膜颜色、毛细血管再充盈时间、意识、眼睑反射、角膜反射、瞳孔大小、瞳孔对光反射等，以便评价动物的状况。这种快速基本检查最好在 1min 完成。

在兽医临床上，多是麻醉患畜实施心肺复苏，因此，不可能评价患畜意识状态。眼部反射的定向检查可提示患畜的神经状况。深度意识丧失或麻醉征象为眼睑反射和角膜反射消失。此外，瞳孔对光无反射是脑内氧气供应不足表现。心肺复苏时，脑内氧气供应改善表现为瞳孔缩小，重新出现瞳孔对光的反射。

做快速基本检查时，主要是评价呼吸功能和血液循环功能。如在麻醉中由心电图记录，则是诊断心律失常和心跳停止的可靠方法。但必须排除由于电击接触不良所致的无心跳或其外收缩等技术失误。即使在心肺复苏时，也必须定期做基本检查以便评价治疗效果。

2. 心肺复苏技术

心肺复苏技术和时间因素决定心肺复苏能否成功。为了在紧急情况下正确、顺利地实施心肺复苏，应遵循一定模式，所有参与人员必须了解心肺复苏过程，并各尽其职。只有一支训练有素的急救队伍，才可能成功进行心肺复苏。

心肺复苏可分为 3 个不同阶段：基础生命支持、继续生命支持和成功复苏后的后期复苏处理。通常这样的基本计划就足以急救成功，即呼吸道畅通、人工通气、建立人工循环、药物治疗、后期复苏处理。

（1）呼吸道畅通。首先必须检查呼吸道，并使呼吸道畅通。清除口咽部的异物、呕吐物、分泌物等。为了使呼吸通畅和通气充分，必须做一气管内插管。因呼吸面罩不合适，对犬、猫经面罩做人工呼吸常不充分。如无法进行气管内插管，则需尽快做气管切开术。

（2）人工通气。在气管内插管之前，可做嘴-鼻人工呼吸。只有气管内插管可确保吹入气体不进入食道而进入肺中。气管内插管后，可方便地做嘴-气管插管人工呼吸。另外使用呼吸囊进行人工呼吸，也是简单而有效的方法。尽可能使用 100% 氧气做人工呼吸，频率为 8~10 次/min。每分钟呼吸量 150mL/kg 体重。每 5 次胸外心脏挤压，应做一次人工呼吸。有条件者，可接人工通气机。

（3）建立人工循环。为了不损害患畜，只有在无脉搏存在时，才可进行心脏按压。仅在心跳停止的最初 1min 内，可施行一次性心前区叩击做心肺复苏。如心脏起搏无效，则应立即进行胸外心脏按压。呼吸尽可能右侧卧，在胸外壁第四到第六肋骨间进行胸外心脏按压，按压频率 60~100 次/min。可通过外周摸脉检查心脏按压的效果。心脏按压有效地标志是外周动脉处可扪及搏动、紫绀消失、散大的瞳孔开始缩小，甚至出现自主呼吸。如在胸腔或腹腔手术期间出现心跳停止，则可采用胸内心脏按压。

（4）药物治疗。药物治疗是属于继续生命支持阶段。在心肺复苏期间，应一直静脉给药，不能皮下或肌内注射给药。如果无静脉通道，肾上腺素、阿托品等药物也可经气管内施药。不应盲目做心脏内注射给药。这是心脏复苏的最后一条给药途径。

（5）后期复苏处理。除了基础生命支持和继续生命支持措施外，成功复苏后的后期复苏处理有着重要作用。后期复苏处理包括进一步支持脑、循环和呼吸功能，防止肾功能衰竭，纠正水、电解质及酸碱平衡紊乱，防止脑水肿、脑缺氧、感染等。如果患畜状况允许，尽快做胸部 X 光摄影，以排除急救过程中所发生的气胸、肋骨骨折等损伤。通过输液使血容量、血比容、血清电解质和 pH 值恢复正常。犬的平均动脉血压应达到约 12kPa（90mmHg），做好体温监控。

3. 预后

心肺复苏能否成功主要取决于时间。生命指征的消失并非没有异常征兆，因此，可通过仔细的监控，在出现呼吸、心跳停止之前，及早识别异常征兆，及早实施心肺复苏。除了心肺复苏技术外，心肺复苏的成功率取决于患畜的疾病。心肺复苏成功后，应做好重症监控，防止复发。

第六章　手术基本操作

在外科治疗中，手术和非手术疗法是互相补充的，但是手术是外科综合治疗中重要的手段和组成部分，而手术基本操作又是手术过程中重要的一环，尽管外科手术种类繁多，手术范围、大小和复杂程度不同，但就手术操作本身来说，其基本技术，如组织分割、止血、打结、缝合等还是协同的，只是由于所处的解剖部位不同和病理变化不一，在处理方法上有所差异，因此，可以把外科手术基本操作，理解为是一切手术的共性和基础。在外科临床上，手术能否顺利地完成，在一定意义上，取决于对基本操作的熟练程度及其理论的掌握。为此，在学习中要重视每一过程，每一步骤的操作，认真锻炼这方面的基本功，逐步做到操作时动作稳重、准确、轻柔，这样才能缩短手术时间，提高手术治愈率，减少术后并发症的发生。

第一节　常用外科手术器械及其使用

外科手术器械是施行手术的必要工具。手术器械的种类、样式和名称虽然很多，但其中有一些是各类手术都必须使用的基本器械。熟练地掌握这些器械的使用方法，对于保证手术基本操作的正确性关系很大，是外科手术的基本功。

一、基本手术器械及其使用方法

常用的基本手术器械有手术刀、手术剪、手术镊、止血钳、持针钳、缝针、巾钳、肠钳、牵开器、有沟探针等，现分述如下。

1. 手术刀

主要用于切开和分离组织。有固定刀柄和活动刀柄两种，前者目前已少用，后者由刀柄和刀片两部分构成，手术时根据实际需要，选择长短不同的刀柄及不同大小和形状的刀片。装刀方法是用止血钳或持针钳夹持刀片装置于刀柄前端的槽缝内。

在手术过程中，不论选用何种大小和外形刀片，都必须有锐利的刀刃，才能迅速而顺利地切开组织，而不会引起组织过多的损伤。为此，必须注意保护刀刃，避免碰撞，消毒前要用纱布包裹。使用手术刀的关键在于锻炼稳重而精确的动作，执刀方法必须正确，动作力量要适当。执刀的姿势和动作的力量根据不同的需要有下列几种：

（1）指压式（卓刀式）。为常用的一种执刀法。以手指按刀背后1/3处，用右腕与手指力量进行切割。适用于切开皮肤、腹腔及切断钳夹组织。

（2）执笔式。如同执钢笔。动作涉及腕部，力量主要在手指，适用于小力量、短距离精细操作，用于切割短小切口，分离血管、神经等。

（3）全握式（抓持式）。力量在手腕。用于切割范围广，用力较大的切开，如切开较长的皮肤切口、筋膜、慢性增生组织等。

（4）反挑式（挑持式）。即刀刃由组织内向外面挑开，以免损伤深部组织，如腹膜切开。

根据手术种类和性质，虽有不同的执刀方式，但不论采用哪种执刀方式，拇指应放在刀柄的横纹或纵槽处，食指稍在其他指的近刀片端，以稳住刀柄并控制刀片的方向和力量，握刀柄的位置高低要适当，过低会妨碍视线，影响操作，过高会控制不稳。在切开或分离组织时，除特殊情况外，一般要用刀刃突出部分，避免用刀尖插入看不见的深层组织内，以免误伤重要的组织和器官。在手术操作时，要根据不同部位的解剖，适当地控制力量的深度，否则容易造成意外的组织损伤。

（5）手术刀的传递。传递手术刀时，传递者应握住刀柄与刀片衔接处的背部，将刀柄尾端送至术者的手里，不可将刀刃指着术者传递以免造成损伤。

2. 手术剪

依据用途可将手术剪分为两种，一种是用于组织间隙分离和剪断组织的，称为组织剪；另一种是用于剪断缝线，称为剪线剪。出于不同的用途，手术剪结构和要求的标准也有所差异。组织剪的尖端较薄，剪刃要求锐利而精细。为了适应不同性质和部位的手术，组织剪分大小、长短和弯曲几种，直剪用于浅部手术操作，弯剪用于深部组织分离，使手和剪柄不妨碍视线，从而达到安全操作的目的。剪线剪的头钝而直，刃较厚，在质量和形式上的要求不如组织剪严格，但也应足够锋利，有时也用于剪断较硬或较厚的组织。

正确的执剪法是以拇指和无名指插入剪柄的两环内，但不宜插入过深，食指轻压在剪柄和剪刀交界的关节处，中指放在无名指环的前外方柄上，准确地控制剪的方向和剪开的长度。

剪刀的传递：术者食指、中指伸直，并作内收、外展的"剪开"动作，其余手指屈曲对握。

3. 手术镊

用于夹持、稳定或提起组织以利于切开及缝合。镊的尖端分为有齿和无齿（平镊），又有短型与长型，尖头与钝头之别，可按需要选择。有齿损伤性大，用于夹持坚硬组织。无齿镊损伤性小，用于夹持脆弱的组织及脏器。精细的尖头平镊对组织损伤较轻，用于血管、神经、黏膜手术。常用的手术镊的执镊方法是：拇指对食指和中指夹持镊的中部，执夹力量应适中。

4. 止血钳

它又叫血管钳，主要用于夹住出血部的血管或出血点，以达到直接钳夹止血，有时也用于分离组织、牵引缝线。一般有弯、直两种，并分大、中、小等型。直钳用于浅表组织和皮下止血，弯钳用于深部止血，最小的蚊式止血钳用于眼科及精细组织的止血；用于血管手术的止血钳，齿槽的齿较细、浅，弹性较好，对组织压榨作用和对血管壁及其内膜的损伤亦轻，称"无损伤"血管钳。止血钳尖端带齿的叫有齿止血钳，多用于夹持较厚的坚韧组织。骨手术的钳夹止血亦多用于有齿止血钳。

外科临床上选用止血钳时，应尽可能选择尖端窄小的，以避免不必要地钳夹过多组织。在结扎止血除去止血钳时，应按正规执拿方法慢慢松开锁扣。在浅部手术及一般组织止血时，可不必将手指插入柄环内，而以右手拇指、中指压住内侧柄环，食指推动外侧两环使锁扣松开，这样动作较快，可以节约时间。

任何止血钳对组织都有压榨作用，只是程度不同，所以不宜用于夹持皮肤、脏器等脆弱组织。执拿止血钳的方式与手术剪相同。松钳方法是用右手时，将拇指及第四指插入柄环内捏紧使扣分开，再将拇指内旋即可；用左手时，拇指及食指持一柄环，第三、第四指顶住另一柄环，二者相对用力，即可松开。

5. 持针钳

它又称持针器，用于夹持缝针缝合组织，普通有两种形式，即握式持针钳和钳式持针钳，外科临床常使用握式持针钳。使用持针钳夹持缝针时，缝针应夹在靠近持针钳的尖端，若夹在齿槽床中间，则易将针折断。

6. 缝合针

简称缝针，主要用于闭合组织或贯穿结扎。分直针、半弯针及弯针、圆针和三棱针等。直针较长，可用于直接操作，动作较快，但需要较大的空间，适用于表面组织的缝合。弯针有一定的弧度，不需要太大的空间，适用于深部组织的缝合，需用持针器操作，费时较长。圆针尖端呈圆锥形，尖部细，体部渐粗，穿过组织时可将附近血管或组织纤维推向一旁，损伤较轻，留下的孔道较小，适合大多数软组织，如肠壁、血管、神经的缝合。三棱针前半部为三棱形，较锋利，用于缝合皮肤、软骨、韧带以及瘢痕较多的坚韧组织，损伤较大。

有一种缝针称带线缝针，缝线已包在针尾部，针尾较细，仅单股缝线穿过组织，使缝合孔道最小，因此，对组织损伤小，又称为无损伤缝针。这种缝合针有特定包装，保证无菌，可以直接利用。多用于血管、肠管的缝合。

另一种是有眼缝合针，这种缝合针能多次利用，比带线缝针便宜。有眼缝合针以针孔不同分为两种：一种为穿线孔缝合针，缝线由针孔穿进；另一种是弹机孔缝合针，针孔有裂槽，缝线由裂槽压入针眼内，穿线方便、快捷。缝合针由不锈钢丝制成。缝合针的长度和直径是缝合针规格的重要部分，缝合针长度需要穿过切口两侧，缝合针直径较大，对组织损伤严重，缝合针的长度和直径比率不应超过 8∶1，否则针体易弯曲。

缝合针规格分为直型、1/2 弧型、3/8 弧型和半弯型。缝合针尖端分为圆锥形和三角形。三角形针有锐利的刃缘，能穿过较厚致密组织。三角形针分为传统弯缝合针，针切缘刃沿针体凹面；翻转弯缝合针切缘刃沿针体凸面，这种缝合针比传统弯缝合针有两个优点，即对组织损伤较小，针体强度增加。

应结合缝合的组织、器官的特点及不同缝针的特点选用适当的缝针缝合。选用缝针时需注意以下几点。

（1）针尖与缝合组织阻力有关，三角针有三角形锐缘，能穿透较硬的组织，但损伤较大，留下的针眼较大。

（2）圆针细而无锐缘，用于缝合一般软组织。

（3）针的弧度与缝合的深度成正比，弧度越大越便于缝合深部组织。

（4）针的长短（弦卡）与缝合的宽度有关。

（5）直针的选用取决于所缝合的组织部位。

7. 缝线

用于闭合组织和结扎血管。理想缝线的条件是：容易处理，而且可以用最小的打结牢牢地扎紧伤口；缝线的直径小，但是在伤口愈合的过程中要能维持其抗拉强度；只会引起最轻微的异物反应；可以完全被吸收，在有感染存在的情况下，只有较轻的反应。

一般缝线分为吸收和不吸收两大类，每类又按不同的原料、制作方法和直径等加以区分。

（1）可吸收缝线。可吸收缝线分动物源的和合成的两类，前者是胶原异性移植物，包括肠线、胶原线、袋鼠腱和筋膜条等。后者为聚乙醇酸线，是近年来被推荐的一种可吸收缝合材料。

聚乙醇酸线：是由聚乙醇酸压挤成很细的丝，由多股丝织成不同粗细的线，这种缝线具有丝线的操持特性和合成线的张力，聚乙醇酸线的张力开始比铬制肠线约强 25%，在活体上第六天末，其张力可相等，但组织反应与肠线相比则明显减小。聚乙醇酸线粗细均匀，完全吸收需 40~60d，不足之处是和肠线一样打结时易滑脱，为此，第一次打结时应绕两次，然后再打成三叠结，其适应与禁忌和肠线相同。

肠线：系由羊的小肠黏膜下层制成，主要为结缔组织和少量弹力纤维，一般是用化学灭菌，贮存于无菌玻璃或塑料管内。肠线分普通肠线（素肠线）和铬制肠线，主要用于中空器官的缝合，在感染创中使用肠线缝合，可减少不吸收缝线所造成的难以愈合的窦道。

由于肠线属于异种蛋白质，也有毛细管作用，所以在吸收过程中组织反应较重，吸收水分后打结容易松开，所以打结时宜用三叠结，断端也应留长些。使用肠线时应注意下列问题：

①从玻管贮存液内取出的肠线质地较硬，须在温生理盐水中浸泡片刻，待柔软后再用，但浸泡时间不宜过长，以免肠线膨胀、易断、影响质量。

②不可用持针钳、止血钳夹持肠线，也不要将肠线扭折，以免皱裂，易断。

③肠线经浸泡吸水后发生膨胀，较滑，当结扎时结扎处易松脱，所以须用三叠结，剪断后留的线头应长些，以免松脱。

④由于肠线是异体蛋白，在吸收过程中可能引起较大的组织炎症反应。应采用连续缝合，以免线结太多致使手术后异物性反应显著。

⑤在不影响手术效果的前提下，尽量选用肠线。

（2）不吸收缝合。有非金属和金属线两种。非金属线如丝线、棉线、尼龙线等，常用者为丝线。金属线也有多种，最常用为不锈钢丝，此外尚有铅丝、铜丝，但较少用。

丝线：在外科手术中最常用，它的优点是富有柔韧性，组织反应小，质柔不滑，打结方便，来源容易，价格低廉，拉力较好。

丝线有白色和黑色两种，使用丝线应注意以下几点。

①丝线反应虽小，但不能被吸收，在组织内为永久性异物，所以在不影响手术效果的前提下，尽量选用丝线。

②消毒灭菌不当，如高压蒸汽灭菌时间过长、温度及压力过高或重复灭菌等，易使丝线变脆，拉力减小。煮沸消毒虽对丝线拉力影响较小，但煮沸时间过长，或重复煮沸消毒也能使丝线效力减弱，因此，在第一次消毒后，未用完的丝线应及时浸泡在95%酒精内保存，待下次手术时直接取出使用。

③使用时浸湿，增加张力便于结扎与缝合。

棉线：棉线的组织反应较丝线小，价格也较丝线低，便于打结，但拉力远不如丝线。用途及注意事项与丝线基本相同。

尼龙线：组织反应小，且可制成很细的线，多用于血管缝合。缺点是线结易松脱，且结扎过紧易在线结处折断，不宜用于张力较大的深部组织缝合。

金属线：多用于不锈钢丝，消毒简便，刺激性小，拉力大，在污染伤口应用可减少感染的发生，缺点是不易打结，并有割断或嵌入组织的可能性，且价格较贵。不锈钢丝一般用于骨的固定，筋膜或肌腱缝合，有时用于减张缝合。较粗的不锈钢丝，用于减张缝合或骨的固定。用于减张缝合时，线间应垫以剖开的橡皮管，以防钢丝割入皮肤，用扭紧代替打结。

（3）选择缝线的原则。当伤口恢复其最高强度时，就不再需要缝线，因此，对于皮肤、筋膜及肌腱这些愈合较慢的组织来说，通常都应以不吸收性缝线缝合，而愈合较快的胃、十二指肠、结肠、膀胱等组织，则用吸收性缝线来缝合。在有潜在污染可能的组织中，异物会使污染变为感染，因此，多股缝线可能会使污染性伤口变为感染性伤口，此类伤口选用缝线时，使用单股或可吸收性缝线。在美容效果较为重要的部位，伤口必须要有长时间的紧密结合，避免受到刺激，这样才能获得最佳效果，因此，应使用最纤细而且不起化学作用的单股缝线材料，如尼龙缝线或聚丙烯缝线类，避免作为皮肤缝线使用，尽可能做表皮缝合。在某些情况下，为了使皮肤的边缘结合牢固，也可使用皮肤拉合胶布。在晶体浓度很高的液体中，异物可能会成为沉淀及结石的原因，因此，在泌尿道及胆道手术时，应使用快速吸收的缝线。

关于选择缝线的粗细，一般认为应使用与组织自然强度相当的最细缝线，即在进行外科手术时，缝线需要有足够的抗张强度，不过缝线的强度通常不应该超过被缝合的组织。若患畜术后在沿缝线上可能会产生突然张力，则要用张力缝线来加强伤口的缝合。

总之，缝合材料的选用不应根据一成不变的公式，或是因"别的外科医生总是使用这种材料"。缝线的选择应该根据对材料的物理及生物性质的了解，依据对不同组织及器官愈合速度的了解，依据机体情况的特殊性，来选择几种可供组合的材料。

8. 牵开器

或称拉钩，用于牵开术部表面组织，加强深部组织的显露，以利于手术操作。根据需要有各种不同的类型，总得可以分为手持牵开器和固定牵开器两种。手持牵开器，由牵开片和机柄两部分组成，按手术部位和深度的需要，牵开片有不同形状、长短和宽窄。

目前，使用较多的手持牵开器，其牵开片为平滑钩状的，对组织损伤较小。耙状牵开器，因容易损伤组织，现已不常使用。

手持牵开器的优点，是可随手术操作的需要灵活的改变牵引部位、方向和力量。缺点是手术持续时间较长时，助手容易疲劳。

固定牵开器，也有不同类型，用于牵开力量大，手术人员不足，或显露不需要改变的手术区。使用牵开器时，拉力应均匀，不能突然用力或用力过大，以免损伤组织。必要时用纱布垫将拉钩与组织分开，以减少不必要的损伤。

9. 巾钳

用以固定手术巾，有多种样式。使用方法是连同手术巾一起夹在皮肤，防止手术巾移动，以及避免手或器械与术部接触。

10. 肠钳

用于肠管手术，以阻断肠内容物的移动、溢出或肠壁出血。肠钳结构上的特点是齿槽薄，弹性好，对组织损伤小，使用时须外套乳胶管，以减少对组织的损伤。

11. 探针

分普通探针和有沟探针两种。用于探查窦道，借以引导进行窦道及瘘管的切除或切开。在腹腔手术中，常用有沟探针引导切开腹膜。

二、手术器械台摆置原则

手术器械台准备一般由器械护士完成。将无菌布类包放在器械台上，打开外面的双层包布，再打开手术器械包，将器械放置在器械台上，按使用方便分门别类排列整齐。其原则有：

（1）严格分清无菌与有菌的界限，凡无菌物品一经接触有菌物品后即为污染，不得再作为无菌物品使用。

（2）器械台面和手术台面以下为有菌区，凡器械脱落至台面以下，即使未曾着地亦不可再用，缝线自台面垂下部分，亦作为污染处理。

（3）保持无菌布类干燥。铺无菌巾单时，器械台与手术切口周围应存4层以上，以保持适当厚度。

（4）台面保持干燥、整洁，器械安放有条不紊。将最常用的器械放在紧靠手术台的升降器械托盘上，以便随取随用。对用过的器械必须及时收回，擦净，安放在一定的位置，排列整齐。暂时不用的放置器械台的一角，不要混放。

三、手术器械保养

爱护手术器械是外科工作者必备的素养之一，为此，除了正确而合理的使用外，还必须十分注意爱护和保养，器械保养的方法如下。

（1）利刃和精密器械要与普通器械分开存放，以免相互碰撞而损伤。

（2）使用和洗刷器械不可用力过猛或投掷。在洗刷止血钳时要特别注意洗净齿床内的凝血块和组织碎片，不允许用止血钳夹持坚、厚物品，更不允许用止血钳夹碘配棉球等消毒药棉。刀、剪、注射针头等应专物专用，以免影响锐利度。

（3）手术后要及时将所用器械用清水洗净，擦干涂油、保存，不常用或库存器械要放在干燥处，放干燥剂，定期检查涂油。胶制品应晾干，敷以适量滑石粉，妥善保管。

（4）金属器械，在非紧急情况，禁止用火焰灭菌。

第二节　组织切开

组织切开又称组织分割，是指利用机械方法，根据手术部位解剖生理的特点，把原来完整的组织切开与分离，以形成手术通路。切口的选择应考虑两个问题，一是切口应尽量靠近病变，以便能通过最短的途径显露患处，并根据动物的体型、病变的深浅、手术难度及麻醉条件等决定切口的大小。二是选择切口时，应注意不损伤重要的解剖结构，不影响该部位的生理功能，不留影响外观的瘢痕，以及需要时便于延伸。

根据组织性质，组织分割分为软组织（皮肤、筋膜、肌肉、腱）和硬组织（软骨、骨、角质）分割。软组织的分割又分为锐性分割与钝性分割两种。锐性分割还称为切开，钝性分割通常称为分离，前者系用手术刀或手术剪作细致的割剪，必须非常熟悉局部解剖并要求在直视下进行，动作要正确精细，一般用于皮肤、肌肉、筋膜、浆膜、黏膜、腱及厚肌肉组织分割。后者是用手术刀柄、止血钳、钝头手术剪或手指进行，往往用于粘连或不涉及重要血管、神经，如扁平肌肉、组织间隙、肿瘤摘除、囊肿包膜外疏松结缔组织的剥离。钝性分离的优点是可以预防对神经和血管的意外损伤，避免组织过度开张，减少组织机能的破坏等。在手术过程中，锐性切开和钝性分离常是结合应用的。

作切口时，操作中必须稳持刀柄，保持刀刃与切开的组织垂直，用力均匀，以便一次切开能达到预期的层次，切口保持整齐。其次刀片的大小形状，要与切口长短及手术目的相一致，不偏不斜，一次切开皮肤及筋膜，不可用不锋利的刀，以免出现拉锯式的切开，造成切开的不规整、不必要的组织损伤及切开愈合后瘢痕的不整齐。做腹部的切口可以一次切开皮肤及皮下，深至腹外肌腱膜或腹直肌鞘前层。其他部位也可以一次切开，达到深层组织。对于欲切开部位的局部解剖层次一定要清楚。切开时操作要一次完成，不得出现拉锯式的切割。切开皮肤应用电刀进入深层组织时，控制要得当，做到既能使切开的组织充分止血，还要防止组织过分"焦化"，造成不利创口愈合的后果，诸如遗留大块"焦化"硬结、感染等。

一、软组织切开

1. 皮肤切开法

（1）紧张切开。由于皮肤的活动性比较大，切开时易造成皮肤和皮下组织切口不一致，所以较大的皮肤切口应由术者与助手用手在切口两旁或上、下将皮肤展开固定，或由术者用拇指及食指在切口两旁将皮肤撑紧固定，刀刃与皮肤垂直，用力均匀的一次切开所需长度的皮肤及皮下组织切口，必要时也可补充运刀，但要避免多次切割，重复刀痕，以免切口边缘参差不齐，出现锯齿状的切口，影响创缘对合和愈合。

（2）皱襞切开。在切口的下面有大血管、大神经、分泌管和重要器官，而皮下组织甚为疏松，为了使皮肤切口位置正确且不误伤其下部组织，术者和助手应在预定切线的两侧，用手指或镊子提拉皮肤呈垂直皱襞，并进行垂直切开。

在施行手术时，皮肤切开最常用的是直线切口，即方便操作，又利于愈合，但根据手术的具体需要，也可作下列几种形状的切口：

梭形切开：主要用于切除病例组织（如肿瘤、瘘管）和过多的皮肤。

"丁"字形及"十"字形切开：多用于需要将深部组织充分显露和摘除术。

2. 皮下组织及其他组织的切开

切开皮肤后，组织的分割宜用逐层切开的方法，以便识别组织，避免或减少对大血管、大神经的损伤，只有当切开浅层脓肿时，才采用一层切开的方法。

（1）皮下疏松结缔组织的切开。皮下结缔组织内分布有许多小血管，故多用钝性分离。方法是先将组织刺破，再用手术刀柄、止血钳或手指进行剥离。

（2）筋膜和腱膜的切开。用刀在其中央作一小切口，然后用弯止血钳在切口上、下将筋膜下组织与筋膜分开，沿分开线剪开筋膜。筋膜的切口应与皮肤切口等长。若筋膜下有神经血管，则用手术镊将筋膜提起，用反挑式执刀法作一小孔，插入有沟探针，沿针沟外向切开。

（3）肌肉的分离与切开。一般是沿肌纤维方向作钝性分离。方法是顺肌纤维方向用刀柄、止血钳或手指扩大到所需要的长度，但在紧急情况下，或肌肉较厚并含有大量胶质时，为了使手术通路广阔和排液方便，也可横断切开。横过切口的血管用止血钳钳住，或用细缝线从两端结扎后，从中间将血管切断。

（4）腹膜的切开。腹膜切开时，为了避免伤及内脏，可用组织钳或止血钳提起腹膜作一小切口，利用食指和中指或带沟探针引导，再用手术刀或剪刀分割。

（5）管腔切开。胃、肠、胆管和输尿管等管腔切开时，因管腔内可能存在污染物或感染性液体，须用纱布保护准备切开脏器或组织部位的四周，在拟作切口的两侧各缝一牵引线并保持张力，逐层用手术刀或电刀切开，出血点用细丝线结扎或电凝止血，可边切开，边由助手用吸引器吸出腔内液体，以免手术野污染。

（6）索状组织分割。索状组织（如精索）的分割，除了可应用手术刀（剪）作锐性切割外，尚可用刮断、拧断等方法，以减少出血。

（7）组织分离技术。分离是显露深部组织和切除病变组织的重要步骤。一般按照正常组织层次，沿解剖间隙进行，不仅容易操作，而且出血和损伤较少。局部有炎症或瘢痕时，分离比较困难，要特别细致地分离，注意勿伤及邻近器官。按手术需要进行分离，避免过多和不必要的分离，并力求不留残腔，以免渗血、渗液积存，甚至并发感染，影响组织愈合。常用分离方法有锐性分离和钝性分离两种，可视情况灵活使用。不论采用哪种方法，首先必须熟悉局部解剖关系。

锐性分离是用手术刀或剪刀在直视下作细致的切割与剪开。此法对组织损伤最小，适用于精细的解剖和分离致密组织。用刀分离时先将组织向两侧拉开使之紧张，再用力沿组织间隙作垂直、短距离的切割。用剪刀分离时先将剪尖伸入组织间隙内，不宜过深，然后张开剪柄分离组织，看清楚再予剪开。分离较坚韧的组织或带较大血管的组织时，可先用两把血管钳逐步夹住分离的组织，然后在两把血管钳间切断。

锐性分离是用血管钳、手术刀柄、剥离子或手指进行。此法对组织损伤大，但较为完全，适用于疏松结缔组织、器官间隙、正常肌肉、肿瘤包膜等部位的分离。钝性分离方法是将这些钝性器械伸入疏松的组织间隙，用适当力量轻轻地准备推开周围组织，但切记粗暴，防止重要组织结构的损伤和撕裂。手指分离可在非直视情况下，借助手指的"感觉"来分离病变组织。

解剖分离是外科手术中一重要技术，熟练与否，对组织器官的损害程度、出血多少、手术神经长短等，均有密切的关系。手术操作时应注意以下两点：

一是术者应熟悉局部解剖及辨认病变性质，锐性与钝性剥离，应根据情况结合使用。在间隙解剖剥离时，须弄清楚左右前后及周围关系，以防发生意外，在未辨清组织以前，不要轻易剪、割或钳夹，以免损伤重要组织或器官。

二是手术操作要轻柔细致准确，使某些疏松的粘连自然分离，显出解剖间隙。

对于因炎症等原因使正常解剖不清楚的病例，更要细心与耐心，轻柔细致与准确。

二、硬组织的分割

骨组织的分割，首先应分离骨膜，然后再分离骨组织。分离骨膜时应尽可能完善地保存健康部分，以利骨组织愈合，因为骨膜内层的成纤维细胞在损伤或病理情况下，可变为骨细胞参与骨伤的修复过程。

分离骨膜时，先用手术刀切开骨膜（切成"十"字形或"工"字形），然后用骨膜分离器分离骨膜。骨组织的分离一般是用骨剪剪断或骨锯锯断，当锯（剪）断骨组织时，不应损伤骨膜。为了防止骨的断端损伤软组织，应使用骨锉锉平断端锐缘，并清除骨片，以免遗留在手术创内引起不良反应和障碍愈合。

分离骨组织常用的器械有圆锯、线锯、骨钻、骨凿、骨钳、骨剪、骨匙及骨膜剥离器等。

三、组织合理切开的原则

（1）切口的长度要适当并应靠近病变，以能通过最短的途径达到手术区，显露病变组织或病变器官。

（2）切开组织必须整齐，力求一次切开。手术刀必须与皮肤、肌肉垂直，防止斜切或多次在同一平面内上切割，造成不必要的组织损伤。

（3）为了避免损伤的大神经（特别是运动神经）、血管和腺体导管，减少手术中的出血，便于分离和缝合，为组织愈合创造条件。在软组织切开时，要尽可能按被皮的毛流方向和肌纤维方向分层切开，并沿组织间隙分离，但如果肌纤维的走向与神经、血管、腺体导管的方向不一致时，可不考虑肌纤维的方向，以免影响手术部位的生理功能。

（4）有利于创液的排出，特别是浓汁的流出。

（5）在分割骨组织前，先要分离骨膜，尽可能的保存其健康部分，以利骨组织愈合。在手术操作过程中要避免引起骨裂。

根据上述原则，在体侧、颈侧以垂直于地面或斜行的切口为好，体背、颈背和腹下沿体正中线或靠近正中线的矢状线的纵向切口比较合理。在头区进行切开时要特别注意神经、血管或腺导管。管状器官切开时要注意防止管腔狭窄并考虑神经、血管分布状态。当厌氧菌感染，希望得到宽敞创口时，可对肌纤维进行横切。

四、手术野的显露

手术野的充分显露是保证顺利进行的重要条件。显露不充分，特别是深部手术，将造成手术操作困难，不利于判断病变性质，甚至因此误伤重要组织或器官，导致大出血或其他严重后果。

为确保最佳显露，以下的各种因素必须注意。

（一）选择合适的麻醉

适合的麻醉，使患畜有良好的肌肉松弛，才能获得良好的显露，特别是深部手术，否则手术野狭窄，操作困难，手术很难顺利完成，甚至造成不应发生的副损伤。

（二）合理的切口选择

选择合理正确的切口是显露病灶或组织器官的重要决定性因素之一。对切口的选择需要，全面考虑。确定切口应注意以下两点：

1. 切口应选在最容易暴露病灶的部位

即在距病灶最近的部位作切口。切口的长度需根据手术的需要来确定。切口过长将造成组织不必要的损伤，过短则不易显露病灶，轻则给手术带来不便，重则易造成手术的副损伤。所以，切口的长短，既要能保证术野的充分暴露，为手术的顺利进行提供良好的条件，又要避免不必要的组织损伤。要防止以切口的长短来评价医生医疗手术水平的错误观点。

2. 切口不得损伤重要的解剖结构，防止术后影响组织器官的生理功能

切口应选合理并顾及操作方便的部位，必要时可延长切口。最好避免在负重部位作切口。在关节部位作切口要以术后瘢痕收缩不影响功能为原则，因此，在屈曲面作切口应与肢体的横径一致。

（三）合理的体位选择

合适的体位，常可使深部手术获得较好的显露。一般是根据切口、手术的性质与需要，选择合适的体位，但同时考虑体位对病畜局部或全身的影响。

（四）充分拉开

拉钩或牵开器，是显露中最常用的器械，充分应用，可增加显露的范围，保证手术野充分显露。牵拉时应注意以下各项：

1. 正确使用拉钩

拉钩的作用是牵开伤口及附近脏器或组织，以显露深部组织或病变。将附近脏器或组织牵开时，拉钩下方应以湿盐水纱布为垫，以增加拉钩作用，便于阻止附近脏器，如肠、胃等涌入手术区域，妨碍手术野的显露及操作，同时也可以保护周围器官或组织免受损伤。正确的使用方法一般是手心朝上，而不是手心向下。如果手心向下，负责牵拉的助手多难以持久地保持恒定的位置，以致经常移动，妨碍手术野的显露及操作。

2. 助手应了解手术进程

若助手不知道手术的进程及手术者的意图，则不能很好地主动配合、及时调整拉钩的位置。故手术前详细的讨论及手术中必要的交换意见是很重要的。

3. 牵拉动作要轻柔

在牵拉过程中，因为在局部浸润麻醉、针刺麻醉或硬膜外腔阻滞麻醉时，内脏神经敏感仍存在，牵拉或刺激内脏过重时，可能引起放射性疼痛、肌肉紧张、恶心、呕吐等，致内脏涌入手术野，妨碍操作，遇此情况，除牵拉动作及手术操作，应尽量轻柔以减少对内脏的刺激外，必要时，用0.5%普鲁卡因进行肠系膜根或内脏神经丛封闭，可减轻或消除上述现象，改善显露情况。

（五）良好的照明

采用多孔无影灯、子母无影灯、冷光源额灯等。

第三节　止血

止血是手术过程中自始至终经常遇到，而又必须立即处理的基本操作技术。手术中完善的止

血，可以预防出血的危险和保证术部良好的显露，以利于争取手术时间，避免误伤重要器官，直接关系到施术动物的健康，切口的愈合和预防并发症的发生等。因此，要求手术中的止血必须迅速而可靠，并在手术前采取积极有效的预防性止血措施，以减少手术出血。

一、出血种类

血液自血管中流出的现象，称为出血。在手术过程中或意外损伤血管时，即伴随出血的发生。

（一）按照受伤血管的不同，出血的种类有以下4点

1. 动脉出血

由于动脉管壁含有大量的弹力纤维，动脉压力大，血液含氧量丰富，所以动脉内出血的特征为：血液鲜红，呈喷射状流出，喷射线出现规律性起伏并与心脏搏动一致。动脉出血一般自血管断端的近心端流出，指压动脉管断端的近心端，则搏动性血流立即停止，反之则出血状况无变化。具有吻合支的小动脉管破裂时，近心端及远心端均能出血。大动脉的出血须立即采取有效止血措施，否则可能导致出血性休克，甚至引起死亡。

2. 静脉出血

血液以较缓慢的速度从血管中不断地均匀呈泉涌状流出，颜色为暗红色或紫色。一般血管远心端的出血较近心端多，指压出血静脉管的远心端，则出血停止，反之出血加剧。

静脉出血的转归不同，小静脉出血一般能自行停止，或经压迫、填塞后停止出血，但若深部大静脉受损，如腔静脉、股静脉、门静脉等出血，则常由于迅速大量失血，结果引起动物死亡。体表大静脉受损，可因大失血或空气栓塞而死亡。

3. 毛细血管出血

其色泽介于动、静脉血液之间，多呈渗出性点状出血。一般可自行止血或稍加压迫即可止血。

4. 实质出血

见于实质器官、骨松质及海绵组织的损伤，为混合性出血，即血液自小动脉与小静脉内流出，血液颜色和静脉血相似。由于实质器官中含有丰富的血窦，而血管的断端又不能自行缩入组织内，因此不易形成断端的血栓，而易产生大失血威胁生命，故应予高度重视。

（二）按血管出血后血液流至的部位不同，又可分为外出血和内出血

外出血：当组织受损后，血液由创伤或天然孔流到体外时称外出血。

内出血：血管受损出血后，血液积聚在组织内或体腔中，例如胸腔、腹腔、关节腔等处，称内出血。

（三）按照出血的次数和时间，可分为初次、二次、重复或延期出血

1. 初次出血

直接发生在组织受到创伤之后。

2. 二次出血

主要发生在动脉，极少发生在静脉，因为静脉内压低，血流慢且易形成血栓，血栓形成后一般不因为血压的关系而脱落。造成二次出血的原因一般认为有以下几点。

（1）血管断端结扎止血不确定，结扎线松脱。

（2）某种原因使血栓脱落，如血压增高、钳夹止血钳的力量和时间不足、手术后过早运动而使血栓脱落。

（3）未结扎的血管中的血栓，由于化脓或使用某些药物而溶解。

（4）粗暴的更换敷料或填塞，将血管扯伤。

3. 重复出血

多次重复出血，可见于破溃的肿瘤。

4. 延期出血

受伤时并未出血，经若干时间后发生出血，称之为延期出血。延期出血的原因：

（1）手术中使用肾上腺素，当药物作用消失后血管扩张而出血。

（2）骨折固定不良，骨折断端锐缘刺破血管。

（3）血管受到挫伤时，血管的内层及中层受到破坏，血液积聚在血管外膜下面，当时虽未出血，但如果血栓受到感染、血管壁遭受破坏，则可发生延期出血。

（4）在感染区，血管受到侵害而发生破裂。

二、术中失血量的推算

手术中准确地推算失血量并及时予以补充，是防止发生手术休克的重要措施。

对手术中失血量的推算，目前尚缺乏十分准确的方法。血容量的测定既不实际，也不准确。临床上常用的推算失血量的简便方法如下。

1. 称纱布法

虽然简单易行，但未能包括术野的体液蒸发和毛细血管断面在止血过程中形成血栓的消耗，所以得到的失血量常较实际的失血量少，误差在 20%～30%。

计算方法：失血量 =（血纱布的重量－干纱布重量）+吸引瓶中血量。

手术前先称干纱布重量，吸血时用干纱布，而不用盐水纱布，吸血瓶中的血量注意减除可能的盐水或其他液体量，重量单位为克（g），每毫升血液以 1g 计算。

2. 根据临床征象推算

失血的临床征象有兴奋不安，呼吸深快、浅快，尿量减少或无尿，静脉萎陷，毛细血管充盈迟缓，皮温发凉，眼结膜苍白，意识模糊等。但手术时，有许多临床征象不易觉察或表现不出来，因此，多根据脉搏、脉压、静脉及毛细血管充盈情况来估计。

注意事项：

（1）上述的方法均有误差及不足之处，故在推算失血量时，应全面考虑，最好两种方法合并使用，不可单凭某一征象而作判断。

（2）实际失血量的推算常与血容量不一致，一般早期由于机体的代偿期作用，组织间液向血管内转移，致使血容量的减少较实际失血量低。而时间较长的复杂手术，血浆、体液向损伤部位组织间隙渗出，使实际血容量的减少比推算者为高。

（3）在手术刺激下，抗利尿素增多，不可要求每小时尿量达到正常水平。注意这方面的因素则可避免输血输液过多。

三、常用的止血方法

（一）全身预防性止血法

是在手术前给动物注射增高血液凝固性的药物和同类型血液，借以提高机体抗出血的能力，减少手术过程中的出血。常用下列几种方法。

1. 输血

目的在于增高施术动物血液的凝固性，刺激血管运动中枢反射性地引起血管的痉挛性收缩，以减少手术中的出血。

2. 注射增高血液凝固性以及血管收缩的药物

（1）肌内注射维生素 K 注射液，以促进血液凝固，增加凝血酶原。

（2）肌内注射安络血注射液，以增强毛细血管的收缩力，降低毛细血管渗透性。

（3）肌内注射止血敏注射液，以增强血小板机能及黏合力，减少毛细血管渗透性。

（4）肌内注射或静脉注射对羧基苄胺（抗血纤溶芳酸），以拮抗血纤维蛋白的溶解，抑制纤维蛋白原的激活因子，使纤维蛋白溶酶原不能转变成纤维蛋白溶解酶，从而减少纤维蛋白的溶解而发挥止血作用。对于手术中的出血及渗血、尿血、消化道出血有较好的止血效果。使用时可加葡萄糖注射液或生理盐水注射液，注射时宜缓慢。

（二）局部预防性止血法

1. 肾上腺素止血

应用肾上腺素作局部预防性止血，常配合局部麻醉进行。一般是在每 1 000mL 普鲁卡因溶液中加入 0.1%肾上腺素溶液 2mL，利用肾上腺素收缩血管作用，达到减少手术局部出血的目的，其作用可维持 20min 至 2h。但手术局部有炎症病灶时，因高度的酸性反应可以减弱肾上腺素的作用，此外，肾上腺素作用消失后，小动脉管扩张，如若血管内血栓形成不牢固，可能发生二次出血。

2. 止血带止血

适用于四肢、阴茎和尾部手术。可暂时阻断血流，减少术中的失血，有利于手术操作。用橡皮管止血带或其代用品，如绳索、绷带，局部应垫以纱布或手术巾，以防损伤软组织、血管及神经。

橡皮管止血带的装置方法是：用足够的压力（以止血带远侧端的脉搏将消失为度），于手术部位上 1/3 处缠绕数周规定，其保留时间不得超过 2~3h，冬季不超过 40~60min，在此时间内若手术未完全，可将止血带临时松开 10~20s，再重新缠扎。松开止血带时，要多次"松、紧、松、紧"，严禁一次松开。

（三）手术过程中止血法

1. 机械止血法

（1）压迫止血。它是用纱布或泡沫塑料压迫出血的部位，以清除术部的血液，弄清楚组织和出血路径及出血点，以便进行止血。在毛细血管渗血和小血管出血时，如果机体凝血机能正常，压迫片刻，出血即可自行停止。为了提高压迫止血的效果，可选用温生理盐水、1%~2%麻黄素、0.1%肾上腺素、2%氯化钙溶液浸湿后拧干的纱布块作压迫止血。在止血时，必须是按压，不可擦拭，以免损伤组织或使血栓脱落。

（2）钳夹止血。利用止血钳最前端夹住血管的断端，钳夹方向应尽量与血管垂直，钳住的组织要少，切不可作大面积钳夹。

（3）钳夹扭转止血。用止血钳夹住血管断端，扭转止血钳 1~2 周，轻轻去钳，则断端闭合止血，则应予结扎，此法适用于小血管出血。

（4）钳夹结扎止血。它是常用而可靠的基本止血法，多用于明显而较大血管出血的止血。其方法有两种。

一是单纯结扎止血：用丝线绕过止血钳所夹住的血管及少量组织而结扎。在结扎结扣的同时，由助手放开止血钳，于结扣收紧时，即可完全放松，过早放松，血管可能脱出，过晚放松则结扎住钳头不能收紧。结扎时所用的力量需要大小适当，结扎止血法，适用于一般部位的止血。

二是贯穿结扎止血：将结扎线用缝针穿过所钳夹组织（勿穿透血管）后进行结扎。常用的方法有"8"字缝合结扎及单纯贯穿结扎两种。其优点是结扎线不易脱落，适用于大血管或重要部分的止血。在不易用止血钳夹住的出血点，不可用单纯结扎止血，而宜采用贯穿结扎止血的方法。

（5）创内留钳止血。用止血钳夹住创伤深部血管断端，并将止血钳留在创伤内 24~48h。为了防止止血钳移动，可用绷带固定止血钳的柄环部挂在体躯上。多用于去势后继发精索内动脉大出血。

（6）填塞止血。本法是在深部大血管出血，一时找不到血管断端，钳夹或结扎止血困难时，而用灭菌纱布紧塞于出血的创腔或解剖内，压迫血管断端以达到止血目的。在填入纱布时，必须将创腔填满，以便有足够的压力压迫血管断端。填塞止血留置的敷料通常是在 12~48h 后取出。

2. 电凝及烧烙止血法

（1）电凝止血。利用高频电流凝固组织的作用达到止血的目的。使用方法是用止血钳夹住血管断端，向上轻轻提起，擦干血液，将电凝器与止血钳接触，待局部发烟即可。电凝时间不宜过长否则烧伤范围过大，影响切口愈合。在空腔脏器、大血管附近及皮肤等处不可用电凝止血，以免组织坏死发生并发症。

电凝止血的优点是止血迅速，不留线结于组织内，但止血血管不完全可靠，凝固的组织易于脱落而再次出血，所以对较大的血管仍应以结扎止血为宜，以免发生继发性出血。

使用电凝止血时，止血钳除了与所夹的出血点接触外，不应与组织接触。在使用挥发性麻醉剂（如乙醚）作麻醉时，用电凝止血易发生爆炸事故。电凝止血多用于较表浅的小出血点或不易结扎的渗血。

（2）烧烙止血。它是用电烧烙器或烙铁烧烙的作用，使血管断端收缩封闭而止血。其缺点是损伤组织较多，兽医临床诊断上多用于弥散性的出血，一些摘除手术后的止血。使用烧烙止血时，应将电阻丝或烙铁烧的微红，才能达到止血的目的，但也不宜过热，以免阻止碳化过多，使血管断端不能牢固堵塞。烧烙时，烙铁在出血处略加按压后即迅速移开，否则组织黏附在烙铁上，当烙铁移开时而将组织扯离。

3. 局部化学及生物学止血法

（1）麻黄素、肾上腺素止血。用 1%~2% 麻黄素溶液或 0.1% 肾上腺素溶液浸湿的纱布进行压迫止血（见压迫止血）。临床上也常用上述药品浸湿系有棉绳的棉包作鼻出血、拔牙后齿槽出血的填塞止血，待止血后拉出棉包。

（2）止血明胶海绵止血。明胶海绵止血多用于一般方法难以止血的创面出血，实质器官、骨松质及海绵质出血。使用时将止血海绵铺在出血面上或填塞在出血的伤口内，即能达到止血的目的，如果在填塞后加以组织缝合，更能发挥优良的效果。止血明胶海绵的种类很多，如纤维蛋白海绵、氧化纤维素、白明胶海绵及淀粉海绵等。它们止血的基本原理是促进血液凝固和提供凝血时所需的支架结构。止血海绵能被组织吸收和使受伤血管日后保持贯通。

（3）活组织填塞止血。它是用自体组织，如网膜，填塞于出血部位。通常用于实质器官的止血，如肝脏损伤用网膜填塞止血，或用取自腹部切口的带蒂腹膜、筋膜和肌肉瓣，牢固地缝在损伤的肝脏上。

四、术中大出血的处理

1. 大出血的原因

术中造成大出血的原因是多方面的，归纳起来有以下几种：

（1）病变局部血液循环丰富，极易出血，缺乏有效的止血措施，或病变组织切除不完全而残留少部分。

（2）不熟悉局部解剖结构，视野不清而盲目分离。

（3）对变异的血管缺乏警惕。

（4）手术操作忙乱，手法较重而误伤血管。

（5）器械钳夹血管脱落。撕脱或血管钳齿扣老化而自行弹开。

（6）结扎时，结扎者与松血管钳者配合不好，尚未结扎即松钳。

（7）结扎线结不牢而滑脱或结扎线在结扎中断裂。

（8）对小的出血惊慌，盲目钳夹而加重损伤。

术中造成大出血后，术者精神紧张恐系难免，即使有经验的医生也会有同样的感受。有时虽口说不紧张，而实际上操作已不能自控（如手颤），甚至影响止血的血管。无论如何，只有迅速有效地控制出血，哪怕是暂时止血，也会给术者以安定情绪、增强信心，留有周旋的时间。

2. 大出血的处理

应针对大出血的原因，有目的地予以有效的处理，一旦发生大出血，则应积极止血，即紧急快速，而又不忙乱，既要相互配合，又要以一人为主，其他人员密切配合，及时输血、血浆代用品等，迅速准备多个吸引器，改善手术野的照明，以及必要的特殊手术器械和敷料等。手术者可根据情况做以下处理。

（1）首先，术者以最简单有效的方式暂时控制出血，如用手指捏住出血处的主要血管，或用纱布压迫。

（2）手术切口应足够大，麻醉应使肌肉达到相当的松弛，必要时迅速延长切口，使得视野清楚，能充分暴露出血点，深而小的视野止血是相对困难的。

（3）如切除的组织血液循环丰富，可迅速将病灶切除后再止血，若不能即刻切除或切除不全，如甲状腺、肉瘤等，这种出血多为较猛的渗血，可与出血处缝扎，若为残留创面出血，可行连续缝合，以丝线为好，若是对所切除组织仅为致死性止血，也可缝合，但有时因组织松脆，易被结扎线所切割而松脱，因此，可在结扎前于线之间放入明胶海绵或网膜组织再行结扎。

（4）在分离病变时，应辨认清楚后，予以钳夹切断，有疑问时，可试行穿刺，以判断是否为血管，不能做盲目的切断或分离。

（5）手术操作中，伤及较大的血管时，应根据情况采取对策。若为针伤，又为一小针眼，可将针退出，纱布压迫片刻即可达到止血的目的，若针将血管壁撕裂，不论为纵行或横行，则按下述（6）的方法处理。

（6）血管损伤较重或血管断端脱落，出血较猛，首先应临时压迫止血。有的术者愿充填多块纱布垫压迫，这对广泛性渗血有效，而对活动性血管出血，虽有暂时止血的作用，给以安定情绪及考虑问题时间，但在取出纱布再行止血时，往往再次出血，使视野不清，止血无法下手，造成术者精神更加紧张。采用手指压迫止血，利用手指的灵活性和敏锐感觉，配合多个吸引器。使吸血的速度快于出血速度，多能有效，吸尽残留血液后，缓慢放松压迫手指，方能看清出血的准确位置，若血管为可结扎，则迅速以血管钳钳夹予以结扎，若血管为不可结扎血管，则应以无损伤血管钳或钳夹阻断出血部位血管的两侧，视损伤的大小、性质寻求修复有效而合理的办法。有时钳夹一次或两次均未能夹准，最好不要放松重夹，因为即使夹不准，一般也在其出血附近，可供其作牵引，使出血之处暴露，再夹的血管钳多能准确夹住。在某些情况下，出血处的组织不能使用钳夹而只能在指压下缝合修补或缝扎。

五、输血疗法

是利用输入正常血液进行补血、止血、解毒的一种治疗措施。通过输血可迅速增加血容量，即防止血液凝固，特别对一些重危病例抢救尤为重要。但输血疗法是一种代价高，且具有潜在危险的一种治疗方法，因此，只有在非常必要时，才使用该方法。在治疗的每一步都必须辨认和纠正潜在的问题，否则输血的效果都只是暂时性的。

（一）适应症与禁忌症

1. 适应症

大失血、血浆损失过多、休克、贫血、出血性疾病（白细胞和血小板减少及纤维蛋白原减少）、白血病、蛋白质缺乏症及恶病质等。

2. 禁忌症

严重的心脏疾病、肾脏疾病、肺水肿、血管栓塞症及脑水肿等。

（二）血型

目前已知犬有 8 个血型系列，其中 DEA1.1、DEA1.2 和 DEA7 血型能在无红细胞抗原的受血犬体内产生同种抗体，建议最好选择 DEA1.1、DEA1.2 和 DEA7 的阴性犬作为供血犬。猫有 A、B 两个红细胞抗原小型系统，但很少看到输血反应。

（三）输血的适应性

第一次输血较安全。第二次以后的输血具有危险性，应预先做交叉配血试验。交叉配血试验方法有两种：一种是受血动物的血清与供血动物的红细胞反应。另一种是受血动物的红细胞与供血动物的血清反应。一般多采用前一种方法。试验时，供血和受血动物都应采集新鲜血液，取含有 4% 红细胞（生理盐水 3mL 加血液 1 滴）的供血动物血液 2 滴于 7mm×60mm 的试管内，进入受血动物血清 2 滴，混合后室温放置 15min，然后 1000r/min 离心 1min，观察溶血与凝集与否。设置供血动物血清和同型红细胞对照管。试验管发生明显溶血或凝集的，为供血动物与受血动物的血型不相适合。

在临床上，也可在大量输血前，先静脉输入少量（5~10mL）供血动物血液，5min 后观察有无反应。或采用简易的"三滴法"配血试验：取供血动物 1 滴血液、受血动物 1 滴血液及 1 滴抗凝剂于载玻片上，混合后肉眼观察有无凝集，则可以输血。

（四）供血动物的选择

供血动物必须通过临床、血液学、血清学等方面的严格检查。选择的犬、猫应为成年、健壮、无传染病、寄生虫、中毒病等，完成免疫注射，发育成熟而不过于肥胖，如母犬或母猫，应未怀孕过或已阉割。动物医院有条件时可饲养此类供血犬、猫，以便于管理和采血，以确保血源的质量。

（五）采血方法

采血应该在严格的无菌条件下进行，可用装有抗凝剂的注射器直接从供血动物的颈静脉或左心室采血，也可由颈动脉一次性放血。颈静脉和左心室采血量不应超过 22mL/kg·bw，15kg·bw 的犬每次可采取 200~250mL。猫每次可采取 60mL 左右，每隔 3 周采血 1 次。

（六）血液贮存

血液贮存的目的是防止血凝，延长红细胞在体外保存时间，从而保持离体血的活力，保证血液内的成分、血细胞的形态结构的基本无变化。为了保持血液稳定不至凝结，必须在受血瓶或采血注射器内加入某种抗凝剂，常用的抗凝剂有以下几种。

1. 3.8%~4%枸橼酸钠溶液

它的渗透压与血液基本相等，抗凝时间较长，在 4℃冷藏条件下，7d 不丧失其理化或生物学特性。应用时它与血液的比例为 1:9，

2. 枸橼酸葡萄糖合液（ACD 液）

是犬血最常用的抗凝剂，它既能抗凝，又是较好的血液保养液，同时也能供给血细胞能量和保持一定的 pH 值，以维持生命。处方为：枸缘酸钠：枸橼酸：葡萄糖（注射用）：重蒸馏水 = 1.33:0.47:3.00:1 000.00，灭菌后备用。每 100mL 血液中加入 ACD 液 25mL。红细胞在这种保养液（4℃）贮存 15~17d，仍保持其活力。如超过 17d，可分离血浆继续贮藏。

3. 肝素

能抑制凝血酶原和凝血酶的形成，且可和凝血酶发生抗凝作用。应用时可在 100mL 血液中加入肝素 10mg，因肝素抗凝维持时间较短，故肝素血不能长期保存，应于 24~48h 内输用。

（七）输血方法

1. 输血途径

有静脉内、动脉内、腹腔内、骨髓内、肌肉或皮下等输血途径。犬、猫最常用的是前后肢静脉内输入，也可采用颈静脉输血。

（1）静脉内输血。用 20 号针头刺入颈静脉或小隐静脉，先注入生理盐水 5mL，然后接上贮血瓶，以 5~10mL/min 的速度注入血液。

（2）动脉内输血。急性休克时最适用动脉内输血。犬用股动脉，注射压比患犬的动脉压高 266.64Pa（20mmHg）为好，以 50~100mL/min 为宜。

（3）骨髓内输血。在不能使用血管的情况下，可将血液注入胸骨或长骨的骨髓内。

2. 输血量及输入速度

静脉输血的量和输入速度必须适当。输血过量或过快，可加重心血管负担，引起肺水肿及急性充血性心力衰竭。特别是高度贫血动物的输血，更应注意。犬一次最大输血量为全血量的 10%~20%。一般输血量可按小动物体重的 1%~2%输入。也可按下列公式计算：

$$输血量 = 受血者体重（kg）×40（犬）或（猫）×[期望 PCV 值（\%） -$$
$$受血者 PCV 值（\%）] ÷供血者 PCV（\%）$$

临床上常于输血前给犬肌内注射地塞米松 10~20mg，可减轻输血的不良反应。

输血速度，犬开始 15min 应慢，以后加快。急性大出血时，可按 100mL 血用 5~6min 输入的速度，一般以 5mL/min 为宜。猫正常输血速度为 1~3mL/min。

（八）输血种类

根据输入的成分可分为输全血、输红细胞、输血小板、输粒细胞、输血浆等。这些方法各有利弊，应按临床实际选择应用。

1. 输入红细胞

用生理盐水等悬浮的红细胞溶液，因无血浆成分存在，减少了心血管系统的负担，对高度贫血、溶血性疾病、老龄及衰弱的动物，具有较高的安全性。

2. 输入血浆成分

可代替全血用于补充循环血量，也可作为抗体输入，适用于大面积烧伤和严重下痢等。

3. 输血小板

指输入富含血小板的血浆，适用于血小板减少症、恶性肿瘤和再生障碍性贫血等，也可减少手术中出血。

（九）输血反应

1. 原因

（1）发热反应。它是输血易发生的一种反应。主要是由致热源引起的，这可能是血液保存液和采血用具被污染，或因免疫反应引起。

（2）过敏反应。主要是由抗原抗体反应，活化补体和血管活性物质释放引起的。

（3）溶血反应。当输血配血不当和输血技术不过关，在输血过程中或输血后血液红细胞大量破坏。是一种比较严重的输血反应。

2. 症状

主要表现发热、不安、眼睑浮肿、呕吐、流涎、恶寒战栗、心悸亢进、痉挛、荨麻疹、呼吸困难、血红蛋白尿及黄疸等。

3. 处置

当产生副作用时，应立即停止输血，注射强心剂、高渗葡萄糖溶液、碳酸氢钠溶液、肾上腺素溶液及糖皮质激素类药物，如地塞米松等。在肝脏机能障碍时，可注射蛋氨酸、葡萄糖酸钙、葡萄糖溶液及维生素 B、维生素 C、维生素 K 等。发生过敏反应时，可注射抗组胺制剂、可的松及钙制剂等，此外还应对症治疗。

4. 预防

（1）使用的器具、器材等一切物品要严格消毒。

（2）检查血液的适应性，应做交叉配血试验。

（3）如用同一供血犬反复输血时，应在 2~3d 以内施行，不能间隔 5d 以上。

（4）严格检查血液状态。

（5）使用新鲜血液输血。

（6）使用良好的抗凝剂。

（7）注意输血量和输血速度。

（8）输血前先用抗组胺药。

第四节　缝合

缝合是将已切口、切断或外伤而分离的组织、器官进行对合或重建其通道，保证良好愈合的基本操作技术。在愈合能力正常的情况下，愈合是否完善与缝合的方法及操作技术有一定的关系。因此，学习缝合的基本知识，掌握缝合的基本操作技术，是外科手术重要环节。缝合的目的在于，为手术或外伤性而分离的组织或器官予以安静的环境，给组织的再生和愈合创造良好的条件。保护无菌创免受感染，加速肉芽创的愈合，促进止血和创面对合以防裂开。缝合应分层进行，并使组织层次严密，良好对合是愈合的基本条件。但缝合处不应有过大张力，以免阻碍血液循环，用丝线强烈牵拉脆弱组织会导致组织的切割或撕脱。而正确的对合，不应有死腔或空隙，以免引起积液或积血，使愈合延迟或引起感染，不正确的缝合会在皮下形成张力或残留死腔。

为了确保愈合，缝合时要遵守下列各项原则：

①严格遵守无菌操作。

②缝合前必须彻底止血，切除凝血块、异物及无生机的组织。

③使创缘均匀接近，在针孔间要有一定距离，以防拉穿组织。

④缝针刺入和穿出部位应彼此相对，针距相等，否则易使创伤形成皱襞和裂隙。

⑤凡无菌手术创或非污染的新鲜创，经外科常规处理后，可做对合密闭缝合，具有化脓腐败过程以及具有深创囊的创伤可不缝合，必要时作部分缝合。

⑥在组织缝合时，一般是同层组织相缝合，不同类的组织不可以结合在一起，缝合、打结应有利于创伤愈合，如打结时要适当收紧，防止拉穿组织。缝合时不宜过紧，否则将造成组织缺血。

⑦创缘、创壁应互相均匀对合，皮肤创缘不得内翻，创伤深部不应留有死腔、积血和积液。在条件允许时，可做多层缝合。

⑧缝合的创伤，若在手术后出现感染症状，应迅速拆除部分缝线，以便排出创液。

一、打结

打结是外科手术最基本的操作之一，正确而牢固地打结是结扎止血和缝合的重要环节，熟悉地进行打结不仅可以防止结扎线的松脆而造成的创伤裂开和继发性出血，而且可以缩短手术时间。

外科打结的好坏及水平高低，取决两个因素，即速度与质量。两者是统一的，绝对不能孤立某一者，二者都是至关重要的。这是因为，打结的速度及质量不仅与手术时间长短相关，而且也会影响到整个手术的质量，影响患畜的预后，甚至危及生命。打结过慢，可增加出血、损伤的机会，可使手术过长，也使患畜术野暴露时间太长，这些都是影响患畜预后及安全的重要因素。质量不高的甚至不正确的打结，或粗暴牵拉组织，尤其是精细手术和涉及血管外科时，可导致结扎不稳妥、不可靠，术后线结滑脱和松结引起出血、继发感染及消化管泄漏等。打结说起来容易，但真正打好结，做到高速度、结扎处毫无牵拉、线结结扎确切可靠等并非易事，须经过长时间各种手术的实践加以领会及提高。

（一）结的种类

常用的结有方结、三叠结和外科结

1. 方结（平结）

方结是外科手术中最常用的结，适用于各种结扎止血和缝合。它是有两个方向相反的单结构成，如果第一个结是由右手以某一方向做结，则第二个结可用左手按结的方向做结，有时因术野的需要，仍需由右手做结时，必须是做相反方向的结。该结的特点是由于两个单结方向相反，结扎后线圈内张力越大，结扎线越紧，不易自行变松或自行滑脱。关键性的问题是正确的掌握方结做结的要领，如果能够正确掌握，使用方结可顺利、安全地完全地完成整个手术。如果方法不当，两手用力不均匀，打结时三点未在一线等，均可酿成结的滑脱。因此，结的方向十分重要，如不注意这一点，可导致线断或滑脱。

2. 三叠结（加强结）

是在方结的基础上再加一个与第二个单结方向相反的单结，共三个结。使结变得更为牢固、安全可靠。三叠结主要用于结扎重要组织和较大的血管以及张力较大时的组织缝合。如果结扎线是羊

127

肠线或合成线，结扎时宜多用此结。它唯一的缺点是，有时基于安全打成四重结、五重结，造成很大的结扎线头，使较大异物遗留在组织中。

3. 外科结

打第一个结时绕两次，使摩擦面增大，然后打一个方向相反的单结，使线间的摩擦面及摩擦系数增大，从而增大安全系数。此结牢固可靠，多用于大血管、张力较大的组织和皮肤缝合。

在打结过程中常产生的错误结，有假结和滑结两种。

（1）假结（斜结）。此结易松脱。

（2）滑结。打方结时，两手用力不均，只拉紧一根线，虽则两手交叉打结，结果仍形成滑结，而非方结，亦易滑脱，所以应尽量避免此类打结方法发生。

（二）打结方法

常用的有 3 种，即单手打结、双手打结和器械打结。

1. 单手打结

为常用的一种方法，简单迅速。左右手均可打结。虽个人打结的习惯常有不同，但基本动作相似。

2. 双手打结

除了用于一般结扎外，对深部或张力大的组织缝合，结扎较为方便可靠。

3. 器械打结

用持针钳或止血钳打结。适用于结扎线过短、狭窄的术部、创伤深处和某些精细手术的打结。方法是把持针钳或止血钳放在缝线的较长端与结扎物之间，用长线一端的缝线环绕血管钳一圈后，再打结即可完成第一结，打第二结时用相反方向环绕持针钳一圈后拉紧，成为方结。

（三）打结注意事项

（1）打结收紧时要求三点成一直线，即左、右手的用力点与结扎点成一直线，不可成角向上提起，否则使结扎点容易撕脱或结松脱。

（2）无论用何种方法打结，第一结和第二结的方向不能相同，否则即成假结。如果两手用力不均，只拉紧一根线，可成滑结，均应避免。

（3）用力缓慢均匀，两手的距离不宜离线太远，特别是深部打结时，最好用两手食指按线结近处，以指尖顶住双线、两手握住线端、徐徐拉紧，否则易松脱。埋在组织内的结扎线头，在不引起结扎松脱的原则下，剪短以减少组织内的异物，丝线、棉线一般留 1~2mm，较大血管的结扎，应略长，以防滑脱，肠线留 3~4mm，不锈钢丝 5~6mm，并应将钢丝头扭转埋入组织中。

（4）正确的剪线方法是结扎完毕后，将双线尾提起略偏向术者的左侧，助手用稍张开的剪刀尖沿着拉紧的结扎线滑至结扣处，再将剪刀稍向上倾斜，然后剪断，倾斜的角度取决于要留线头的长短，如此操作比较迅速准确。

二、软组织的缝合

应用于动物的软组织的缝合模式很多，缝合模式的分类应该根据下列条件。

（1）缝合器官、组织的解剖学特征。

（2）缝合的方式，使组织获得对接、内翻或外翻。

（3）缝合的方式要求能够抵消不同器官、组织的张力强度。

（4）缝合的类型一般实行间断缝合或连续缝合。

当前兽医外科手术的基本技术是将软组织缝合模式分为三个方面，即对接缝合、内翻缝合和张力缝合。

（一）对接缝合

1. 单纯间断缝合

它又称为结节缝合，是最古老、最常用的缝合方式。缝合时，将缝针引入 15~25cm 缝线，于创缘一侧垂直刺入，于对侧相应的部位穿出打结。每缝一针，打一次结，缝合要求创缘要密切对合。缝线距创缘距离，根据缝合的皮肤厚度来决定，小动物 3~5mm。缝线间距要根据创缘张力来决定，使创缘彼此对合，一般间距 0.5~1.5cm 打结在切口一侧，防止压迫切口。用于皮肤、皮下组织、筋膜、黏膜、血管、神经、胃肠道的缝合。

优点：操作容易，迅速。在愈合过程中，即使个别缝线断裂，其他邻近缝线不受影响，不至于整个创面裂开。能够根据各种创缘的伸延张力，正确调整每个缝线张力。如果创口有感染的可能，可将少数缝线拆除排液。对切口创缘血液循环影响较小，有利于创伤的愈合。

缺点：需要较多时间，使用缝线较多。

2. 单纯连续缝合

单纯连续缝合是用一条长的缝线，自始至终连续地缝合一个创口，最后打结。第一针和打结操作同结节缝合，以后每缝一针以前，对合创缘，避免创口形成皱褶，使用同一缝线以等距离缝合，拉紧缝线，最后留下线尾，在一侧打结。常用于具有弹性、无太大张力的较长创口。用于皮肤、皮下组织、筋膜、血管、胃肠道缝合。

优点：节省缝线和时间，密闭性好。

缺点：一处断裂，全部缝线拉脱，创口移开。

3. 表皮下缝合

这种缝合适用于小动物表皮下缝合。缝合在切口一端开始，缝针刺入真皮下，再翻转缝针刺入另一侧真皮，在组织深处打结。应用连续水平褥式缝合平行切口。最后缝针翻转刺向对侧真皮下打结，埋置在深部组织内。一般选择可吸收性缝合材料。

优点：能消除普通缝合针孔的小瘢痕，操作快，节省缝线。

缺点：具有连续缝合的缺点，这种缝合方法张力强度较差。

4. 压挤缝合法

压挤缝合用于肠管吻合的单层间断缝合。犬、猫肠管吻合的临床观察认为，该法是很好的吻合缝合法，也用于大动物的肠管吻合。

压挤缝合法，缝针刺入浆膜、肌层、黏膜下层和黏膜层进入肠腔。在越过切口前，从肠腔再刺入黏膜到黏膜下层。越过切口，转向对侧，从黏膜下层刺入黏膜层进入肠腔。在同侧长黏膜层、黏膜下层、肌层到浆膜层刺出肠表面。两端缝线拉紧、打结。这种缝合使浆膜、肌层相对接，黏膜、黏膜下层内翻。这种缝合使肠组织本身组织相互压挤，可以很好地防止液体显露，使肠管吻合密切对接，保持正常的肠腔容积。

5. "十"字缝合法

这种缝合法从第一针开始，缝针从一侧到另一侧做结节缝合，第二针平行第一针，从一侧到另一侧穿过切口，缝线的两端在切口上交叉形成"十"字形，拉紧打结。用于张开较大的皮肤缝合。

6. 连续锁边缝合法

这种缝合方法与单纯连续缝合基本相似。在缝合时每次将缝线交锁。此种缝合能使创缘对合良好，并使每一针缝线在进行下一次缝合前就要固定。多用于皮肤直线形切口及薄而活动性较大的部位缝合。

(二) 内翻缝合

内翻缝合用于胃、肠、子宫、膀胱等空腔器官的缝合。

1. 伦勃特氏缝合法

伦勃特氏缝合法是胃肠手术的传统缝合方式，又称垂直褥式内翻缝合法。分为间断与连续两种，常用的为间断伦勃特氏缝合法。在胃肠或肠吻合时，用以缝合浆膜肌层。

（1）间断伦勃特氏缝合法。缝线分别穿过切口两侧浆膜及肌层进行打结，使部分浆膜内翻对合，用于胃肠道的外层缝合。

（2）连续伦勃特氏缝合法。于切口一端开始，先做一浆膜肌层间断内翻缝合，再用同一缝线做浆膜基层连续缝合至切口另一端。其用途与间断内翻缝合相同。

2. 库兴氏缝合法

它又称连续水平褥式内翻缝合法，这种缝合法是从伦勃特氏连续缝合法演变而来的。缝合方法是于切口一端开始，先做一浆膜肌层间断内翻缝合，再用同一缝线平行于切口做浆膜肌层连续缝合至切口另一端。适用于胃、子宫浆膜肌层缝合。

3. 康乃尔氏缝合法

这种缝合法与连续水平褥式内翻缝合相同，仅在缝合时缝针要贯穿全层组织，当将缝线拉紧时，则肠管切面即翻向肠腔。多用于胃、肠、子宫壁缝合。

4. 荷包缝合

即做环状的浆膜肌层连续缝合。主要用于胃、肠壁上小范围的内翻缝合，如缝合小的胃、肠穿孔。此外，还用于胃、肠、膀胱等引流固定的缝合方法。

(三) 张力缝合

1. 间断垂直褥式缝合

这种缝合是间断垂直褥式缝合的一种张力缝合。针刺入皮肤，距离创缘 8mm，创缘相互对合，越过切口到相应对侧刺出皮肤。然后缝针翻转在同侧距切口约 4mm 处刺入皮肤，越过切口到相应对侧距切口约 4mm 处刺出皮肤，与另一端缝线打结。该缝合要求缝针刺入皮肤时，只能刺入真皮下，接近切口的两侧刺入点要求接近切口，这样皮肤创缘对合良好，不能外翻。缝线间距为 5mm。

优点：该缝合方法比水平褥式缝合具有较强的抗张力强度。对创缘血液供应的影响较小。

缺点：缝合时，需要较多时间和较多的缝线。

2. 间断水平褥式缝合

这种缝合是间断水平褥式缝合的一种张力缝合，特别适用于犬的皮肤缝合。针刺入皮肤，距创缘 2~3mm，创缘相互对合，越过切口到对侧相应部位刺出皮肤，然后缝线与切口平行向前约 8mm，再刺入皮肤，越过切口到相应对侧刺出皮肤，与另一端缝线打结。该缝合要求缝针刺入皮肤，刺在真皮下，不能刺入皮下组织，这样皮肤创缘对合才能良好，不出现外翻。根据缝合组织的张力，每个水平褥式缝合间距为 4mm。

优点：使用缝线较节省，操作速度较快。该缝合具有一定抗张力条件，对于张力较大的皮肤，可在缝线上放置胶管或纽扣，增加抗张力强度。

缺点：该缝合方法对初学者操作较困难。根据水平褥式缝合的几何图形，该缝合能减少创缘的血液供应。

3. 近远–远近缝合

近远–远近缝合是一种张力缝合。第一针接近创缘垂直刺入皮肤，越过创底，到对侧距切口较远处垂直刺出皮肤。翻转缝针，越过创口到第一针刺入侧，距创缘较远处，垂直刺入皮肤，越过创底，到对侧距创缘近处垂直刺出皮肤，与第一针缝线末端拉紧打结。

优点：该缝合方法创缘对合良好，具有一定抗张力强度。

缺点：切口处有双重缝线，需要缝线数量较多。

三、各种软组织的缝合技术

（一）皮肤的缝合

缝合前创缘必须对好，缝线要在同一深度将两侧皮下组织拉拢，以免皮下组织内遗留空隙，滞留血液或渗出液，易引起感染。两侧针眼离创缘 0.5~1cm，距离要相等，针的穿入与穿出都要与皮肤表面垂直，皮肤缝合采用间断缝合，缝合后应在创缘侧面打结，打结不能过紧。皮肤缝合完毕后，用有齿镊或止血钳对创口进行校正，防止造成皮缘的外翻、内卷或彼此重叠现象，以致影响愈合，必须再次将创缘对好。

（二）皮下组织的缝合

缝合时要使创缘两侧皮下组织相互接触，一定要消除组织的空隙。使用可吸收性缝线，打结应埋置在组织内。

（三）筋膜的缝合

筋膜的缝合应根据其张力强度选用不同的方法。筋膜的切口应该与张力线平行，不能垂直于张力线。所以，筋膜缝合时，要垂直于张力线，使用间断缝合。大量筋膜切除或缺损时，缝合使用垂直褥式或近远–远近等张力缝合法。

（四）肌肉的缝合

肌肉的缝合要求将纵行纤维紧密连接，瘢痕组织生成后，不能影响肌肉收缩功能。缝合时，应用结节缝合分别缝合各层肌肉。小动物手术时，肌肉一般是纵行分离而不切断，因此肌肉组织经手术细微整复后，可不需要缝合。对于横断肌肉，因其张力大，应该在麻醉或使用肌松剂的情况下连同筋膜一起缝合，进行结节缝合或水平褥式缝合。

（五）腹膜的缝合

犬的腹膜具有特殊性质，缝合时可以考虑单层腹膜的缝合。腹膜的缝合必须完全闭合，不能使网膜或肠管漏出或嵌闭在缝合切口处。

（六）血管的缝合

血管缝合常见的并发症是出血和血栓形成。操作要轻巧、细致，不得损伤血管壁。血管断端吻合要严格执行无菌操作，防止感染。血管内膜紧密相对，因此血管的边缘必须外翻，让内膜接触，外膜不得进入血管腔。缝合处不宜有张力，血管不能有扭转。血管吻合时，应该用弹力较低的无损伤的血管钳阻断血流。缝合处要有软组织覆盖。

（七）神经的缝合

神经的缝合应具备的条件：操作要轻柔，缝合越早，功能恢复的纤维越大，创口清净，神经断裂面整齐是缝合效果良好的有利条件。创口感染，有严重的关节僵直，肌肉重度萎缩，神经缺损过大，缝合张力无法解除时不能进行神经缝合。

神经缝合依损伤程度不同，可分为端端缝合和部分端端缝合两种。

1. 端端缝合

用以修复神经干完全断裂。对新鲜损伤，经清创后，用利刃修切神经干两断端，使断面整齐，然后在神经两端的内外侧各缝一针，作为固定牵引线，按 2~3mm 的针距，2mm 左右的边距用细丝线做结节或单纯连续缝合。前侧缝合完毕后，调换固定缝线，使神经翻转 180° 以同法缝合后侧。缝合后，神经置于健康肌肉或皮下组织内覆盖。

2. 部分端端缝合

用于修复部分断裂的神经干，对新鲜的神经部分切割断面整齐者，可直接做结节缝合。反之，用利刃切除损伤部分，再行部分端端缝合。

对晚期神经部分断裂伤，应将神经充分显露并游离出来，在健康与损伤的交界处，纵切神经外膜，仔细地分开损伤与正常的神经束，切除神经纤维瘤或伤疤组织，将两端断端对合后做结节缝合。缝合时要消除部分张力，以免断端接触不良妨碍神经再生。

（八）腱的缝合

腱的断端应紧密连接，如果末端间有裂缝被结缔组织填补，将影响腱的功能。操作要轻柔，不能使腱的末端受到挫伤而引起坏死。缝合部位周围粘连，会妨碍腱愈合后的运动。因此，腱的缝合要求腱鞘要保留或重建；腱、腱鞘和皮肤缝合部位，不要相互重叠，以减少肌腱周围的粘连，手术必须在无菌操作下进行。腱的缝合使用白奈尔氏缝合，缝线放置在腱组织内，保持腱的滑动机能。腱鞘缝合使用结节缝合和非吸收性缝合材料，特别使用特制的细钢丝缝合。肢体固定是非常重要的，至少要进行肢体固定 3 周，使缝合的腱组织不能有任何张力。

（九）空腔器官缝合

空腔器官（胃、肠、子宫、膀胱）缝合，根据空腔器官的正常生理解剖学和组织学特点，缝合时要求良好的密闭性，防止内容物泄漏，保持空腔器官的正常解剖组织学结构和蠕动收缩机能。因此，对于不同动物的不同器官，缝合要求是不同的。

1. 犬、猫胃缝合

胃内具有高浓度的酸性内容物和消化酶。缝合时要求良好的密闭性，防止污染，缝线要保持一定的张力程度，因为术后动物呕吐或胃扩张对切口产生较强压力。术后胃腔容积减少，对动物影响不大。因此，胃缝合第一层连续全层缝合或连续水平褥式内翻缝合。第二层缝合在第一层上面，采用浆肌层间断或连续垂直褥式内翻缝合。

2. 小肠缝合

小肠血液供应好，肌肉层发达，其解剖特点是低压力的导管，而不是蓄水囊。内容物是液态的，细菌含量少。小肠缝合后 3~4h，纤维蛋白覆盖在密封缝线上，产生良好的密闭条件，术后肠内容物泄漏发生机会较少。由于小肠肠腔较小，缝合时要特别注意防止造成肠腔狭窄。犬、猫缝合使用单层对接缝合，肠管外用网膜覆盖，并用两针可吸收缝线将网膜与肠系膜固定在一起。常用压挤缝合法能达到良好对接，不易发生泄漏、狭窄和感染。缝合切口愈合快，有少量纤维结缔组织沉积，反应轻微，愈合后瘢痕较小，肠腔直径变化很小。

3. 大肠缝合

大肠内容物呈固态，细菌含量多。大肠缝合并发症是内容物的泄漏和感染。内翻缝合是唯一安全的方法。内翻缝合部位血管受到压迫，血流阻断，术后第三天黏膜水肿、坏死，第五天内翻组织脱落。黏膜下层、肌层和浆膜保持接合强度。术后 14d 左右瘢痕形成，炎症反应消失。

4. 子宫缝合

剖腹取胎术施行子宫缝合有其特殊的意义，因为子宫缝合不良会导致母畜不孕，术后出血和腹腔粘连。

犬、猫子宫空腔器官缝合时，要求使用小规格缝线，因为大规格缝线通过组织时，对组织损伤严重。

空腔器官缝合的缝合材料选择是重要的，应该选择可吸收性缝合材料，常使用聚乙醇酸缝线，具有一定张力强度，有特定的吸收速率，不易受蛋白水解酶或感染影响，操作方便。但是不宜暴露到膀胱和尿道内。铬制肠线也常用于胃、肠道手术，但是不能暴露到胃、肠道内，否则易受到胃、肠酶的作用很快丧失张力强度。丝线常用于空腔器官缝合，操作方便，打结确实。但是易发生感染，因此应该注意无菌技术。丝线用于膀胱和胆囊缝合时，不要暴露到膀胱和胆囊内，以防诱发结石形成。

空腔器官缝合时，最好使用无损伤性缝针、圆体针，以减少组织损伤。

（十）实质器官缝合

实质器官包括肝、肾、脾等组织。由于不同的器官组织解剖结构不同，其缝合方法是不同的。脾脏组织非常脆弱，如果脾脏损伤时，不能缝合，只有实行脾脏摘除术。肝脏的缝合分为两种情况。

（1）浅表裂创，可做无活动性出血，可用 1/0 号肠线做结节缝合修补，每针相距 1~1.5cm。

（2）较深裂创，可做褥式缝合，肝组织小范围缺损，可在创面填塞带蒂大网膜后，再以 1/0 号肠线做创口两侧贯穿缝合，缝线先穿过大网膜，后穿过肝实质。

（3）肝组织完全断裂，创面有活动性出血，应该先结扎出血点，将血管从创面钝性分离、结扎，然后以 1/0 号肠线平行创缘做一排褥式缝合，再在上述褥式缝合外方，以 1/0 号肠线做两侧贯穿缝合，使创口对合。

肾组织切口后，对小的出血点，压迫止血即可，然后用手指将两瓣切口肾组织紧密对合，轻轻压迫，用纤维蛋白胶接起来，不需要肾组织褥式缝合，只需要连续缝合肾脏被膜，称为无缝合肾切口闭合。

四、骨缝合

骨缝合是应用不锈钢或其他金属丝进行全环扎术。

1. 全环扎术

全环扎术是应用不锈钢丝紧密缠绕 360°，固定骨折断端，不适用短的斜骨折。此方法骨折断片能充分整复，适用于圆柱形骨，例如股骨、肱骨、胫骨等，如果用于圆锥形骨，容易滑脱，应该在骨皮质上做成缺口，配合骨髓针内固定，效果最好。该法不适用于应用邻近关节和骨骺端的固定，一个金属丝不能同时固定邻近的两个骨，例如桡骨和尺骨，缝合处骨折断端不少于 5mm。骨折处固定只应用一个金属丝缠绕不确实，容易滑脱。

2. 半环扎术

金属丝通过每个骨折片上钻好的小孔，将骨折端连接、固定，成为半环扎术。金属丝从皮质穿入骨髓腔，由对侧骨折片皮质出口穿出，然后两个金属丝末端拧紧。这种方法容易出现骨断片旋转，配合螺丝固定，可以避免。

第五节　拆线

一切皮肤缝线均为异物，不论是愈合伤口或感染伤口均需拆线。胸、腹部及四肢切口缝线在手术后5~7d拆除。头皮及颈部切口缝线3~5d拆除。背中线切口拆线时间较晚，可延至术后7~9d；四肢关节处10~12d。大多数愈合良好的切口，在7d时拆除普通缝线（丝线），14d拆除张力缝线。肠线可以不拆，待其自然吸收脱落。切口太长、太大、太紧，或病畜有贫血、营养不良及其他并发症，以致切口未能按期愈合时可稍晚拆线。但晚拆线有刺激伤口的时间太长、瘢痕较大、感染机会增多等缺点，所以现在都提倡早期拆线。

在特殊情况下，拆线时间可不按上述规定，有时拆线可分期进行，先间断拆去一部分，过1~2d后再拆其余部分。有时甚至暂不拆线。

拆线方法是先夹起线头，用剪刀插进空隙从由皮内拉出的部分将线剪断。这样，由于抽紧线头，必然会引起疼痛。同时，如前所述，手术后创口总不免有暂时性的水肿现象，如果缝线结扎太紧，就会嵌入到皮内，使拆线困难，更加重拆线时的疼痛。因此，拆线时，可先用生理盐水棉球轻压伤口，并除去血迹结痂，使缝线清晰暴露，以干棉球擦干，再用酒精棉球消毒（一般缝合伤口，若无血迹结痂，则仅用酒精棉球消毒即可。但黏膜及会阴部不可使用酒精，应以红汞棉球或0.1%新洁尔灭棉球消毒），然后用小型尖头锐利剪刀，在缝线的中央剪刀，沿皮肤平面再剪去无线结一端的全部皮外线头，或直接齐皮肤平面间断无线结的一端，最后用镊子夹住有线结的一端的线头，将缝线呈垂直方向抽出。上述3种拆线方法，可按不同情况，灵活采用。但无论采用何法拆线，均不可使皮外部分缝线再从伤口内通过，以免增加感染机会。拆线时，剪刀应插入缝线下面，这样，不仅可以减少疼痛，且可防止误剪皮肤。拆线后，如发现愈合不良而有裂开的可能，则可用蝶形胶布将伤口固定，并以绷带包扎。

第七章　包扎法

第一节　包扎的作用及材料

绷带是固定和保护创伤的材料，包括内层和外层两部分，敷料（包括纱布块、脱脂棉等）为内层。用以固定内层的外层为绷带。

由于绷带使用的目的不同，通常有各种不同名称。为了加压于局部，借以阻断或减轻出血及制止淋巴液渗出、预防水肿和创面肉芽过剩为目的而使用的绷带，称为压迫绷带。为了防止微生物侵入伤口和避免外界刺激而使用的，称为创伤绷带。当骨折或脱臼时，为了固定肢体或体躯的某部，以减少或制止肌肉及关节不必要的活动而使用的绷带，称为制动绷带。此外，如治疗某部位炎症而使用冷敷、热敷绷带等。

尽管由于绷带的使用目的不同而有各种名称，但共同的作用如下。

1. 保护作用

防止微生物及其他异物侵入伤口，避免外界因素的刺激，保持外用药物不流失等。

2. 压迫作用

制止出血、渗血，创面肉芽组织过度增生，疝内容物脱出等。

3. 减张作用

利用绷带的紧缩作用，以减少创伤部位的组织张力。对不便缝合的创伤，可促使创缘接近。对缝合的创伤，有避免组织撕裂或缝线拉断的作用。

4. 吸收作用

利用包扎绷带内层的吸水性吸收创伤分泌物。

5. 保温作用

保持或提高患部温度，增强血液循环，加速炎症的消退或伤口的愈合。

6. 固定作用

用以保持患部安静，在某种情况下尚有一定的支撑作用。如骨折、肌腱断裂、关节脱位等，在局部整复后，应用夹板绷带包扎加以固定支撑。

用作包扎的材料有脱脂纱布、棉花、麻布、木棉、油纸或油布及纱布卷等。它们必须柔软而有弹性，富有吸收能力。按治疗的目的不同，要有吸收能力或不透水作用。贴近伤口的敷料，在使用前要经过灭菌或浸以防腐消毒药液，棉花、麻类、木棉等敷料不可直接与创面接触，通常是在其与创面之间放置 2~3 层灭菌纱布，防止棉花与创口粘连。

（1）纱布。根据需要剪成适当大的方块，将毛边向内折叠成 5~10cm 的方块，每 10 块包成一包，放在纱布罐内灭菌，用以覆盖伤口、止血、填充创腔以及吸液等。

（2）棉花。一般用脱脂棉花，用以吸液、保温、防止感染。为防止与创面粘着，先覆以灭菌纱布再覆盖棉花。

（3）棉布。使用白布作复绷带、三角带、多头绷带、明胶绷带等。

（4）防水材料。有油纸、油布、蜡纸等。一般放在棉花外层，用以防水，避免伤口浸湿污染。

（5）麻布。由亚麻布、帆布及棉纱布制成，分 3 列、4 列、5 列等。按创伤的位置、大小、形状及动物种类选择使用。

第二节　绷带的种类和使用方法

根据临床和局部解剖的特点，常用的绷带有卷轴绷带、结系绷带、复绷带、胶质绷带、支架绷带、夹板绷带和石膏绷带，现分述于以下。

一、卷轴绷带

通常称为绷带或卷轴带，是将布剪成狭长的带条，用卷绷带或手卷成。一般用纱布或棉布制成。为了加压于局部，也可使用特制的由一种弹性网状织品制成的弹力（弹性）绷带。卷轴绷带分为单头绷带、双头绷带、"丁"字形绷带。绷带卷由一头卷起称单头绷带，从两头卷起称双头绷带。"丁"字形绷带是由两个卷轴绷带制成，即将一个绷带卷的开端垂直地缝在双头绷带卷的中央。

1. 基本包扎法

卷轴带多用于四肢游离部、尾部、头部、胸部和腹部等。包扎时，一般以左手持绷带的开端，右手持绷带卷，以绷带的背面紧贴肢体表面，由左向右缠绕。当第一圈缠好之后，将绷带的游离端反转盖在第一圈绷带上，再缠第二圈压住第一圈绷带。然后根据需要进行不同形式的包扎法缠绕。无论用何种包扎法，均应以环形开始并以环形终止。包扎结束后将绷带末端剪成两条，打个半结，以防撕裂。最后打结于肢体外侧，或以胶布将末端加以固定。卷轴绷带的基本包扎有如下几种。

（1）环形包扎法。用于其他形式包扎的起始和结尾，以及用于系部、掌部、趾部等较小创口的包扎。方法是在患部把卷轴带呈环形缠数周，每周盖住前一周，最后将绷带末端剪开打结或以胶布加以固定。

（2）螺旋形包扎法。以螺旋形由上向下缠绕，后一圈遮盖前一圈的 1/3～1/2。用于掌部、趾部及尾部等的包扎。

（3）折转包扎法。以螺旋回返包扎。用于上粗下细径圈不一致的部位，如前臂和小腿部。方法是由下向上做螺旋形包扎，每一圈均应由下回折，逐圈遮盖上圈的 1/3～1/2。

（4）蛇形包扎法。或称蔓延包扎。斜行向上延伸，各圈互不遮盖，用于固定夹板绷带的衬垫材料。

（5）交叉包扎法。它又称"8"字形包扎。用于腕、跗、球关节等部位，方便关节屈曲。包扎方法是在关节下方做一环形带，然后在关节前面斜向关节上方，做一周环形带后再斜行经过关节前面至关节下方。如上操作至患部完全被包扎后，最后以环形带结束。

2. 包扎的注意事项

（1）按包扎部位的大小、形状选择宽度适合的绷带。太宽使用不便，包扎不平，太窄难以固定，包扎不牢固。

（2）包扎时要求迅速准确，用力均匀，松紧适宜，避免一围松一围紧，压力不可太大，以免发生外循环障碍，但也不宜太松，以致脱落和固定不牢，在操作中不得脱落污染。

（3）在临床治疗中不宜使用湿绷带进行包扎，因为湿布不仅会刺激皮肤而且容易造成感染。

（4）对四肢部的包扎须按静脉血流方向，从四肢的下部开始向上包扎，以及静脉淤血。

（5）卷轴带的缠绕总是以环形带开始，以环形带终止，包至最后末端应妥善固定以免松脱，一般用胶布贴住比打结更为光滑、平整、舒适，如果采用末端撕开系结，则结扣不可置于隆突处或创面上，结的位置也应避免啃咬而松结。

（6）包扎尾绷带时，尾根部的环形带不能压迫过紧，否则易引起尾部血液循环障碍，甚至引起局部干性坏死而脱落。

（7）包扎应美观，绷带应平整无皱褶，以免发生不均匀的压迫。交叉或折转应成一线，每圈遮盖多少要一致，并扯出绷带边上活动的线头。

（8）解除绷带时，先将末端的固定结松开，再朝缠绕相反方向以双手相互传递松解，解下的部分应捏在手中，不要拉得很长或拖在地上，紧急时可以用剪刀剪开以解除之。

（9）对破伤风等厌氧菌感染的创口，尽管做过一定外科处理，也不宜用绷带包扎。

二、结系绷带

或称缝合包扎，是用缝线代替绷带固定，而做的一种保护手术创口或减轻伤口张力的绷带。结系绷带可装在畜体的任何部位，其方法是在圆枕缝合的基础上，利用游离的线尾，将若干灭菌纱布固定在圆枕之间和创口之上。

三、复绷带

是按畜体一定部位的形状而缝制的，具有一定结构、大小的双层盖布，在盖布上缝合若干布条以便打结固定。复绷带虽然形式多样，但都要求装置简便、固定确实。

装置复绷带时应注意的几个问题。

（1）盖布的大小，形状应适合患部解剖形状和大小的需要，否则外物容易进入患部。

（2）包扎固定须牢靠，以免家畜运动时松动。

（3）绷带的材料与质地应优良，以便经过处理后反复使用。

四、支架绷带

支架绷带是在绷带的基础上，内有作为固定敷料的支柱装置的一种绷带。这种绷带应用于家畜的四肢时，为套有橡皮管的软金属丝或细绳构成的支架，借以牢固的固定敷料，而不因家畜的走动失去它的作用。鬐甲、背腰部的支架绷带为被纱布包住的弓状金属支架，使用时可用布条或软绳将金属架固定于患部。支架绷带具有防止摩擦、保护创伤、保持创伤干净和通气作用，因此，为创口的愈合提供了良好条件。

五、夹板绷带

夹板绷带是借助于夹板的作用达到保持患部安静，避免加重损伤、移位和使伤部进一步复杂化的一种起制动作用的绷带，分临时夹板绷带和预制夹板绷带两种。前者通常用于骨折、关节脱位时的紧急救治，后者可作为较长期的制动。

临时夹板绷带可用胶合板、普通薄木板、竹板等作为夹板材料。预制夹板绷带常用金属丝、薄铁板、木料等制成适合四肢解剖形状的夹板。无论临时夹板绷带或预制夹板绷带，皆由作为衬垫的内层、夹板和各种固定材料构成。

夹板绷带的包扎方法是先将患部皮肤洗净，包上较厚的棉花、纱布棉花垫或毡片等衬垫，并用蛇形带加以固定，尔后装置夹板。夹板的宽度视需要而定，长度既应包括骨折部上下两个关节、使上下两个关节同时得到固定，又要短于衬垫材料，避免夹板两端损伤皮肤。最后用螺旋带或结实的细绳加以捆绑固定，铁制夹板可加皮带固定。

六、石膏绷带

石膏绷带是用淀粉液浆制过大网眼纱布加上煅制石膏粉制成的。这种绷带用水浸后质地柔软，可塑造成任何形状敷于伤肢，一般十几分钟后开始硬化，干燥后成为坚固的石膏夹。外科临床上，利用石膏绷带的上述特点，应用于整复后的骨折，脱位的外固定或矫形，常可收到满意的效果。

1. 石膏绷带的制备

医用石膏是将自然界中的生石膏，即含水硫酸钙（$CaSO_4 \cdot 2H_2O$），加热烘焙，使其失去一半水分而制成的假石膏（$CaSO_4 \cdot 2H_2O$），煅石膏及石膏绷带市场上均有销售，若需自制其方法是：将生石膏研碎，筛去粗粒，用火烘焙（温度为 $100 \sim 125℃$）直至细腻洁白，手试略带黏性发涩，手握石膏粉则易从指缝漏出，剩余手中的石膏也一触即散。将石膏加 $30 \sim 35℃$ 温水调成糊状，涂于瓷盘上，经 $5 \sim 7min$ 即可硬化。指压仅留压痕，并从表面排出水分。达到上述标准即可用于制作石膏绷带。

制作石膏绷带时，先将干燥的上过浆的纱布卷轴绷带，放在堆有石膏粉的搪瓷盆内，打开卷轴带的一端，从石膏堆上轻轻拉过，并用木板刮匀，使石膏粉进入纱布眼孔，然后轻轻卷起，制成石膏绷带卷，密封箱内贮存备用。

2. 石膏绷带的装置方法

应用石膏绷带治疗骨折，可分无衬垫和有衬垫两种，目前认为使用无衬垫石膏绷带疗效较好。骨折整复后，清除皮肤上污物，涂布滑石粉，尔后于肢体上、下端各绕一圈薄的纱布棉垫，其范围应超出装置石膏绷带卷的预定范围。

根据操作时的速度逐个地将石膏绷带卷轻轻地横放到盛有 $30 \sim 35℃$ 的温水桶中，使整个绷带浸没在水中，待气泡出完后。两手握住石膏绷带卷的两端取出，用两手掌轻轻对挤，除去多余水分，从病肢的下端先作环形带，后作螺旋带向上缠绕直至预定的部位，每缠一圈绷带，都必须均匀地涂抹石膏泥，使绷带紧密结合。骨的突起部，应放置棉花垫加以保护。石膏绷带上下端不能超过衬垫物，而且松紧也要适宜。根据伤肢重力和肌肉牵引力的不同，可缠绕 $6 \sim 8$ 层。在包扎最后一层时，必须将上下衬垫向外翻转，包住石膏绷带的边缘，最后表面涂石膏泥。石膏绷带数分钟后即可成型，但为了加速绷带的硬化，可用吹风机吹干。

对开放性骨折及其他伴发创伤的四肢疾病，为了观察和处理创伤，常应用有窗石膏绷带。"开窗"的方法是在创口上覆盖消毒的创伤压布，用大于创口的杯子或其他器皿放于布巾上，杯子固定后，绕过杯子按前法缠绕石膏绷带，待石膏未硬固之前用刀作窗取下杯子即成窗口，窗口边缘用石膏泥涂抹平滑。有窗石膏绷带虽有便于观察和处理创伤之优点，但其缺点是可引起静脉淤血和创伤肿胀。有窗石膏绷带若窗孔过大，往往影响绷带的坚固性，为了满足治疗上的需要和不影响绷带的坚固性，可采用矫形石膏绷带，其制作方法是用 $5 \sim 6$ 层卷轴石膏绷带缠绕于创伤的上、下部，即先作出窗孔，待石膏硬化后于石膏绷带部分的前后左右各放置一条弓形金属板即"桥"，代替一段石膏绷带，金属板的两端放置在患部上下方绷带上，然后再缠绕 $3 \sim 4$ 层卷轴石膏绷带加以固定。

为了便于固定和拆除，外科临床上也有使用长压布石膏绷带，其制作和使用方法是：取纱布，其宽度为要固定部位圆周的一半，长度视情况而定。将纱布均匀地布满煅石膏粉后，逐层重叠起来浸以温水，挤去多余水分后放在患肢前面。同法做成另一长压布，放置患肢后面，待干燥后再用卷轴绷带将两页固定于患部。

为了加强石膏绷带的硬度和固定作用，可在卷轴石膏绷带缠绕后的第三、第四层停止缠绕，修整平滑并植入夹板材料，使之成为石膏夹板绷带。

3. 包扎石膏绷带时应注意的事项如下

（1）将一切物品备齐然后开始缠绕，以免临时出现问题延误时间，由于水的温度直接影响着石膏硬化的时间（升温降低会延缓硬化过程），应予注意。

（2）病畜必须保定确实，必要时可作全身或局部麻醉。

（3）装置前必须整复良好，使病肢的主要力线和肢轴尽量一致，为此，在装置前最好应用 X 射线透视或摄片检查。

（4）长骨骨折时，为了达到制动目的，一般应固定上下两个关节，才能达到制动的作用。

（5）骨折发生后，使用石膏绷带作外用固定时，必须尽早进行。若在局部出现肿胀后包扎，则在肿胀消退后，皮肤与绷带间出现空隙，达不到固定作用。此时，可施以临时石膏绷带，待炎性肿胀消退后，将其拆除重新包扎石膏绷带。

（6）缠绕时要收紧适宜，过紧会影响血液循环，过松会失去固定作用。缠绕的基本方法是把石膏绷带贴上去，而不是拉紧了缠上去，每层力求平整，为此，应一边缠绕一边用手将石膏泥抹平，使其厚薄均匀一致，骨的突起部需用衬垫予以保护。

（7）未硬化的石膏绷带不要指压，以免向下凹陷压迫组织，影响血液循环或发生溃疡、坏死。

（8）石膏绷带敷缠完毕后，为了使石膏绷带表面光滑美观，可用干石膏粉少许加水调成糊状在石膏夹表面，使之光滑整齐。石膏夹两端的边缘，应修理光滑并将石膏绷带两端的衬垫翻到外面，以免摩擦皮肤。

（9）最后用铅笔或毛笔在石膏夹表面写明安装和拆除石膏绷带的日期，并尽可能标记出骨折线或其他。

4. 石膏绷带的拆除

石膏绷带拆除的时间，应根据不同的病畜和病理过程而定，一般 3~4 周，但下列情况应提前拆除或拆开另行处理。

（1）石膏夹内有大出血或严重感染。

（2）病畜出现原因不明的高热。

（3）包扎过紧，肢体受压，影响血液循环。表现为病畜不安，食欲减少，末梢部肿胀，体温变冷。如出现上述症状应立即拆除重新包扎。

（4）肢体萎缩，石膏夹过大或严重损坏失去作用。

由于石膏绷带干燥后十分坚硬，拆除时多用专门工具，包括锯、刀、剪、石膏分开器等。拆除的方法是：先用热醋、双氧水或饱和食盐水在石膏夹表面划好拆除线，使之软化，然后沿拆除线用石膏刀切口、石膏锯锯开，或石膏剪逐层剪开。为了减少拆除时可能发生的组织损伤，拆除线应选择在较平整的软组织较多处。外科临床上也常直接用长柄石膏剪沿石膏绷带近端外侧线纵行剪开，而后用石膏分开器将其分开，石膏剪向前推进时，剪的两叶应与肢体的长轴平行，以免损伤皮肤。

5. 绷带的回收和利用

在污物敷料的处理过程中，未被油渍污染的绷带、棉花、纱布或其他棉织品，皆可重新洗涤，经灭菌后回收再用，为此，取下的污染绷带、敷料应与不能洗者分别放置，严重污染和不能洗的，可烧毁或深埋。能洗的绷带或敷料应先用冷水浸泡，再用清水、肥皂水冲去血污，然后放在 5%~10% 煤酚皂溶液或石灰水内浸泡并用棍棒搅动，2h 后取出，清水冲洗后再用碱水或漂白粉液煮沸，被碘酊浸渍的绷带、敷料也可放入沸水中煮或浸泡于 2% 硫代硫酸钠溶液中 1h，脱碘后，取出洗净晒干叠好，经灭菌后重新回收利用。绷带应及时卷成卷，用纸包好备用。

第三篇
小动物外科
手术操作技术

第一章　头颈部手术

任务目标：能够熟练地进行头颈部各部位比较常见的外科手术操作。

（一）耳血肿手术

1.技能目标

能够正确且熟练地进行耳血肿手术的操作。

病例介绍　金毛：1岁，未去势，免疫齐全，饮食欲正常。主述：近几日发现该犬右耳肿胀，总喜欢甩头，偶尔用爪子搔抓耳部，其他未见明显异常。

2.临床检查

经触诊，发现患耳有波动感，穿刺抽吸，内容物为血样稀薄液体，诊断为耳血肿。

3.病例分析

耳血肿的病因多与耳廓和其周围组织，以及外耳道的急性或慢性炎症、外部寄生虫病、异物及肿瘤等有关。在这些诱因刺激下，犬剧烈抓头、摩擦耳部，导致耳廓的损伤，引起耳廓皮下血管破裂，从而引起本病。但也有原因不明的遗传性过敏性病例，以及反复发作的食饵性过敏性病例。所以有人认为本病的发生与免疫因素有关。耳血肿一般多发生于拉布拉多猎犬、金毛猎犬、小猎兔犬、马斯特夫犬系等耳型犬种，但也可见于日本犬及其他立耳型犬种。本病的治疗可以采用保守疗法，即进行耳血肿的刺入抽吸、冲洗，加压耳绷带包扎，但往往容易复发；也可采用手术疗法，即本技能所要求掌握的操作。在治疗耳血肿的同时，必须同时治疗原发病。

4.术前准备

（1）术前谈话。告知宠物主人其所饲养动物患耳血肿疾病，可以采用保守方法和外科手术两种方法进行治疗。但是保守疗法的成功率不高，外科手术可以彻底解决耳血肿的问题，通过外科手术，可以将前后耳廓进行缝合压迫，制止出血，达到治疗的目的。该手术必须要对宠物实施全身麻醉，目前全身麻醉有吸入麻醉或非吸入麻醉两种，吸入麻醉的费用比较高，但是比非吸入麻醉相对安全，非吸入麻醉的费用不是很高，但是安全性相对较低。

（2）手术器械与物品的准备。手术刀1把、手术剪2把、三棱针4个、0～1号缝线若干、止血纱布10块、组织镊1把、巾钳4把、止血钳4把、持针钳2把、0.75～1cm长的输液器管若干，打包高压灭菌。

（3）手术场所的准备。手术场所清理干净，紫外线消毒灯消毒2h。

（4）手术动物的准备。术前动物禁食6h，禁饮2h，保持体表清洁，进行血常规、血生化检查，确定生理状态最佳。

（5）手术人员的准备。

①理论知识的准备。进行局部解剖学习。

两侧皮肤之间的软骨是耳廓结构的支持组织。耳的大动脉、静脉的分支分布耳廓。这些主要的血管沿耳的凸面分布，小分支穿过耳舟分布于凹面。第二颈神经（凸面）和三叉神经的耳颞部分支（凹面）是耳感觉神经的来源。

②手术计划的拟定（表1-1）。

表1-1　耳血肿手术计划书

手术人员的分工	术者；手术助手；器械助手；保定助手；麻醉助手；巡回助手
保定方法	动物侧卧保定，患耳在上
麻醉用药	阿托品用量0.1mg/kg，15min后注射舒泰-50，其用量为0.3mg/kg
术前动物的准备	禁食6h，禁饮2h，保证最佳生理状态。耳朵内外耳廓均进行剃毛，彻底清洁耳道后，外耳道口塞脱脂棉，防止血肿内容物流入。常规术部消毒处理，创巾隔离，暴露内耳廓
手术方法与步骤	在耳的凹面做一个S形的切口，切口从一端到另一端，暴露血肿及其内容物。清除纤维蛋白凝块，然后冲洗空腔。缝合耳凹面的皮肤及下面的软骨，缝合口长0.75～1cm。缝合时，缝线平行于主要血管（垂直而非水平）。缝合软骨，但不要缝合耳凸面的皮肤，也可全层缝合。紧密缝合，不留空腔，以免积聚液体。不要结扎耳凸面可见的耳主动脉的分支。不要缝合切口，应留有小空隙，以进行持续的引流。手术结束后，在切口及手术缝线处用碘伏消毒。取出耳内的填塞棉球，用轻质的绷带包扎患耳，并使耳向上直立。术后佩戴伊丽莎白项圈保护患耳
可能发生的手术并发症及预防急救措施	耳水肿：可以每天适当地拆除个别缝线，扩大各结扣的间隙来解决 耳变形：可以通过包扎竖耳绷带来进行矫正
药品、器械的供应	常规手术器械，0.75～1cm输液器管若干，打包高压灭菌
术后护理、治疗与饲养管理	术后6h给予饮水，次日给予流质食物。输液、消炎持续3～5d。耳部包扎的，可3d更换一次绷带，若不进行包扎，可每天用洗必泰溶液清洗伤口，保持伤口整洁，根据患耳的愈合情况决定拆线时间

（二）犬耳整容手术

整容的目的：能够正确且熟练地进行犬耳整容成形术的操作。

术前准备如下。

（1）术前谈话。告知动物主人该手术属于美容手术，可以通过切除部分耳廓外缘软骨，保留耳朵内侧基部部分，达到立耳美容的目的。该手术必须要对宠物实施全身麻醉，目前全身麻醉有吸入麻醉和非吸入麻醉两种，吸入麻醉的费用比较高，但是比非吸入麻醉相对安全，非吸入麻醉的费用不是很高，但是安全性相对较低。

（2）手术器械与物品的准备。手术刀1把、手术剪2把、三棱缝针4个、0～2号缝线若干、止血纱布10块、组织镊1把、巾钳4把、止血钳4把、持针钳2把、肠钳1把。打包高压灭菌。另准备尺子1把、记号笔1支。

（3）手术场所的准备。手术场所清理干净，紫外线消毒灯消毒2h。

（4）手术动物的准备。术前动物禁食6h。禁饮2h，保持体表清洁，进行血常规、血生化检查，确定生理状态最佳。

（5）手术人员的准备。

首先理论知识的准备。耳修剪的长度和形状因动物性别、品种、体型不同而异。一般母犬耳比公犬细小，耳休整时应直耳狭、保留小腹部、耳屏和对耳屏多修剪，使耳弯向头侧。对于某些品种犬，如拳狮犬和雪纳瑞犬头较宽，其耳大而宽，故如按标准长度进行修剪，耳就不会竖立。短而粗的耳应视动物外貌修整。犬耳修剪的最佳年龄是8～12周龄。犬耳测量的部位是耳翼的中央与头的连接处。犬如小于 6 月龄，软骨过软难以缝合，年龄愈大，其整容成功率就愈低。

耳郭内凹外凸，卷曲呈锥形，以软骨作为支架。由耳郭软骨和盾软骨组成。耳郭软骨在其凹面由耳轮、对耳轮、耳屏、对耳屏、舟状窝和耳甲腔等组成。

耳轮为耳郭软骨周缘；舟状窝占据耳郭凹面大部分；对耳轮位于耳郭凹面，直外耳道入口的内缘；耳屏构成直外耳道的外缘，与对耳轮相对应，两者被耳屏耳轮切迹隔开；对耳屏位于耳屏的后方；耳甲腔呈漏斗状，构成直外耳道；盾软骨呈靴筒状，位于耳郭软骨和耳肌的内侧，协助耳郭软骨附着于头部。耳郭内外被覆皮肤，其背面皮肤较松弛，被毛致密，凹面皮肤紧贴软骨，被毛纤细、疏薄。

外耳血液由耳大动脉供给。它是颈外动脉的分支，在耳基部分为 3 支行走于耳背面，并绕过耳轮缘或直接穿过舟状窝供应耳郭内面的皮肤。

在手术过程中，特别要注意制止耳后缘耳动脉分支区域的出血。该血管位于切口末端的 1/3 区域内。

其次是拟定手术计划书（表 1-2）。

表 1-2 犬耳整容成型术手术计划书

手术人员分工	术者；手术助手；器械助手；保定助手；麻醉助手；巡回助手
保定方法	动物俯卧保定，下颌垫折叠的毛巾，抬高其头部
麻醉用药	阿托品用量为 0.1mg/kg，15min 后注射舒泰-50，其用量为 0.3mg/kg
术前动物准备	禁食 6h，禁饮 2h，保证最佳生理状态。两耳剃毛、消毒。外耳道口填塞棉球
手术方法步骤	确定切除线。检查耳部的外形，将下垂的耳尖向头顶方向拉紧伸展，用尺子在耳郭内面测量，根据所需耳的长度，确定切除线，并用记号笔标明。再在切除顶端剪一裂口。将对侧的耳向头顶方向拉紧伸展，将两耳对齐拉直，在对侧耳相应位置剪一裂口。确保两耳保留一致的长度。 切除耳郭。助手固定欲切除耳廓的上部。术者左手在切除线外侧向内顶托耳廓，防止剪除时因剪头的推移使皮肤松弛。右手持手术剪由耳基向耳尖（右耳）或由耳尖向耳基（左耳）沿切除线剪除耳郭。 为防止切缘出现皱褶和出血，在修剪前可用直的肠钳由上向下沿切口线前缘钳住耳廓，但不宜超过欲切的长度的 2/3，剩余 1/3 保留其自然皱褶状态。用手术刀沿肠钳后缘由上向下切除钳夹的耳廓，其余部分则用剪剪除。在切除基部耳廓时，务必使保留的部分呈喇叭形。否则，耳会因失去基础支持而不能竖立。 耳郭切除后，彻底止血，并修平创缘。 缝合耳廓。用 0~2 号丝线或可吸收线进行缝合，上 1/3 部分的内侧皮肤和外侧皮肤用连续锁边缝合，不缝合软骨。下 2/3 用连续缝合，将软骨和内外侧皮肤结节缝合到一起，缝合时将外侧皮肤和内侧皮肤闭合严密。也可以进行内外侧皮肤结节缝合，一定要保证皮肤完全对合，不错位。 另一种缝合方法是从耳基部开始，先结节缝合耳屏的皮肤切口（不包括软骨），其余创缘均仅做皮肤的简单连续缝合，当缝至耳尖时，缝线不打结。这种缝合方法有助于促进创口的愈合，减少感染和瘢痕形成。
可能发生的手术并发症及预防急救措施	可能会有小动脉出血，可进行钳夹扭转止血

（续表）

药品、器械供应	术后手术器械打包高压灭菌，尺子1把，记号笔1支
术后护理、治疗与饲养管理	术后6h给予饮水，次日给予流质食物。输液、消炎持续3~5d。术后患耳必须安置支撑物，包扎耳绷带，限制耳白洞，促使耳竖立。支撑物可用纱布卷、塑料管等，也可以用专用的耳矫形支架

（三）外耳道切除手术

1. 术前准备

（1）术前谈话。告知动物主人其所饲养动物患外耳炎，可采用保守方法和外科手术两种方法进行治疗。如动物医院已采用保守疗法进行过治疗，效果不是很理想，导致外耳炎已经比较严重，可以考虑采用外科手术的方法进行治疗。外侧耳道切除术可以促进引流，改善耳道的通气性，也便于水平耳道内放置局部治疗试剂，但是手术并不能根治外耳炎，需要配合长期耳道用药；直外耳道切除术适用于直外耳道炎症；水平耳道正常的动物；全外耳道切除术适用于药物治疗无效或软骨严重钙化和骨化的病例，或当上皮细胞增生扩散到耳廓或直耳道内时。实施该手术之前，外科医生必须熟悉耳部解剖学，术后动物的听觉可能会有减退，宠物主人应做好心理准备。该手术必须要对动物实施全身麻醉，目前全身麻醉有吸入麻醉和非吸入麻醉两种，吸入麻醉的费用比较高，但是比非吸入麻醉相对安全，非吸入麻醉的费用不是很高，但是安全性相对较低。耳外科手术会比较疼痛，可以配合使用一些镇痛药。

（2）手术器械与物品的准备。手术刀1把、梅氏剪2把、尖头手术剪2把、三棱缝针4个、0~3号线若干、止血纱布10块、组织镊1把、巾钳4把、止血钳4把、持针钳2把，打包高压灭菌。

（3）手术场所的准备。手术场所清理干净，打开紫外线消毒灯，消毒2h。

（4）手术动物的准备。手术动物术前禁食6h，禁饮2h，保持体表清洁，进行血常规、血生化检查，确定生理状态最佳。

（5）手术人员准备。首先是理论知识的准备。进行局部解剖学习。

耳包括三部分：内耳、中耳、外耳。

内耳：由膜迷路和骨迷路两部分组成，具有听觉和平衡的功能。

中耳：由鼓室形成，经咽鼓管连接咽。

外耳：由耳道和短管道组成，鼓膜分隔中耳和外耳。从水平耳道的开口到中耳之间，即为外耳道。3块听小骨（镫骨、锤骨和砧骨）连接骨膜和内耳。鼓室充满空气，犬的鼓室由背侧部小的鼓室上隐窝和腹侧部大的鼓泡组成。

其次是手术计划的拟定：

手术人员的分工：术者、手术助手、器械助手、保定助手、麻醉助手及巡回助手。

保定方法：动物侧卧保定，患耳在上，垫一毛巾抬高头部。

麻醉用药：阿托品用量为0.04mg/kg，羟吗啡酮0.1mg/kg皮下注射，15min后，异丙酚4~6mg/kg静脉注射，诱导麻醉，随后进行异氟烷吸入麻醉。

术前动物的准备：禁食6h，禁饮2h，保证最佳生理状态。耳廓、耳外侧、耳腹侧及面部广泛剪毛、消毒，冲洗外耳道并吸干。

2. 手术方法与步骤

（1）外侧耳道切除术。术者站在犬头部的腹面，将探针插入外耳道，探明外耳道的垂直范围。在水平耳道下方相当于直耳道一半长度处的位点做标记。在直耳道皮肤外侧做两道平行切口，向腹

146

侧，从耳屏扩大切口至标记处。两道切口的长度为直耳道的1.5倍。腹侧连接皮肤切口并且采用锐性和钝性结合分离，向背侧分离皮肤瓣，暴露直耳道的外侧软骨壁。在分离时，尽可能地靠近耳道软骨，避免不经意地损伤面神经。注意避免损伤切口腹侧的腮腺。术者站在动物头部的背侧，用梅氏剪剪开直耳道。将梅氏剪的刀刃置于外耳道颅面的耳屏前切迹或耳屏耳轮切迹上，然后用梅氏剪以30°角向腹侧剪开耳道至水平耳道处。从屏间切迹开始再重复此操作。切口不能向耳道的外侧面切口，否则会使"排水板"过窄。从水平耳道开始必须尽可能向远侧扩大切口。切除远侧的软骨瓣，并检查水平耳道口，如果必要的话，取内容物进行培养。有时可以通过在前面和后面再各做两个小的切口，来扩大水平耳道口。剪去远侧软骨瓣一半大小，作为"排水板"，然后移走皮肤瓣。水平皮瓣和垂直皮瓣之间的韧带具有铰合的功能，使"排水板"保持平坦。用0~3号可吸收线或不可吸收单丝线缝合上皮组织和皮肤。从水平耳道口开始缝合，然后缝合"排水板"，最后缝合直耳道的前侧，后壁的内侧壁及其同侧的皮肤。

（2）直耳道切除术。做T形切口，其水平切口平行于耳屏上缘，耳垂直切口在耳屏上缘的下方。从水平切口中点开始，做垂直切口，然后扩大切口到水平耳道收缩皮肤瓣，分离疏松结缔组织，并暴露直耳道的外侧。用手术刀将外耳道周围的软骨，连续水平切口。尽可能低切除耳廓内侧面的病变组织。但是避免损伤耳主动脉的主要分支。用梅氏剪分离直耳道邻面和内面周围组织。在分离过程中，尽量靠近耳道软骨，避免损伤面神经。从所有的肌肉和筋膜附着物中完全分离直耳道，并进行组织学检查。向前向后切开剩余的直耳道，制造背侧皮瓣和腹侧皮瓣。向下翻转腹侧皮瓣，并用可吸收或不可吸收单丝线将其缝合至皮肤上，制造"排水板"。将背侧皮瓣缝合到皮肤上，并用可吸收线缝合皮下组织。然后缝合皮肤的T形切口。

（3）全耳道切除术。做T形切口，其水平切口平行于耳屏上缘，而垂直切口在耳屏上缘的下方。从水平切口中点开始，做垂直切口，然后扩大切口刚好超过水平管道，收缩皮肤，分离疏松结缔组织，并暴露直耳道的外侧。用手术刀环绕直耳道口，连续水平切口。用梅氏弯剪分离直耳道的近端和内侧。在分离过程中，剪刀要尽量靠近耳道软骨，避免损伤面神经。避免损伤直耳道内侧的耳主动脉的主要分支。辨别面神经，向内向下进入水平耳道。如果面神经被增厚或钙化的水平耳道组织包围，小心地分离面神经和水平耳道。持续分离直耳道至外耳道水平。用手术刀、骨钳或梅氏剪，切除水平耳道和外耳道的结合处，但是注意不要损伤面神经。切除全外耳道，并采集外耳道周围或靠近内侧的深层培养物，然后对耳进行细胞学检查。用刮匙小心地刮去附着于外耳道轮缘的分泌组织。必须刮除该区的所有上皮组织，否则会发生慢性瘘。缝合前，用无菌生理盐水溶液冲洗该区。用可吸收缝线缝合皮下组织，然后T形缝合皮肤。如果想要引流，钝性分离相关区域，将烟卷式引流管或软橡皮管向下插入切口。用铬制肠线单纯缝合，将引流管末端固定在鼓室附近，引流管固定在出口的皮肤上。

可能发生的损伤并发症及预防紧急措施：引流不充分，外耳炎可能会持续存在。应尽可能地保持水平耳道开口充分，或应用引流条，进行微生物培养，积极治疗外耳炎。

药品、器械的供应：常规损伤器械，打包高压灭菌。

术后护理、治疗与饲养管理：术后6h给予饮水，次日给予流质食物。根据微生物培养结果选择合适的抗生素，连续应用3~4周。术后佩戴伊丽莎白项圈保护患耳。

（四）第三眼睑腺增生切除术

1.技能目标

能够正确且熟练地进行第三眼睑增生切除手术的操作。

2. 临床检查

该突出物位于内眼角处，为第三眼睑内侧增生物，诊断为第三眼睑增生。

3. 病例分析

第三眼睑腺增生，又称"樱桃眼"，是因腺体肥大越过第三眼睑游离而脱出眼球表面的一种疾病。多为单眼发病，有时也可见到双眼发病。开始小块粉红色软组织从眼内眦脱出，并逐渐增大。长期暴露在外，腺体充血、肿胀、流泪。动物不安，常用前爪搔抓患眼。严重者，脱出物呈暗红色，破溃，经久不治可引起角膜炎和结膜炎。对于脱出物严重充血、肿胀，甚至破溃者，可采用第三眼睑腺脱出切除术，但是该方法可能会造成动物晚年干性角膜炎和角膜炎发病率的升高。可以采用第三眼睑腺包埋手术。

4. 术前准备

（1）手术器械与物品的准备。手术场所清理干净，紫外线消毒灯消毒 2h。

（2）手术场所的准备。手术动物术前禁食 6h，禁饮 2h，保持体表清洁，进行血常规、血生化检查，确定生理状态最佳。

（3）手术人员的准备。

①理论知识的准备，进行局部解剖学习。

第三眼睑又称瞬膜，为一变体的结膜皱褶，位于眼内眦，随眼球而曲行，故其球面凹，睑面突；前缘有色素沉着。

第三眼睑腺位于瞬膜下方，由一扁平的 T 形玻璃样软骨支撑，其臂与瞬膜前缘平行，而其杆包埋在第三眼睑腺的基部。第三眼睑腺被覆脂肪组织。其腺体组织呈黏液样（犬）或浆液样（猫）。分泌的液体经多个导管达到球结膜表面，提供大约 30% 的水样泪膜。第三眼睑腺与眶周组织间的纤维样附着部限制腺体的活动，防止其脱出。其血液供给来自眼动脉分支，其感觉受交感神经纤维支配。第三眼睑具有保护角膜、除去角膜上异物、分泌和驱散角膜、泪膜及免疫等功能。

②手术计划的拟定。

手术人员的分工：术者、手术助手、器械助手、保定助手、麻醉助手、巡回助手。

保定方法：动物侧卧保定，患眼在上，垫一毛巾抬高头部。

麻醉用药：阿托品 0.04mg/kg 皮下注射，15min 后注射舒泰-50，其用量为 0.4mg/kg。

术前动物的准备：禁食 6h，禁饮 2h，保证最佳生理状态。

手术方法与步骤：首先，第三眼睑腺增生切除手术。用妥布霉素眼药水冲洗眼球及第三眼睑，然后用创巾钳或组织钳夹住增生腺体，并向眼外方轻轻牵拉提起，直到见到软骨，然后用止血钳夹在增生体和软骨之间并锁紧钳口。用手术刀沿止血钳上方切除增生物，再次用妥布霉素滴眼水冲洗，并且将沾有眼药水的无菌纱布覆盖在眼球表面，保护角膜，避免灼伤眼部。然后用烧烙法进行烧烙止血，烧烙过程中需不时地用生理盐水对止血钳和灼烧面进行冷却。待灼烧部分冷却后轻而慢地松开止血钳。检查眼睑是否仍有出血现象。在眼角内涂上红霉素软膏。其次，第三眼睑腺包埋手术。用开睑器撑开上下眼睑，在第三眼睑前后缘各穿一牵引线牵拉出第三眼睑，在第三眼睑外侧沿 T 形软骨杆部切口第三眼睑，用眼科剪钝性分离 T 形软骨，剪去软骨臂部及部分杆部，用 0~6 号可吸收缝线连续缝合第三眼睑外侧部。切口第三眼睑腺上的结膜，并围绕结膜和腺体做荷包缝合。当缝线打结后，下压腺体，使缝线包埋到黏膜内。在穹内完成缝合，以使结节远离角膜。此外还需要固定缝线，防止第三眼睑突出或远离眼球，直至炎症和肿胀消退。经过第三眼睑放置一固定缝线，并且将其固定到穹隆的前腹面和眶缘的骨膜上。

可能发生的手术并发症及预防急救措施：出血，术后可能会发生干性角膜炎等。

药品、器械的供应：常规手术器械，打包高压灭菌。

术后护理、治疗与饲养管理：术后 6h 给予饮水，次日给予流质食物。术后佩戴伊丽莎白项圈防止宠物搔抓。术后滴妥布霉素滴眼水 3~4d，每日 3 次。

（五）眼球整复手术

1. 技能目标

能够正确且熟练地进行眼球整复手术的操作。

2. 术前准备

（1）手术器械与物品的准备。眼科缝针 4 个、0~2 号线若干、止血纱布 10 块、眼科镊 1 把、止血钳 2 把、持针钳 2 把、创巾钳 2 把，打包高压灭菌。灭菌生理盐水 1 瓶。

（2）手术动物的准备。手术场所清理干净，紫外线消毒灯消毒 2h。

（3）手术动物的准备。该手术属于急症，必须尽早地进行眼球复位，否则可能会造成失明，但是也必须考虑到手术动物的机体状态，仔细检查是否有其他部位被咬伤的存在，是否有威胁生命的创伤。术前进行血常规、血生化检查，如果有异常存在，需权衡利弊，综合性地考虑，以便采取最佳的方案。手术动物脱出的眼球周围眼眶剃毛、消毒，用灭菌生理盐水进行眼球冲洗。

（4）手术人员的准备。理论知识的准备，进行局部解剖学习。

①眼球结构。眼球似球形，由眼球、保护装置、运动器官及视神经组成。眼球位于眼眶的前部和眼睑的后侧，在其后方填满肌肉（眼球直肌、眼球斜肌、眼球退缩肌），神经和脂肪的间隙称眼球后间隙。眼球借助视神经通过视神经孔与大脑相连接。

眼睑的内面被覆眼睑结膜，翻转到眼球上的称为眼睑结膜，翻转处称为眼球穹隆。

②手术计划的拟定。

手术人员的分工：手术助手、器械助手、保定助手、麻醉助手、巡回助手。

保定方法：动物侧卧保定，患眼在上，垫一毛巾抬高头部。

麻醉用药：阿托品 0.04mg/kg 皮下注射，15min 后，丙泊酚 6mg/kg 静脉注射，随后器官插管，异氟醚 10mL。

术前动物的准备：如果机体状态允许，应尽早地进行手术。

手术方法与步骤：对上下眼睑剃毛并消毒，眼眶周围长毛剪短。用妥布霉素冲洗眼球，并将眼球上的污染物、毛发清理干净。静脉给予皮质类固醇治疗，防止视神经病变和眼眶水肿。用两把创巾钳分别夹持上下眼睑并外翻提举，用生理盐水浸湿的灭菌纱布轻柔地给眼球一个向后的压力，将眼球复位入眼眶内，并检查是否有眼歪斜的情况。用等渗盐溶液冲洗结膜穹隆，然后对上下眼睑进行水平褥式内翻缝合，进出针的位置均在睑缘，不能穿刺眼睑使缝线露于结膜侧，起针时先由上眼睑开始。并且在上下眼睑均用输液器管作减压垫，将线结打在上眼睑。收紧缝线，控制力度使上下眼睑轻轻对合即可，避免眼睑内翻。手术完成后用妥布霉素滴眼水清洗伤口及塑料管。

可能发生的手术并发症及预防紧急措施：术后可能会发生失明、斜眼、角膜炎、角膜溃疡、青光眼。

药品、器械的供应：常规手术器械，打包高压灭菌。

术后护理、治疗与饲养管理：术后 6h 给予饮水，次日给予流质食物。术后佩戴伊丽莎白项圈，防止宠物搔抓。术后用妥布霉素滴眼水冲洗。如果角膜完整，给予眼科阿托品、抗生素和皮质类固醇，术后 2h 热敷，有助于缓解局部不适应和睑肿胀。如有需要，给予镇痛药。术后 10~15h，拆除眼睑边缘缝线，如果持续疼痛并有黏液性渗出物、不适应或发热，延长拆线时间。

（六）眼球摘除术

技能目标：能够正确且熟练地进行眼球摘除术的操作。

1. 临床检查

眼球表面黏附有毛发及杂质，眼球表面有坏死现象，且该眼球完全脱出、下垂，挤压眼眶时，有浓汁流出。

2. 病例分析

本病例中眼球巩膜、角膜损伤严重，眼球脱出时间较长，已不可能恢复视力，以手术摘除眼球较为合适。

3. 术前准备

①手术器械与物品的准备：眼科缝针 4 个、眼科手术剪 1 把、0～2 号缝线若干、止血纱布 10 块、眼科镊 1 把、止血钳 2 把、持针钳 2 把、创巾钳 4 把，打包高压灭菌。灭菌生理盐水 1 瓶。

②手术场所的准备：手术场所清理干净，紫外线消毒灯消毒 2h。

③手术动物的准备：术前进行血常规、血生化检查，调整手术动物的机体状态。手术动物脱出的眼球周围眼眶剃毛、消毒，用灭菌生理盐水进行眼球冲洗。

④手术人员的准备：首先理论知识的准备。进行局部解剖学习。眼球似球形，由眼球、保护装置、运动器官及视神经组成。眼球位于眼眶的前部和眼睑的后侧，在其后方填满肌肉（眼球直肌、眼球斜肌、眼球退缩肌），神经和脂肪的间隙称眼球后间隙。眼球借助视神经通过视神经孔与大脑相连接。眼睑的内面被覆眼睑结膜，翻转到眼球上的称为眼睑结膜，翻转处称为眼球穹隆。

其次，要有手术计划的拟定。

手术人员的分工：术者、手术助手、器械助手、保定助手、麻醉助手、巡回助手。

保定方法：动物侧卧保定，患眼在上，垫一毛巾抬高头部。

麻醉用药：阿托品 0.04mg/kg 皮下注射，15min 后，丙泊酚 6mg/kg 静脉注射，随后气管插管，进入呼吸麻醉，异氟醚 10mL。

术前动物的准备：如果机体状态允许，应尽早进行手术。

手术方法与步骤：眼球摘除术有经过结膜眼球摘除和经眼睑眼球摘除两种，常用经结膜眼球摘除术，故采用本法进行手术。

眼眶周围皮肤及眼睑剃毛、消毒，眼球表面及结膜穹隆用消毒溶液彻底冲洗干净。用开睑器开张眼睑。为扩大眼睑，可切开眼外眦皮肤 1～2cm。用组织钳夹持角膜缘，并在其外侧球结膜上做环形切口。用弯剪顺巩膜面向眼球赤道分离筋囊膜，暴露四条直肌和上、下斜肌的止端。用剪挑起，尽可能靠近巩膜分别将其剪断。向外牵引眼球，剪断眼退缩肌。接着用弯止血钳夹住视神经索，在眼后壁与止血钳间将其剪断。将眼球移去，在钳处结扎视神经束。眶内有出血，可结扎或压迫止血。用消毒液清洗眼眶，眶内暂时填满消毒小纱布。为防止后眶内形成囊肿、瘘管，影响创缘愈合，需做第三眼睑和眼睑摘除术。先用镊子向外提起第三眼睑，将其包括第三眼睑全部切除。再用剪剪除上、下眼睑。彻底止血后，取出眶内纱布。

最后，闭合眼眶。第一层，上、下眼直肌和内、外直肌及其眶筋膜做对应缝合。也可先放置硅酮假眼减少眶内腔隙，再予以缝合。第二层，上、下结膜和筋膜囊对应缝合。第三层，闭合上、下眼睑。

可能发生的手术并发症：术后可能会发生眶内感染，可进行引流处理。可能会有疼痛，可进行止痛。

药品、器械的供应：常规手术器械，打包高压灭菌。

术后护理、治疗与饲养管理：术后 6h 给予饮水，次日给予流质食物。术后佩戴伊丽莎白项圈，防止宠物搔抓。术后用妥布霉素滴眼水冲洗眼眶。输液消炎 5d。如有需要，给予镇痛药。

（七）眼睑内翻矫正手术

技能目标：能够正确且熟练地进行眼睑内翻矫正手术的操作。

病例分析：该病例中的结膜炎的症状主要是由于眼睑内翻，摩擦眼球所致，眼睑对眼球表面不断地刺激，导致流泪、眼分泌物增多等症状。最根本的解决方法是进行眼睑内翻矫正手术，消除眼睑内翻的状态。

手术器械与物品的准备：缝针 4 个、眼科手术剪 1 把、0～4 号不可吸收缝线若干、止血纱布 10 块、组织钳 2 把、止血钳 2 把、持针钳 2 把、创巾钳 4 把，打包高压灭菌。

手术场所的准备：手术场所清理干净，紫外线消毒灯消毒 2h。

手术动物的准备：该手术属于非紧急手术，调整动物机体状态达到最佳时进行手术。术前进行血常规、血生化检查机体状态。手术清除眼内分泌物，用滴眼液清洁眼球，手术动物患侧上、下眼睑周围大范围剃毛、消毒。

手术人员的准备：首先理论知识的准备。

睑缘向眼球方向翻动，睫毛和睑毛刺激眼球表面的异常状态称为内翻。如果患眼睑内翻疾病的是小于 6 月龄的幼龄犬，可以进行暂时性地内翻眼睑的缝合固定，可采用伦勃特能够缝合。对于成熟犬，可以采用永久性地切除皮肤进行矫正，但要注意，不能切除过多，以免造成眼睑外翻现象。

（1）手术人员的分工。术者、手术助手、器械助手、保定助手、麻醉助手、巡回助手。

（2）保定方法。动物侧卧保定，下颌下垫一毛巾抬高头部。

（3）麻醉用药。阿托品 0.04mg/kg 皮下注射，15min 后，丙泊酚 6mg/kg 静脉注射，随后气管插管，进入呼吸麻醉，异氟醚 10mL。

（4）术前动物的准备。如果机体状态允许，应尽早进行手术。

（5）用组织镊夹起内翻部位的皮肤，估计需要切除的椭圆形皮肤的大小。在距离睑缘 3mm 处，用 15 号刀片，沿内翻眼睑切开。在距离第一道切口足够远处，做第二道新月形的皮肤切口，切除的皮肤宽度达到正好能够内翻的眼睑矫正，并且切除皮肤可能需要多次才能达到最终效果，避免矫治过正。切除条状皮肤，不要切除轮匝肌或结膜。用 0～4 号不可吸收的皮肤缝线。分层单纯结节缝合，缝线不能过紧，眼部极易水肿，缝线过紧会造成线性撕裂，过松会导致伤口不愈，最终效果以缝合结束头正位时，眼睑略有外翻即可。缝合首先从中间开始，以使皮肤更精确地对合。剪端（2mm）朝向眼睛的缝线末端，以免刺激角膜。术后眼睑肿胀逐渐减轻，48h 内消失。由于炎症和水肿，术后会出现睑外翻，因而在肿胀消退后才能评价矫正是否充足。如果矫正不足，重复操作。

（6）可能发生的手术并发症及预防急救措施。如果手术修正过度，术后可能会出现眼睑外翻症，可根据外翻程度不同采取不同的修正方法。

（7）药品、器械的供应。常规手术器械，打包高压灭菌。

（8）术后护理、治疗与饲养管理。术后 6h 给予饮水，次日给予流质食物。术后佩戴伊丽莎白项圈，防止动物搔抓。输液消炎 5d，大约 10d 拆线。

（八）眼睑外翻矫正手术

技能目标：能够正确且熟练地进行眼睑内翻矫正手术的操作。

1. 病例分析

该病例中的流眼泪、结膜炎等症状主要是由于眼睑外翻、睑结膜长期暴露在外所致。解决的方法是进行眼睑外翻矫正手术，消除眼睑外翻的状态。

2. 术前准备

（1）手术器械与物品的准备。缝针 4 个、眼科手术剪 1 把、0～4 号不可吸收缝线若干、止血纱布 10 块、组织钳 2 把、止血钳 2 把、持针钳 2 把、创巾钳 4 把，打包高压灭菌。

（2）手术场所的准备。手术场所清理干净，紫外线消毒灯消毒 2h。

（3）手术动物的准备。该手术属于非紧急手术，调整动物机体状态达到最佳时进行手术。术前进行血常规、血生化检查机体状态。术前用滴眼液清洁眼球。手术动物患侧上、下眼睑周围大范围剃毛、消毒。

（4）手术人员的准备。首先理论知识的准备。

睑缘离开眼球，睑结膜向外显露的异常状态称为睑外翻。眼睑外翻可以采用楔形切除术、结膜切除术、V-Y 矫正术等方式来进行矫形，本手术只介绍矫正术的操作。

首先是计划的拟定。

手术人员的分工：术者、手术助手、器械助手、保定助手、麻醉助手、巡回助手。

保定方法：动物侧卧保定，下颌下垫一毛巾抬高头部。

麻醉用药：阿托品 0.04mg/kg 皮下注射，15min 后，丙泊酚 6mg/kg 静脉注射，随后气管插管，进入呼吸麻醉，异氟醚 10mL。

术前动物的准备：如果机体状态允许，应尽早进行手术。

手术方法与步骤：距睑外翻下缘 2～3mm 处向远侧做 V 形切口，宽度稍微超过睑外翻的部位。剥离接近眼睑基部的皮瓣，并切除所有的瘢痕组织。在 V 形切口的最末端开始缝合（0～4 号可吸收缝线），从正中到侧面缝合，形成 Y 的茎部的长度取决于需要提起睑缘的量，使眼睑达到正常部位。当眼睑达到预期的部位时，对合 Y 臂。愈合期间，使用暂时性睑缘缝合术有助于防止沿缝合线产生挛缩。

可能发生的手术并发症及预防急救措施：不同病因所导致的眼睑外翻，不一定采用同种手术方法，如果手术方法不变，很可能导致矫正手术失败。

药品、器械的供应：常规手术器械，打包高压灭菌。

术后护理、治疗与饲养管理：术后 6h 给予饮水，次日给予流质食物。术后佩戴伊丽莎白项圈，防止宠物搔抓。输液消炎 5d，大约 10d 拆线。

（九）白内障手术

技能目标：能够正确熟练地进行白内障手术的操作。

1. 病例分析

本病例中所呈现的瞳孔灰白色的症状是由于结晶体变性所致，这个时期瞳孔开始变得灰白，视力减退，前房变浅，看不见眼底，动物活动减少，在熟悉的环境内也会碰撞物体，此时期是手术的最佳时期。

2. 术前准备

手术器械与物品的准备：开睑器 1 个、眼科手术刀 1 把、眼科镊 2 把、解囊刀 1 把、晶体匙 1 把，晶体圈匙 1 把、虹膜恢复器 1 把、眼科缝针 2 个、眼科手术剪 1 把、0～9 号可吸收缝线若干、创巾钳 4 把，打包高压灭菌。

手术场所的准备：手术场所清洁干净，紫外线消毒灯消毒 2h。

手术动物的准备：动物机体状态达到最佳时进行手术。术前进行血常规、血生化检查机体状态，进行眼压和视力的检查，进行眼底检查。术前 1～2d，滴用 1% 阿托品，每日 3～4 次，使瞳孔充分散大，有助于白内障的摘除。术前清除眼内分泌物，用滴眼液清洁眼球。手术动物患侧上、下眼睑周围大范围剃毛、消毒。

手术人员的准备

（1）理论知识的准备，进行局部解剖学习。白内障是指晶体囊或晶体混浊而使视力发生障碍的一种疾病。发病过程中可以使晶体通透性增加，致使机体失去屏障效应，导致晶体混浊。主要病理过程为囊膜增厚、上皮增生、皮质纤维硬化、凝固或坏死。根据病程可以分为四个时期，即初发期、未成熟期、成熟期、过熟期。本病药物治疗一般无效，最后均需进行手术治疗，摘除变性的晶体，植入人工晶体。手术常用白内障囊外摘除术、晶体乳化术、白内障切除吸出术等。

（2）需要手术计划拟定。

手术人员的分工：术者、手术助手、器械助手、保定助手、麻醉助手、巡回助手。

保定方法：动物侧卧保定，头向一面倾斜45°。

麻醉用药：阿托品0.04mg/kg皮下注射，15min后，丙泊酚6mg/kg静脉注射，随后气管插管，进入呼吸麻醉，异氟醚10mL。

术前动物的准备：如果机体状态允许，在白内障的成熟期应尽早进行手术。

手术方法与步骤：用剪刀剪去术眼上眼睑的睫毛，然后用消毒液反复冲洗结膜囊，将动物仰卧保定，用绷带向下牵拉动物头部，铺设创巾，用眼睑开张器开张上、下眼睑。

用剪刀在眼球11点位置（主切口）处剪开球结膜并止血，暴露巩膜。用弯头穿刺刀在11点处的角膜缘后1mm处刺向前房，但不要完全穿透，然后用双面刃切口刀刺入前房，房水随即流出，然后再在1点位置（辅助切口）处用双面刃切口刀刺入前房，从穿刺处向眼内注入黏弹剂，将黏弹剂注入眼内的各个位置，使前房内的房水完全被黏弹剂取代。然后将1mL注射器的针头在显微镜下制作成截囊刀，将截囊刀从11点处进入前房进行撕囊，用截囊刀在晶状体前囊先顺时针或逆时针撕囊。将超乳探头从主切口探入前房，利用超声打碎晶状体。术者左手持旋转针从辅助切口探入前房，在旋转针的帮助下，先用超声乳头在晶状体上刻槽，并将整个晶状体沿直径打成2块，然后再将每个半块打成若干小块，如此反复将整个晶状体吸出。注意要将晶状体赤道部的皮质全部吸出，然后再用I/A手柄（灌注抽吸手柄）向前房灌注平衡盐水，将残留的晶状体皮质冲洗干净。然后从主切口将人工晶状体囊内。主切口和辅助切口不用缝合。

如果发生白内障的晶状体过硬（超声无法将其打碎），可用角膜剪主切口沿角膜缘剪至辅助切口，分离球结膜并止血，然后用晶状体环将晶状体捞出。最后用0~9号丝线缝合创缘，并闭合球结膜。

可能发生的手术并发症及预防急救措施：手术过程中需谨慎进行，防止将后囊膜打碎，影响玻璃体的稳定性。

药品、器械的供应：眼科手术器械，打包高压灭菌。

术后护理、治疗与饲养管理：后6h给予饮水，次日给予流质食物。术后佩戴伊丽莎白项圈，防止宠物搔抓。控制眼内炎症，每2~3h滴1次妥布霉素滴眼水。5~6d后拆去结膜创口上的缝线，为防止粘连，可滴入1%硫酸阿托品溶液。

（十）拔牙术

技能目标：能够正确熟练地进行白内障手术的操作。

1. 手术器械与物品的准备

手术刀1把、手术剪2把、三棱缝针4个、0~4号缝线若干、止血纱布10块、无菌脱脂棉球若干、组织镊1把、巾钳4把、持针钳2把、骨锤1把、牙挺2把、骨膜剥离器1把、圆骨凿1把、拔牙钳1把，打包高压灭菌。

2. 手术场所的准备

手术场所清理干净，紫外线消毒灯消毒 2h。

3. 手术动物的准备

手术动物术前禁食 6h，禁饮 2h，进行血常规、血生化检查，确定生理状态最佳。

4. 手术人员的准备

首先是理论知识的准备，进行局部解剖学习。

其次是手术计划的拟定。

手术人员的分工：术者、手术助手、器械助手、保定助手、麻醉助手、巡回助手。

保定方法：动物侧卧保定，需拔除牙齿侧在上。

麻醉用药：阿托品 0.04mg/kg 皮下注射，15min 后，丙泊酚 6mg/kg 静脉注射，随后气管插管，进入呼吸麻醉，异氟醚 10mL。

术前动物的准备：禁食 6h，禁饮 2h，保证最佳生理状态。口腔清洁干净，局部消毒。

手术方法与步骤：用开口器打开犬的口腔。用手术刀切开外侧齿龈和骨膜，用骨膜剥离器向两侧剥离，将齿龈从齿槽中分离出来，暴露外侧齿槽骨，并用圆骨凿和骨锤切除槽骨。然后用牙挺紧贴内侧齿缘用力将暴露的牙根从齿槽骨上分离下来，并使其松动，再用齿钳夹持齿冠进行旋转和撬动，将其拔除。清洗齿槽，用可吸收线结节缝合齿龈瓣。填塞棉球压迫止血。

可能发生的手术并发症及预防急救措施：可能会出血不止，需要长时间用棉球压迫止血，不能马上采食食物。

药品、器械的供应：手术刀 1 把、手术剪 2 把、三棱缝针 4 个、0～4 号缝线若干、止血纱布 10 块、无菌脱脂棉球若干、组织镊 1 把、巾钳 4 把、持针钳 2 把、骨锤 1 把、牙挺 2 把、骨膜剥离器 1 把、圆骨凿 1 把、拔牙钳 1 把，打包高压灭菌。

术后护理、治疗与饲养管理：术后 6h 给予饮水，次日给予流质食物。输液消炎 5～7d，每天可用碘甘油清洗口腔。

（十一）下颌骨骨折固定手术

技能目标：能够正确熟练地进行下颌骨骨折固定手术的操作。

1. 病例分析

该病例为下颌骨骨折，可以进行手术固定，首先将骨折部进行复位，然后进行固定，材料可以选用矫形钢丝或接骨板。

2. 术前准备

手术器械与物品的准备：手术刀 1 把、手术剪 2 把、圆针与三棱缝针各 2 个、0～2 号缝线若干、止血纱布 10 块、无菌脱脂棉球若干、组织镊 1 把、巾钳 4 把、持针钳 2 把、电动骨钻 1 把、钢板 1 块、螺丝钉 6 个、钢丝 1 匝、紧丝器 1 把、钢丝钳 1 把、小力剪 1 把，打包高压灭菌。

3. 手术场所的准备

手术场所清理干净，紫外线消毒灯消毒 2h。

4. 手术动物的准备

手术动物术前禁食 6h，禁饮 2h，进行血常规、血生化检查，确定生理状态最佳，清洗口腔，进行局部消毒。

5. 手术人员的准备

首先是理论知识的准备，进行局部解剖学习。

因为下颌骨形状不规则，临床中遇到的骨折的情况也各不相同，因而需要灵活地进行手术方法的选择。

其次要手术计划的拟定。

手术人员的分工：术者、手术助手、器械助手、保定助手、麻醉助手、巡回助手。

保定方法：动物侧卧保定。

麻醉用药：阿托品 0.04mg/kg 皮下注射，15min 后，丙泊酚 6mg/kg 静脉注射，随后气管插管，进入呼吸麻醉，异氟醚 10mL。

手术方法与步骤：两侧下颌骨骨折时，在下颌骨之间的皮肤上做一个腹中线切口。向两边充分分离切口以暴露 2 个下颌骨。提起下颌骨旁的软组织以暴露骨折部。不要分离二腹肌。整复骨折断端，根据骨折的情况，相应地选择骨折固定的方法与材料。

可能发生的手术并发症及预防急救措施：如操作不慎，可能会损伤颌下腺管及齿根，在手术过程中需小心谨慎。

药品、器械的供应：手术刀 1 把、手术剪 2 把、圆针与三棱缝针各 2 个、0~2 号缝线若干、止血纱布 10 块、无菌脱脂棉球若干、组织镊 1 把、巾钳 4 把、持针钳 2 把、电动骨钻 1 把、钢板 1 块、螺丝钉 6 个、钢丝 1 匝、紧丝器 1 把、钢丝钳 1 把、小力剪 1 把，打包高压灭菌。

术后护理、治疗与饲养管理：术后连续使用抗生素 5~7d，上、下颌套以特制口罩进行外固定，佩戴伊丽莎白项圈，防止犬搔抓，不能进食，可进行鼻饲管饲喂，能少量进食的，可饲喂流质食物。

（十二）颌下腺囊肿摘除手术

技能目标：能够正确熟练地进行颌下腺囊肿摘除手术的操作。

1. 病例分析

该病例为颌下腺囊肿，重复引流或注射消炎药不能消除黏液囊肿，反而会导致脓肿和纤维化。通过手术彻底切除可以治愈黏液囊肿。

2. 手术器械与物品的准备

手术刀 1 把、手术剪 2 把、圆针与三棱缝针各 2 个、0~2 号缝线若干、止血纱布 10 块、组织镊 1 把、止血钳 6 把、巾钳 4 把、持针钳 2 把，打包高压灭菌。

3. 手术场所的准备

手术场所清理干净，紫外线消毒灯消毒 2h。

4. 手术动物的准备

动物机体状态达到最佳时进行手术。术前进行血常规、血生化检查。

5. 手术人员的准备

首先是理论知识的准备。进行局部解剖学习。

犬、猫有 4 对重要的唾液腺，包括腮腺、下颌骨腺、舌下腺和颧腺。腮腺是一个三角形的浆液腺，位于水平耳道的腹侧，丰富的动脉、静脉和神经都与腮腺的中间部位紧紧相连，腮腺导管的乳头开口位于颊部、第四前臼齿水平处的黏膜表面。下颌腺为较大的椭圆形的具有纤维性外囊的腺体，位于腮腺的后腹侧位。它位于舌下静脉和下颌骨静脉汇合成颈外静脉的交汇处。下颌腺的导管沿舌下腺通向口腔的底部并通过小的乳头开口于舌系带两侧口腔底的黏膜上。

其次要拟定手术计划。

手术人员的分工：术者、手术助手、器械助手、保定助手、麻醉助手、巡回助手。

保定方法：动物通常侧卧保定。

麻醉用药：阿托品 0.04mg/kg 皮下注射，15min 后，丙泊酚 6mg/kg 静脉注射，随后气管插管，

进入呼吸麻醉，异氟醚 10mL。

手术方法与步骤：因为舌下腺直接和下颌腺的导管连接在一起，切除其中任何一个都会损伤到另外一个，因而通常将下颌腺及舌下腺一并切除。患病动物侧卧保定，在颈下方放置垫子，使得可以由颈部腹侧向背侧转动并且使颈部处于一种伸展状态。在舌下静脉和下颌静脉处的内侧找到下颌腺。切开皮肤，皮下组织和下颌骨后角处的颈阔肌，直到颈外静脉，暴露包囊并将其从下颌腺的单口舌下腺剥离下来。结扎腺体背内侧的动脉和静脉。继续向前分离，沿着下颌腺导管，舌下腺导管和多口舌下腺直到口腔。切除咬肌和二腹肌之间的筋膜。牵拉二腹肌并向后牵引下颌腺，完全暴露下颌腺和舌下腺。如有必要，切开二腹肌或在二腹肌的下方分出一个通道来获得更好的视野。向前剥离组织直到发现三叉神经的舌分支。避免损伤舌及舌下的神经。确认引起黏液囊肿的腺体导管，如果不能确认引起黏液囊肿的导管，则可能会引起对侧的腺体导管再发生黏液囊肿。结扎并横切下颌腺和舌下腺导管向后直到舌神经。在闭合创口之前对创口进行清洗。如果切开二腹肌，采用水平褥式缝合或十字交叉缝合闭合二腹肌。对深部组织和包囊的空间进行缝合来闭合术部死腔。常规缝合浅部肌肉、皮下组织和皮肤。

可能发生的手术并发症及预防急救措施：可能会伴有血肿的形成、感染和囊肿的复发。血肿可以在腺体切除后造成死腔，它们可以自行被机体吸收，因而不需要进行穿刺或者引流。如果手术操作规范，一般不会发生感染。如果没有切除足够的发病腺体或黏液囊肿的发病源，可能会出现黏液囊肿的复发。

药品、器械的供应：手术刀 1 把、手术剪 2 把、圆针与三棱缝针各 2 个、0~2 号缝线若干、止血纱布 10 块、组织镊 1 把、止血钳 6 把、巾钳 4 把、持针钳 2 把，打包高压灭菌。

术后护理、治疗与饲养管理：术后连续使用抗生素 5~7d。如果放置烟卷式引流管，需要每天更换绷带。在术后的 24~72h，根据引流液的量来拆除引流管。引流部位可以行二期愈合。在舌下囊肿袋形缝合后或咽部囊肿引流后的 3~5d，饲喂软的食物。

（十三）声带切除术

技能目标：能够正确熟练地进行颌下腺囊肿摘除手术的操作。

1. 手术器械与物品的准备

手术刀 1 把、手术剪 2 把、眼科剪 1 把、圆针与三棱缝针各 2 个、0~2 号缝线若干、止血纱布 10 块、灭菌脱脂棉若干、组织镊 2 把、止血钳 6 把、巾钳 4 把、持针钳 2 把，打包高压灭菌。

2. 手术场所的准备

手术场所清理干净，紫外线消毒灯消毒 2h。

3. 手术动物的准备

该手术属于生理性择期手术，手术前进行血常规、血生化检查机体状态，确定生理状态最佳。

4. 手术人员的准备

首先是理论知识的准备。进行局部解剖学习。

声带位于喉腔内，由声带韧带和声带肌组成。两侧声带之间称声门裂。声带（声褶）上端始于杓状软骨的最下部（声带突），下端终于甲状软骨腹内侧面的中部，并在此与对侧声带相遇。这是由于杓状软骨向腹内侧扭转，使声带内收，改变声门裂形状，由宽变狭，似菱形或 V 形。

犬杓状软骨背侧有一小角突，在其前方有楔状突，声带（室褶）附着于楔状突的腹侧部，并构成喉室的前界。室带类似于声带，但比声带小。两室带间称前庭裂，比声门裂宽。

喉室黏膜有黏液腺体，分泌黏液以润滑声带。喉室又分室凹陷和室小囊两个部分，前者位于声带内侧，后者位于室带外侧。室凹陷深，为吠叫提供声带振动的空间。有些犬声带切除后会出现吠声变低或沙哑现象。

其次要拟定手术计划。

手术人员的分工：术者、手术助手、器械助手、保定助手、麻醉助手、巡回助手。

保定方法：如经口腔做声带切除，动物应做胸卧位保定，用开口器打开口腔；经腹侧喉室将声带切除时，动物应仰卧位保定，头颈伸直。均采取前低后高的保定体位。

麻醉用药：阿托品 0.04mg/kg 皮下注射，15min 后，丙泊酚 6mg/kg 静脉注射，随后气管插管，进入呼吸麻醉，异氟醚 10mL。

5. 手术方法与步骤

（1）口腔内喉室声带切除术。口腔打开后，舌拉出口腔外，并用喉镜片压住舌根和会厌软骨尖端，暴露喉室内 2 条声带，呈 V 形。用一长柄鳄鱼式组织钳作为声带切除的器械。将组织钳伸入喉腔侧。握紧钳柄、钳压、切割。依次从声带背侧向下切除至腹侧 1/4 处。尽可能多的切除声带组织，包括声韧带和声带肌。切除过少，其缺损很快被瘢痕组织填充。但腹侧 1/4 声带不宜切除，因为两声带在此处联合，切除后瘢痕组织增生，越过声门呈纤维性蹼，引起喉口结构机能性变化。如果没有鳄鱼式组织式钳，也可先用一般长柄组织钳依次从声带背侧钳压，再用长的弯手术剪剪除。另一侧声带用同样方法切除。

止血可用小的纱布块压迫止血。为防止血液吸入血管，在手术期间或手术结束后，将头放低，吸出气管内的血液，并在手术结束后，安插气管插管。密切监护，待动物苏醒后，拔掉气管插管。

（2）腹侧喉室声带切除术。在舌骨、喉及气管处正中切开皮肤及皮下组织，分离两胸骨舌骨肌，暴露气管、环甲软骨韧带和喉甲状软骨。在环甲软骨韧带中线纵向切开，并向前延伸至 1/2 甲状软骨。用小拉钩或在甲状软骨创缘放置预置线将创缘拉开，暴露喉室和声带。左手持有齿镊子夹住声带基部，向外牵拉，右手持手术剪将其剪除。再以同样的方法剪除另一侧声带。经止血后，清除气管内的血液。用金属丝或丝线结节缝合甲状软骨，也可用吸收缝线结节闭合环甲软骨韧带，所有缝线不要穿过喉黏膜。最后，常规缝合胸骨舌骨肌和皮下组织及皮肤。动物睡醒后，拔除气管插管。

可能发生的手术并发症及眼睑急救措施：切除声带时，可能会产生出血比较多的现象，可用高频电刀进行声带的切除，或者采用烧烙止血的方法进行止血。及时止血，防止血液流入气管内。

药品、器械的供应：手术刀 1 把、手术剪 2 把、眼科剪 1 把、圆针与三棱缝针各 2 个、0~2 号缝线若干、止血纱布 10 块、灭菌脱脂棉若干、组织镊 2 把、止血钳 6 把、巾钳 4 把、持针钳 2 把，打包高压灭菌。

术后护理、治疗与饲养管理：颈部包扎绷带。动物单独放置安静的环境中，以免诱发鸣叫，影响创口愈合。为减少声带切除后瘢痕组织增生，术后可用强的松龙 2mg/（kg·d），连用 2 周。然后剂量减少至 1mg/（kg·d），连用 2~3 周。术后用抗生素 3~5d，以防感染。

（十四）食管切除术

技能目标：能够正确熟练地进行食管切开术的操作。

1. 病例分析

该病例为犬颈腹侧，有抗拒表现，进行颈部侧位 X 线拍摄，发生颈段食管有高密度异物梗阻。

2. 手术器械与物品的准备

手术刀 1 把、手术剪 2 把、圆针与三棱缝针各 2 个、0~2 号缝线若干、0~4 号可吸收线若干、止血纱布 10 块、组织镊 1 把、止血钳 6 把、巾钳 4 把、持针钳 2 把，打包高压灭菌。

3. 手术场所的准备

手术场所清理干净，紫外线消毒灯消毒 2h。

4. 手术动物的准备

可以进行血常规、血生化检查，确定生理状态最佳。需尽早进行手术。

5. 手术人员的准备

首先是理论知识的准备。进行局部解剖学习。

颈部和胸腔入口处的食管位于体中线的左侧。然而，在胸部气管的分叉部位则稍稍偏向体中线的右侧。食管壁可用分为黏膜层、黏膜下层、肌肉层和外膜。黏膜下层构成食管的支架，因而缝合时需要完全对接并缝合在一起。正常的犬食管具有和食管同样长度的线性黏膜纹。而猫食管的远端通常具有环形的黏膜折叠结构，并相对形成人字形。

其次，要拟定手术计划。

手术人员的分工：术者、手术助手、器械助手、保定助手、麻醉助手、巡回助手。

保定方法：如经口腔做声带切除，动物应做胸卧位保定，用开口器打开口腔；经腹侧喉室将声带切除时，动物应仰卧位保定，头颈伸直。均采取前低后高的保定体位。

麻醉用药：阿托品 0.04mg/kg 皮下注射，15min 后，丙泊酚 6mg/kg 静脉注射，随后气管插管，进入呼吸麻醉，异氟醚 10mL。

手术动物的准备：动物机体状态达到最佳时进行手术。术前进行血常规、血生化检查机体状态。尽早进行手术。

手术方法与步骤：患病动物仰卧保定，在腹正中线切开皮肤，切口从咽向后延伸至胸骨柄。切开颈阔肌和皮下组织并向两侧拉开。分离两边的胸骨舌骨肌暴露气管。牵引甲状腺静脉在胸骨舌骨肌的分支或结扎。如果需要进行颈部食管的后侧切开时，分离并牵引舌骨肌。将气管拉向右侧，暴露相邻的组织，包括食管、甲状腺、甲状腺前后的血管，并行的喉神经和颈动脉鞘（迷走交感神经干、颈动脉和颈内静脉）。放置胃管并进行食管的听诊，这样有利于确定食管和损伤的位置。确认手术完成后，用温生理盐水冲洗术部并将气管放回原位。闭合切口，胸骨舌骨肌使用可吸收缝线做简单连续缝合。皮下组织使用可吸收缝线做简单连续缝合，使用不可吸收缝线对接缝合皮肤。

可能发生的手术并发症及预防急救措施：可能会发生食管炎、组织缺血坏死、食管开裂、泄漏、感染、形成瘘、食管憩室和狭窄等。

药品、器械的供应：术刀 1 把、手术剪 2 把、圆针与三棱缝针各 2 个、0~2 号缝线若干、0~4 号可吸收线若干、止血纱布 10 块、组织镊 1 把、止血钳 6 把、巾钳 4 把、持针钳 2 把，打包高压灭菌。

术后护理、治疗与饲养管理：术后需要对患病动物进行严密监测 2~3d，看有无食管泄漏和感染症状。连续使用抗生素 5~7d。在患病动物恢复采食前不能停止输液。术后禁食 24h，然后可以逐渐给予患病动物饮水和流质食物。

（十五）气管切开术

技能目标：能够正确熟练地进行气管切开术的操作。

1. 病例分析

该病例为呼吸困难，进行 X 线拍摄检查，发现颈部气管内有高密度阴影，为气管异物梗阻。

2. 手术器械与物品的准备

手术刀 1 把、手术剪 2 把、圆针与三棱缝针各 2 个、0~2 号缝线若干、0~4 号聚丙烯缝线若干、0~3 号可吸收线若干、止血纱布 10 块、组织镊 1 把、止血钳 6 把、巾钳 4 把、持针钳 2 把，打包高压灭菌。

3. 手术场所的准备

手术场所清理干净，紫外线消毒灯消毒 2h。

4. 手术动物的准备

进行紧急手术，术部剃毛、消毒。

手术人员的准备：首先是理论知识的准备。进行局部解剖学习。其次，需要拟定手术计划。

手术人员的分工：术者、手术助手、器械助手、保定助手、麻醉助手、巡回助手。

保定方法：动物仰卧保定，头颈伸直。

麻醉用药：以异物梗阻部位为中心，注射器针头刺入皮下，向两侧分别注射 3mL 1% 的利多卡因注射液。

术前动物的准备：进行紧急手术，颈腹侧广泛剃毛、消毒，创巾隔离。

于颈腹侧异物梗阻部位纵向切开皮肤 5~7cm。锐性和钝性分离皮下组织和两胸骨舌骨肌，用创钩左右牵引，扩大出口，暴露气管，在气管腹面，预切口处剥离外围气管结缔组织。小心操作，避免损伤喉返神经、颈动脉、颈静脉、甲状腺管和食管。用拇指与食指固定气管，以异物梗阻部位为中心，纵向切开气管固有筋膜和气管环（3~5 个气管环的长度）。用镊子夹取气管内梗阻的异物，气管创缘如有出血，应立即压迫止血，防止血液流入气管内。用 0~4 号聚丙烯缝线结节缝合气管边缘，经环形韧带并环绕软骨或仅经环形韧带放置缝线。用生理盐水冲洗手术部位，用 0~3 号可吸收缝线结节缝合胸骨舌骨肌，常规缝合皮下组织和皮肤。

可能发生的手术并发症及预防急救措施：手术后可能会发生黏膜肿胀、水肿、刺激和黏膜增加，可以对症治疗。喉返神经损伤可以引起喉痉挛、局部麻醉，导致吸入性肺炎。

药品、器械的供应：手术刀 1 把、手术剪 2 把、圆针与三棱缝针各 2 个、0~2 号缝线若干、0~4 号聚丙烯缝线若干、0~3 号可吸收线若干、止血纱布 10 块、组织镊 1 把、止血钳 6 把、巾钳 4 把、持针钳 2 把，打包高压灭菌。

术后护理、治疗与饲养管理：术部密切注意气管套管是否通畅。如有分泌物，应立即清除。术后 6~12h 给予饮水，18~24h 给予流质食物。抗菌消炎 5~7d。

第二章 躯干部手术

能够正确且熟练地进行开胸术的操作。

（一）开胸术

能够正确且熟练地进行开胸术的操作。

1. 病例分析

该病例为胸段食管异物梗阻，需要进行开胸术、食管切开术予以治疗。

2. 手术器械与物品的准备

手术刀1把、手术剪4把、圆针与三棱缝针各4个、0~1号缝线若干、0~4号可吸收缝线若干、止血纱布10块、组织镊2把、止血钳4把、巾钳4把、持针钳2把、骨剪1把、骨膜剥离器1把、自动牵开器1把，打包高压灭菌。

3. 手术场所的准备

手术场所清理干净，紫外线消毒灯消毒2h。

4. 手术动物的准备

手术动物应尽早进行手术，左侧胸壁大范围剃毛、消毒。

5. 手术人员的准备

首先是理论知识的准备。进行局部解剖学习。其次，需要拟定手术计划。

手术人员的分工：术者、手术助手、器械助手、保定助手、麻醉助手、巡回助手。

保定方法：动物右侧卧保定。

麻醉用药：阿托品0.04mg/kg皮下注射，15min后，丙泊酚6mg/kg静脉注射，随后气管插管，进入呼吸麻醉，异氟醚10mL。打开呼吸机连接氧气瓶，进行机动呼吸。

术前动物的准备：尽早进行手术，左侧胸壁大范围剃毛、消毒。

手术方法与步骤：在左侧第九肋骨之间进行皮肤切开，逐层分离肌层，直到暴露肋骨，沿肋骨面用骨膜剥离器分离骨膜，并将第九肋骨用骨剪切除，将肋骨断端处理平滑，然后用自动牵开器将胸腔撑开，暴露胸腔内脏器，尽量减少锐利器械的使用。用湿的纱布将食管包好并与术部的其他组织隔开，在进行食管切开之前吸出食管内分泌物和食物，以尽可能降低术部的污染。如果未能完全吸出食管内的食物和分泌物，用手指或微创钳夹住要进行食管切开位置的前后，以阻止食管腔。通过预置缝线将食管固定在相邻的组织上以方便进行食管切开术，切开术的缝合方法相同。然后清理食管外膜，胸腔内预留无菌引流管，单纯连续缝合胸壁肌肉，结节缝合皮肤。用大号注射器通过引流管抽吸胸腔内空气，使胸腔内呈负压状态。随后拔出引流管。

可能发生的手术并发症及预防急救措施：避免切开食管时，食管内异物或分泌物污染胸腔，一定要进行隔离处理。尽量避免损伤迷走神经，否则会有生命危险。

药品、器械的供应：手术刀1把、手术剪4把、圆针与三棱缝针各4个、0~1号缝线若干、0~4号可吸收缝线若干、止血纱布10块、组织镊2把、止血钳4把、巾钳4把、持针钳2把、骨剪1把、骨膜剥离器1把、自动牵开器1把，打包高压灭菌。

术后护理、治疗与饲养管理：术后需要对患病动物进行严密监测 2~3d，看有无食管泄漏和感染症状。连续使用抗生素 5~7d。在患病动物恢复采食前不能停止输液。术后禁食 24h，然后可以逐渐给予患病动物饮水和流质食物。

（二）去势术

能够正确且熟练地进行去势术的操作。

1. 手术器械与物品的准备

手术刀 1 把、手术剪 4 把、圆针与三棱缝针各 4 个、0~1 号缝线若干、0~4 号可吸收缝线若干、止血纱布 10 块、组织镊 2 把、止血钳 4 把、巾钳 4 把、持针钳 2 把，打包高压灭菌。

2. 手术场所的准备

手术场所清理干净，紫外线消毒灯消毒 2h。

3. 手术动物的准备

术前进行血常规、血生化检查，确保机体达到最佳生理状态时进行手术。去势前剃去阴囊及阴茎包皮鞘后 2/3 区域的被毛。

4. 手术人员的准备

首先理论知识的准备。进行局部解剖学习。其次，需要拟定手术计划。

手术人员的分工：术者、手术助手、器械助手、保定助手、麻醉助手、巡回助手。

保定方法：公犬仰卧保定，两后肢向后外方伸展固定，充分显露阴囊部。公猫左侧或右侧卧保定，两后肢向腹前方伸展，猫尾要反向背部提举固定，充分显露肛门下方的阴囊。

麻醉用药：阿托品 0.04mg/kg 皮下注射，15min 后，丙泊酚 6mg/kg 静脉注射，随后气管插管，进入呼吸麻醉，异氟醚 10mL。

术前动物的准备：术前进行血常规、血生化检查，确保机体达到最佳生理状态时进行手术。去势前剃去阴囊及阴茎包皮鞘后 2/3 区域的被毛。

5. 手术方法与步骤

（1）公犬去势术。

①显露睾丸。术者用两手指将两侧睾丸推挤到阴囊底部，使睾丸位于阴囊缝际两侧的阴囊最低部位。从阴囊最低部位的阴囊缝际向前的腹中线上，做一个 5~6cm 皮肤切口，依次切开皮下组织。术者左手食指、中指推顶一侧阴囊后方，使睾丸连同鞘膜向切口内突出，并使包裹睾丸的鞘膜绷紧，固定睾丸，切开鞘膜，使睾丸从鞘膜切口内露出。术者左手抓住睾丸，右手用止血钳夹持附睾尾韧带，并将附睾尾韧带从附睾尾部撕下，右手将睾丸系膜撕开，左手继续牵引睾丸，充分显露精索。

②结节精索、切断精索、去掉睾丸。用三钳法，在精索的近心端钳夹第一把止血钳，在第一把止血钳的近睾丸侧的精索上，紧靠第一把止血钳钳夹第二、三把止血钳。用 0~4 号可吸收线，紧靠第一把止血钳钳夹精索处进行结扎，当结扎线第一个结扣接近打紧时，松开第一把止血钳，并使线结恰位于第一把止血钳的精索压痕处，然后打紧第一个结扣和第二个结扣，完成对精索的结扎，剪去线尾。

在第二把与第三把钳夹精索的止血钳之间，切断精索。用镊子夹持少许精索断端组织。松开第二把钳夹精索的止血钳，观察精索断端有无出血，在确认精索断端无出血时，方可松开镊子，将精索断端还纳鞘膜管。

在同一皮肤切口内，按上述同样的操作，切除另一端睾丸。在显露另一侧睾丸时，切忌切透阴囊中隔。

③缝合阴囊切口。用0~4号可吸收线单纯连续缝合皮下组织，用0~1号丝线结节缝合皮肤。

（2）公猫去势术。将两侧睾丸同时用手推挤到阴囊底部，用食指、中指和拇指固定一侧睾丸，并使阴囊皮肤绷紧。在距阴囊缝际一侧0.5~0.7cm处平行阴囊缝际做一3~4cm皮肤切口，切开肉膜和总鞘膜，显露睾丸。术者左手抓住睾丸，右手用剪刀剪断阴囊韧带，向上撕开睾丸系膜，然后将睾丸引出阴囊切口外，充分显露精索。结扎精索而后去掉睾丸的方法同公犬去势术。两侧阴囊切口开放。

可能发生的手术并发症及预防急救措施：有可能出现阴囊血肿或浆液肿，应及时处理。

药品、器械的供应：手术刀1把、手术剪4把、圆针与三棱缝针各4个、0~1号缝线若干、0~4号可吸收缝线若干、止血纱布10块、组织镊2把、止血钳4把、巾钳4把、持针钳2把，打包高压灭菌。

术后护理、治疗与饲养管理：术后阴囊潮红或轻度肿胀，一般不用治疗。去势后给予抗菌药物治疗3~5d。佩戴伊丽莎白项圈，防止宠物舔舐阴囊部刀口。

（三）卵巢子宫切除术

能够正确且熟练地进行卵巢子宫切除术的操作：

1. 手术器械与物品的准备

手术刀1把、手术剪4把、圆针与三棱缝针各4个、0~1号缝线若干、0~2号可吸收缝线若干、止血纱布10块、卵巢拉钩1把、组织镊2把、止血钳6把、巾钳4把、持针钳2把，打包高压灭菌。

2. 手术场所的准备

手术场所清理干净，紫外线消毒灯消毒2h。

3. 手术动物的准备

术前进行血常规、血生化检查，确保机体达到最佳生理状态时进行手术。腹部大范围剃毛、消毒。

4. 手术人员的准备

首先理论知识的准备。进行局部解剖学习。

卵巢细长而表面光滑，犬卵巢长约2cm，猫卵巢长约1cm。卵巢位于同侧肾后方1~2cm处。右侧卵巢在降十二指肠和外侧腹壁之间，做卵巢在降结肠和外侧腹壁之间，或位于脾中部与腹壁之间。怀孕后卵巢可向后、向腹下移动。犬的卵巢完全由卵巢囊覆盖，而猫的卵巢仅部分被卵巢覆盖，在性成熟前卵巢表面光滑，性成熟后卵巢表面变粗糙和有不规则的突起。卵巢囊为壁很薄的一个腹膜褶囊。它包围着卵巢。输卵管在囊内延伸，输卵管先向前行（升），再向后行（降），终端与子宫角相连。卵巢通过固有韧带附着于子宫角，通过卵巢悬吊韧带附着于最后肋骨内侧的筋膜上。

犬和猫的子宫很细小，甚至经产的母犬、母猫子宫也较细。子宫由颈、体和2个长的角构成。子宫角背面与降结肠、腰肌和腹横筋膜、输卵管相接触，腹面与膀胱、网膜和小肠相接触。在非怀孕的犬猫，子宫角直径是不变的，子宫角几乎是向前伸直的。猫的子宫角的横断面近似圆形，而犬呈背、腹压扁状，怀孕后子宫变粗，怀孕1个月后，子宫位于腹腔底部。在怀孕子宫膨大的过程中，阴道端和卵巢端的位置几乎不改变，子宫角中部变弯曲向前下方沉，抵达肋弓的内侧。子宫阔韧带是把卵巢、输卵管和子宫附着于腰下外侧壁上的脏层腹膜褶。子宫阔韧带悬吊除阴道后部之外的所有内生殖器官，可区分为相连续的三部分：子宫系膜，来自骨盆腔外侧壁和腰下部腹腔外侧壁，至阴道前半部、子宫颈、子宫体和子宫角等器官的外侧部；卵巢系膜为阔韧带的前部，自腰下部腹腔外侧壁，至卵巢和固定卵巢的韧带；输卵管系膜附着于卵巢系膜，并于卵巢系膜一起组成卵巢囊。

卵巢动脉起自肾动脉至髂外动脉之间的中点，它的大小、位置和弯曲程度随子宫的发育情况而定。在接近卵巢系膜内，分作两支或多支，分布于卵巢、卵巢囊、输卵管和子宫角。至子宫角的一支，在子宫系膜内与子宫动脉相吻合。子宫动脉起自阴部内动脉。子宫分泌分布于子宫阔韧带内，沿子宫体、子宫颈向前延伸，并且与卵巢动脉的子宫支相吻合。

其次要拟定手术计划。

手术人员的分工：术者、手术助手、器械助手、保定助手、麻醉助手、巡回助手。

保定方法：仰卧保定，四肢固定在手术台上。

麻醉用药：阿托品 0.04mg/kg 皮下注射，15min 后，丙泊酚 6mg/kg 静脉注射，随后气管插管，进入呼吸麻醉，异氟醚 10mL。

术前动物的准备：术前禁食 6h，禁饮 2h，进行血常规、血生化检查，确保机体达到最佳生理状态时进行手术。腹部大范围剃毛、消毒。

手术方法与步骤：脐后腹中线切口，根据动物体型大小，切口长 4～10cm。沿切口切开皮肤、皮下组织及腹白线、腹膜，显露腹腔。术者持卵巢子宫切除钩或米氏钳等器械，伸入切口内探查右侧子宫角。先探查右边子宫角，可避免探查左边子宫角时脾对卵巢的干扰。术者将子宫切除钩或米氏钳的钩端对着腹腔内面，沿着腹壁将钩伸入腹腔背壁，当钩到达腹腔内脊背部时，将钩旋转 180°，钩端对着腹壁面，从脊背部沿着腹壁向切口处探查子宫角，将子宫角拉出切口外，用生理盐水纱布覆盖在子宫角上，用手抓持固定，以防缩回到腹腔内。

术者继续向切口外牵引子宫角，以显露出子宫角前端的卵巢。继续向外牵引子宫角和卵巢，即可显露卵巢悬吊韧带。左手牵引子宫角，右手的食指端向卵巢悬吊韧带的前方和背面进行钝性分离，以便显露足够长度的卵巢悬吊韧带。分离时应仔细，以防撕破卵巢悬吊韧带、静脉血管。在卵巢悬吊韧带被充分显露后，用"三钳法"切断卵巢悬吊韧带。

在卵巢系膜无血管区切一小口，经此切口对卵巢悬吊韧带装置三把止血钳。第一把止血钳在紧靠卵巢的悬吊韧带上钳夹，依次在第一钳外侧（即肾侧）的悬吊韧带上装置第二把、第三把止血钳，以完全夹闭卵巢悬吊韧带内的动、静脉血管。在第一与第二把止血钳之间切断卵巢悬吊韧带和卵巢动、静脉血管，将右侧子宫角和卵巢全部拉出切口外，然后结扎卵巢悬吊韧带的断端。在紧靠第三把止血钳的近肾侧的悬吊韧带上，用 0～2 号可吸收线集束结扎，当第一个结扣接近拉紧时，松开第三把止血钳，使线结恰位于夹痕处，迅即拉紧结扎线并完成结扣，剪去线尾。用镊子夹持卵巢悬吊韧带断端的少许组织，再松开第二把止血钳，在确定断端无出血的情况下松开镊子，卵巢悬吊韧带的断端迅即缩回到腹腔内。将右侧子宫角完全拉出腹壁切口处，继续向外到引出子宫体，从子宫体找到对侧子宫角，再按"三钳法"结扎卵巢悬吊韧带和切断韧带。两侧卵巢和子宫角完全拉出切口外后，显露子宫体。成年犬子宫体两侧的子宫动脉应进行双重结扎后切断，子宫体经结扎后切断，对幼犬可将子宫体及其子宫体两侧的子宫动脉一起进行集束结扎后切断。

腹壁切口按常规缝合。

可能发生的手术并发症及预防急救措施：犬的两侧悬吊韧带比较紧，此处往往容易导致结扎不牢或滑脱，导致腹腔内大出血，可在犬的卵巢悬吊韧带处剪一小口，在缺口处进行卵巢动、静脉的结扎。

药品、器械的供应：手术刀 1 把、手术剪 4 把、圆针与三棱缝针各 4 个、0～1 号缝线若干、0～2 号可吸收缝线若干、止血纱布 10 块、卵巢拉钩 1 把、组织镊 2 把、止血钳 6 把、巾钳 4 把、持针钳 2 把，打包高压灭菌。

术后护理、治疗与饲养管理：术后穿手术衣，防止犬猫舔舐刀口，抗菌消炎 3~5d，7~10d 拆线。

（四）肠管切除和端端吻合术

能够正确且熟练地进行肠管切除和端端吻合术的操作。

1. 病例分析

该病例为寄生虫引起的肠炎，长期腹泻导致肠套叠的发生，在临床上发病率比较高。目前，解决的方案为外科手术，由于肠套叠严重，因而完全整复难度较大，可以进行坏死肠管的切除，并进行肠管端端吻合术。同时，进行补液，纠正脱水、电解质紊乱及酸碱平衡失调的状态，治疗原发病，驱虫。

2. 手术器械与物品的准备

手术刀 1 把、手术剪 4 把、圆针与三棱缝针各 4 个、0~1 号丝线缝线若干、0~4 号可吸收缝线若干、止血纱布 10 块、组织镊 2 把、止血钳 6 把、巾钳 4 把、持针钳 2 把、肠钳 4 把，打包高压灭菌。

3. 手术场所的准备

手术场所清理干净，紫外线消毒灯消毒 2h。

4. 手术动物的准备

术前进行脱水、电解质代谢紊乱及酸碱不平衡的纠正，幼龄犬及早进行手术，防止低血糖的发生，并给予预防性抗生素治疗。

5. 手术人员的准备

首先理论知识的准备。进行局部解剖学习。

犬的肠管长度几乎是体长的 5 倍，80% 是小肠。小肠包括十二指肠、空肠和回肠。十二指肠是最固定的，起于幽门到正中线的右侧，并延伸约 25cm。在前背侧的十二指肠短，并在十二指肠结肠韧带的前十二指肠的屈面处后转。上行的十二指肠位于肠系膜根左侧。犬胆管和胰管开口于十二指肠大乳头处的十二指肠的前几厘米处。副胰管进入十二指肠小乳头前的十二指肠内。

大多数的小肠盘绕在腹腔的后部，形成空肠。空肠是小肠最长并且移动范围最大的部分，起始于肠系膜根部的左侧，与右转的十二指肠升支相连。回肠位于系膜游离部，长约 15cm。通过腰中部向前到肠系膜根部，穿过横断面的左侧到右侧，并且在回结肠口中线的右侧连接升结肠。肠系膜的根部连接空肠和回肠达到背侧体壁。腹部和肠系膜动脉的分支供应小肠。肠系膜淋巴结沿肠系膜的血管分布。

小肠壁分为黏膜层、黏膜下层、肌层和浆膜层。黏膜层是分离肠腔和腹腔的一种重要屏障。黏膜健康和血液供应良好对于肠的正常分泌和吸收有重要作用。黏膜下层有大量血管、淋巴管和神经。浆膜层对于在损伤和切口处形成快速封闭起重要的作用。

其次，需要拟定手术计划。

手术人员的分工：术者、手术助手、器械助手、保定助手、麻醉助手、巡回助手。

保定方法：动物仰卧保定，四肢固定在手术台上。

麻醉用药：阿托品 0.04mg/kg 皮下注射，15min 后，丙泊酚 6mg/kg 静脉注射，随后气管插管，进入呼吸麻醉，异氟醚 10mL。

术前动物的准备：术前进行脱水、电解质代谢紊乱及酸碱不平衡的纠正，幼龄犬及早进行手术，防止低血糖的发生，并给予预防性抗生素治疗。腹部大范围剃毛、消毒。

手术方法与步骤：脐前腹中线切口，腹壁切口后，用生理盐水纱布垫保护切口创缘，术者手经创口伸入腹腔内探查病部肠段。将套叠的肠段牵引出腹壁切口外，以判定肠切除范围。用生理盐水纱布垫保护肠管，隔离术部，并判定肠管的生命力。在下列情况下可以认为肠管已经坏死：肠管呈暗紫色、黑红色或灰白色；肠壁菲薄、变软无弹性，肠管浆膜失去光泽；肠系膜血管搏动消失；肠管失去蠕动能力等。若判定可疑，可用生理盐水温敷 5~6min，若肠管颜色和蠕动仍无改变，肠系膜血管仍无搏动者，可判定肠壁已经坏死。

肠切除线应在病变部位两端 3~5cm 的健康肠管上，近端肠管切除范围应更大些。

展开肠系膜，在肠管切除范围内，对相应肠系膜做 V 形或扇形预定切除线，在预定切除线两侧，将肠系膜血管进行双重结扎，然后在结扎线之间切断血管与肠系膜。

肠系膜为双层浆膜组成，系膜血管位于其间，若缝针刺破血管，易造成肠系膜血肿。扇形肠系膜切断后，应特别注意肠断端的肠系膜三角区出血的结扎。

犬、猫的肠腔细小，对细小肠管的端端吻合术，常常采用简单间断缝合技术，其方法如下：

（1）修剪肠断端肠系膜缘过多的脂肪。病变肠管切除后，剪除距两健康肠断端 3mm 处肠系膜缘上过多的脂肪组织，以便在肠吻合时能看清肠系膜侧的肠壁。

（2）肠系膜侧和对肠系膜侧装置牵引线。用 0~4 号丝线在肠系膜缘的肠壁外，距肠断缘 3mm 处浆膜面上进针，通过肠壁全层在肠腔内的黏膜边缘处出针，然后针转到对边黏膜边缘进针，针呈一定角度通过黏膜下层、肌层，在距肠断缘 3mm 处浆膜上出针，然后打结，并留较长线尾作为牵引线。再对肠系膜侧做同样的缝合作为牵引线，并交助手牵引。

（3）肠后壁的简单间断缝合。用 0~4 号可吸收线，由肠系膜侧向对肠系膜侧缝合肠后壁。在距肠断端 3mm 处的浆膜上进针，向肠腔的黏膜缘出针，针再转入对侧肠壁的黏膜缘进针，在距肠断端 3mm 处的浆膜面出针打结，完成一个简单间断缝合。缝合至对肠系膜侧要进行数个针距 3mm 的简单间断缝合。

在两肠断端的横断面上，常常看到黏膜层脱垂外翻，它会影响操作，亦影响肠的愈合。为此，在缝合过程中不断适度的轻压外翻的黏膜，将有助于减轻黏膜外翻的程度。打结时切忌黏膜外翻，每一个线结都应使黏膜处于内翻状态。

（4）肠前壁的简单间断缝合。后壁缝合后，再按同样的缝合方法完成肠前壁的缝合。

（5）补针和网膜包裹。简单间断缝合之后，检查缝合是否有遗漏或封闭不全，可进行补针，直至确定安全为止。最后用大网膜的一部分将肠吻合处包裹，并将网膜用缝线固定于肠管之上，以进行保护。

（6）肠系膜缺损处用 0~4 号可吸收线进行间断缝合，将肠管还纳回腹腔，常规闭合腹腔。

可能发生的手术并发症及预防急救措施：休克、泄漏、梗阻、裂口、穿孔、腹膜炎、狭窄、短肠综合征、复发、死亡。

药品、器械的供应：手术刀 1 把、手术剪 4 把、圆针与三棱缝针各 4 个、0~1 号丝线缝线若干、0~4 号可吸收缝线若干、止血纱布 10 块、组织镊 2 把、止血钳 6 把、巾钳 4 把、持针钳 2 把、肠钳 4 把，打包高压灭菌。

术后护理、治疗与饲养管理：根据患病动物的状态和其并发症的状况，给予区别对待。术后纠正自身脱水、电解质紊乱和酸碱代谢不平衡，直到动物可以进行充分地饮食。抗菌消炎，直到康复。

（五）肠管侧壁切开术

能够正确且熟练地进行肠管侧壁切开术的操作。

1. 病例分析

该病例为肠管异物梗阻，应必须进行肠管切开，取出异物。

2. 手术器械与物品的准备

手术刀 1 把、手术剪 2 把、圆针与三棱缝针各 4 个、0~1 号丝线缝线若干、0~4 号可吸收缝线若干、止血纱布 10 块、组织镊 2 把、止血钳 4 把、巾钳 4 把、持针钳 2 把、肠钳 4 把，打包高压灭菌。

3. 手术场所的准备

手术场所清理干净，紫外线消毒灯消毒 2h。

4. 手术动物的准备

术前进行脱水、电解质代谢紊乱及酸碱不平衡的纠正。尽早进行手术。腹部大范围剃毛、消毒。

5. 手术人员的准备

首先理论知识的准备。进行局部解剖学习。

犬的肠管长度几乎是体长的 5 倍，80% 是小肠。小肠包括十二指肠、空肠和回肠。十二指肠是最固定的，起于幽门到正中线的右侧，并延伸约 25cm。在前背侧的十二指肠短，并在十二指肠结肠韧带的前十二指肠的屈面处后转。上行的十二指肠位于肠系膜根左侧。犬胆管和胰管开口于十二指肠大乳头处的十二指肠的前几厘米处。副胰管进入十二指肠小乳头前的十二指肠内。大多数的小肠盘绕在腹腔的后部，形成空肠。空肠是小肠最长并且移动范围最大的部分，起始于肠系膜根部的左侧，与右转的十二指肠升支相连。回肠位于系膜游离部，长约 15cm。通过腰中部向前到肠系膜根部，穿过横断面的左侧到右侧，并且在回结肠口中线的右侧连接升结肠。肠系膜的根部连接空肠和回肠达到背侧体壁。腹部和肠系膜动脉的分支供应小肠。肠系膜淋巴结沿肠系膜的血管分布。

小肠壁分为黏膜层、黏膜下层、肌层和浆膜层。黏膜层是分离肠腔和腹腔的一种重要屏障。黏膜健康和血液供应良好对于肠的正常分泌和吸收有重要作用。黏膜下层有大量血管、淋巴管和神经。浆膜层对于在损伤和切口处形成快速封闭起重要的作用。

其次，需要拟定手术计划。

手术人员的分工：术者、手术助手、器械助手、保定助手、麻醉助手、巡回助手。

保定方法：动物仰卧保定，四肢固定在手术台上。

麻醉用药：阿托品 0.04mg/kg 皮下注射，15min 后，丙泊酚 6mg/kg 静脉注射，随后气管插管，进入呼吸麻醉，异氟醚 10mL。

术前动物的准备：术前进行脱水、电解质代谢紊乱及酸碱不平衡的纠正，尽早进行手术。腹部大范围剃毛、消毒。

手术方法与步骤：经脐前腹中线切开腹壁后，将犬的大网膜向前拨动，即可显露犬的十二指肠、空肠和回肠，可在直视下寻找肠梗阻的部位。将异物梗阻部肠段牵引至切开外，用生理盐水纱布垫保护隔离，用两把肠钳钳夹异物梗阻部两侧肠腔，由助手扶持使之与地面呈 45° 角紧张固定。术者用手术刀在闭结点的小肠对肠系膜侧做一纵向切口，切口长度以能顺利取出异物为原则。助手自切口的两侧适当推挤阻塞外，术者持镊子将异物取出。助手仍按 45° 角位置固定肠管，用灭菌生理盐水冲洗肠管切口边缘，转入肠切口的缝合。用 0~4 号可吸收线进行全层结节缝合。

犬、猫的小肠腔细小，为了避免肠腔经缝合后变狭窄，可采用压挤技术或简单间断缝合技术。除去肠钳，检查有无渗漏后，用灭菌生理盐水冲洗肠管，涂以抗生素软膏，将肠管还纳回腹腔内。

可能发生的手术并发症及预防急救措施：休克、泄漏、梗阻、裂口、穿孔、腹膜炎、狭窄、短肠综合征、复发、死亡。

药品、器械的供应：手术刀 1 把、手术剪 2 把、圆针与三棱缝针各 4 个、0~1 号丝线缝线若干、0~4 号可吸收缝线若干、止血纱布 10 块、组织镊 2 把、止血钳 4 把、巾钳 4 把、持针钳 2 把、肠钳 4 把，打包高压灭菌。

术后护理、治疗与饲养管理：根据患病动物的状态和其并发症的状况，给予区别对待。术后纠正自身脱水、电解质紊乱和酸碱代谢不平衡，直到动物可以进行充分地饮食。抗菌消炎，直到康复。

（六）胃切开术

能够正确且熟练地进行胃切开术的操作。

1. 病例分析

该病例为胃内异物，胃内异物是指动物吞下不能消化的物品，可以采用外科手术的方式进行治疗。该病通常是由于某些犬有异食癖所造成的。

2. 手术器械与物品的准备

手术刀 1 把、手术剪 2 把、圆针与三棱缝针各 4 个、0~1 号丝线缝线若干、0~4 号可吸收缝线若干、止血纱布 10 块、组织镊 2 把、止血钳 4 把、巾钳 4 把、持针钳 2 把、吸引器 1 台，打包高压灭菌。

3. 手术场所的准备

手术场所清理干净，紫外线消毒灯消毒 2h。

4. 手术动物的准备

如有可能，应该检查和纠正代谢性酸碱失衡，禁食 12h。术前立即进行 X 线检查，以确定异物在消化道内的位置变化。

5. 手术人员的准备

首先是理论知识的准备。进行局部解剖学习。

胃可以分为贲门、胃底、胃体、幽门窦、幽门管和幽门口。食管在贲门口处进入胃。胃底在贲门口的背侧，尽管食肉动物的胃底相对较小，但在 X 线下仍容易辨认，因为它明显地充满气体。胃体（中 1/3）位于肝的左叶对面。幽门窦呈漏斗状，开口于幽门管。幽门口是幽门管的末端，与十二指肠相连。

胃（小弯）和胃网膜（大弯）的动脉提供胃的血液供应，这些动脉源于腹腔动脉。胃短动脉源于脾动脉，供应胃大弯的血液。从胃到肝的小网膜的一部分是肝胃的韧带。

其次，需要拟定手术计划。

手术人员的分工：术者、手术助手、器械助手、保定助手、麻醉助手、巡回助手。

保定方法：动物仰卧保定，四肢固定在手术台上。

麻醉用药：阿托品 0.04mg/kg 皮下注射，15min 后，丙泊酚 6mg/kg 静脉注射，随后气管插管，进入呼吸麻醉，异氟醚 10mL。

手术方法与步骤：脐前腹中线切口。从剑突末端到脐之间做切口，但不可自剑突侧切开。因为剑突旁边切开时，极易切开膈肌而同时开放两侧胸腔，造成气胸。切口长度因动物体型、年龄大小及动物品种、疾病性质而不同。幼犬、小型犬和猫的切口，可从剑突到脐孔之间。

沿腹中线切开腹壁，显露腹腔。对镰状韧带应予以切除，若不切除，不仅影响和妨碍手术操作，而且容易造成腹腔内脏器大片粘连。

在胃的腹面胃大弯与胃小弯之间的预定切开线两端，用艾利氏钳夹持胃壁的浆膜肌层，或用 0~1 号丝线在预定切开线的两端，通过浆膜肌层缝合两根牵引线。用艾利氏钳或两牵引线向后牵引胃壁，使胃壁显露在腹壁切口之外。用数块温生理盐水纱布垫填塞在胃和腹壁切口之间，以抬高胃壁，并将胃壁与腹腔内其他器官隔离开，以减少胃切开时对腹腔和腹壁切开的污染。

在胃大弯和胃小弯之间的无血管区内，纵向切开胃壁。先用外科刀在胃壁上向胃腔内戳一小口，退出手术刀，改用手术剪通过胃壁小切开扩大胃的切口。胃壁切口长度视需要而定。胃壁切开后，用吸引器吸出胃内液体，用镊子夹出异物。

胃壁切口的缝合，第一层用 0~4 号可吸收线进行康乃尔氏缝合，用灭菌生理盐水冲洗清除胃壁切口缘的血凝块及污物后，转入无菌术，用 0~4 号可吸收线进行第二层的库兴氏缝合。

拆除胃壁上的牵引线，清理除去隔离的纱布垫后，用温生理盐水对胃壁进行冲洗。将胃还纳回腹腔，最后缝合腹壁切口。

可能发生的手术并发症及预防急救措施：如果没有发生穿孔，预后良好。

药品、器械的供应：手术刀 1 把、手术剪 2 把、圆针与三棱缝针各 4 个、0~1 号丝线缝线若干、0~4 号可吸收缝线若干、止血纱布 10 块、组织镊 2 把、止血钳 4 把、巾钳 4 把、持针钳 2 把、吸引器 1 台，打包高压灭菌。

术后护理、治疗与饲养管理：术后 24h 后给予少量肉汤或牛乳，术后 3d 可以给予软的易消化的食物，应少量多次喂给。在恢复期间，应注意动物水、电解质代谢是否发生了紊乱及酸碱平衡是否发生了失调，必要时应予以纠正。术后 5d 内，每天定时给予抗生素。

（七）膀胱切开术

能够正确且熟练地进行膀胱切开术的操作。

1. 病例分析

该病例为膀胱结石，膀胱结石的种类很多，形成的原因也各不相同，但是治疗的方案都是采用膀胱切开术，取出结石。

2. 手术器械与物品的准备

手术刀 1 把、手术剪 2 把、圆针与三棱缝针各 4 个、0~1 号丝线缝线若干、0~4 号可吸收缝线若干、止血纱布 10 块、组织镊 2 把、止血钳 4 把、巾钳 4 把、持针钳 2 把、吸引器 1 台，打包高压灭菌。

3. 手术场所的准备

手术场所清理干净，紫外线消毒灯消毒 2h。

4. 手术动物的准备

术前需纠正肾后性血尿和高血钾症，并进行输液治疗，促进利尿。如果尿道内也有结石，造成尿道完全堵塞的，则首先应进行导尿。进行 ECG，判断动物是否出现心律不齐。术前应控制尿道感染，如果患病动物未曾接受抗生素治疗，应考虑术前给予抗生素。腹部大范围剃毛、消毒。

5. 手术人员的准备

首先是理论知识的准备。进行局部解剖学习。

膀胱分为膀胱颈和膀胱体，膀胱颈连接尿道和膀胱体。膀胱的血液供应来自膀胱前动脉和膀胱后动脉，它们分别是脐动脉和泌尿生殖动脉的分支，交感神经支配来自腹下神经，而副交感神经来源于骨盆神经。阴部神经分支到膀胱外括约肌和尿道的横纹肌组织的体壁神经。雄性犬的尿路可分为前列腺膜段和阴茎部两段。

其次、需要拟定手术计划。

手术人员的分工：术者、手术助手、器械助手、保定助手、麻醉助手、巡回助手。

保定方法：动物仰卧保定，四肢固定在手术台上。

麻醉用药：阿托品 0.04mg/kg 皮下注射，15min 后，丙泊酚 6mg/kg 静脉注射，随后气管插管，

进入呼吸麻醉，异氟醚 10mL。

手术方法与步骤：对于母犬，选择耻骨前，后腹部切口。对于公犬，狭窄耻骨前，皮肤切口在包皮侧一指宽，切开皮肤后，将创口的包皮边缘拉向侧方，露出腹白线，在腹白线正中切开。

腹壁切开后，用一或两指握住膀胱的基部，小心地把膀胱翻转出创口外，使膀胱背侧向上，对其进行按摩以排空尿液。然后用纱布将膀胱与腹腔进行隔离，防止膀胱切开后尿液流入腹腔。膀胱切开位置一般选择在膀胱背侧无血管处，在切口两端放置牵引线，一次性切开。

使用茶匙或胆囊勺除去结石残渣。特别注意取出狭窄的膀胱颈及近端尿道的结石，以防小的结石阻塞尿道，并在尿道中插入导尿管，用反流灌注冲洗，保证尿道和膀胱颈畅通。

在牵引线之间，与 0~4 号可吸收缝线进行双层连续内翻缝合，保持缝线不在膀胱腔内显露，减少结石复发的可能性。第一层应用库兴氏缝合，第二层应用伦勃特氏缝合。

缝合完毕后，将膀胱还纳腹腔内。常规缝合腹壁。

可能发生的手术并发症及预防急救措施：膀胱切开术的并发症不多见，但可能发生尿漏。

药品、器械的供应：手术刀 1 把、手术剪 2 把、圆针与三棱缝针各 4 个、0~1 号丝线缝线若干、0~4 号可吸收缝线若干、止血纱布 10 块、组织镊 2 把、止血钳 4 把、巾钳 4 把、持针钳 2 把、吸引器 1 台，打包高压灭菌。

术后护理、治疗与饲养管理：尿结石的复发率很高，胱氨酸结石和尿酸盐结石要高于磷酸盐结石，合适的药物治疗能够降低尿结石的复发率。

（八）剖宫产

能够正确且熟练地进行剖宫产手术的操作。

1. 手术器械与物品的准备

手术刀 1 把、手术剪 2 把、圆针与三棱缝针各 4 个、0~1 号丝线缝线若干、0~4 号可吸收缝线若干、止血纱布 10 块、组织镊 2 把、止血钳 6 把、巾钳 4 把、持针钳 2 把，打包高压灭菌。

2. 手术场所的准备

手术场所清理干净，紫外线消毒灯消毒 2h。

3. 手术动物的准备

实施剖宫产的动物，往往处于难产的状态，属于紧急手术，在手术过程中进行输液，及时调整机体的状态，腹壁大范围剃毛、消毒。

4. 手术人员的准备

首先是理论知识的准备，进行局部解剖学习。

子宫由颈、体和 2 个长的角构成。子宫角背面与降结肠、腰肌和腹横筋膜、输卵管相接触，腹面与膀胱、网膜和小肠相接触。怀孕后子宫变粗，怀孕 1 个月后，子宫位于腹腔底部。在怀孕子宫膨大的过程中，阴道端和卵巢端的位置几乎不改变，子宫角中部变弯曲向前下方沉，抵达肋弓的内侧。

子宫阔韧带是把卵巢、输卵管和子宫附着于腰下外侧壁上的脏层腹膜褶。子宫阔韧带悬吊除阴道后部之外的所有内生殖器官，可区分为相连接的三部分：子宫系膜，来自骨盆腔外侧壁和腰下部腹腔外侧壁，至阴道前半部、子宫颈、子宫体和子宫角等器官的外侧部；卵巢系膜为阔韧带的前部，自腰下部腹腔外侧壁，至卵巢和固定卵巢的韧带；输卵管系膜附着于卵巢系膜，并于卵巢系膜一起组成卵巢囊。

子宫动脉起自阴部内动脉。子宫动脉分布于子宫阔韧带内，沿子宫体、子宫颈向前延伸，并与卵巢动脉的子宫支相吻合。

其次需要拟定手术计划。

手术人员的分工：术者、手术助手、器械助手、保定助手、麻醉助手、巡回助手。

保定方法：动物仰卧保定，四肢固定在手术台上。

麻醉用药：阿托品 0.04mg/kg 皮下注射，15min 后，丙泊酚 6mg/kg 静脉注射，随后气管插管，进入呼吸麻醉，异氟醚 10mL。

术前动物的准备：实施剖宫产的动物，往往处于难产的状态，属于紧急手术，在手术过程中进行输液，及时调整机体的状态，腹壁大范围剃毛、消毒。

手术方法与步骤：腹正中线切口，上界为脐孔上方 2cm，向下切开皮肤 5~10cm。常规切开腹壁各层组织。注意勿伤及切口两侧增大的乳腺。用手轻轻拉出一侧子宫角，用消毒纱布与切口隔离。在子宫体和子宫角交界处沿大弯部纵向切开 4~6cm。轻轻挤压靠近切口处的胎儿，当胎儿被推至切口处时将之拉出，迅速将羊膜撕破，结扎或挫断脐带，留取 2~3cm 长即可，清除幼仔口、鼻腔内的黏液，用干净毛巾将幼仔身体擦干。依次取出该侧胎儿。另一侧子宫角的胎儿也依次从此切口取出。胎儿取出后，胎盘完全清除后缝合子宫。子宫壁采用两层缝合，第一层采用库兴氏缝合，第二层采用伦勃特氏缝合。缝合结束后，用温灭菌生理盐水冲洗子宫后还纳腹腔，并包扎腹绷带，穿手术衣。

可能发生的手术并发症及预防急救措施：如操作不慎，可能会导致子宫内容物流入腹腔，应赶紧用温生理盐水冲洗腹腔，并用吸引器不断吸出。

药品、器械的供应：手术刀 1 把、手术剪 2 把、圆针与三棱缝针各 4 个、0~1 号丝线缝线若干、0~4 号可吸收缝线若干、止血纱布 10 块、组织镊 2 把、止血钳 6 把、巾钳 4 把、持针钳 2 把，打包高压灭菌。

术后护理、治疗与饲养管理：术后清洗母犬、猫的乳房，并迅速将幼仔放在母犬、猫的腹下哺乳。应用全身抗生素 3~5d，控制感染，同时给予易消化、富含营养的食物。术后 7~10d 拆线。

（九）乳腺肿瘤摘除术

能够正确且熟练地进行乳腺肿瘤摘除术的操作。

1. 病例分析

该病为乳腺肿瘤，外科切除是治疗乳腺肿瘤最好的方法。外科切除术即可作为组织学检查，也可作为治疗手段，同时提高患病动物的生活质量，并控制肿瘤的发展。

2. 手术器械与物品的准备

手术刀 1 把、手术剪 2 把、圆针与三棱缝针各 4 个、0~1 号丝线缝线若干、0~4 号可吸收缝线若干、止血纱布 20 块、组织镊 2 把、止血钳 6 把、巾钳 4 把、持针钳 2 把，打包高压灭菌。

3. 手术场所的准备

手术场所清理干净，紫外线消毒灯消毒 2h。

4. 手术动物的准备

在进行手术前数天，使用热敷布和抗生素对溃烂、感染的乳腺肿块进行处理，可降低炎症和确定肿瘤的边缘。对患病动物的胸腔和整个腹部剃毛，仔细确诊每个乳腺和每个肿块的位置。

5. 手术人员的准备

首先是理论知识的准备。进行局部解剖学习。

犬一般有 5 对乳腺，猫有 4 对。乳腺是复合的、管泡状顶部分泌的腺体。后部浅部的上腹部血管和静脉供应后部腺体营养。后端腹壁浅动脉起源于靠近浅表的腹股沟淋巴结的阴部外动脉，后腹壁浅动脉和前腹壁浅动脉相吻合。前胸部乳腺由第四、五、六腹外侧表皮血管和皮神经及胸外侧血管，来供给营养和进行支配。前腹部浅血管对腹部乳腺和腹直肌上方的皮肤进行血液供应。腋窝淋巴结对前三个胸腺进行引流，腹股沟淋巴结对后部的两个胸腺进行引流。但是，在同列乳腺之间和越过体中线的乳腺之间会出现淋巴结的交汇现象。

其次，需要拟定手术计划。

手术人员的分工：术者、手术助手、器械助手、保定助手、麻醉助手、巡回助手。

保定方法：动物仰卧保定，并将患病动物的两前肢向头部牵拉固定，两后肢向尾部牵拉固定，整个胸部、腹部大面积剃毛、消毒。

麻醉用药：阿托品 0.04mg/kg 皮下注射，15min 后，丙泊酚 6mg/kg 静脉注射，随后气管插管，进入呼吸麻醉，异氟醚 10mL。

术前动物的准备：在进行手术前数天，使用热敷布和抗生素对溃烂、感染的乳腺肿块进行处理，可降低炎症和确定肿瘤的边缘。对患病动物的胸腔和整个腹部剃毛，仔细确诊每个乳腺和每个肿块的位置。

手术方法与步骤：乳腺肿瘤切除法的选择取决于动物体况和乳腺患病的部位及淋巴流向。一般有四种乳腺切除法：单个乳腺切除，仅切除一个乳腺；区域乳腺切除，切除几个患病乳腺或切除同一淋巴流向的乳腺；一侧乳腺切除，切除整个一侧乳腺；两侧乳腺切除，切除所有乳腺。

对单个、区域或同侧乳腺的切除，在所涉及乳腺周围做椭圆形皮肤切口。切口外侧缘应是在乳腺组织的外侧，切口内侧缘应在腹正中线。第一乳腺切除时，其皮肤切口可向前延伸至腋部；第五乳腺切除，皮肤切口可向后延至阴唇水平处。对于两侧乳腺全切除者，仍是以椭圆形切开两侧乳腺的皮肤，但胸前部应做 Y 形皮肤切口，以免在缝合胸后部时产生过多的张力。

皮肤切开后，先分离、结扎大的血管，再做深层分离，分离时，尤其注意腹壁后浅动、静脉。第一、第二乳腺与胸肌筋膜紧密相连，故需仔细分离使其游离。其他乳腺与腹壁肌筋膜连接疏松，易钝性分离。若肿瘤已侵蚀体壁肌肉和筋膜，需将其切除。如胸部乳腺肿块未增大或未侵蚀周围组织，腋淋巴结一般不予切除，因该淋巴结位置深，接近臂神经丛。腹股沟浅淋巴结紧靠腹股沟乳腺，通常连同腹股沟脂肪一起切除。

缝合皮肤前，应认真检查皮内侧缘，确保皮肤上无残留乳腺组织。皮肤缝合是本手术最困难的部分，尤其切除双侧乳腺。大的皮肤缺损缝合需先做水平褥式缝合，使皮肤创缘靠拢并保持一致的张力和压力分布。然后，做第二道结节缝合以闭合创缘。如皮肤结节缝合恰当，可减少因褥式缝合引起的皮肤张力。如有过多的死腔，特别在腹股沟部易出现血肿，应在手术部位安置引流管。

可能发生的手术并发症及预防急救措施：疼痛、炎症、出血、血肿形成、感染、缺血性坏死、患病动物抓伤、裂开、后肢水肿和肿瘤复发。

药品、器械的供应：手术刀 1 把、手术剪 2 把、圆针与三棱缝针各 4 个、0~1 号丝线缝线若干、0~4 号可吸收缝线若干、止血纱布 20 块、组织镊 2 把、止血钳 6 把、巾钳 4 把、持针钳 2 把，打包高压灭菌。

术后护理、治疗与饲养管理：使用腹绷带 2~3d，压迫术部，消除死腔，防止血肿、污染和自我损伤，并保护引流管。术后应用抗生素 3~5d，控制感染。术后 2~3d 拔除引流管，并于术后 4~5d 拆除褥式缝合线，以减轻局部刺激和瘢痕形成。术后 10~12d 拆除结节缝线。

（十）腹股沟疝修补术

能够正确且熟练地进行腹股沟疝修补术的操作。

1. 病例分析

该病为腹股沟疝，腹股沟疝是指腹腔脏器经腹股沟环脱出至腹股沟处形成局限性隆起。疝内容物多为网膜或小肠，也可能是子宫、膀胱等脏器，母犬多发，公犬的腹股沟疝比较少见。本病有先天性和后天性两种。先天性腹股沟疝的发生与遗传有关，即因腹股沟内环先天性扩大所致。后天性腹股沟疝常发生于成年犬、猫，多因妊娠、肥胖或剧烈运动（如爬跨、跳跃、后肢滑走或过度开张及努责）等因素引起腹内压增高及腹股沟内环扩大，以致腹腔脏器落入腹股沟管而发生本病。本病需要用外科手术的方式进行治疗，将疝内容物还纳腹腔，修补疝孔。

2. 手术器械与物品的准备

手术刀1把、手术剪2把、圆针与三棱缝针各4个、0~1号丝线缝线若干、0~4号可吸收缝线若干、止血纱布20块、组织镊2把、止血钳6把、巾钳4把、持针钳2把，打包高压灭菌。

3. 手术场所的准备

手术场所清理干净，紫外线消毒灯消毒2h。

4. 手术动物的准备

本病一经确诊，应尽早进行手术。动物术前禁食6h，禁饮2h。术部大范围剃毛、消毒。

5. 手术人员的准备

首先是理论知识的准备。进行局部解剖学习。

腹股沟管是在腹壁腹后侧的一条矢形裂口，生殖股神经的生殖分支、动脉、静脉、外阴脉管和精索（雄性）或圆韧带（雌性）都通过这里。脉管在腹股沟管的体壁侧。腹股沟管在腹股沟内、外环之间。腹股沟的内环是由腹内斜肌的后侧缘（前面）、腹直肌（中间）和腹股沟韧带（肠壁和后面）组成，腹股沟的外环是腹外斜肌腱膜上的一个纵向裂口。直疝是腹膜从鞘突独立明显的突出，斜疝是通过鞘突的正常外翻而产生的突出现象。

其次，需要拟定手术计划。

手术人员的分工：术者、手术助手、器械助手、保定助手、麻醉助手、巡回助手。

保定方法：动物仰卧保定，四肢固定在手术台上，整个腹部、腹股沟部大面积剃毛、消毒。

麻醉用药：阿托品0.04mg/kg皮下注射，15min后，丙泊酚6mg/kg静脉注射，随后气管插管，进入呼吸麻醉，异氟醚10mL。

手术方法与步骤：术前最好先对皮肤切口进行定位，提举动物两后肢并触压疝内容物，观察其是否克复，如疝内容物可完全还纳腹腔，切口选在腹中线旁侧倒数第一对乳头附近腹股沟外环处，切口长度为2~3cm；如疝内容物不可复，切口则应自腹股沟外环向后延伸，切口长度为疝囊长度的1/2~2/3，以便于在切开疝囊后对粘连部分进行剥离。手术步骤为，动物全身麻醉后取仰卧位固定，后躯稍高，分开两后肢，腹股沟及其周围常规无菌处理，于腹股沟外环处（或向后延伸）切开皮肤与皮下组织，继续向下分离，充分暴露疝囊及腹股沟外环。当疝内容物完全还纳腹腔后，对母犬、母猫可直接闭合腹股沟外环。不留做种用的公犬、猫，当疝内容物完全还纳腹腔后，贯穿结扎总鞘膜及精索，在结扎线下方剪断总鞘膜，并除去睾丸，将残留端送入腹股沟管内，结节或螺旋缝合法适当缩小腹股沟外环即可。疝内容物与疝囊发生粘连时，需切开疝囊仔细剥离，将疝内容物还纳腹腔，螺旋缝合疝囊切口。疝内容物过大或发生嵌闭难以还纳时，需扩大腹股沟外环，这有助于将疝内容物还纳。最后常规闭合皮肤切口。

可能发生的手术并发症及预防急救措施：一般预后良好。

药品、器械的供应：手术刀1把、手术剪2把、圆针与三棱缝针各4个、0~1号丝线缝线若干、0~4号可吸收缝线若干、止血纱布20块、组织镊2把、止血钳6把、巾钳4把、持针钳2把，打包高压灭菌。

术后护理、治疗与饲养管理：术后绝食2~4d，静脉补充营养、电解质、维生素。应用全身抗生素5~7d。2d后给予饮水。3d后给予流食。皮肤缝线7~10d拆除。

第三章 四肢及尾部手术

（一）髋关节脱位整复术

能够正确且熟练地进行髋关节脱位整复术的操作。

1. 病例分析

髋骨关节脱位常由于车祸、坠落等外伤导致，髋关节周围软组织损伤的大小取决于所遭受的外伤情况。股骨头圆韧带总是完全受到损伤，可能是韧带撕裂或撕脱。纤维性的关节囊完全撕裂股骨头才能移位。关节囊撕裂可以是一个小的裂缝，通过裂缝股骨头离开原位，或者发生整个关节内的完全磨损。髋关节脱位应该尽早治疗，以防止髋关节周围软组织的继续破坏以及关节软骨的退化。关节软骨从滑液获取营养，在正常软骨活动中滑液被泵进软骨基质。早期复位有助于软骨营养来源的迅速恢复。

2. 手术器械与物品的准备

手术刀 1 把、手术剪 2 把、圆针和三棱缝针各 4 个、0~1 号缝线若干、医用高强度缝线 1 根、0~2 号丝线若干、医用不锈钢卡子 1 个、止血纱布 10 块、组织镊 2 把、巾钳 4 把、止血钳 4 把持针钳 2 把、医用电钻 1 把，打包高压消毒。

3. 手术场所的准备

手术场所清理干净，紫外线消毒灯消毒 2h。

4. 手术动物的准备

手术动物术前禁食 6h，禁饮 2h，保持体表清洁，进行血常规、血生化检查，确定生理状态最佳，等病情稳定后尽早进行手术。患肢至腰荐部大范围剃毛、消毒。

5. 手术人员的准备

首先是理论知识的准备。进行局部解剖学习。

髋关节是由股骨头和髋臼构成的球和窝的关节。正常构造是在环绕肌肉组织，关节液对关节有牵引作用，股骨头韧带对关节有稳定作用。关节面在髋臼的背外侧面，内侧面是圆韧带所在。关节囊的纤维连接起源于外侧的髋臼边缘，嵌入到股骨颈部。臀部周围起稳定作用的肌肉组织包括臀肌、内旋肌、外旋肌以及内侧的髋腰肌。

坐骨神经经由背内侧到髋臼，髋臼骨折远端骨片会错位到近端骨片内侧。坐骨神经可能直接在远端髋臼骨片的背面或背外侧面。当暴露远端骨片时，应小心操作，避免伤到坐骨神经。软组织损伤和肿胀常常使正常的解剖结构变得模糊。切开大转子周围的组织，使其更容易辨认。臀深肌附着大转子的位置是分离的最好标记。

髋关节脱位时，解剖结构似乎看起来异常，组织可能难以辨认。关节周围的肌肉常常青紫肿胀。在手术开始之前建立正常组织之间的联系，对于髋关节复位是有利的。大转子前缘可被用于手术定位。臀深肌凸出的腱附着点也能被用于手术定位。髋关节脱位时，股骨头一般在臀深肌下方。近端股骨常前背侧移位，这可能使髋臼变得模糊不清。

其次，需要拟定手术计划。

手术人员的分工：术者、手术助手、器械助手、保定助手、麻醉助手、巡回助手。

保定方法：动物仰卧保定，患肢在上。

麻醉用药：阿托品 0.04mg/kg 皮下注射，15min 后，丙泊酚 6mg/kg 静脉注射，随后气管插管，进入呼吸麻醉，异氟醚 10mL。

手术方法与步骤：经前外侧手术径路到达髋关节，翻开臀伸肌以暴露髋关节前背侧的股骨头，将脱位的股骨头完全复位于髋臼内，髋关节复位后，立即检查髋臼覆盖股骨头的程度及通过髋关节在完整的活动中评价复位后的稳定性。用医用电动骨钻在髋臼前缘前方的髋骨上钻孔，在股骨大转子钻 2 个孔，穿入医用高强度缝线，进行 8 字形打结，固定髋关节，重建关节囊，用 0~2 号不可吸收单丝缝线结节缝合关节囊。闭合肌肉组织，结节缝合皮肤。

可能发生的手术并发症及预防急救措施：若髋关节发育不良，手术成功率可能很低。

术后护理、治疗与饲养管理：术后 6h 给予饮水，次日给予流质食物。输液、消炎持续 3~5d。止痛。吃保护关节的处方粮。手术后 3d 即可进行地面活动。

（二）前十字韧带断裂修补术

能够正确且熟练地进行前十字韧带断裂修补术的操作。

1. 病例分析

前十字韧带可分为前侧和后侧两条，均附着于胫骨前缘。前侧韧带在屈伸运动时都处于紧张状态，而后侧韧带，在伸展时紧张，在弯曲时松弛。前十字韧带不仅能限制胫骨的内旋，在膝关节弯曲时，十字韧带相互牵拉，可以限制胫腓骨的内旋程度，同时还能限制膝关节内外翻转的程度。前十字韧带损伤往往是由于韧带的退行性变化或由外伤造成的，作用于腿部的力量超过了韧带的承受力。可以采用外科手术的方法进行治疗。该手术必须要对宠物实施全身麻醉，吸入麻醉的安全性相对非吸入麻醉要高。

2. 手术器械与物品的准备

手术刀 1 把、手术剪 2 把、圆针和三棱缝针各 4 个、0~1 号缝线若干、止血纱布 10 块、组织镊 2 把、巾钳 4 把、止血钳 4 把、持针钳 2 把，打包高压消毒。

3. 手术场所的准备

手术场所清理干净，紫外线消毒灯消毒 2h。

4. 手术动物的准备

手术动物术前禁食 6h，禁饮 2h。保持体表清洁，进行血常规、血生化检查，确定生理状态最佳，等病情稳定后尽早进行手术。术前限制活动，以防由于关节不稳定造成关节软骨组织的进一步损伤。从髋骨到跗骨进行无菌处理。

5. 手术动物的准备

首先是理论知识的准备。进行局部解剖学习。

趾长伸肌腱起始于股骨外侧踝的伸肌窝，直接位于外侧关节切口的下方。前十字韧带起始于股骨外侧踝的内表面，沿着股骨末端和内侧，旋转 90°，插入胫骨平台的前内侧面，位于内侧半月板下方。当位于踝间沟内的韧带被暴露后，就可见后十字韧带。内外侧半月板均发生纤维性变化时，就会出现亚半月形形状，并附着于胫骨和软骨组织周围。

其次，需要拟定手术计划。

手术人员的分工：术者、手术助手、器械助手、保定助手、麻醉助手、巡回助手。

保定方法：动物仰卧或侧卧保定，患肢悬吊，以便手术操作。

麻醉用药：阿托品 0.04mg/kg 皮下注射，15min 后，丙泊酚 6mg/kg 静脉注射，随后气管插管，

进入呼吸麻醉，异氟醚 10mL。

手术方法与步骤：与髌骨水平线为中心，在其前外侧接近髌骨的中央 5cm 切开皮肤，向胫骨嵴下方延伸 5cm。分离皮下组织暴露髌骨的内侧韧带。在髌骨腱内侧缘通过内侧韧带和关节囊做一切口，并延伸至胫骨粗隆的远端和髌骨关节囊的上方。从胫结节向上沿膑韧带内侧 1/3 纵向切开髌韧带和阔肌膜，楔形切除部分髌骨，制作一条腱移植物。其长度约为胫结节与髌骨和股四头肌，暴露外侧腓骨，在股骨和腓骨间纤维组织做小垂直切口，关节完全屈曲，用弯的夹钩或止血钳经此切口，穿破后关节囊，越过股外侧踝顶端而穿出踝间窝，并夹持韧带腱移植物。在弯的夹钩或止血钳退出时，将韧带腱移植物引出股腓间切口。向后拉紧腱移植物，直到胫骨不能前移。用线将其末端与骨膜、股腓纤维组织缝合。最后闭合关节囊。常规闭合筋膜、皮下组织和皮肤。

可能发生的手术并发症及预防急救措施：功能基本不受影响。

术后护理、治疗与饲养管理：术后 6h 给予饮水，次日给予流质食物。输液、消炎持续 3~5d。限制活动 8 周，以后渐渐增加活动量，12 周后自由活动。

（三）肱骨骨折内固定手术

能够正确且熟练地进行肱骨骨折内固定手术的操作。

1. 病例分析

高速度性受伤是肱骨骨折的常见原因。骨折还可造成肌肉损伤和组织肿胀。安置髓内针是固定肱骨骨折最常见的方式，髓内针从骨折线处插入，插至大结节的近端，当骨折变形时，要插入到碎片远端。

2. 手术器械与物品的准备

手术刀 1 把、手术剪 2 把、圆针和三棱缝针各 4 个、0~1 号缝线若干、止血纱布 10 块、组织镊 2 把、巾钳 4 把、止血钳 4 把、持针钳 2 把、4.0 髓内针 1 根、医用电动骨钻 1 把、钢丝 1 匝、持骨钳 2 把、大力剪 1 把、钢丝剪 1 把，打包高压消毒。

3. 手术场所的准备

手术场所清理干净，紫外线消毒灯消毒 2h。

4. 手术动物的准备

手术动物术前禁食 6h，禁饮 2h。保持体表清洁，进行血常规、血生化检查，确定生理状态最佳，检查是否有其他并发伤，等病情稳定后尽早进行手术。

5. 手术人员的准备

首先是理论知识的准备。进行局部解剖学习。

其次，需要拟定手术计划。

手术人员的分工：术者、手术助手、器械助手、保定助手、麻醉助手、巡回助手。

保定方法：动物仰卧保定，患肢在上

麻醉用药：阿托品 0.04mg/kg 皮下注射，15min 后，丙泊酚 6mg/kg 静脉注射，随后气管插管，进入呼吸麻醉，异氟醚 10mL。

术前动物的准备：肩胛骨部至腕关节处广泛剃毛、消毒。

手术方法与步骤：后外侧切口比较容易暴露肱骨骨干，从肱骨结节后缘做一皮肤切口，沿着肱骨的正向弯曲线做一切口。切开下面的皮下脂肪和深层筋膜，仔细地分离和保护头静脉及桡神经。分离暴露骨断端，从骨断端处向肱骨的近心端打入髓内针，钢针由位于肩关节处肱骨头穿出，注意检查突出的钢针是否影响肩关节的活动性，若影响则需将钢针拔出，并重新固定或换用骨板进行内固定。用骨钻夹持住钉出近心端的钢针，向后方拔出，使髓内针的末端与骨折断端平齐，对合近心和远心端骨断端，计算好远心端和钉入髓内针的长度，将髓内针钉入远心端。为增强固定效果，可用钢丝加固，近心端打孔，远心端肱骨上打孔，将钢丝穿入，并将钢丝旋紧固定。缝合肌纤维和肌组织，缝合筋膜和皮下组织，结节缝合皮肤。用大力剪剪短多余的钢针，前肢用制动绷带包扎。术后 X 线检查内固定手术效果。

可能发生的手术并发症及预防急救措施：可能会发生髓内针松动的现象，术前应选用与动物髓腔相对的髓内针。

术后护理、治疗与饲养管理：术后 6h 给予饮水，次日给予流质食物。输液、消炎持续 3~5d。限制活动 3 周。

（四）桡尺骨骨折内固定手术

能够正确且熟练地进行桡尺骨骨折内固定手术的操作。

1. 病例分析

犬在跳跃或坠落过程中出现明显的、较小的损伤时，易引发桡骨和尺骨骨折。用接骨板是固定桡尺骨骨干骨折的好方法。接骨板通常用在比较宽、平坦的桡骨磨合面。用在桡骨远端中部表面时也同样有效。骨折的充分暴露是骨折自身修复和应用接骨板所必需的。

2. 手术器械与物品的准备

手术刀 1 把、手术剪 2 把、圆针和三棱缝针各 4 个、0~1 号缝线若干、止血纱布 10 块、组织镊 2 把、巾钳 4 把、止血钳 4 把、持针钳 2 把、对应型号的桡骨接骨板 1 块，医用电动骨钻 1 把、钢丝 1 匝、持骨钳 2 把、导钻 1 把、钢丝剪 1 把、丝锥 1 把、起子 1 把、螺钉 6 个，打包高压消毒。

3. 手术场所的准备

手术场所清理干净，紫外线消毒灯消毒 2h。

4. 手术动物的准备

手术动物术前禁食 6h，禁饮 2h。保持体表清洁，进行血常规、血生化检查，确定生理状态最佳，检查是否有其他并发伤，等病情稳定后尽早进行手术。

5. 手术人员的准备

首先是理论知识的准备。进行局部解剖学习。

桡骨头中部的表面和尺骨远端的侧表面未被肌肉包裹，故可以用触压的方法轻易定位。剥离桡骨近端的伸肌和远端的屈肌就可以暴露桡骨。桡骨远端的中部被头静脉缠绕。触压桡骨头的侧部则可轻易感觉到它位于前臂伸肌下方。

其次，需要拟定手术计划。

手术人员的分工：术者、手术助手、器械助手、保定助手、麻醉助手、巡回助手。

保定方法：动物仰卧保定，患肢悬吊。

麻醉用药：阿托品 0.04mg/kg 皮下注射，15min 后，丙泊酚 6mg/kg 静脉注射，随后气管插管，进入呼吸麻醉，异氟醚 10mL。

术前动物的准备：肩胛骨部至腕关节处广泛剃毛、消毒。

手术方法与步骤：臂前正中桡骨方向手术切口定位，切开皮肤，钝性分离皮下组织，分离筋膜至骨膜层，用骨膜剥离器进行分离，暴露骨折断端。复位骨折断端，并将尺骨复位，尺骨断端间确认不夹有组织，对合断端复位，检查有无骨缺损的情况。对合骨折断端，并将骨膜剥离。将接骨板放置在骨折处，导钻对准接骨板上的孔隙，用电钻进行钻孔，并用丝锥攻丝，接着将螺钉旋入骨皮质中，直到在对侧骨皮质打出。依次将接骨板上的各个孔隙的螺钉钉入，旋紧固定。缝合肌组织，缝合筋膜及皮下组织，结节缝合皮肤。术后 X 线检查内固定情况。

可能发生的手术并发症及预防急救措施：骨不愈合，螺钉脱落。

术后护理、治疗与饲养管理：术后 6h 给予饮水，次日给予流质食物。输液、消炎持续 3~5d。限制活动 3 周。

（五）股骨骨折内固定手术

能够正确且熟练地进行股骨骨折内固定手术的操作。

1. 病例分析

股骨骨折时不推荐使用可塑料材料和夹板来固定，因为用这些方法很难使股骨得到充分固定。可以使用髓内针进行固定。髓内针提供了极好的抗弯曲力，但是却不能抵抗旋转力或者轴的负荷。通常认为，髓内针应该占据骨腔 70%~80% 的空间。髓内针要穿过整个骨腔，所以要选用型号合适的髓内针。

2. 手术器械与物品的准备

手术刀 1 把、手术剪 2 把、圆针和三棱缝针各 4 个、0~1 号缝线若干、止血纱布 10 块、组织镊 2 把、巾钳 4 把、止血钳 4 把、持针钳 2 把、4.0 髓内针 1 根、医用电动骨钻 1 把、钢丝 1 匝、持骨钳 2 把、大力剪 1 把、钢丝剪 1 把，打包高压消毒。

3. 手术场所的准备

手术场所清理干净，紫外线消毒灯消毒 2h。

4. 手术动物的准备

手术动物术前禁食 6h，禁饮 2h。进行血常规、血生化检查，确定生理状态最佳，检查是否有其他并发伤，等病情稳定后尽早进行手术。

5. 手术人员的准备

首先是理论知识的准备。进行局部解剖学习。

股骨的形态决定了使用的髓内针型号。骨髓腔的直径沿其长轴而改变，近端骨髓腔比远端狭窄。骨髓腔最狭窄的部位称为峡部。在股骨上，峡部位于骨近端 1/3 以内，刚好是第三转子的远端。选择髓内针时，必须考虑峡部骨髓腔的直径，可以通过术前的 X 线检查来判断。股骨的曲率也决定髓内针的尺寸。

其次，需要拟定手术计划。

手术人员的分工：术者、手术助手、器械助手、保定助手、麻醉助手、巡回助手。

保定方法：动物仰卧保定，患肢在上。

麻醉用药：阿托品 0.04mg/kg 皮下注射，15min 后，丙泊酚 6mg/kg 静脉注射，随后气管插管，进入呼吸麻醉，异氟醚 10mL。

术前动物的准备：腰荐部至跗关节处广泛剃毛、消毒。

手术方法与步骤：沿股骨方向切开皮肤，寻找股二头肌与股外侧肌间肌缝，剪开筋膜并分离。分离骨膜，暴露近心端、股骨断端。分离骨膜，暴露远心端、股骨断端。持骨钳固定股骨近心端，并钉入大小合适的髓内针，髓内针由大转子窝穿出。钉入髓内针直到髓内针末端与股骨骨折断端齐平，对合断端。从大转子窝处的髓内针开始，将钢针钉入远心端髓腔至远端干骺处，但并不穿出股骨，进入膝关节为准，最好在术前确定好远心端髓腔长度，并在手术中对钢针加以标记。钢丝固定斜劈骨。缝合肌组织，缝合筋膜及皮下组织，结节缝合皮肤。术后 X 线检查。

可能发生的手术并发症及预防急救措施：可能会发生髓内针松动的现象，术前应选用与动物髓腔相当的髓内针。

术后护理、治疗与饲养管理：术后 6h 给予饮水，次日给予流质食物。输液、消炎持续 3～5d。限制活动 3 周。

（六）胫腓骨骨折内固定手术

能够正确且熟练地进行胫腓骨骨折内固定手术的操作。

1. 病例分析

犬猫胫骨骨折主要由外伤引起，包括车祸、枪弹伤，与其他动物打架及摔伤。用髓内针和接骨板都可以用来固定桡尺骨骨干骨折。此病例中由于腓骨生长板撕脱，因而不适合使用髓内针进行手术，接骨板是腓骨骨干固定很好的固定方法。接骨板通常用在宽而平的腓骨内侧面。骨折修复和接骨板安置，需要充分暴露骨折的部位和周围完好的骨。必须小心处理接骨板前边的皮肤，避免埋置物刺激愈合组织。

2. 手术器械与物品的准备

手术刀 1 把、手术剪 2 把、圆针和三棱缝针各 4 个、0～1 号缝线若干、止血纱布 10 块、组织镊 2 把、巾钳 4 把、止血钳 4 把、持针钳 2 把、对应型号的腓骨接骨板 1 块、医用电动骨钻 1 把、钢丝 1 匝、持骨钳 2 把、导钻 1 把、钢丝剪 1 把、丝锥 1 把、起子 1 把、螺钉 6 个，打包高压消毒。

3. 手术场所的准备

手术场所清理干净，紫外线消毒灯消毒 2h。

4. 手术动物的准备

手术动物术前禁食 6h，禁饮 2h。进行血常规、血生化检查，确定生理状态最佳，检查是否有其他并发伤，等病情稳定后尽早进行手术。

5. 手术人员的准备

首先是理论知识的准备。进行局部解剖学习。

腓骨的前内侧没有肌肉覆盖，易于触诊，可作为确定切口的位置。腓骨外侧的伸肌和远端的屈肌收缩，可以暴露整个骨干。内侧隐静脉经过覆盖远端的内侧。

其次，需要拟定手术计划。

手术人员的分工：术者、手术助手、器械助手、保定助手、麻醉助手、巡回助手。

保定方法：动物仰卧保定，暴露患肢内侧面。

麻醉用药：阿托品 0.04mg/kg 皮下注射，15min 后，丙泊酚 6mg/kg 静脉注射，随后气管插管，进入呼吸麻醉，异氟醚 10mL。

术前动物的准备：髋关节至跗关节处广泛剃毛、消毒。

手术方法与步骤：在腓骨前内侧做一平行于腓骨头的皮肤切口，并扩大切口，长度为整个腓骨长度，继续分离筋膜，避开内侧（腓骨远端骨干 1/3 处）的神经和隐静脉。暴露骨折断端，用骨膜剥离器分离骨膜，将接骨板压在骨折部位，导钻对准接骨板上的孔隙，用电钻进行钻孔，并用丝锥攻丝，接着将螺钉旋入骨皮质中，直到在对侧骨皮质打出。依次将接骨板上的各个孔隙的螺钉钉入，旋紧固定。缝合肌组织，缝合筋膜及皮下组织，结节缝合皮肤。术后 X 线检查。

可能发生的手术并发症及预防急救措施：骨不愈合，螺钉脱落。

术后护理、治疗与饲养管理：术后 6h 给予饮水，次日给予流质食物。输液、消炎持续 3～5d。限制活动 3 周。

（七）犬断尾术

能够正确且熟练地进行犬断尾术的操作。

1. 手术器械与物品的准备

手术刀 1 把、手术剪 2 把、圆针和三棱缝针各 4 个、0~1 号缝线若干、止血纱布 10 块、组织镊 2 把、巾钳 4 把、止血钳 4 把、持针钳 4 把、持针钳 2 把，打包高压消毒。

2. 手术场所的准备

手术场所清理干净，紫外线消毒灯消毒 2h。

3. 手术动物的准备

手术动物术前禁食 6h，禁饮 2h。保持体表清洁、进行血常规、血生化检查，确定生理状态最佳进行手术。

4. 手术人员的准备

首先是理论知识的准备。进行局部解剖学习。

其次，需要拟定手术计划。

手术人员的分工：术者、手术助手、器械助手、保定助手、麻醉助手、巡回助手。

保定方法：动物俯卧保定。

麻醉用药：阿托品 0.04mg/kg 皮下注射，15min 后，丙泊酚 6mg/kg 静脉注射，随后气管插管，进入呼吸麻醉，异氟醚 10mL。

手术方法与步骤：

1. 幼犬的断尾

出生 1 周以内的幼犬比较适合断尾，此时不需要进行麻醉。由助手保定幼犬，修剪并无菌处理要切除的部位。朝尾根部缩回尾的皮肤，用拇指和中指固定尾巴，压迫止血。触诊要横断的部分。用手术刀片在两尾椎连接处横断尾。压迫或凝止血。延伸残留尾上收缩的皮肤，估计尾的长度，如果必要的话尽可能多的切除尾的皮肤。十字形缝合皮肤边缘。

2. 成年犬的尾切除术

如果断尾的犬大于 1 周龄，则需要全身麻醉或硬膜外腔麻醉。观察手术部位的隆起、引流、炎症和疼痛。用纱布包住尾的远端或套入检查手套，并用带子固定其上的覆盖物。修剪接近切断的部位，做无菌手术准备。会阴部向上或侧卧固定动物。在要切断部位的近端结扎止血带。朝尾根收缩皮肤。在预期的椎间横断部位末端的皮肤做双 V 形切口。定位 V 形切口，制造背侧或腹侧皮瓣，其长度超过预期的尾的长度。辨别并结扎前部到横断位置的中尾动、静脉和侧尾动、静脉。用手术刀片轻轻切开要横断的椎间隙末端的软组织，并且使尾远端的关节脱落。如果出血，环绕剩余尾的远末端做环形结扎，或重新结扎尾部血管。使用结节缝合暴露椎骨上的皮下组织和肌肉。覆盖尾椎骨固定皮肤皮瓣。根据需要修剪腹侧皮瓣，使皮肤对接缝合时没有张力。对侧皮肤边缘用紧密缝合。用绷带或在动物头部放置伊丽莎白项圈保护术部。

可能发生的手术并发症及预防急救措施：感染、开裂、结疤。

术后护理、治疗与饲养管理：术后 6h 给予饮水，次日给予流质食物。输液、消炎持续 3~5d。限制活动 3 周。

（八）猫截爪术

能够正确且熟练地进行猫截爪术的操作。

1. 手术器械与物品的准备

手术刀 1 把、手术剪 2 把、圆针和三棱缝针各 4 个、0~1 号缝线若干、止血纱布 10 块、组织镊 2 把、巾钳 4 把、止血钳 4 把、持针钳 4 把、持针钳 2 把，打包高压消毒。

2. 手术场所的准备

手术场所清理干净，紫外线消毒灯消毒 2h。

3. 手术动物的准备

手术动物术前禁食 6h，禁饮 2h。进行血常规、血生化检查，确定生理状态最佳进行手术。

4. 手术人员的准备

首先是理论知识的准备。进行局部解剖学习。

猫的远端指（趾）节骨［第三指（趾）节骨］主要由爪突和爪嵴组成。爪突是一个弯的锥形突，伸入爪甲内，爪嵴是一个隆凸形骨，构成第三指（趾）节骨的基础，其近端接第二指（趾）节骨的远端。深指（趾）屈腱附着于爪嵴的掌（跖）侧，总指（趾）伸肌腱附着于爪嵴的背侧。

爪的生发层在近端爪嵴，是断爪的部位，只有将生发层全部除去，才能防止爪的再生。若残留生发层，在几周或 1 个月后，能长出不完全的或畸形的角质。

其次，需要拟定手术计划。

手术人员的分工：术者、手术助手、器械助手、保定助手、麻醉助手、巡回助手。

保定方法：动物侧卧或仰卧保定。

麻醉用药：阿托品 0.04mg/kg 皮下注射，15min 后，丙泊酚 6mg/kg 静脉注射，随后气管插管，进入呼吸麻醉，异氟醚 10mL。

术前动物的准备：保持体表清洁，手术时指（趾）端剪毛、消毒。

手术方法与步骤：用外科刀在爪基部环形切开皮肤，然后分离深部的软组织，直到第三指（趾）节骨断离为止，充分止血，皮肤做 1~2 针缝合，安置压迫绷带。一般需要特殊护理。

切断第三指（趾）骨，减少对足垫的破坏，从而减少术后的长期疼痛。创口是缝合或是开放，各有利弊，一般缝合 1~2 针，可减少出血和疤痕形成。

可能发生的手术并发症及预防急救措施：出血、疼痛、感染、裂开等手术并发症，有可能发生爪的再生，主要是由于切除手术方法不正确造成的，应切除全部爪嵴。

术后护理、治疗与饲养管理：术后 6h 给予饮水，次日给予流质食物。输液、消炎持续 3~5d。限制活动 3 周。

第四篇
外科疾病的诊治技术

第四篇
水体生态环境保护

第一章 外科感染

外科感染是动物有机体对制病微生物侵入在其中生长繁殖所引起局部或全身发生反应性的一种病例过程。外科感染与其他感染不同点是：外科感染主要是由外伤引起；均有明显的局部状态，且常呈急性经过；常为多种细菌混合感染所致；损伤的组织或器官常发生化脓或坏死，治愈后局部常形成瘢痕。

外科感染按致病菌的种类和病程的演变分为两类，即一般外科感染和特异性外科感染。一般外科感染又称非特异性感染或化脓性感染，如脓肿、蜂窝织炎等，主要是由葡萄球菌、链球菌、大肠杆菌、绿脓杆菌和坏死杆菌等引起。特异性外科感染是指厌气性感染，如破伤风、气性坏疽等，它们的致病菌、病程演变以及防治方法等都与一般外科感染有明显的不同，此类感染危害严重。

外科感染极其复杂，它取决于侵入体内病原菌的种类、数量、致病力的强弱，机体局部和全身反应不同，在临床上则出现不同的症状。

（一）脓肿的诊治技术

在任何组织或器官内形成内有浓汁潴留、外有脓肿膜包裹的局限性脓腔，称为脓肿。它是致病菌感染后所要求的局限性炎症过程，如果在解剖腔内（胸膜腔、喉腔、关节腔、鼻窦、子宫）有浓汁潴留时则称之为蓄脓。

1. 病因

引起本病的主要致病菌是葡萄球菌，其次是化脓性链球菌、大肠杆菌、绿脓杆菌和腐败杆菌。此外，刺激性强的化学药品，如氯化钙、高渗盐水、水合氯醛等误注或漏出静脉外而引起的非细菌性化脓性炎症。

致病菌侵入机体的途径是皮肤或黏膜的细微伤口，如表皮擦伤等，由于伤口很小，且很快形成痂皮或上皮生长而密闭，但致病菌已侵入并开始生长繁殖。其次是注射时不遵守无菌操作规程而引起的注射部位脓肿。

化脓感染初期，局部因血管扩张，血管壁的渗透性增强，白细胞特别是分叶核型白细胞大量渗出血管外，发生以炎性细胞浸润。因局部受到强烈刺激，血液循环及新陈代谢均发生严重紊乱，患病组织细胞坏死，在酶的作用下，脓性组织溶解，中央形成充满浓汁的腔洞，并在病灶周围因炎症反应而形成脓肿膜，脓肿即告成熟。

2. 症状

按脓肿发生的部位，可将其分为浅在性脓肿和深在性脓肿。

浅在性脓肿多发生在皮下、筋膜下、肌腱间或表层肌肉组织中。初期，局部肿胀无明显界限，且稍高于皮肤的表面，触之局部坚实，热痛明显。脓肿成熟后，中心逐渐软化并出现波动，波动越来越明显，此时如不及时切开，常会自溃排脓。

深在性脓肿发生在深层肌肉、肌间、骨膜下及内脏器官中。因其部位深，局部肿胀增温不明显。但常可以见到皮肤及皮下组织的炎性水肿，触诊疼痛，常留有指压痕，但波动不明显，可行穿刺帮助诊断，以便确诊。较大的深在性脓肿有时亦能自溃。

根据脓肿发生器官功能的不同而出现不同的临床症状。无论是浅在性和深在性脓肿，其腔内贮留的脓较多，如不及时切开排脓或脓肿不能自溃而使脓汁外流，动物会出现体温升高、食欲不振等全身症状。如将脓肿切开充分排脓，其体温可迅速恢复正常。

3. 诊断

浅在性脓肿一般容易诊断，困难时可做穿刺诊断。对某些深在性脓肿，诊断困难者，必要时亦可进行穿刺诊断。临床上应与血肿、淋巴外渗、疝及某些挫伤等比较鉴别。

4. 治疗

治疗原则是消除感染病因，进行消炎、止痛治疗，促进炎症产物的消散吸收，增强机体的抗感染和修复能力。

处于急性炎性细胞浸润初期的脓肿，局部可涂布消炎镇痛软膏，如樟脑软膏、鱼石脂软膏、用醋调制的复方醋酸铅散等。亦可使用冷疗法。但炎性渗出停止后，局部可用温热疗法、超短波疗法、氦-氖激光照射，促进炎性产物消散吸收，同时应配合全身抗生素或磺胺类药物的治疗。

（1）脓肿切开法。如脓肿有波动，可行脓肿切开术，以排出脓汁，减轻压力，防止毒素扩散吸收。行脓肿切开时要注意如下几点。

①诊断必须正确，为了防止误将动脉切开，对较深的脓肿必须通过穿刺证实。

②切口应选择在波动最明显处，并应在脓肿的最底部切开，切口要有足够的长度，有利于脓汁的顺利排出。脓肿腔用灭菌生理盐水或消毒溶液（如0.1%新洁尔灭、3%过氧化氢溶液），充分冲洗后，安置引流管或纱布条进行引流。

③手术前术野应剪毛、消毒。为防止脓汁向外喷射，可用针头先行穿刺，排出部分脓汁，然后再选最软的部位切开。执刀的方式以反挑式为佳。

④下刀不宜过深，以防误伤对侧脓肿膜而使脓汁扩散，待脓汁不再向外流出时，即可进行脓腔内检查，发现有异物或坏死组织应小心除去。若脓肿过大，其底部尚有多量脓汁排不出时，需考虑做"反对孔"。

（2）脓肿摘除法。对于表在性的小脓肿，可采用脓肿摘除术。无菌切开皮肤后，不破坏制脓膜，彻底剥离脓肿周围组织，取出完整的脓肿。创内撒抗菌药物，缝合创口。但须注意勿切破脓肿膜而使新鲜手术创被脓汁污染。

（3）脓汁抽取法。对于有完整脓肿膜的小脓肿，可用较粗的针头抽净脓汁后，用生理盐水反复冲洗其脓腔，待抽出生理盐水后再注入青霉素溶液。

（二）蜂窝织炎的诊治技术

蜂窝织炎是疏松结缔组织发生的一种急性弥漫性化脓性炎症。常发生于皮下、筋膜下、黏膜下、肌间、气管及食管周围的疏松结缔组织内，以浆液性、化脓性和腐败性渗出液并伴有明显的全身症状为特征。

1. 病因

本病的致病菌主要是葡萄球菌和溶血性链球菌，也有少数与腐败菌混合感染。一般是通过皮肤小创口，尤其咬伤引起原发性感染，也可继发于邻近组织或器官化脓性感染直接扩散或通过血液循环和淋巴循环的转移感染。局部误注或漏注刺激性药物（如硫喷妥钠、氯化钙等）和变质疫苗，也可引起蜂窝织炎。

病初患部首先发生急性浆液性渗出，其渗出液迅速沿疏松组织向四周蔓延，波及的组织发生化脓溶解，形成化脓灶，并向周围扩散成为蜂窝织炎性脓肿，但脓肿膜不完整，易破溃。

2. 症状

由于发病的部位不同，临床诊断症状亦各有特点，综合起来可分为局限性蜂窝织炎和弥漫性蜂窝织炎。

局限性蜂窝织炎初期呈急性炎症症候，局部增温、疼痛肿胀、皮肤紧张。由于病畜防卫能力增强而形成多处脓肿。

弥漫性蜂窝织炎的病程经过特别迅速和激烈，病初与局限性蜂窝织炎的症状相同，但经过0.5~1d后，即发生蔓延的带有热痛的肿胀，造成严重的机能障碍，并出现体温升高、食欲减退等症状。如治疗不及时或延误治疗，弥漫性蜂窝织炎转为慢性时，患部皮下结缔组织增生，肿胀逐渐消退，被毛粗乱，皮肤硬化而失去弹性，呈橡皮样肥厚，称为橡皮病。

四肢常呈皮下和筋膜下蜂窝织炎。病初局部出现无明显界限的弥漫性渐进性肿胀。触诊局部热痛明显、皮肤紧张、无移动性，肿胀初期呈捏粉状，留有指压痕，后期变坚实。随着局部坏死组织的化脓性溶解，触诊柔软有波动。经过良好者，化脓过程局限化，形成蜂窝织炎性脓肿，脓汁排出后，动物局部和全身症状均减轻。严重者，感染可向周围蔓延而使病情加剧，甚至转变为全身性化脓性炎症，而危及病畜生命。

肌间蜂窝织炎感染沿肌间和肌群间的大动脉及大神经干的径路蔓延。首先是患病出现炎性水肿，继而形成化脓性浸润和化脓灶。患病肌肉肿胀、肥厚、坚实、界限不清，机能障碍明显。触诊局部紧张，主动或他动运动时疼痛剧烈。动物体温升高、无力、食欲减退、精神沉郁。脓肿切开后流出灰色血样脓汁。

静脉周围漏注强刺激剂时，局部很快出现弥漫性肿胀。皮肤紧张，无可动性，有明显的热痛反应，一般无全身症状。初期为浆液性渗出，如感染化脓则于注射后的3~4d出现化脓性浸润，继而成为化脓灶，破溃后流出微黄白色较稀薄的脓汁，可继发为化脓性血栓性静脉炎。

3. 治疗

必须全身和局部治疗并重，采用综合疗法。全身治疗的目的是增强机体的抵抗力、解除中毒、预防败血症以及尽早使炎症局限化。

（1）抑制炎症发展，促进炎症产物消散吸收。蜂窝织炎初期（24~48h），局部尚未化脓溶解时，对患部剪毛后，厚层涂布用醋调制的复方醋酸铅散；或用10%酒精鱼石脂溶液做患部冷敷；同时，患病周围以普鲁卡因封闭等。病后3~4d，当局部炎性渗出已基本平息，局部可使用药液温敷、氦-氖激光照射、超短波及微波电疗法等。

（2）手术切开。冷敷后局部肿胀未见减轻并有继续发展的趋势，动物全身症状恶化，此时为了防止局部组织坏死，减轻组织内压，便于排出炎性渗出物及脓汁、坏死组织，应立即进行手术切开。切开部位应选择在波动明显处，表在性的切开皮肤即可；深在性切口要有足够的长度和深度，必要时可多做几个切口，达到引流通畅的目的。创口止血后局部可填塞中性盐类高渗溶液（常用的是10%硫酸镁或硫酸钠溶液）浸湿的纱布，利用渗透压的不同，以促进炎性渗出液的排出。此外，局部已形成蜂窝织炎性脓肿时，亦应及时切开，其创口按化脓创处理。

（3）橡皮病的治疗。重点应放在早期改善局部血液循环和淋巴循环，促进炎症产物的消散吸收。为此，局部可用 CO_2 激光扩焦照射及微波电疗法等。根据动物的全身症状，对症治疗。

（三）败血症的诊治技术

机体从感染病灶吸收致病菌及其有毒产物和组织分解产物所要求的全身性病理过程常称为败血症。

1. 病因

引起败血症的主要致病菌是金黄色葡萄球菌、溶血性链球菌、大肠杆菌、厌气性链球菌和坏死杆菌。机体过劳、衰竭、维生素不足或缺乏症及某些慢性传染病均为易发败血症的因素。败血症一般是开放性损伤、局部急性化脓性感染处理不当、烧伤、产后严重感染及手术后严重感染的并发症。

2. 败血症

灶内存有大量坏死组织和不良的血液供应，是致病菌大量生长繁殖的有利条件，此时各种有毒物质和致病菌可随着血液及淋巴进入体内，因其量大、毒力强，使心血管系统、神经系统、实质器官均发生一系列的机能障碍和营养失调。

败血症与脓毒血症不同，脓毒血症是化脓灶中的细菌间歇地进入血液，随血液循环进入其他组织中，引起转移性脓肿，称为脓毒血症。两者混合出现称为脓毒败血症。

3. 症状

（1）有转移的全身性化脓性感染。致病菌通过栓子或被感染的血栓进入血液循环后被带到不同器官和组织，并在其中形成从粟粒大到成人拳样大的转移性脓肿。主要是由致病菌引起，因而又称细菌性败血症，常见于犬。动物体温升高，呈弛张热或间歇热。当败血病灶有热源性物质不断地被机体吸收时，则出现稽留热。病畜精神萎靡、食欲废绝、嗜饮水，常因身体虚弱而趴卧不起、当内脏发生转移性脓肿时，由于被侵害脏器的功能不同而出现相应的临床症状。

（2）非转移的全身性化脓性感染。主要致病因素是各种毒素（致病菌产生的内、外毒素和坏死组织分解的有毒产物等）引起的中毒。患病动物食欲废绝，呼吸困难。结膜黄染，有时有出血点。脉弱而快。有时出现中毒性腹泻和癫痫症状，尿量少而含有蛋白。动物不愿站立或起立困难，步态不稳，常趴卧。体温明显升高，可达40℃以上，常呈短的间歇热后即出现高热稽留，在死前不久体温开始下降。

败血症患畜血液检查结果为白细胞总数增加2~3倍，嗜中性粒细胞比例增多，并出现核左移，凡出现淋巴细胞比例增加而白细胞总数逐渐正常，表明病情已有所好转，可能治愈。红细胞总数及血红蛋白含量往往偏低或无明显变化。在大量使用抗菌药物前，可在血液中检查到细菌。

4. 诊断

本病的诊断一般并不困难，但需与急性炎症过程时发生的中毒相区别。

5. 治疗

治疗原则是彻底处理病灶，用足量的抗生素药物，控制全身感染，提高机体抵抗力，恢复受害器官的功能。

（1）局部治疗。须从治疗败血病灶着手，以消除传染和中毒的来源。为此要消除创囊和脓窦，摘除异物，排净脓汁，除去创内所有的坏死组织，必要时还可做反对孔引流。用刺激性较小的防腐消毒剂冲洗败血病灶，然后按化脓创处理，创围行普鲁卡因封闭。

（2）全身治疗。早期合理应用抗生素疗法、碳酸氢钠疗法、葡萄糖疗法、大量供水和补给维生素、进行补液或输血，严重性中毒感染时可配合使用皮质激素进行抢救。加强患病动物的营养和护理。

（3）对症治疗。当心脏衰弱时可应用安钠咖和其他强心剂；肾机能紊乱时可应用乌洛托品；败血性腹泻时静脉注射氯化钙；为防治转移性肺脓肿，可静脉注射樟脑酒精糖溶液。

第二章　损伤的处理技术

能够熟练地进行损伤等外科疾病的处置。

由于外界暴力的刺激作用，引起机体组织或器官发生形态学变化或机能紊乱，同时伴有机体局部和全身反应的外伤称损伤。

引起损伤的原因很多，归纳起来主要有以下四种，即机械性损伤，由于机械外力作用于组织或器官所引起，如车祸、坠落及斗殴等；物理性损伤，由高温、低温、电击及放射性因素等作用于机体而引起，如烧伤、冻伤等；化学性损伤，由酸碱或由毒化学物质作用于机体所致；生物性损伤，如毒蛇及昆虫咬蛰而发生。犬、猫常见病因主要是机械性损伤。从损伤的部位看，四肢损伤最多，其次为头部及骨盆损伤。

损伤分类方法很多，根据损伤组织和器官不同，可分软组织损伤和硬组织损伤；按致伤因素可分为车祸伤、坠落伤、刺伤、切伤、枪伤等。临床诊断常根据皮肤及黏膜完整性分开放性损伤和非开放性损伤。

一、创伤的处理技术

（一）概念及分类

不同的外力突然作用于机体，使皮肤、黏膜及其深部软组织发生破裂或缺损，称为开放性损伤，又称为创伤。

按致伤机体的性质及原因分为切创、刺创、砍创、挫创、撕裂创、压创、咬创、毒创、褥疮和复合创等。犬、猫等小动物最常见的是挫创和压创（车祸所致），以及咬伤（互相玩耍或撕咬引起）。按创伤的新旧可分为新鲜创和陈旧创。按创伤的形状可分为整形创、不整形创、瓣状创及组织缺损创等。按引起创伤的原因可分为手术创和自然创等。按创伤有无感染分为无菌创、污染创、感染创和保菌创。

再根据诊疗的需要，常将每一具体创伤分成各个部位，并分别称为创围、创缘、创面（壁）、创腔和创底，呈管状而且有较长的间隙时，称为创道，创缘间的孔隙称为创孔或创口。

（二）症状

1. 局部症状

（1）出血及组织液外流。组织发生开放性损伤后立即出血，并有大量带灰黄色的组织液外流，只是因为常被血液所掩盖，易被忽视。

（2）创口移开。由于受伤组织的收缩，而使创缘和创壁移开。一切开放性、机械性损伤均伴有组织断裂或缺损。

（3）疼痛。由于创伤时感觉神经末梢、神经丛或神经干遭到损伤而引起疼痛。

（4）机能障碍。根据创伤的种类、程度、部位及大小的不同，其引起的机能障碍亦不同。主要是出现损伤的局部运动机能障碍，运动失调、跛行，感觉神经损伤时出现局部知觉丧失和肌肉麻痹等。

2. 全身症状

在重度创伤的经过中可出现急性贫血、休克，因重度感染而发生败血症等。

（三）检查

1. 一般检查

包括问诊及全身检查等。主要了解创伤发生的原因和时间，受伤的部位，受伤的情况，受伤后出现的症状等；然后测量体温、脉搏及呼吸数，检查可视黏膜的颜色和病畜的整体状态等。

2. 创伤局部检查

要注意检查创伤的部位，伤口的大小、形状、方向，创缘、创壁、创底的情况，创口裂开的程度，创内有无异物，创伤组织挫灭及出血和污染的程度等；当创内有创液或脓汁流出时，要注意检查其性状和排出情况等；当创内已有肉芽组织时，要注意其数量、颜色、生长发育的情况等。做创伤内部检查时，一定要在熟悉局部解剖构造的基础上，严格遵守无菌操作的情况下，细心大胆地进行，要防止破坏相邻的健康组织，避免造成继发性感染。

3. 辅助检查

严重创伤时，如要探明创伤部位有无内脏器官或骨的损伤，必须通过拍摄 X 线片及其他特殊检查方法进行检查。必要时，除对病畜的血常规、体液及尿常规进行检查外，还可做创伤脓汁的检查和创伤细胞压片的检查。

（四）愈合

1. 创伤愈合种类

（1）第一期愈合（非化脓创的愈合）。第一期愈合是最理想的愈合形式。组织损伤小，创缘整齐，无感染，炎症反应轻，经缝合创缘对合很好，创腔小，只需少量肉芽组织填充。这种创口愈合快，瘢痕组织少，称一期愈合。大部分干净的手术及轻微污染并及时合理处理的自然创，可取这种愈合形式。创伤未被感染、创缘和创壁能密切对接、创内无异物和坏死组织、无血肿及组织保有生机的创伤都能取第一期愈合。

（2）第二期愈合（化脓创的愈合）。组织缺损大，创缘不整齐，创口开放或感染，炎症反应严重，只有控制感染，清除坏死组织和异物，修复才开始。因创腔大，需大量肉芽组织填充创腔。这种创口愈合的时间长，瘢痕组织多，功能受影响，称二期愈合。创缘、创壁之间有较大空隙或缺损，组织挫灭严重，创腔中有泥土、血凝块、被毛侵入或污染严重已感染化脓的陈旧创，均取第二期愈合。当创伤坏死组织基本净化后，创面逐渐地长出新生的肉芽组织并充满创腔，肉芽组织逐渐成熟而形成瘢痕，并被覆上皮而愈合。

（3）痂皮下愈合。皮肤表层剥落的擦伤时，因局部血液组织液干涸形成痂皮，被覆于创面起保护创伤的作用，同时痂皮下上皮新生，未化脓则痂皮逐渐自然脱落，创伤即可治愈。如化脓时，则痂皮脱落后局部形成小缺损而取第二期愈合。

2. 影响创伤愈合的因素

创伤愈合的速度常受到许多因素的影响，主要因素包括外界条件方面的、人为的和机体方面的。创伤诊疗时，应尽力消除妨碍创伤愈合的因素，创造利于愈合的良好条件。

（1）创伤感染。创伤感染化脓是延迟创伤愈合的主要因素，由于病原菌的致病作用，一方面使伤部组织遭受更大的破坏，延长愈合时间；另一方面机体吸收了细菌毒素和有害的炎性产物，降低机体的抵抗力，影响创伤的修复过程。

（2）创内存有异物或坏死组织。当创内，特别是创伤深部存有异物或坏死组织，炎性净化过程不能结束，化脓不会停止，创伤就不能愈合，甚至形成化脓性窦道。

（3）受伤部血液循环不良。创伤的愈合过程是以炎症为基础的过程，受伤部血液循环不良，既影响炎性净化过程的顺利进行，又影响肉芽组织的生长，从而延长创伤愈合时间。

（4）受伤部不干净。受伤部经常进行有害的活动，容易引起继发损伤，并破坏新生肉芽组织的健康生长，从而影响创伤的愈合。

（5）处理创伤不合理。如止血不彻底，施行清创术过晚和不彻底，引流不畅，不合理的缝合与包扎，频繁地检查创伤和不必要的换绷带，以及不遵守无菌规则、不合理地使用药剂等，都可延长创伤的愈合时间。

（6）机体维生素缺乏。维生素 A 缺乏时，上皮细胞的再生作用迟缓，皮肤出现干燥及粗糙；B 族维生素缺乏时，能影响神经纤维的再生；维生素 C 缺乏时，由于细胞间质和胶原纤维的形成障碍，毛细血管的脆弱性增加，致使肉芽组织水肿、易出血；维生素 K 缺乏时，由于凝血酶原的浓度降低，致使血液凝固缓慢，影响创伤愈合时间。

（五）治疗

1. 创伤治疗的原则

（1）正确处理局部和全身的关系。从病畜全身状态出发，从患部着手，在抓紧局部处理的同时，应注意必要的全身治疗。在某些情况下，全身治疗是主要的，在改善全身情况后，再进行局部处理。

（2）预防和制止创伤的感染与中毒。对新鲜创应着重防止感染；对化脓感染创，应着重消除感染和制止中毒。

（3）消除影响创伤愈合的因素。用外科处理方法创造创伤愈合的条件，加强饲养管理，治疗全身疾病，增强机体的抵抗力，防止并发症的发生。

2. 创伤的治疗措施

（1）创伤的外科处理。

①创伤清净术。包括创围剪毛、清洗、取出创内的组织碎片及异物，应用化学防腐剂，清洗创面，包扎保护性绷带等，适用于新鲜创和陈旧创。

②扩创术。其目的是扩开伤口，保证创液或脓汁能顺利排出和导入防腐性引流。包括造反对孔和辅助切口。

③创伤部分切除术。除去严重污染和失去血液供应的坏死组织和损伤严重的组织，以便在非损伤组织界限内造成一个创缘、创壁平整的，近似于新鲜的手术创。术后根据情况可进行密闭缝合或开放治疗。

④创伤的全部切除术。从创内除去全部污染和损伤的组织，在健康组织界限内造成一个无菌的手术创。术后进行密闭缝合。

⑤创伤的二次缝合（肉芽创的缝合）。为了加速愈合和使大创伤愈合后瘢痕范围小，可进行肉芽创的缝合。

（2）创伤的干净疗法和运动疗法。创伤后的最初 6~8d，伤口对感染及各种刺激的抵抗力很弱，故须保持局部和全身的干净。根据情况局部可包扎绷带，必要时包扎夹板绷带或石膏绷带，创伤周围进行普鲁卡因封闭等。当肉芽组织在创面上已形成完整的防卫面时，使患病动物进行适当的运动，可加速创伤的愈合。

（3）创伤的开放疗法和非开放疗法。创伤不包扎绷带称开放疗法，包扎绷带称非开放疗法。

前者适用于创内有大量脓汁不断排出，已发生厌气性和腐败性感染，或者有上述感染可能者，烧伤、褥疮、湿疹、化脓性窦道、分泌性及排泄性瘘管等。后者适用于四肢末端，有急性炎症、创伤水肿和干性败血性的创伤。在治疗过程中需要及时合理地更换绷带。

（4）创伤的引流及非引流疗法。在创内有血液及炎性渗出物潴留时，宜进行引流疗法。临床上常用的是用灭菌纱布条做的棉纱引流，它适用于创液或脓汁较稀薄、量比较少的创伤。当创伤内炎性渗出物量多而黏稠时，棉纱引流很快地丧失其引流作用，此时最好使用胶管引流。当创伤内脓汁或创液能顺利排出创外或无液体潴留时，应使用非引流疗法。

（5）创伤的化学防腐法。创伤治疗时除采用外科处理的机械防腐和某些物理防腐法外，为了加强治疗效果，常并用化学防腐法。创伤用化学防腐剂和用药方法主要有以下几种。

①创伤冲洗剂。常用的有生理盐水、3%过氧化氢溶液（双氧水）、碘酊、0.1%高锰酸钾溶液、0.1%~0.5%雷夫奴尔溶液、0.05%~0.1%新洁尔灭溶液、0.02%杜米芬溶液和0.05%洗必泰溶液等。

②创伤的撒布剂。粉剂吹入或用喷粉器将粉剂均匀撒布在创面上。常用的有青霉素、链霉素、碘仿、呋喃西林等粉剂。

③创伤的贴敷剂。用膏剂、乳剂或粉剂厚层放置于纱布块上，再贴敷于创面，然后用绷带固定。常用的有抗菌素软膏、磺胺乳剂、碘仿磺胺粉（1:9）和碘仿硼酸粉（1:9）等。

④创伤的湿敷剂。用浸有药液的数层纱布块贴敷于创面，并经常向纱布块上浇洒药液。所用药液，如0.1%呋喃西林溶液、20%硫酸镁或硫酸钠溶液和0.01%~0.05%新洁尔灭溶液等。

⑤创伤的涂布剂。涂布剂是将液体药液涂布于创面上。常用的有5%的碘酊、2%的龙胆紫、1%~2%鱼肝油红汞等。

⑥创伤的灌注剂。常用于细而长的创道内的灌注。常使用挥发性或油性药剂，如10%碘仿弥合剂、魏氏流膏（处方药；松馏油5.0mL，5%碘仿20mL，蓖麻油100.0mL）、磺胺乳剂等。

（6）创伤的物理疗法。合理地应用物理疗法可以加速创伤的炎性净化和组织再生，有利于创伤的修复。常用的光疗法有红外线、紫外线及激光疗法。常用的电疗法有直流电离子透入疗法（透入青霉素、碘离子、锌离子等），短波、超短波及微波电疗法等，也可使用特定电磁波（TDP）照射。有条件时对化脓感染创可采用氦-氖激光疗法，该疗法具有消炎、镇痛，促进组织再生和加速上皮形成，加速创伤愈合的作用，是现代治疗创伤的一种很好的物理疗法。

（7）创伤的全身疗法。严重的创伤，特别是感染创，当患病动物出现体温升高，精神沉郁，食欲减退等全身症状时，应及时进行全身治疗。为此可应用点滴补液，补葡萄糖、能量合剂、生理盐水等。为减少炎性渗出可少量静脉滴注钙制剂，如有酸中毒，可静脉滴注5%碳酸氢钠溶液。重者可进行输血及输血浆治疗。为了防止创伤的感染，应及时合理地选用抗生素和其他抗炎药物。合理地饲养管理在创伤治疗上具有重要意义，有助于防止有机体发生创伤感染，并能增强创伤的炎性净化和促进创伤的组织再生，利于创伤的愈合。

3. 不同创伤的一般外科处理

临床实践中按创伤有无感染、化脓症状，可分为新鲜创与化脓感染创。新鲜创发生的时间较短，包括手术和新鲜的污染创（受伤时被污物、细菌等污染而未发生感染症状的创伤）；而化脓感染创是指被细胞感染后，出现化脓性炎症的创伤。

（1）对新鲜创的处理，应着重于创伤的止血与防止感染。

①创伤止血。根据创伤发生的部位和出血程度，除应用一般手术中的止血方法（止血钳止血及结扎、填塞止血等）外，还可应用局部和全身性的止血药。

②创围的清洗和消毒。先用灭菌纱布将创口盖住，剪去创围的被毛，用肥皂水或3%的来苏儿

清洗创围，然后用 5%的碘酊消毒创围。

③清净创腔。用药液洗涤和器械处理的方法来防止创伤的感染。为此，取下覆盖创口的纱布，除去创内的异物，用生理盐水或 0.05%~0.1%的新洁尔灭反复洗涤创腔，再用无菌纱布轻蘸创腔。

④创伤的修整。对清洗后的清净创伤，仔细检查创内的情况，切除或修整创腔内的坏死组织和失活组织，使创腔、创缘整齐，然后用防腐消毒液（0.1%高锰酸钾溶液、0.1%雷夫奴尔溶液）或生理盐水清洗创伤，并向创内撒布磺胺粉或青霉素粉。最后做密闭缝合。

⑤创伤的缝合与包扎。对每个新鲜创是否都进行缝合，主要应视创伤的具体情况而定。当创面比较整齐，外科处理又比较彻底，可实行创口的密闭缝合；当有感染的危险时，可采用部分缝合，并于创口下方留出排液的创口；当创伤组织损伤严重或不易缝合时，可实行开放疗法。

不能缝合的创伤，可根据创伤的部位，创液的多少及季节的不同，而对创口实行包扎或开放疗法。如果创伤的部位在四肢的末端，创液较少，而且在寒冷的季节，可用脱脂棉或绷带包扎防冻。

⑥密闭缝合创的拆线。创伤缝合后，如发现感染化脓则应立即拆除缝线，然后按化脓创处理；如果未感染而取第一期愈合，一般应在 10d 左右拆线较为适宜，过早或过晚拆线都不利。

拆线时，应先用酒精或碘酊消毒缝线及其周围皮肤，然后用镊子轻轻提起线端，露出少许埋入组织的缝线，用剪刀从该处剪断抽出缝线。

新鲜创的换药时间，可根据病情而定，一般无过度肿胀及创液过多或污染时，可每隔 2~3d 换一次药。

（2）对化脓感染创的处理。化脓创（被细菌感染化脓的创伤）的处理，目的在于除去创内的异物、坏死组织和脓汁，控制感染的扩展，促进创伤的净化，消除炎症。

①创围的清洗与消毒（同新鲜创）。

②清净创面。除用防腐消毒液外，对化脓感染创，临床上常用双氧水或碘酊双氧水（3%过氧化氢溶液内加入少量的碘酊）进行创面的清洗，然后用生理盐水彻底清洗。特别是有厌气性细菌感染时，应用强氧化剂 0.5%高锰酸钾，3%过氧化氢洗涤创面。

③处理创腔。首先，用外科器械扩创，除去创内的异物，切除坏死组织，清除脓汁。如果脓汁排出不畅或因创腔深而有蓄脓现象时，应扩创做反对孔，以便脓汁排出。其次，用防腐消毒药液或生理盐水清洗创面。

④应用药物。对化脓感染创，使用的药物应具有抗菌、增强淋巴净化、降低渗透压、使组织消肿和促进酶类作用正常化的特性。宜用高渗盐溶液，如 10%氯化钠溶液、10%硫酸钠溶液或 20%硫酸镁溶液等。

用上述药液做创腔灌注或用脱脂棉纱布浸蘸上述药液并敷于创面上，再加以包扎。

⑤创伤的引流。当创伤较深（关节透创例外），为使创液及脓汁顺利排出，常用纱布浸蘸上述药液进行创伤引流，使纱布条的一端导入创腔深部，但不要塞得过紧；另一端游离于创口下方，便于创液的流出。

（3）肉芽创（组织修复期）的处理。目的在于促进肉芽生长，保护肉芽，防止肉芽赘生。

①创围的清洗与消毒（同新鲜创）。

②清净创面。清洗时，不能用刺激性强的药液，以免损害健康的肉芽组织。可用生理盐水或低浓度防腐液轻轻清洗，切忌强力粗暴地擦拭或刮削。

③应用药物。宜用软膏，如磺胺软膏、青霉素软膏、氧化锌水杨酸钠软膏等。

④对非健康肉芽的处理。当肉芽组织过度生长而超出创面时，应刮去或切除腐蚀不健康的肉芽，并清洗创面，撒布强氧化剂（如高锰酸钾粉），使其形成痂皮。

二、软组织非开放性损伤的处理技术

在外力作用下，机体软组织遭受破坏，但皮肤或黏膜并未破损，这类损伤称为非开放性损伤。包括挫伤、血肿和淋巴外渗。

（一）挫伤

挫伤是机体在钝性外力直接作用下引起的软组织非开放性损伤。

1. 病因

冲撞打击、跌倒、踢伤、坠落等因素均可引起犬、猫等小动物挫伤。

2. 症状

患部皮肤出现轻微的致伤痕迹，如被毛逆乱、脱落或皮肤擦伤。患病淤血、肿胀、疼痛或机能障碍。淤血是血管破裂，血液积聚在组织中，在缺乏色素的皮肤上可见到明显的淤血斑，用手指压迫淤血斑不会消退，淤血斑的颜色随着红细胞的崩解及血红蛋白的变化，可由紫红色变为绿色或褐色。肿胀是受损组织发生炎性渗出物的积聚，血液和血清浸润，以及肌纤维发生断裂等所引起。疼痛是神经末梢受损或渗出液压迫所致。挫伤疼痛一般是瞬时性的，但重度挫伤时局部可能一时丧失感觉。

严重挫伤时，可能造成骨及关节的损伤，出现运动机能障碍，如伤部感染，可形成脓肿或蜂窝织炎。反复轻微的挫伤，可形成黏液囊炎或局部皮肤肥厚、皮肤结缔组织硬结等。有时还伴有全身症状，如体温升高、休克、贫血等。

3. 治疗

治疗原则为制止溢血、镇痛、防止感染、促进肿胀吸收和加速组织修复。

病初 24h 内可进行冷敷或施以压迫绷带，可减少出血，减轻疼痛与肿胀。也可在肿胀的周围用 0.5% 普鲁卡因及适量青霉素进行封闭疗法。

防止感染，消炎镇痛，可注射抗生素、磺胺类药物、安乃近、安痛定等，亦可内服跌打丸、活血定痛散，对皮肤擦伤处涂碘酒或紫药水。注意猫不能用安痛定类药物。

2d 后为了促进炎性渗出物吸收，改用温热疗法、红外线照射，也可局部涂擦刺激性药物，如樟脑酒精或 5% 鱼石脂软膏等。并发感染时，按外科感染治疗。

（二）血肿

血肿是由于外力作用引起局部血管破裂，溢出的血液分离周围组织，形成充满血液的血腔。

1. 病因

血肿常见于软组织非开放性损伤，骨折、刺创也常形成血肿。血肿常发生于皮下、筋膜下、肌间、骨膜下及浆膜下。根据损伤的血管不同，可分为动脉性、静脉性或混合性血肿。血肿形成的速度、大小取决于受伤血管的种类和周围组织的性状，一般均呈局限性肿胀，且能自然止血。较大动脉断裂时，血液沿筋膜或肌间浸润形成弥散性血肿。

2. 症状

受伤后立即出现肿胀，并迅速增大，有波动感，饱满，有弹性。4~5d 后由于血液凝固而析出纤维素，触诊时可排出稀薄血液，如伴发感染，局部出现热痛，穿刺物含有脓汁和血液，动物出现体温升高等全身症状。

3. 治疗

治疗原则为制止溢血、防止感染和排出积血。血肿局部剪毛清洁后涂擦碘酊，在 24h 后可行干

性疗法，并装压迫绷带或注射止血剂。经 4~5d 后可穿刺或切开血肿排出积血、血凝块及破碎组织。如继续出血，可结扎止血，清理创腔后再行缝合。已发生感染的血肿应迅速切开，并进行开放疗法。

（三）淋巴外渗

在皮肤的完整性尚未破坏的情况下，皮下及肌组织的淋巴管发生断裂，淋巴液积聚在局部，形成一种非开放性损伤，称为淋巴外渗。

1. 病因

一般是钝性外力在动物体上滑擦，致使皮肤与下部组织分离，造成淋巴管断裂，如动物跌倒在硬地上，或由高处跌落，动物通过狭窄的圈门时挤压或撞伤等，均可造成淋巴外渗。淋巴外渗发生在淋巴管较丰富的皮下结缔组织内。

2. 症状

本病在临床上发病较血肿缓慢，一般于伤后 3~6d 出现肿胀，并逐渐增大，肿胀的界限不甚清楚。触诊肿胀部柔软，有明显的波动感，皮肤不紧张，患部无热痛，炎症反应轻微。穿刺液为橙黄色稍透明的液体，不易凝固，有时混有少量血液，时间较久则因析出纤维素块和囊壁有结缔组织增生，而使肿胀变得坚实。

3. 治疗

首先使动物安静，有利于淋巴管断端的闭塞。较小的淋巴外渗可切开排液，于波动明显的部位进行穿刺，用注射器抽出淋巴液，然后注入 95% 酒精或酒精福尔马林液（95%100mL，福尔马林1mL，碘酊数滴，混合），停留片刻后将其抽出，以期使淋巴管断端的淋巴液凝固而使其堵塞。应用一次无效时，可进行第二次穿刺排液，注入上述药液。

对较大的淋巴外渗可实行切开，排出淋巴液及纤维纱块，用酒精福尔马林冲洗，并用浸有该药液的纱布块填塞于腔内，做假缝合。当淋巴管完全闭锁后，按创伤处理。

治疗时应注意，长时间冷敷可使皮肤发生坏死，而温热疗法和刺激剂疗法、按摩疗法等又可促进淋巴液流出和破坏已形成的淋巴栓塞，故不宜应用这些疗法。

三、物理性损伤的处理技术

由物理性因素所引起的机体组织的破坏，称为物理性损伤。

（一）烧伤

一切超过生理耐受范围的热力、电流和化学物质等作用于动物体表组织所引起的组织损伤，称为烧伤（烫伤或热伤）。

1. 病因

热的液体，如开水、热油、热汤等泼洒在动物体表引起烫伤；电流，如动物因麻醉而长时间卧在电褥上引起的烧伤，犬、猫可因啃咬电线，造成短路产生火花，使口腔遭受烧伤；犬、猫误跳入火炉或电炉引起烧伤；化学物质如强酸、强碱液体洒在动物身上而引起烧伤。

2. 症状

烧伤的程度主要决定于烧伤深度和烧伤面积，但也与烧伤的部位和机体的健康状况有关。

根据烧伤的深度，可分为三类。

（1）一度烧伤。皮肤表层被烧伤，伤部被毛烧焦，局部呈现红、肿、热、痛等浆液性炎症变化。这类烧伤一般 7d 左右可治愈，不留疤痕。

（2）二度烧伤。皮肤表层及真皮层部分或大部被烧伤，伤部被毛烧光或烧焦，伤部血管通透性显著增加，血浆大量外渗，积聚在表皮与真皮之间，呈明显的弥散性水肿或出现水泡。真皮损伤较浅的一般经7~20d可愈合，不留疤痕。真皮损伤较深的一般经20~30d创面愈合，痂皮脱落后常遗留轻度的疤痕，易感染化脓。

（3）三度烧伤。皮肤全层或深层组织（筋膜、肌肉、骨骼）被烧伤。组织蛋白凝固、血管栓塞，形成焦痂，呈深褐色干性坏死状态。三度烧伤因神经末梢和血液循环遭到破坏，创面疼痛反应不明显、温度下降。伤后7~14d，失活组织开始溃烂、脱落，露出红色创面，最易感染化脓。小面积的三度烧伤，形成瘢痕愈合。创面较大时应植皮促使愈合。三度烧伤愈合后，局部留有疤痕。

较大面积的二、三度烧伤，常常伴发不同程度的全身紊乱。严重的烧伤，由于剧烈疼痛，可在烧伤当时发生原发性休克，动物精神高度沉郁，反应迟钝，心力衰竭，呼吸快而浅，可视黏膜苍白、瞳孔散大，耳、鼻及四肢末端发凉或出冷汗，食欲废绝。若病程继续发展，由于伤部血管通透性增高，血浆及血液蛋白大量渗出，血液浓稠，水、电解质平衡紊乱，可引起继发性休克，或中毒性休克。烧伤面易引起感染化脓，特别是绿脓杆菌的感染尤为重要，常并发败血症。

根据烧伤面积，可分为四种：

（1）轻度烧伤。烧伤总面积不超过体表的10%，其中三度烧伤不超过2%。

（2）中度烧伤。烧伤总面积占体表面积的11%~20%，其中三度烧伤不超过4%。

（3）重度烧伤。烧伤总面积占体表面积的20%~50%，其中三度烧伤不超过6%。

（4）特重烧伤。烧伤总面积占体表总面积的50%以上。

3. 治疗

（1）应尽快使动物脱离烧伤现场，清除灼热物质，力求缩短烧伤时间。

（2）止痛、镇静（肌内注射氯丙嗪、吗啡，或静脉注射0.25%盐酸普鲁卡因），大量使用抗生素预防感染。加强护理，预防休克（静脉注射强心剂药物及补液等）。

（3）创面处理。

①一度烧伤创面经清洗后，不必用药，保持干燥即可自行痊愈。

②二度烧伤创面可用5%~10%高锰酸钾溶液连涂3~4d，使创面形成结痂，也可用5%鞣酸或3%龙胆紫等涂布，如无感染可持续应用，直至治愈。一般实行开放疗法，四肢创面可用绷带包扎。

③三度烧伤要正确处理焦痂和早期植皮。焦痂在一定条件下对烧伤创面有保护作用，但也能增加感染机会。因此，既不能过分强调早期清除，也不应长期保留，应根据病情发展，分期清除。在肉芽期的创面应在早期实行皮肤移植手术，可加速创面愈合。

（二）冻伤

由于低温作用所引起的局部组织的损伤，称为冻伤。

1. 病因

寒冷是冻伤的直接原因。冻伤的程度与寒冷的程度成正比。潮湿可增强寒冷的致伤力，风速、局部血液循环障碍和机体抵抗力下降、营养不良是间接引起冻伤的原因。一般而言，温度越低，湿度越高，风速越大，暴露的时间越长，发生冻伤的机会越大，病情亦越严重。机体远端的血液循环量较少，表面温度偏低，相对散热面积大，故易发生冻伤。

2. 分类及症状

目前，认为受冻组织的主要损伤是原发性冻融损伤和继发性血液循环障碍，根据冻伤的范围、程度和临床表现，将冻伤分为三度。

（1）一度冻伤。皮肤浅层冻伤，局部皮肤浮肿，呈紫蓝色，以后充血、灼痛或瘙痒，数日后局部反应消退，其症状表现轻微，常不被发现。

（2）二度冻伤。皮肤全层冻伤，先充血水肿，之后出现水泡，其中充满血样液体。水泡自溃后，形成愈合迟缓的溃疡，12~24d 后逐渐干枯坏死，形成黑色痂，并有剧痛。

（3）三度冻伤。以血液循环障碍引起不同程度和范围的组织干性坏死为特征。患病皮肤及皮下组织冻伤，缺乏感觉，数日后出现大水泡，伤区周围疼痛严重，以后出现不同程度坏死，严重时可波及肌肉和骨骼。通常因静脉血栓形成、周围组织水肿以及继发性感染而出现湿性坏疽。愈合缓慢，易发生化脓性感染。

3. 治疗

重点在于消除寒冷因素，使冻伤局部复温，恢复局部血液和淋巴循环，并防止感染。

及时将患病动物脱离寒冷的环境，进行保暖，用樟脑酒精擦拭。用温水进行复温疗法，先是用20℃左右的水进行温水浴，在 30min 内不断向其中加热水，使水温保持在 38℃，并对无损伤部位进行按摩；皮肤若有破损时，将热水浴改为热敷。动物体温恢复后用保温绷带进行包扎和覆盖。

对一度冻伤，可在患部涂布碘甘油、樟脑油或用按摩疗法。二度冻伤，局部可用 5%龙胆紫或5%碘酊涂擦，并包扎酒精绷带或实行开放疗法。为解除血管痉挛，改善血液循环，可用盐酸普鲁卡因封闭疗法；为减少血管内凝集与栓塞，可静脉注射低分子右旋糖酐和肝素；为防止感染，早期应用抗生素。三度冻伤已发生湿性坏疽的，可摘除和截断坏死组织。还要注射破伤风类毒素或破伤风抗霉素，并实行对症疗法。

四、各个损伤并发症的处理技术

（一）休克

休克是一种有效循环血量锐减、微循环障碍、组织血液灌注不足和细胞缺氧，导致器官损害的综合征。休克不是一种独立的疾病，而是神经、循环、代谢等发生严重障碍时在临床上表现的症候群。

1. 病因及分类

引起休克的病因很多。休克可分低血容量性休克、感染性休克、心源性休克、神经源性休克和过敏性休克等。在外科临床常见低血容量性休克和感染性休克，损伤性休克和失血性休克均属低血容量性休克，均可引起血容量锐减。

（1）损伤性休克。常见于严重损伤的犬、猫，如骨折、胸壁透创、挫伤、挤压伤及大面积烧伤的早期，造成休克的主要原因为剧烈的疼痛刺激、血浆渗出及全血丧失、坏死组织分解产物的释放和吸收。

（2）失血性休克。多见于严重创伤引起的大血管破裂，物体撞击或坠落使内脏（肝、脾、肾）损伤引起的大出血或手术不慎造成的大血管出血等。因大出血，血容量锐减而引起休克。严重呕吐、腹泻和大出汗等引起引起严重脱水，使有效血容量减少，也可引起休克。

（3）感染性休克。常因败血症、大面积烧伤、皮肤感染创、子宫积脓及化脓性腹膜炎等引起严重感染，产生大量细菌毒素所致。

（4）神经源性休克。中枢神经系统受到抑制或损伤，如麻醉药使用过量或脑、脊髓外伤等易引起神经源性休克。

虽然休克病因和最初病理机制不同，但生理性结局都趋于一致，即相对血容量减少，外周血管代偿性收缩，代谢性酸中毒和肺功能衰竭。休克开始是处在逆期或代偿期。此时，儿茶酚胺分泌增多，血管收缩以调整循环血容量。若病情再度恶化，代偿机能难以维持足够血容量，生命器官血灌流量减少，心排血量进一步下降，血液停滞于外周毛细血管网，出现休克的不可逆性，进而更加减少生命器官的血灌流量。

2. 症状

根据休克病程演变，休克可分休克代偿期和休克抑制期。

（1）休克代偿期，又称休克初期。动物表现兴奋不安，心率加快，心音减弱，呼吸次数增加，黏膜苍白等。此期时间较短。

（2）休克抑制期，又称休克期。此期动物精神沉郁，四肢发凉、肌肉无力，毛细血管充盈时间延长，血压下降，心搏过速，脉搏细数，呼吸困难，尿量减少或无尿，黏膜发绀，口渴，呕吐，饮食欲废绝，反应迟钝，瞳孔散大，甚至出现昏迷，如不及时抢救易发生死亡。在感染性休克前或代偿期，动物出现体温升高、寒战等症状。

3. 诊断

根据临床症状，注意结膜和舌的颜色变化，诊断并不困难。要做出早期诊断，应配合应用血压、中心静脉压、心率和毛细血管充盈度等检查。

（1）测定血压。在休克初期，因血管剧烈收缩，血压可维持正常水平，休克期血压则下降。正常犬、猫的血压为 12~18.67kPa。当平均动脉压将至 6.0~6.67kPa 时，动物意识丧失；血压降至 4.0~4.67kPa 持续 2h，导致动物发生脑缺血性休克。也可通过触摸股动脉，估测动脉压。如脉搏不明显，则平均动脉压低于 6.0~6.67kPa；脉搏弱者，血压在 6.67~9.93kPa；脉搏有力，血压一般大于 10.67kPa。

（2）测定心率、呼吸频率和体温。休克时心率快，犬一般均超过 150 次/min；呼吸次数增加；除某些特殊情况体温升高外，一般休克时体温低于正常体温，尤其体表末梢部位更加明显。

（3）测定中心静脉压。中心静脉压的变化一般比动脉压早，持续观察其数值可了解血液动力学变化。

（4）毛细血管充盈度。用手指轻压齿龈或舌边缘，观察松压后血液充盈时间。正常犬、猫毛细血管充盈时间为 1s 以内。在休克状态，其充盈时间超过 2s。

（5）尿量测定。尿量能反应肾灌流情况，故也反应生命器官血灌流情况。可安插导尿管，观察每小时尿量。正常犬、猫每小时尿量为每千克体重 0.5~1.0mL。每小时尿量少于每千克体重 0.5~1.0mL，提示肾血流不足，即全身血容量不足。如无尿，则表示肾血管痉挛，血压急剧下降。

4. 治疗

休克属于一种危症，后果严重。如抢救不及时，会危及动物的生命，故应早发现、早诊断、早治疗。

（1）抢救措施。首先消除病因，保持足够的通气和输氧。对损伤性休克，应及时止血，补充血容量，改善血循环，纠正水、电解质和酸碱平衡失调。镇痛镇静可选安痛定、强痛定等肌内注射，剧痛时可选用吗啡或哌替啶。兴奋期用氯丙嗪、三溴合剂等。

（2）补充血容量。是抗休克的根本措施，应尽快恢复血容量。常用生理盐水、林格氏液、乳酸林格氏液、全血和血浆（或血浆代用品，如右旋糖酐）等。

在严重休克确有酸中毒时（通过测定血气值确定），可用碱性药物，减轻酸中毒。常用碳酸氢钠进行治疗。

（3）肾上腺皮质类固醇疗法。在休克早期，应大剂量使用肾上腺皮质类固醇，可每千克体重静脉注射甲基强的松龙 15~20mg 或地塞米松 4~8mg。初次用量要大，加入等渗溶液静脉注射。每隔 4~6h 注射 1 次，但必须与抗生素合用。

（4）广谱抗生素疗法。若为感染性休克，适宜用广谱抗生素控制感染。开始用量要大，可静脉注射给药。庆大霉素按每千克体重 4.5mg 的剂量溶于林格氏液滴注，1 次持续 75min。如肾功能正常，在此之后，可继续静脉注射庆大霉素，开始 3~5h 剂量为每千克体重 1mg，7h 后，剂量升到每千克体重 4mg，以后每隔 8h 重复上述过程。

（二）溃疡

皮肤、黏膜上的长期不愈合的病理性肉芽创称为溃疡。若病变仅涉及上皮组织，呈现表面溶解现象称为糜烂。溃疡表面是细胞的分解产物、微生物及脓性分泌物或腐败分解产物。溃疡深部是生长缓慢的肉芽，表层肉芽娇嫩，深层肉芽致密。

1. 病因

主要由于局部血液、淋巴循环障碍，机体缺乏维生素，代谢紊乱，神经营养障碍，分泌物或排泄物长期刺激等因素的作用而引起溃疡。也可见于某些传染病的过程中，如淋巴管炎等。

2. 症状

兽医临床常见的溃疡有以下几种：

（1）单纯性溃疡。本病常由于外伤和脓肿、局限性蜂窝织炎所引起，其特征是愈合缓慢，溃疡的基部被覆有玫瑰红色的健康肉芽，溃疡边缘有淡色或淡紫色的幼嫩上皮组织由四周向内形成，且其色泽由外向内逐渐加深，溃疡周围皮肤及皮下组织轻微肿胀，一般缺乏疼痛。

（2）蕈状性溃疡。此病多发生于久卧不起的患病动物或长期使用吊带的患病动物。局部皮肤分别出现干性或湿性坏疽，与周围组织形成明显的分界，无被毛，起初硬固、干燥，呈灰褐色或黑色，多在动物体骨骼突出的部分，如眼眶、肩端髋结节、腕关节、跗关节、系关节等部位。

3. 治疗

主要是消除病因，防止感染，促进健康肉芽生长，加速上皮形成。

一般可采用化脓创或肉芽创的治疗方法，除去脓汁，清洗溃疡面，应用刺激肉芽组织和促进上皮生长的药物，如鱼肝油软膏或水杨酸氧化锌软膏等。或用紫外线照射，每次 15~30min，每天 1 次。

溃疡部化脓性炎症明显时，应切开创囊，除去异物及坏死组织，彻底排出脓汁，采用适当药物促进创伤净化，加速肉芽生长。溃疡部有坏疽倾向时，应早期切除坏死组织，撒布三合粉（高锰酸钾、氧化锌、卤碱粉各等份，研成细末）、磺胺粉、高锰酸钾粉或涂布 5%高锰酸钾溶液等。

对溃疡部的赘生肉芽组织或疤痕组织，可实行手术切除，然后用高锰酸钾粉撒布创面，并用纱布研磨，或撒布三合粉。

在治疗溃疡的过程中，根据情况适当应用维生素制剂、普鲁卡因封闭疗法、自家血液疗法以及紫外线疗法等。

（三）瘘管

瘘管为由体表通向深部组织、器官或解剖腔，而不易自愈的一种病理性管道。确切地说，使解剖腔与体表相通或使空腔器官相通的不易愈合的管道才称瘘管；而使深部组织与体表不相通的盲管称窦道。两者的病理性质是相同的。瘘管由管口、管壁、管道和管底构成。瘘管的病情一般较长，是一种常见的外科病。

1. 病因

形成瘘管的原因有以下几种。

（1）深部组织的化脓性病灶，如蜂窝织炎、脓肿，以及腱、韧带和骨坏死等引起。

（2）创内存在异物，如木屑、砂子、子弹、被毛、手术缝线等，伴有化脓性感染时容易形成。

（3）各种外伤由于治疗不及时或不合理亦可引起。

2. 症状

瘘管的一般临床症状，是不断地由管口向外排出各种不同性质数量的脓汁，管口下方常附有大量脓汁或干燥后形成的脓痂，管口常伴有皮炎及被毛脱落。此时可能有明显的全身症状。瘘管口位置较高时，瘘管内潴留脓汁较多，在患病动物活动时，才挤出少量脓汁。若瘘管与腺体相同，瘘管排出物含有食糜或胃肠内容物。

若病程较长，深部无脓灶存在，管壁形成纤维瘢痕组织时，脓汁少而浓稠，常呈半透明的灰白色，无臭味。深部脓汁引流不畅时，脓汁长期潴留而发酵，带有酸味。当创内存有异物时，脓汁内常混有血液，有时在脓汁内能见到腱、韧带及软骨的碎片。

瘘管的构造、方向和深度，根据病理变化的性质和时间，常是不同的，一般新发生的瘘管，管壁肉芽组织尚未瘢痕化，管口多为赘生的肉芽。陈旧瘘管的管壁多为瘢痕组织而不光滑，管道狭窄，管口因瘢痕收缩而凹陷呈漏斗状。厚组织部位的瘘管如臀部、鬐甲部等的管道较长，而方向复杂，管口一般1个，若深部存有坏死组织或大量脓汁时，可有几个向外的开口。

3. 诊断

应根据病史，结合上述临床症状，进行综合分析，然后做进一步深入检查。

对浅而直的管道，可用灭菌金属探针或消毒过的手指进行检查，以确定其深浅、方向或有无异物、骨片等存在。对管道细长而弯曲或靠近体腔、关节等部位的，用硬质细胶管或塑料管，以测其深度和大致方向，为了确定管腔的大小和管底的部位，可用胶管注入消毒液，如3%过氧化氢溶液，0.1%高锰酸钾溶液，0.01%呋喃西林溶液等，当管腔小，管底靠近体表时，注入药液后，管底部位可能出现隆起，若管底距体表远时，注入药液后，于可疑管底部进行按压。如发现按压时药液排出，不按压时药液停止，则该部可能为管底所在部位。探针时必须确实保定，小心细致，以严防感染的扩散和认为的窦道发生。

4. 治疗

瘘管的治疗原则是破坏管道、除去异物和坏死组织，消除病理性管壁，控制感染，排液畅通，促进肉芽生长。

（1）一般处理。对简单的瘘管，在清洗创面及创围后，用0.2%高锰酸钾溶液、3%过氧化氢溶液或0.02%呋喃西林溶液等冲洗管道，将脓汁冲洗干净，用锐匙搔刮、药物腐蚀以及上述等措施破坏管道，除去异物及坏死组织，然后按一般外伤处理。

（2）手术疗法。对管底浅而管道短的瘘管，根据局部解剖条件，可以从管口沿窦道切开管壁，直至管底，再除去异物和坏死组织。

对管口小而管道狭窄的瘘管，手术前最好向管内注入5%美蓝溶液或2%～5%龙胆紫溶液，使管壁染色，或将探针插入管内导向，再沿染色的管壁或沿探针切开，直至管底，除去异物和坏死组织，否则常因手术中组织出血或肌肉收缩，而看不清瘘管的走向，使手术失败。

对管道长而方向复杂的瘘管，应本着手术检查与手术治疗相结合的原则进行手术，以达到诊断和治疗的目的，此种瘘管病情复杂，一次手术多不易成功，必须做好调查研究，全面分析病情，以求一次或几次手术就能彻底治愈。

对于管底深及局部解剖特点不允许从管口切至管底的瘘管，可于管底靠体表最近处切开，除去异物和坏死组织，这样可减少组织损伤，并可缩短疗程。

对引流不畅形成的瘘管，主要是扩大管口和管道，或于管底相应部位做对口切开，以畅通引流。

第三章　头颈部外科疾病的诊治技术

能够熟练地进行头颈部外科疾病的诊治处置。

一、结膜炎

结膜炎指眼睑结膜和球结膜的炎症。临床上以畏光、流泪、结膜潮红、肿胀、疼痛和眼分泌物增多为特征。犬、猫均可发生。

1. 病因

（1）感染性。原发性结膜炎不常见，常继发于多种传染病，如犬瘟热、犬立克次氏体、猫疱疹病毒、猫鹦鹉衣原体、猫支原体等引起的疾病；原发性细菌性结膜炎少见，常继发于邻近组织疾病，如眼睑异常、角膜炎、干性角膜结膜炎、鼻泪管阻塞等，一般由金黄色葡萄糖球菌和其他革兰氏阳性菌引起；真菌性结膜炎罕见，偶继发于芽生菌性皮炎；眼吸允线虫也可引起结膜炎，多发生在美国西部，中国的一些省也有流行。

（2）物理性。结膜和眼睑外伤；眼睑异常，如眼睑内、外翻、睫毛生长异常等；结膜及结膜囊异物，如灰尘、草籽、昆虫等；紫外线、放射性等刺激亦可发生。

（3）化学性。烟雾的刺激或使用被毛清洁剂或驱虫剂时误入眼内。

（4）过敏性。常发生在犬，为特异反应性皮炎的一种形式。最常见的过敏源是花粉、灰尘和细菌性毒素等。偶见注射疫苗、滴用某些眼药水引起过敏性结膜炎。

2. 组织

最初症状为眼睛羞明，不断流泪，常闭眼睛。如果翻开眼睑，会发现眼结膜红肿，约经 12h 会有黏稠性分泌物。根据病理及临床特点，可分为以下几种类型。

（1）浆液性或浆液黏液性结膜炎。为多种原因引起结膜炎的早期症状，临床上最常见。有急性和慢性两种类型。

急性型表现结膜轻度潮红，或呈鲜红色，分泌物稀薄或呈黏液性。严重时，眼睑肿胀、增温、羞明，结膜充血，疼痛加剧。

慢性型常因急性型未及时治疗所致。患眼表现羞明，结膜充血，疼痛常不明显，有少量分泌物，病程稍长者结膜增厚。

（2）化脓性结膜炎。局部症状加剧，常因严重细菌感染，眼内流出多量脓性分泌物，上、下眼睑常粘连在一起，易并发角膜混浊、溃疡、眼球粘连及眼睑湿疹等。

（3）滤泡性结膜炎。犬多继发于慢性抗原性刺激，但几种病毒或细菌继发感染并不发生滤泡性结膜炎。猫主要见于衣原体感染，也可见于其他因素引起的慢性结膜炎。因结膜长期受到刺激，使结膜下淋巴组织增生，常在瞬膜的球面形成半透明的滤泡，大小不等，有的呈鲜红色或暗红色，偶尔在穹隆结膜处见有滤泡。本病最常发生于 18 月龄以下的犬。先是一眼发病，5~7d 后另一眼也发病。开始球结膜水肿、充血和有浆液黏液性分泌物，几天后，其分泌物变为脓性黏液。猫滤泡性结膜炎发病急，但 2~3 周后则可康复。不过，亦有猫转为慢性或严重结膜炎，甚至发生眼睑、眼球粘连。

（4）伪膜性结膜炎。为猫支原体和衣原体感染的典型特征。其伪膜由一层白色、黏稠分泌物形成，覆盖在结膜和瞬膜表面，易于分离。且伴有结膜滤泡和水肿。

3. 诊断

根据病史、临床特点、动物对治疗的反应等可做出初步诊断。确诊需在严重早期取眼睛分泌物做病原微生物、细胞检测。

机械性或化学性所致的结膜炎，易通过病史和临床检查诊断；病毒性结膜炎常见犬瘟热和猫疱疹病毒感染，多双眼同时发病，并伴有鼻炎和气管支气管炎，其中疱疹病毒性结膜炎可引起角膜溃疡；犬立克次氏体性结膜炎病情严重，常伴有色素层和视网膜炎；细菌性结膜炎最初为一眼发病，数天后波及另一眼，一般广谱抗生素治疗有效；衣原体和支原体性结膜炎开始也常一眼感染，并在结膜和瞬膜表面形成滤泡或伪膜；过敏性结膜炎用皮质类固醇治疗，其症状可明显好转；寄生虫性结膜炎常在结膜囊发现虫体（吸允线虫），常引起慢性结膜炎。

结膜炎可为多种疾病的"晴雨表"。除了上述疾病可引起结膜炎外，其他严重眼病和全身性疾病，尤其肝、肾、消化道疾病也可引起结膜炎。因此，如结膜炎的病因难以确定，或治疗效果不佳，应做进一步的眼部和全身性检查，以免误诊，确保正确的治疗和预后判断。

4. 治疗

用3%的硼酸、1%明矾溶液或生理盐水洗眼，亦可用温盐水洗眼，清除结膜囊及瞬膜周围的分泌物和眼内异物。冲洗眼睛的办法是将上、下眼睑分开，用手捏挤在盐水中浸过的棉花团，流出的水滴滴入眼内以冲洗眼睛。充血、肿胀明显时，可用冷敷疗法；分泌物多时改用热敷，选用广谱抗生素眼药水（膏）点眼或涂于结膜表面，3~4次/d，连用7~10d。配合用醋酸氢化可的松眼药水，其疗法更好。疼痛剧烈时，可用1%~2%盐酸丁卡因滴眼。急性结膜炎也可采用眼底注射或球结膜注射抗生素溶液（青霉素5万U溶于1mL0.5%氢化可的松溶液）。对慢性结膜炎可对患眼热敷，局部用硫酸锌或硝酸银溶液点眼。对顽固性化脓性结膜炎，可用1%碘仿软膏涂抹，同时用普鲁卡因青霉素封闭眼睑。

疑为疱疹病毒感染时，禁止用可的松制剂。可滴用疱疹净眼药水或吗啉胍眼药水，开始每1~2h滴药1次，症状改善后，5~6次/d。轻度滤泡性结膜炎不需特殊治疗，可用四环素眼药膏，3~4次/d，当滤泡大而多且引起刺激时，应将其刮除。

二、角膜炎

角膜炎是指上皮发生的一种炎症，多半有结膜炎和虹膜炎。本病是犬、猫常见眼病，如不及时治疗，常由急性转为慢性，使角膜混浊，甚至失明。

1. 病因

多因角膜受到机械性损伤，如眼睑内翻或外翻、睫毛异常生长、摩擦、异物进入引起。化学因素刺激、某些邻近器官发生炎症、维生素A缺乏及某些传染病或寄生虫病等也常继发或并发本病。

2. 症状

角膜炎的共同症状是以羞明流泪，眼睑闭锁，结膜水肿、充血，角膜混浊，角膜新生血管和角膜溃疡等为特点。常根据其组织受损程度分浅表性角膜炎、慢性浅表性角膜炎、间质性角膜炎和溃疡性角膜炎等。

（1）浅表性角膜炎。角膜表层损伤，侧望可见表层上皮脱落及伤痕。随炎症发展，角膜上皮水肿，表面粗糙，透明度降低，侧望无镜状光泽，色素沉着，角膜呈灰白色混浊。角膜出现新生血管，呈树枝状分布于角膜表面。

（2）慢性浅表性角膜炎，又称变性角膜炎，为一种进行性、炎性和浅在性失明角膜炎。一般双眼发病，开始在颞或前颞角膜缘呈红色、血管增生的病变，并逐渐向角膜中央发展。临床上可见在病变和血管的前缘 1~2mm 角膜角质层有一条白线或小白点状物。最后，整个角膜血管形成，伴有色素沉着，呈"肉色"血管翳，导致失明。发病过程中动物多无疼痛现象。

（3）间质性角膜炎，又称深在性角膜炎，是角膜角质层（深层）的炎症，伴有慢性或急性前色素层炎。一般症状与表在性角膜炎基本相同，但角膜表面不粗糙，仍有镜状光泽，角膜出现深在弥漫性角膜混浊，如毛玻璃样，也有局灶性混浊，呈点状、小棒状及云雾状，其色彩有灰白色。角膜上形成的新生血管分支比浅表性的少，多位于深层。角膜周遍形成环状血管带，呈毛刷状。急性发作时，疼痛剧烈。本病进一步发展，可导致失明或青光眼。

（4）溃疡性角膜炎，即角膜溃疡。根据角膜溃疡的深度和病因分浅表性、深层性角膜溃疡等。浅表性溃疡为角膜上皮、基膜层损伤；深层溃疡深达 2/3~3/4 基质层，甚至基质层全层；虹膜脱出为角膜全层损伤（穿孔）。

3. 治疗

本病治疗原则是去除病因，消除炎症，促进混浊的吸收和消散。

消除炎症：先用消毒药液冲洗（方法同角膜炎），然后用醋酸可的松或抗生素眼膏治疗，2~4 次/d，若是外伤性角膜炎，可向眼内滴饱和盐水、涂抗生素眼膏，也可向眼内吹入银珠（硫化汞）。

消散混浊：可行温敷或将汞与蔗糖等量混合吹入眼内，或向眼内涂入 2% 黄降汞软膏，2 次/d，若是外伤性角膜炎，为了加快吸收，可于眼睑皮下注射自家血 1~3mL，隔 1~2d 进行 1 次（方法是抽取病犬静脉血 1~3mL，用 0.25% 盐酸普鲁卡因 2mL 稀释青霉素 20 万 U 混合后，分别注射在患眼的上、下眼睑皮内）；或在球结膜下注射氢化可的松与 1% 盐酸普鲁卡因等量混合液 0.1mL。

当继发虹膜炎时可用 0.5%~1% 硫酸阿托品点眼，当感染化脓时，用生理盐水洗眼后，再涂以抗生素眼膏。急性角膜炎可用球后封闭疗法，有较好的消炎镇痛作用。

浅在性角膜炎患病动物，如视力发生障碍，可采用浅表角膜切除术，将沉着的色素切除。慢性浅表性角膜炎一旦确诊，很难治愈。开始局部应用皮质类固醇眼膏或眼药水（0.1% 地塞米松或 1.0% 强的松龙），3~4 次/d，连用 3~4 周。长期应用皮质类固醇应注意角膜感染和溃疡，如使用荧光素点眼，发现荧光的绿色点状或线装，应停止使用，否则会加剧角膜溃烂。涂布 0.2% 环孢菌素眼膏，配合地塞米松，2 次/d，可改善临床症状。

溃疡性角膜炎禁止用皮质性固醇治疗，因其能降低动物机体的防卫能力和角膜上皮的再生速度，妨碍溃疡愈合。对浅表性角膜溃疡，用广谱抗生素眼药水（膏）点眼，3~4 次/d，或球结膜下注射青霉素或氨苄青霉素等，防止细菌感染。配合滴用 1% 阿托品，2~3 次/d，控制睫状体肌痉挛，消除眼疼痛。一般 3~5d 可治愈。猫疱疹病毒性角膜溃疡可用 0.5% 疱疹净眼膏。对深在性角膜溃疡（超过基质层一半），应强化局部治疗，即局部用广谱抗生素，每 1~2h 用药 1 次；结合用 5%~10% 乙酰半胱氨酸溶液滴眼，以控制蛋白酶和胶原酶溶解作用。为保护角膜，可实施角膜移植或角膜瓣、瞬膜瓣遮盖术。

三、泪道阻塞

泪道阻塞指泪液不能通过泪道进入鼻腔排出而导致泪液从睑缘溢出的疾病。犬、猫均可发生，但犬多见。临床上因泪腺分泌亢进，泪液过多，并从睑缘流出者称流泪；因泪道阻塞，泪液从睑缘排出者称为泪溢。

1. 病因

先天性的有泪点缺失、狭小、移位或结膜皱褶覆盖泪点、泪小管或鼻泪管闭锁及眼睑异常等。后天性的多因继发感染所致，如眼部疾病（尤其结膜炎）、上呼吸道感染、上颌牙齿疾病等。泪道外伤，睫毛、灰尘草籽等落入泪道可直接引起泪道炎症。由于泪道长期受到炎症刺激，使泪道黏膜上皮细胞肿胀、瘢痕形成，引起泪道狭窄或阻塞。

2. 症状

单眼或双眼发生泪道阻塞。患病动物表现为内眦泪溢、泪点和结膜有黏液脓性分泌物、内眦下方湿性皮炎等。幼犬先天性泪点异常，常在断奶数周或数月出现泪溢，有泪染痕迹。下泪点及泪小管炎症或阻塞时，表现流泪，且眼内眦有轻度肿胀。泪囊发炎时，在内眦下方明显肿胀，触压疼痛。严重泪道阻塞者，伴有化脓性结膜炎、眼睑脓肿等。

3. 诊断

根据临床肿胀和病史，可做出初步诊断；然后仔细检查上、下泪点，尤其下泪点，若无异常，可做进一步检查。再做荧光素试验，该试验是检测鼻泪管排液功能，1%荧光素染料滴在角膜和结膜囊内，经3~5min消失，若在鼻孔处见有黄绿色染料，说明泪道通畅；如染料延迟出现或不出现，证明泪道狭窄或阻塞，此法并不十分可靠，因有30%正常犬鼻泪管液排入咽后部，可能得出阴性结果。为查明其狭窄或阻塞部位，可做鼻泪管冲洗，患眼表面麻醉后，将4~6号钝头圆针（屈成直角）经上或下泪点插入泪小管，缓慢注入生理盐水，如液体从下或上泪点排出，说明上、下泪小管通畅，然后指压下或上泪小管，继续推动注射器，如液体从鼻腔排出或动物有吞咽、逆呃或喷嚏等动作，证实鼻泪管通畅。必要时，应做鼻泪管造影术，即经泪点注入造影剂和进行X线摄影，对确定鼻泪管狭窄或阻塞部位有价值。

4. 治疗

根据不同的病因采取不同的治疗方法。炎症早期，多用抗生素、皮质类固醇等药物治疗。如泪道已形成器质性阻塞，需施相应的手术疗法。

（1）鼻泪道冲洗法。因炎症引起的泪点或泪小管狭窄或阻塞，为除去阻塞物质，配合抗生素、皮质类固醇治疗，预后良好。

（2）泪点复通术。泪点被结膜褶封闭时，压迫上、下泪小管汇合处远端，于上泪点用力注入生理盐水，迫使下缘接近眼内眦处隆起，即为下泪点位置。再用眼科镊提起隆起组织，进行切除，及下泪点复通。

（3）泪道插管术。当泪囊或鼻泪管阻塞冲洗无效时进行该术。即从泪点插入1根尼龙线穿过泪道，从鼻孔出来。再把管径适宜的聚乙烯管套在尼龙线上，由尼龙线将导管引出泪道。除去尼龙线，其导管置留于泪道内。导管两末端分别固定在泪点和鼻孔周围组织。术后，患眼和泪道滴注抗生素和皮质类固醇等药物，控制感染。2~3周后，拔除导管。

四、干性角膜结膜炎

干性角膜结膜炎指因泪液减少或丧失而引起角膜结膜干燥性炎症。临床特征为角膜干燥无光泽、呈灰暗色，角膜上有浓稠分泌物和结膜充血等。本病犬比猫多发。

1. 病因

有多种病因引起，包括全身性疾病（如犬瘟热、猫疱疹病毒感染）、慢性睑结膜炎、先天性腺泡发育异常都可并发本病，医源性因素，如磺胺类药物和抗胆碱类药物（阿托品）等使泪腺分泌减少，或自身免疫功能下降，以及眼眶外伤、眼肿瘤、老年性泪腺萎缩亦可引起本病。有些品种犬如英国斗牛犬、八哥犬、美国可卡猎鹬犬、京巴犬等对本病有易感性。

2. 症状

患病动物表现角膜干燥、无光泽、呈灰暗色、角膜上有黏稠分泌物。根据发病时间和干燥程度，其临床症状各异。急性时，角膜中轴溃疡，疼痛剧烈。因化脓感染，发生渐进性角膜病，基质层软化、后弹力突出、葡萄肿和虹膜脱出。但多数病例其病情逐步发展，持续数周而加重。病初，眼发炎、潮红，间有黏液或黏液脓性分泌物。随着病情逐渐加重，眼表面无光泽，结膜严重充血，眼球附着坚固黏稠的黏液脓性分泌物。角膜发生渐进性结膜炎、广泛的血管增生和色素沉着，角膜混浊，视力减退。因眼周围皮肤和眼睑缘积聚多量炎性分泌物，继而发生眼睑炎、眼周围皮炎和眼睑痉挛。

3. 诊断

除根据病史和临床诊断，还可用西尔默眼泪试验。该试验是测定泪腺分泌功能和泪液量的一种常用方法。取 1 条 5mm×35mm 滤纸，将其一端 5mm 处折回，插入下眼睑中间结膜囊内，让滤纸悬挂在眼睑外面。放置 1min，测滤纸泪液渗湿长度。犬、猫正常值为 8.9~23.9mm/min。多数干性角膜结膜炎患犬为 0~5mm/min，5~10mm/min 为可疑。

4. 治疗

局部应用人工泪液，如 0.5%~1.0% 甲基纤维素，每天数次，可替代泪液作用。为促进泪腺分泌泪液，可用 1%~2% 硝酸毛果芸香碱眼药水滴眼或内服。如滴眼，3 次/d；亦可将 2% 硝酸毛果芸香碱拌入食物中，让其食入。开始安全剂量为每 10kg 体重 1 滴，2 次/d。以后每隔 3d 增加 1 滴。如出现流涎、嗳气、腹泻、呕吐等胃肠道症状时，剂量应减少。内服硝酸毛果芸香碱最少需 3d。也可用 0.2% 环孢菌素眼膏，2 次/d，严重者 3 次/d。该药具有免疫调节和促泪液分泌作用，效果明显。配合用广谱抗生素和皮质类固醇对控制感染、减轻疼痛、促进角膜混浊吸收有用。但在急性期，慎用皮质类固醇制剂，因急性病例其角膜常有溃疡的倾向。

五、青光眼

青光眼是眼房液排泄受阻、眼压升高、视网膜损害，发生视力障碍的一种眼病。本病多发生于中年至老年犬，可发生于一侧，也可两侧同时发病，但呈急性经过的多为一侧发病。

1. 病因

青光眼的病因尚未确定。一般将病因分为原发性和继发性两类。原发性青光眼多因眼房角结构发育不良或发育停止，引起房水排泄受阻、眼压升高。犬原发性青光眼与遗传有关，尤其纯种犬易发，涉及至少 42 个品种犬，如萨摩犬、法兰德斯牧羊犬、西伯利亚雪橇犬、大丹犬、秋田犬、松狮犬、沙皮犬等。其中仅少数的遗传特性已查明，如比格犬为常染色体隐性性状遗传；大丹犬为常染色体显性性状遗传，并有不同的表达。猫罕见，但波斯猫和泰国猫较易发生。多数原发性青光眼可突然发作，出现急性青光眼综合征，也可缓慢进行性发生。继发性青光眼多因眼球疾病如前色素层炎、瞳孔闭锁或阻塞、晶状体向前或向后移位、眼肿瘤等，引起房角粘连、堵塞，改变房水循环，使眼压升高而导致青光眼。

2. 症状

早期，可能无症状，或轻微瞳孔散大，短暂角膜水肿，巩膜深层轻度充血。眼压中度升高，看上去眼"似乎变硬"。视网膜及视神经乳头无损害，视力未受影响。中期，出现不同程度的瞳孔散大，巩膜深层血管充血，角膜水肿，眼球轻度增大。眼压升高，视力明显减退，虹膜及晶状体向前突出，从侧面观察可见到角膜向前突起，瞳孔散大，失去对光的反射能力。滴入缩瞳剂（如 1%~2% 毛果芸香碱溶液）时，瞳孔仍然保持散大，或者收缩缓慢，但晶状体没有变化。在阳光下或较暗的环境下，可见患眼表现为绿色或淡青绿色。晚期，眼球显著增大，眼压明显升高，指压眼球坚硬。瞳孔散大固定，对光反射消失。角膜严重水肿、混浊，如毛玻璃状，比正常角膜要凸出些。当两眼失明时，两耳不停的转向，运步时，步态蹒跚，甚至撞壁。用检眼镜检查时，可见视神经乳头萎缩和凹陷，血管偏向鼻侧，较晚期病例的视神经乳头呈苍白色，本病多预后不良。

3. 诊断

根据巩膜深层血管严重充血、眼球硬实和突出、眼压升高、角膜水肿、瞳孔圆形散大且带绿色外观易于诊断。检查眼压可用两手食指尖（不用拇指）在闭合上眼睑时触压眼球，可粗略估计其硬度。精确眼压是用 Tonovet 眼压计测定。正常眼压为 1.46~3.86kPa。用检眼镜检查眼底，可见视神经乳头形成杯状凹陷，其周围血管伸进凹陷呈"屈膝"状和视网膜变性等。

4. 治疗

目前，该病没有特效的治疗方法。治疗原则是减轻或解除房水的排除阻力、抑制房水产生，降低眼压和维护视觉功能。

首先，全身应用高渗溶液，增加血液渗透压，以减少房水，降低眼压。常用 20%甘露醇（每千克体重 1~2g），静脉注射。也可内服 50%甘油（每千克体重 1~2mL）。用药后 15~30min 产生降低作用，维持 4~6h，必要时 8h 后重复应用。随后应用抑制房水产生和促进房水排泄的药物，常用这类药物有二氯磺胺、乙酰唑胺和甲醋唑胺。一般来说，用药后 1h 眼压开始下降，并可维持 8h，可任选其中一种，均为内服，2~3 次/d。二氯磺胺用量为每千克体重 10~30mg，乙酰唑胺用量为每千克体重 2~4mg，甲醋唑胺用量为每千克体重 2~4mg。在应用上述药物的同时，配合应用缩瞳药，如滴用 1%~2%硝酸毛果芸香碱溶液，或与 1%肾上腺素溶液混合滴眼。最初 1 次/h，瞳孔缩小后减到 3~4 次/d。还可以用 β-肾上腺素能受体阻断剂噻吗心安、倍他洛尔等，可使房水形成减少，20min 后可使眼压降低。某些前列腺素，多如前列腺素 F2（1~2 次/d，静脉滴注），可通过增加色素层巩膜向后排出房水而降低眼压。

药物治疗不能降低眼压，恢复视力者，应用手术方法治疗。

角膜穿刺排液可作为治疗急性青光眼病例的一种临时性措施。用药后 48h 尚不能降低眼内压，就应当考虑做周边虹膜切除术。对另侧健眼也应考虑做预防性周边虹膜切除术，患病动物做全身浅麻醉，以 1%可卡因滴眼，使角膜失去感觉，然后在眼的 12 点处（正上方）球结膜下，注射 2%普鲁卡因液，在距角膜边缘上方 1~1.5cm 处，横向切开球结膜并下翻。在距角膜 2mm 左右的巩膜上轻轻做一 4mm 左右的切口（不切破巩膜），然后用针在酒精灯上烧红，把针尖在切口上点燃烧烙连成一条线（目的是防止术后愈合），然后切开巩膜放出眼房水。

用眼科镊从切口中轻轻伸入，将部位虹膜拉出，在虹膜和睫状体的交界处，剪破虹膜（3mm 左右），将虹膜纳入切口，缝合球结膜。术后要适当用抗菌消炎药物，以防止发炎。本手术主要是沟通前后房，使眼后房水通过虹膜上的切口流入眼前房，眼房水便由巩膜上的切口溢出而进入球结膜下。

一旦出现神经萎缩、血管膜变性等，预后不良。

六、外耳炎

外耳炎指耳道上皮的炎症。外耳炎是犬的常发病。猫有时也发生。根据病程可分急性和慢性外耳道炎。根据病源可分为细菌性、真菌性和寄生虫性外耳道炎。

1. 病因

（1）机械性刺激。如耳垢、泥土、表面、芒刺、昆虫的刺激，加之搔抓、摩擦造成外耳道损伤，病原微生物侵入伤口或毛囊、耵聍腺，引起感染。洗涤液流入外耳，也是眼球外耳道炎的常见诱因。

（2）病原微生物感染。常见引起感染的细菌有金黄色葡萄球菌、链球菌、假单胞菌、变形杆菌等；常见的真菌有糠疹癣菌、念珠菌等。耳痒螨也是常见病原。

（3）过敏反应。如食物过敏。

（4）肿瘤。鳞状细胞癌、黑色素瘤等。

2. 症状

动物表现不安，经常摇头、摩擦或搔抓耳廓，痛叫；有时仅见搔抓耳根部及附近颈部皮肤，致使耳廓及颈部皮肤抓伤、擦伤、出血，甚至出现耳廓血肿。被毛脱落、缠结。早期检查发现耳廓和外耳道皮肤充血、肿胀疼痛，甚至破溃、出血。外耳道内积垢较多，其表面粘有分泌物，散发出异常臭味。感染的病原种类不同，耳垢和分泌物的性状也有差异，如假单胞菌感染时，耳垢为淡黄色稀薄的脓性分泌物；变形杆菌和酵母菌感染时，耳垢易碎，呈黄褐色；葡萄球菌和糠疹癣菌感染时，耳垢呈棕黄色鞋油样；真菌感染时，耳内形成干燥的鳞片，耳垢紧紧地粘在皮肤上；耳痒螨感染，耳垢呈暗褐色蜡质样。久病者耳道皮肤增厚，发生溃疡，分泌物黏稠。当耳垢和分泌物堵塞外耳道时，听力减退。

3. 诊断

根据临床症状、检耳镜检查可做出诊断。若要确定病原需进行微生物的分离培养和鉴定。耳痒螨感染时，痒感明显，用放大镜或低倍镜可发现细小的白色或肉色的螨虫虫体。

4. 治疗

（1）疾病处理。首先清理外耳道，剪去耳廓内及外耳道的被毛，除去耳垢、分泌物和痂皮。分泌物多时，用3%过氧化氢溶液或0.1%新洁尔灭溶液冲洗耳道，然后吸干。必要时用耳镜检查外耳道深部，并取出异物、耳垢等；对于细菌性外耳道炎，向耳朵内滴入新霉素滴耳液、诺氟沙星滴耳液、氧氟沙星滴耳液等，并轻轻按揉，1~2次/d，对于真菌性外耳道炎，向耳道内涂抹真菌膏剂，直至耳道内鳞屑消失；对于寄生虫性外耳道炎，可直接向耳道内滴入当伊维菌素数滴，并轻轻按揉耳廓及耳根，每隔6~7d用药1次。在使用抗寄生虫药间歇期，应向耳道滴入抗生素滴耳液，以防止或制止细菌的继发感染；对于过敏性外耳道炎，可向耳朵内滴入糖皮质激素药物，一些用于耳道疾病治疗的抗生素中也含有此类药物；对于久治不愈增生性外耳道炎，外耳道出现过分狭窄或堵塞时，可实行外耳道部分切除术治疗。

（2）全身抗生素治疗。对于外耳道内脓性分泌多、体温升高的急性细菌性感染，应全身使用感染菌敏感的抗生素治疗，以防继发中耳炎和内耳炎。

七、齿髓病

齿髓病是指齿髓感染和损伤的一种疾病。

1. 病因

多因齿断裂和因严重龋齿时，细菌、毒素及其他理化因素侵入齿髓腔，造成齿髓组织的炎症。严重牙周病后期，通过齿尖逆行入齿髓腔也可引起齿髓病。齿髓病易引起组织坏死、齿根尖脓肿和齿松动等。

2. 症状

急性期，动物厌食，或饮食时疼痛，叩诊疼痛显著。如齿髓组织坏死，其疼痛症状不明显。齿根尖脓肿时，邻近软组织明显肿胀，但病齿本身似乎正常。

检查时可发现齿断裂、龋齿和暴露的齿髓腔。X线检查也可发生齿根尖脓肿。

3. 治疗

治疗目的是除去感染源，封闭齿根腔道。齿断裂，应立即进行治疗。用挖匙从齿冠处切除齿髓，向齿髓腔内挤入氢氧化钙膏，剩余的齿髓组织上填入氧化锌和丁香齿固粉。齿冠缺损部填充银汞合金，填塞严密。最后用齿钻磨平。

齿髓腔暴露已超过数小时，需用齿钻或齿扩孔钻于齿冠上方鼻侧垂直向下钻入，低至髓腔根部（但不可钻出齿根外），以扩大齿髓腔。用生理盐水或双氧水冲洗髓腔、清除腔内所有组织，拭干。然后填入杜仲胶和齿固粉。最后，用银汞合金填补齿冠的孔洞。

对无保留价值的牙齿，应将其拔除。

第四章　躯干部外科疾病的诊治技术

能够熟练地进行躯干部外科疾病的诊治处置。

一、胸部透创

胸部透创是由于外力作用引起的穿透胸膜的胸壁创伤。在发生胸部透创时，胸腔内的脏器往往同时遭受损伤，继发气胸、血胸、脓胸、胸膜炎、肺炎及心脏损伤等。

1. 病因

胸部透创多由尖锐物，如叉子、树枝、铁器等插入细胞而引起。也可由枪弹、单片击中胸部而引起。也有由钝性强大外力作用于胸壁，引起肋骨骨折而导致的胸壁创伤。

2. 症状

因致伤物及受力作用的方式、大小不同，而使创口大小、形状不一。创口较大的可观察到胸腔内面，甚至肺的一部分向创口脱出；小者仅见损伤的伤口，并伴有空气经胸壁创口进出胸膜腔所发生的嘶嘶音，如用手背接近创口，可感知轻微的气流。有的创缘整齐，有的创缘不整齐。

胸壁创口较大，空气随呼吸自由进出胸腔者称为开放性气胸。其特征性症状胸壁创口可听到随呼吸动作发出的呋呋音。由于胸部透创，造成胸腔负压消失，肺组织被压萎陷，患病动物呼吸困难，心跳加快，可视黏膜发绀，此时病畜必须迅速抢救，否则会因休克而死亡。由于创口较小，空气经创口进入胸腔后，由于皮肤和肌肉的创口交错，创道被血块或软组织堵塞，不再有空气进入胸腔者，称闭合性气胸。因只有少量气体进入胸腔，胸腔负压相应减少，发病动物表现短时间的不安，一般无明显的呼吸、消化功能紊乱。胸腔内少量的空气也可在数周内逐渐被吸收。

当胸腔创口呈活瓣状，吸气时空气进入胸腔，呼气时不能排出空气，只进不出，称为张力性气胸（活瓣性气胸）。此时，胸腔内压力不断增高，肺被压缩，前后腔静脉受压迫，静脉回流困难，患病动物静脉怒张，呼吸困难，心跳加快，黏膜发绀，甚至休克。

当肋间动脉、胸内动脉、肺或心脏的大血管发生破损时，则形成血胸。此时患病动物表现呼吸困难，脉搏细弱，黏膜苍白，精神沉郁，末梢发凉，进入战栗，出汗及步态跛跹。当肺遭受损伤时，可见鼻孔流出混有血液的泡沫样液体，后期可引起肺炎。当心脏或血管受损时，往往因大出血而致死。胸部透创未及时处理而引起胸膜腔严重化脓性感染，则出现脓液积蓄于胸腔内。此时，除出现脉搏、呼吸加快及黏膜发绀外，同时体温升高明显。

3. 治疗

治疗原则是立即闭合创口，制止内出血，排出胸腔内积气、积液和异物，恢复胸腔负压，抗感染与抗休克，对症治疗。

简单的开放性损伤时，应立即用灭菌的油膏（凡士林、四环素软膏等）封闭创口，或用灭菌纱布敷料压迫创口，暂时闭合胸腔，然后再进行局部处理。

局部处理方法，首先进行创围剪毛消毒，并行肋间神经传导麻醉。用3%盐酸普鲁卡因溶液对胸膜面喷雾，将预先准备好的大块纱布盖住创口，然后再处理创围。检查创伤，除去异物、破碎的组织及游离的骨片，注意不可有游离碎片掉入胸腔。对出血的血管应结扎，对压陷的肋骨应予整复，并锉去骨折端的锐缘，对胸腔内异物应及时取出，术中如犬、猫不安应暂停手术，盖住创口，待安静后再实行手术。创围及胸内处理干净后，即将肋间肌、胸膜做一层缝合，胸壁肌肉和筋膜做一层缝合，皮肤结节缝合，缝合要严密，保证不漏气。胸壁缝合后要抽出胸腔内积气，恢复胸内负压，使肺复原，并向胸腔内注入足量的青霉素和链霉素。

当发生血胸时，应进行穿胸术，抽净胸内积血并向胸腔内注入青霉素、链霉素或其他抗生素。术后应给输液或输血。对患脓胸动物，用1%雷夫奴尔溶液或青霉素生理盐水反复冲洗，抽净后向胸腔内注入抗生素，同时全身进行抗败血症的治疗。

术后应密切注意全身状况的变化，让患病动物安静休息，注意保暖，大剂量的应用抗生素，并水、电解质平衡。增加易消化和富含营养的饲料。并根据每天病情的变化进行对症治疗。

二、椎间盘突出

椎间盘突出是指椎间盘变性、纤维环破裂、髓核向背侧突出，压迫脊髓或脊神经根，而引起的以运动障碍为特征的脊椎疾病。临床上以疼痛、共济失调、麻木、运动障碍或感觉运动的麻痹为特征。本病为小动物临床常见病，多见于体型小、年龄大的软骨营养障碍类犬，非软骨营养障碍类犬也可发生。本病发生部位主要于胸腰段脊椎，其次为颈椎。猫发生本病罕见。

1. 病因

一般认为椎间盘突出是因椎间盘退变所致，但引起退变的诱因仍不详，下列因素可能与本病的发生有关。

（1）遗传因素。本病在某些小型犬种，如腊肠犬、北京犬、贵宾犬等。腊肠犬为最易发生椎间盘疾病的品种，且对本病有较高的遗传性，近亲繁殖可提高发病率。

（2）外伤因素。尽管外伤对诱发椎间盘退变并不是主要的，但当已发生椎间盘退变时，外伤可促使椎间盘损伤、髓核突出。特别是动物从高处跳下，上下楼梯，嬉戏时跑跳，两后肢触地直立，在光滑的地上突然跌倒等，易引起纤维环和软骨终板的破裂，促进椎间盘突出。

（3）椎间盘因素。可能受异常脊椎应激的影响，椎间盘营养（如缺钙）、溶酶体酶活性异常引起椎间盘基质的变化。

椎间盘是椎体间的联结，是纤维软骨构成的圆盘，外周为纤维环，中间为柔软的髓核。随着动物年老和椎间盘退变，其生物化学结构也发生明显变化。髓核多糖蛋白减少，胶原成分增加。降低了缓冲震动和均匀地驱散作用于椎间盘的能力。软骨营养障碍类犬在2月龄到2岁间椎间盘就开始软骨样化发生或退变。1岁时75%～100%的椎间盘经历退变过程。软骨退变快，伴随椎间盘的矿化。非软骨营养障碍类犬椎间盘发生纤维样化生，但病变过程缓慢，多在8～10岁，很少有矿化作用。

在正常情况下，脊髓能承受一定的机械性压迫和移位。当脊髓受到大量椎间盘组织压迫时，就失去代偿能力，出现临床症状。其严重程度取决于压迫的力量、突出物大小及损伤部位，因胸腰段（常发生于第11胸椎至第3腰椎）椎管腔较小，脊髓最易受压、损伤，临床上常以麻木和麻痹为主；而颈椎椎管直径较大，脊髓有较大的空隙代偿机械性移位，临床上仅出现疼痛症状。

2. 症状

汉森氏将椎间盘背侧环突出划分为Ⅰ、Ⅱ两型：Ⅰ型为背侧环全破裂，大量髓核拥入核管；Ⅱ型仅部分纤维环破裂，髓核挤入椎管。前者多见于软骨营养障碍类犬，炎症反应严重；后者常发于非软骨营养障碍类犬，发病慢。

Ⅰ型椎间盘疾病主要表现在疼痛、运动或感觉缺陷，发病急，常在髓核突出几分钟或数小时内发生。也有在数天内发病，其症状或好或坏，可达数周或数月之久。

颈部椎间盘疾病主要表现颈部敏感、疼痛。站立时颈部肌肉呈现疼痛性痉挛，鼻尖抵地，腰背弓起；运步小心、头颈僵硬、耳竖起；触诊颈部肌肉极度紧张或痛叫。重者，颈部、前肢麻木，共济失调或四肢截瘫。少数急性、严重病例出现高热症。第 2 至第 3 和第 3 至第 4 椎间盘发病率最高。

如胸腰部椎间盘突出，病初动物严重疼痛、呻吟、不愿挪步或行动困难，表现不愿上下台阶。以后突然发生两后肢运动障碍（麻木或麻痹）和感觉消失，但两前肢往往正常。病犬失禁，肛门反射迟钝。犬胸腰椎间盘突出常发部位为第 11 至第 12 到腰第 2 至第 3 椎间盘。

Ⅱ型椎间盘疾病主要表现四肢不对称性麻痹或瘫痪，发病缓慢，病程长，可持续数月。不过，某些犬也有几天的急性发作。

颈、胸腰段椎间盘突出 X 线摄影征象：椎间盘间隙狭窄，并有矿物质沉积团块，椎间孔狭小或灰暗，关节突异常间隙形成。如做脊髓造影术，可见脊索明显变细（被椎间盘突出物挤压），椎管内有大块矿物阴影。

后肢有无疼痛是重要的预后征候。感觉麻痹超过 24h 提示预后不良。

3. 诊断

根据品种、年龄、病史和临床症状，可做出初步诊断。X 线检查，即可对本病做正确的诊断，又可对脊髓的损伤程度与预后做出判断。

X 线检查前，动物应全身麻醉，侧卧与仰卧保定。一般同时做侧位和腹背侧为 X 线摄片。一般普通平片可以诊断出椎间盘突出，必要时需施脊髓造影技术。有条件的可做 CT 或 MRI 检查，有助于精确地发现椎间盘突出的位置，尤其椎孔内髓核突出物。

4. 治疗

（1）保守疗法。适用于疼痛、肌肉痉挛、轻度伸颈、疼痛性麻木及共济失调者。通过强制休息、消炎镇痛等，减轻脊髓及神经炎症，促使背侧纤维环愈合。患病动物应限制活动 2~3 周。皮质类固醇（地塞米松、泼尼松等）是治疗本病的首选药，开始用量为每千克体重 0.2~0.4mg，2 次/d，连用 2~3d。严重者可加大剂量至每千克体重 1mg。但不主张使用止痛、肌松、非类固醇消炎药物（除少数病例外），因用了这些药后，动物疼痛减轻或消失，而活动增加，有促使髓核突出的危险。尿失禁者每天定时挤压膀胱排尿 2~3 次。

另外，还可采用针灸、电针、按摩、温敷、超声波和穴位注射药物等治疗方法。许多患病动物经保守疗法治疗，病情可得到改善。

（2）手术疗法。疼痛、保守疗法无效、复发症状加剧、感觉运动麻痹不超过 24h 及椎管内有大量椎间盘突出物，适宜用手术疗法试治。手术方法有开窗术和减压术两类。

开窗术是指两椎体间钻孔，刮去椎间盘组织。此法仅在临床症状较轻和椎管内突出物有限时，才有治疗意义。开窗术有脊椎背侧、偏侧和腹侧式式。减压术指切除椎弓骨组织，取出椎管内椎间盘突出物，以减轻脊髓压迫。减压术有偏侧椎板切除，背侧椎板切除和腹侧开槽术等。

三、疝

疝（又称赫尔尼亚）是腹部的内脏器官从天然孔道或病理性破裂孔脱至皮下或其他解剖腔的一种外科病。各种动物都可发生。

根据疝发生的原因可分为先天性和后天性两类。先天性疝多发生于初生仔，如某些解剖孔（脐孔、腹股沟管等）的扩大，膈肌发育不全等是常见原因。后天性疝则见于各种年龄的动物，常因机械性外伤、腹压增大等原因而发生。根据是否向体表突出分为外疝和内疝，凡向体表突出者称为外疝，不突出体表者称为内疝（如膈疝）。根据发生的解剖部位不同分为脐疝、腹股沟疝、会阴疝、阴囊疝等。宠物临床较为多见的是先天性疝，如脐疝、腹股沟疝；后天性疝常发生膈疝、损伤性腹壁疝，也偶见会阴疝。

疝由疝轮（疝环）、疝囊及疝内容物组成。

疝轮（环）是指腹壁病理性破裂孔或天然孔，如脐孔、腹股沟管，腹腔脏器经此孔脱至于皮下或解剖腔内。疝内容物是指通过疝轮脱出到疝囊内的脏器（如小肠、网膜、子宫等），以及少量疝液。疝囊是指包围疝内容物的外囊，主要由腹膜、腹壁筋膜及皮肤等构成。

外伤性腹壁疝指腹壁外伤造成腹肌、腹膜破裂，从而引起腹腔内脏器脱至腹壁皮下形成的局限性突起。因这种疝常没有腹膜覆盖在疝内容物上，故又有假疝之称。疝内容物多为肠管和网膜，也可能是子宫或膀胱等脏器。犬比猫多发。

1. 病因

被车辆冲撞或从高处坠落等钝性外力造成腹壁肌层和腹膜破裂，而皮肤仍保留完整是发生本病的主要原因。动物间相互撕咬，腹壁强力收缩，也可以去腹肌和腹膜破裂而保留皮肤的完整性，从而引发本病。此外，腹腔手术后，缝合肌层、腹膜的缝线发生断开或线结松脱，结果使腹壁切口内层裂开，内脏器官脱至皮下而发生本病。

2. 症状

多在腹侧壁或腹底壁形成一个局限性的柔软的扁平或半球形突起，其表面常有擦伤或挫伤痕迹。若疝囊位于腹侧壁，在动物前方或后方观察，可见左右腹侧壁明显不对称。在疝发生早期，局部出现炎性肿胀，触之温热且有疼痛反应。用力压迫突起部，疝内容物可还纳入腹腔，同时可摸到皮下破裂孔。随着炎性肿胀消退和病情延长，触诊突起部无热无痛，疝囊柔软有弹性，疝孔光滑，疝内容物大多可还复，但常与疝孔缘腹膜、腹肌或皮下纤维组织发生粘连，很少有嵌闭现象。

3. 诊断

依据病史、典型的局部表现和触诊摸到疝孔，即可确诊。当疝孔偏小且疝内容物与疝孔缘及皮下纤维组织发生粘连而不可复时，往往难以触及疝孔。此时应注意与腹壁脓肿、血肿或淋巴外渗等进行鉴别。腹壁疝无论其内容物可复或不可复，触诊疝囊大多柔软有弹性，听诊常能听到肠蠕动音。而脓肿早期触诊有坚实感，局部热痛反应强烈。触诊成熟的脓肿、血肿与淋巴外渗均呈内含液体的波动感，穿刺后分别排出脓液、血液或淋巴液，肿胀随之缩小或消失，并不存在疝孔，与腹壁疝性质完全不同。

4. 治疗

外伤性腹壁疝发生的同时往往伴发其他组织器官的损伤，所以于手术修复前应先对动物做全面检查，采用适宜疗法控制并稳定病情，提高机体抗病力，改善全身状况。腹壁疝的修复手术与脐疝的修复手术相同，动物全身麻醉，疝囊朝上进行保定，术部按常规无菌准备。由于疝内容物与疝孔缘及疝囊皮下纤维组织发生粘连，所以在切开疝囊皮肤时应注意分离粘连，还纳疝内容物。疝孔闭合一般需采用减张缝合法，如水平褥式或垂直褥式缝合。陈旧性疝孔大多瘢痕化，肥厚而光滑，缝合后往往愈合困难，应削剪成新鲜创面再行缝合。当疝孔过大难以拉拢时，可自疝囊皮下分离出左、右两块纤维组织瓣，分别拉紧重叠缝合在疝孔邻近组织上，以起到覆盖疝孔的作用。最后对疝囊皮肤适当修整，采用减张缝合法闭合皮肤切口，装结系绷带。术后适当控制动物食量，防止便秘和减少活动等，均有利于手术成功。

四、直肠脱

直肠脱是指直肠末端黏膜或黏膜肌层通过肛门向外翻转脱出的疾病，以肛门处形成蘑菇状或香肠状突出物为特征。犬、猫均有发生，但以幼年和老年犬发病率较高。

1. 病因

本病多继发于各种原因引起的里急后重或强烈努责，如慢性腹泻、便秘、直肠内异物或肿瘤、难产或前列腺疾病等。此外，临床还常见犬的肠套叠病，容易继发直肠脱出。当动物久病瘦弱、营养不良，直肠与肛门周围常缺乏脂肪组织，直肠黏膜下层与肌层结合松弛，肛门括约肌松弛无力，均是本病的易发因素。

2. 症状

直肠脱分为仅直肠末端黏膜脱出和直肠末端黏膜肌层脱出两种情况。直肠末端黏膜脱出，习惯上称为脱肛。可见肛门外脱出的黏膜呈圆盘状或蘑菇状，颜色淡红或暗红。动物卧地时脱出物明显，而站立时相对缩小。当发展为直肠黏膜肌层即全层脱出后，一般称为直肠脱。可见肛门外脱出的直肠似香肠状外观，并向后下方下垂，因受肛门括约肌钳夹，肠壁瘀血、水肿严重，颜色暗红或发紫。在动物卧地时极易造成损伤，进而发生溃疡和坏死。全身症状一般较轻，可有精神沉郁、食欲减退或废绝现象，并且频频努责，做排粪姿势。

3. 诊断

依据本病的发生部位、外观和特征性的临床表现，极易做出诊断。但必须考虑和判断脱出肠管中是否有套叠现象，如仅将脱出肠管整复，则很快会复发。如果单行肛门环缩术使直肠难以脱出，动物则持续努责，食欲不能恢复。鉴别单纯性直肠脱和套叠性直肠脱的方法，一是触压早期脱出的肠管，前者空虚，且圆筒状脱出向下弯曲下垂，而后者脱出的肠管由于后肠系膜的牵引，而使突出物末端向上弯曲，坚硬而厚；二是在整复脱出直肠后进行腹部触诊，前者腹空松软，有整体空虚感，后者可触及一段坚实、无弹性的香肠状肠管。此外，也可进行消化道灌服硫酸钡 X 线造影，能够对肠套叠做出准确诊断。

4. 治疗

在除去可能存在的直肠内异物或肿瘤的前提下，对脱出肠管先行整复，然后用药或再施行必要的手术，消除引起直肠脱出的因素。

犬、猫直肠脱的治疗多在发生早期进行整复。将动物全身镇静或麻醉，后肢抬高保定。用 0.1%新洁尔灭或高锰酸钾溶液清洗脱出的直肠，然后用清洁纱布包裹并逐渐还纳肛门。确认肠管完全复位后，选择粗细适宜的缝线对肛门做烟包缝合。注意保留恰当的排粪孔，以保证让软便排出，经 7~10d，患病动物不再努责时，将缝线拆除。对反复发生的单纯性直肠脱，可在距肛缘 1.5~2cm 处左、右、背侧 3 点各注入含 0.5%普鲁卡因的 95%酒精 2~2.5mL，注射深度为 3~5cm，以诱发直肠壁周围组织炎症，提高直肠壁肌肉的紧张度，增强直肠壁的收缩力。若直肠脱出时间过长，因肠壁瘀血、水肿严重而整复困难，可在针刺肠壁后用纱布包裹肠管挤出水肿液，使肠管皱缩，便于整复进行。当垂脱的直肠发生坏死，还纳原位后很难恢复功能者，可实行截除术。即将动物全身麻醉或硬膜外腔麻醉，胸卧保定，后躯抬高。肠腔内塞入一试管或浸有生理盐水的纱布，防止粪便污染。分别在直肠脱出基部相当于时钟 12 点、4 点和 8 点处各缝 1 根预置线，其缝线肠管直肠壁全层。然后在距肛门 1~2cm 处切除垂脱的直肠。最后全层结节缝合断端的两肠管，其缝线务必超过黏膜下组织，以确保适宜的固定强度。拆除预置线，将吻合的肠管整复至肛门内。

直肠复位后，需应用药物对腹泻、便秘或前列腺疾病等进行治疗。对肠套叠引起的直肠脱，在整复脱出的直肠后，再打开腹腔行肠套叠整复术。

五、肛周瘘

肛周瘘是指肛门周围形成的慢性化脓性感染窦道，临床以创口小、窦道深，创内积聚脓汁或粪便并间歇性流出为特征。由于感染性创腔或窦道与肛管或直肠有相通或不相通两种情况，故"肛周瘘"一词实际包含肛周瘘和肛周化脓性窦道两种疾病。

1. 病因

可能与肛门周围不清洁有关。在某些粗尾、垂尾犬或患慢性腹泻犬，粪便长期附着于肛周皮肤，导致肛门周围容易发生感染。肛门囊感染治疗时，外科处理不当造成囊壁新的损伤，肛周脓肿自发破溃或切开引流后排脓不畅等，均易造成感染扩散和难以消除，甚至侵害到肛管或直肠而形成肛周瘘。此外，临床还见直肠脱整复后进行直肠周围注射酒精固定时，酒精用量过大或将酒精误注入肠壁，引起直肠壁炎性坏死，结果发生本病。亦可由肛内外伤、先天性发育畸形所致。

2. 症状

病初动物里急后重，排便困难，常有舔咬肛门或臀部擦地的现象。检查肛门周围肿胀、疼痛，肛周围溃疡和坏死，从肛周瘘管口不断流出脓汁或粪便。脓汁流出量和排便困难现象与瘘管大小及形成时间有关。瘘管长且在形成早期，脓汁较多，肛门区皮肤可被黏脓和粪便黏着。有时伴有直肠、肛门出血。随着病情延长，脓汁流出量减少。若与肛管或直肠相通，从外口主要流出稀便，瘘管口内陷、缩小。并且由于肛周肿、痛减轻，对肛管直肠压迫消除，动物一般不再有排便困难现象。

3. 诊断

依据肛周有久不治愈、不断流出脓汁或粪便的开口，即可确诊。但应与原发性肛门囊疾病相区别，肛门囊疾病主要发生于肛门囊部位，而肛周瘘可出现于肛门周围的任意部位。

4. 治疗

本病用药物治疗多无效，需采用手术疗法根治。

术前灌肠，排空直肠内粪便，并用纱布遮盖肛门，装尾绷带并向前反折固定。动物全身麻醉，倒立固定，术前根据瘘管外口排出物为脓汁或粪便，确定瘘管与肛管或直肠有无相通。若确认为肛周化脓性窦道，在用消毒防腐液彻底冲洗后，用探针或其他适宜手术器械探明窦道的方向和范围。然后切除所有坏死组织和窦道，对创腔和创口采取适当缝合，争取创口第一期愈合。若确认为肛周瘘，术前先灌肠排空直肠内积粪，用手指确定瘘管口并塞纱布于瘘管内口前，以避免术中粪便污染。接着用消毒防腐液经瘘管外口彻底冲净瘘管，切除瘘管壁及所有坏死组织，闭合肛管或直肠壁瘘管内口。对创腔和创口可行部分缝合以加速愈合，创口适当开放，并保证引流畅通。

术后给犬戴上颈枷或体支架，以防舔咬创部，每天用消毒防腐液冲洗 1~2 次，并涂以抗生素软膏，直至愈合。应用全身抗生素数天，以控制和消除手术感染。

第五章 四肢外科疾病的诊治技术

一、化脓性关节炎

化脓性关节炎是指关节滑膜化脓性感染。一旦发生，其病情相当严重。

1. 病因

可分血源性和外源性两种。血源性多因肺炎、腹泻、脐带感染和心内膜炎等所致。病原菌经血液循环感染关节，多发生于幼年犬、猫，常为多关节同时发生；外源性多因关节透创（咬伤、车祸、枪伤、手术及关节内注射等）或关节周围化脓性感染（如骨骺骨髓炎和发生层病灶，或邻近软组织感染等）直接蔓延所致。

2. 症状

一般表现关节红肿、疼痛和跛行。因关节腔内积聚浆液性、纤维素性或脓性渗出物，关节囊紧张，压痛和波动明显。但深部关节如髋关节（除幼犬和猫），因其周围有肌肉较厚，无明显的肿胀。患肢站立时屈曲，运步跛行。严重者常伴有精神沉郁、厌食和体温升高。偶有动物白细胞计数正常。

早期 X 线检查征候是非特异性的，仅关节滑膜、关节囊增厚，关节间隙增宽，经久关节周围疏松，关节面不规则，骨质破坏或增生，有的甚至可发生纤维性关节强硬和骨性关节强硬。

关节穿刺时，其滑液可呈浆液、血性混浊或脓性，滑液易凝固。显微镜下可见大量白细胞、脓细胞和 50% 以上的金黄色葡萄球菌。

3. 诊断

根据局部和全身症状，一般均可做出诊断。关节穿刺和关节滑液检查对早期诊断很有价值。应作细胞计数、分类、细菌培养、药敏试验和 X 线检查等。

4. 治疗

（1）最初可选用青霉素或头孢菌素，迅速控制感染，以后根据关节穿刺得到的培养材料进行药敏试验选用适宜的抗生素。

（2）关节穿刺抽出渗出液，早期亦可先注入灭菌生理盐水，使关节囊膨胀，维持 10~15min 后抽出生理盐水和渗出液。然后，向关节内注入有效抗生素，每日 1 次。但也有人认为局部应用抗生素会加重滑膜炎和软骨的破坏。

（3）关节切开引流。对于病程不超过72h、应用其他方法（如针穿刺）治疗后48h无效，或关节刺伤需清创的可选关节切开引流。关节囊切开后，用生理盐水冲洗关节腔。留置两根细塑料管于关节腔内，一根用于灌注生理盐水，另一根用于灌洗液的排出。常规闭合关节囊和皮肤。术后，每日冲洗数次，注入液体时，应让关节膨胀 10~15min，然后再放出灌洗液。

（4）急性炎症消退或术后 10~14d 适当加强关节功能的活动，防止发生关节粘连和强直。可每次让动物游泳或被动活动（5~20min）。3 个月后动物可加大运动量。

二、四肢外周神经损伤

外周神经损伤是指动物的外周神经遭受外界暴力如打击、挤压、冲撞或跌落硬地等的作用，使其支配区域功能减弱或丧失。神经干周围的肿瘤，注射药物的刺激也可导致外周神经损伤。各种创伤可直接或间接引起神经震荡、挫伤，甚至断裂。由于外周神经损伤的程度以及所支配部位不同，临床表现也明显不同。临床上常见的四肢外周神经损伤有以下几种。

1. 桡神经损伤

桡神经分布于臂三头肌、腕桡侧伸肌、尺骨外侧肌、指总伸肌，控制肘关节、腕关节和指关节的伸展。外伤、骨折（第一肋骨、前臂骨）均可致桡神经损伤。

肘关节部位的桡神经损伤，动物运步时腕关节和指关节屈曲，负重时以指关节背面触地，皮肤对针刺的感觉丧失。肩关节部的桡神经损伤时患肢的肘关节、腕关节和指关节均不能伸展，不能负重。

2. 坐骨神经损伤

坐骨神经分布于半腱肌、半膜肌、股二头肌等后肢大腿后的肌肉，控制膝关节屈曲和髋关节伸展。外伤、骨折、火器伤、外界暴力、肿瘤、血肿等均可引起坐骨神经损伤。肌内注射刺激性药物也可引起坐骨神经损伤和麻痹。

坐骨神经麻痹时，除股四头肌外，其他关节都丧失屈曲功能，患肢变长，不能支持体重。站立时，跟腱弛缓，几乎完全用系部背侧面着地，以三肢跳跃前进。

治疗原则是除去病因，恢复机能，促进再生，防止肌肉萎缩。

（1）针对原发病，采取各种治疗措施，如手术排脓，摘除肿瘤和血肿，修复并固定骨折；使用抗菌药物控制感染等。

（2）在麻痹的神经干径路的皮下注射维生素 B_1 和维生素 B_2 注射液，或硝酸士的宁注射液（犬 0.5~1.0mg，猫减半），以促使神经功能恢复。

（3）对麻痹神经所支配的肌肉进行按摩，或用四三一合剂、10%樟脑酒精溶液涂擦，以促进肌肉血液循环，提高肌肉张力，防止肌肉萎缩。

（4）局部进行针灸疗法或电针疗法，如桡神经麻痹时可电针抢风穴和前三里穴。

（5）加强护理，对不能采食和咀嚼的犬、猫进行人工饲喂。对不能站立的犬、猫，加厚垫褥，防止发生褥疮。

三、风湿病

风湿病是一种感染性变态反应性疾病，反复发作的急性或慢性非化脓性炎症，具有突然发作，复发出现，并呈转移性疼痛的特征。犬常发生本病。骨骼肌、心肌、关节囊是最常见的发病部位。

1. 病因

本病的原因至今尚未完全清楚，一般认为风湿病是一种变态反应性疾病，医学上证明与 A 型溶血性链球菌有关。体内曾有过感染病灶，如咽炎、扁头体炎、上呼吸道感染等。感冒、圈舍潮湿阴冷、贼风侵袭、大汗后受冷雨浇淋、夜卧于寒湿之地或露宿于风雪之中等均为本病的诱因。

2. 症状

风湿病的主要症状是发病的肌群、关节及脚（爪）表现疼痛和机能障碍。疼痛表现时轻时重，部位多固定但也有转移的，风湿病有活动型、精致型及复发型。根据其病程及侵害器官不同可出现不同的症状。

（1）肌肉风湿（风湿性肌炎）。一般在活动性大的肌群、背腰肌群、股后肌群和颈肌群等，因患病肌肉疼痛，故表现运动不协调，步态强拘不灵活，常发生 1~2 肢的轻度跛行。特征是随运动量的增加和时间的延长，而有症状减轻或消失的趋势。常有游走性，时而一个肌群好转，另一个肌群又发病。触诊患病肌群有痉挛性收缩，肌肉表现凹凸不平，并有硬感、肿胀。急性经过疼痛明显，病情常随天气变化时轻时重。

（2）关节风湿病（风湿性关节炎）。多在活动较大的关节，如肩关节、肘关节、髋关节和膝关节等。常对称关节同时发病，有转移性并反复发作，运动时患肢强拘，出现程度不同的跛行。关节由于出现浆液性或浆液纤维素性渗出物，而关节囊紧张、膨胀，关节活动范围变小，有压痛感。跛行可随运动量增加而减轻或消失，转为慢性经过时，关节滑膜及周围组织增生、肥厚，因而关节肿大轮廓不清，活动范围变小，运动时关节强拘。

犬患类风湿关节炎时，病初出现游走性跛行，患病关节周围软组织肿胀，数周乃至数月后则出现特征性的 X 线摄影变化，即患病关节的骨小梁密度降低，软骨下见有透明囊状区和明显损伤，并发生渐进性糜烂，随着病程的进展，关节软骨消失，关节间隙狭窄并发生关节畸形和关节脱位。

3. 诊断

风湿病目前尚缺乏特异性诊断方法，主要依据病史和临床症状加以诊断。如有受风、寒、湿的病史，常突然发病，发病部位的肌肉疼痛增温，随运动量的增加疼痛减轻。疼痛呈游走性，出现不同的机能障碍，当颈风湿病时，不能低头。腰风湿病时，腰硬如板，运动不灵活。四肢肌肉风湿病时，出现黏着步样，即缓慢短步。急性风湿病时体温升高，机能障碍明显，易于治疗。转为明显时，仅表现运动不灵活、易疲劳、肌肉萎缩等。水杨酸制剂治疗有明显的疗效。

用水杨酸钠皮内反应试验诊断风湿病，有一定的检出率。方法是：首先检查病犬的白细胞数，然后用 0.1% 水杨酸钠液，实行颈部皮内注射，分别于注射后 30min、60min 再采血检查白细胞数，其中有一次比注射前的白细胞数减少 20% 时，则判定为风湿病阳性。

血常规检查结果为血红蛋白增多，淋巴细胞减少，单核细胞增多，血沉加快。

急性风湿病应注意与破伤风、骨软症鉴别诊断。破伤风有创伤的病史，神经兴奋性增高，瞬膜突出，四肢强拘，机能障碍不随运动减轻，水杨酸制剂不能缓解症状。骨软症因缺钙而引起，临床特征是骨质疏松，头骨变形及关节疼痛，其跛行程度随运动量而加重，用钙制剂治疗有效。

4. 治疗

治疗原则是消除病因，祛除风湿，加强护理，解热镇痛，消除炎症。除厩舍要干燥，喂给有营养的饮食，每天牵遛运动，多晒太阳外，还应应用下述方法治疗。

（1）应用解热镇痛抗风湿药。首选水杨酸钠，犬每次 0.1~0.5g，静脉注射，每天或隔天 1 次，连用 3 次。配合葡萄糖酸钙及碳酸氢钠注射液，效果更好。乙酰水杨酸，犬每次 0.2~1g，内服，2 次/d，连用 3~4d。甲灭酸（扑湿痛），犬每次 0.1~0.2g，内服，2~3 次/d，连用 3~4d，注意用药不宜超过 1 周，氯灭酸（抗风湿灵），本品为我国独创的邻氨基苯甲酸类药物，对犬风湿病效果好，犬用剂量为每次 0.05~0.4g，内服，2~3 次/d，连用数天。此外，吲哚美辛（消炎痛片）、炎痛喜康片也可选用。

（2）应用皮质激素类药物。2.5% 醋酸可的松注射液，犬每次 10~50mg，肌内注射，1 次/d，连用 3~5d。2.5% 醋酸可的松 2~3mL，可行关节腔内注射，治疗风湿性关节炎，疗效很好。0.5% 氢化可的松注射液用量犬为每次 10~50mL，静脉注射或肌内注射，连用 3~5d。0.5% 泼尼松溶液用量为犬每次 10~40mg，混入 5% 糖盐水静脉注射。

（3）青霉素 20 万~160 万 U，安痛定 2~4mL，肌内注射，2 次/d。还可配合中草药制剂，如夏天无、凡事宁注射液，每次 2~5mL，肌内注射，1~2 次/d，连用 3~5d。猫不能用安痛定类药物。

（4）物理疗法。红外线局部照射，每次 20~30min，1~2 次/d。还可用电疗法、冷疗法及激光疗法等均有良好效果。

（5）局部温热疗法。将酒糟、醋糟加热后装于布袋内进行患部热敷，1~2 次/d，连用 6~7d。

（6）局部涂擦刺激剂。如红花油、活络油、樟脑酒精等，均有一定疗效。

第六章　肿瘤的诊治技术

一、肿瘤的一般治疗技术

（一）肿瘤的病因

肿瘤的病因迄今尚未完全清楚，根据大量实验研究和临床观察，初步认为与外界环境因素有关，其中主要是化学因素，其次是病毒和放射性。现在已知的病理学说和某些致瘤因子，只能解释不同肿瘤的发生，而不能用一种学说来解释各种肿瘤的因素。

1. 外界因素

（1）物理因子。机械的、紫外线、电离辐射等刺激均可直接导致或诱发某些肿瘤、白血病与癌。

（2）化学因子。已知用煤焦油反复涂擦可引起兔耳皮肤肿瘤。目前，已知的化学致癌物质约100种，3，4-苯并芘、1，5，6-二苯蒽等致癌性都很强，局部涂敷能引起鼠的乳头状癌及致癌变；注射可引起肉瘤。亚硝胺类的二甲基亚硝胺、二乙基亚硝胺可诱发哺乳动物多种组织的各类肿瘤，如牛皱胃癌、猪胃癌。黄曲霉毒素 B_1 毒性最强，能诱发大鼠、鸭、猪及猴的肝癌，大鼠的胃癌、支气管癌和肾癌等。用有机农药饲喂小鼠可致癌。其他如芳香胺类的联苯胺、乙萘胺、吖啶化合物、呻、铬、镍、锡、石棉等都具有一定的致癌作用。

（3）病毒因子。自 Rous（1910）用鸡肉瘤滤液接种健康鸡发生肉瘤后，到目前已证明有数十种动物肿瘤，如鸡的白细胞/肉瘤群，野兔的皮肤乳头状瘤，小鼠、大鼠、豚鼠、猫、犬、牛和猪的白细胞也都是病毒所致。

2. 内部因素

在相同外界条件下，有的动物发生肿瘤，有的却不发生，说明外界因素只是致瘤条件，外因必须通过内因起作用。

（1）免疫状态。若免疫功能正常，小的肿瘤可能自消或长期保持稳定，尸体剖检其生前无症状的肿瘤可能与此有关。在实验性肿瘤中验证体液免疫和细胞免疫这两种机理都存在，但是以细胞免疫为主。在抗原的刺激下，体内出现免疫淋巴细胞，它能释放淋巴毒素和游走抑制因子等，破坏相应的癌细胞或抑制肿瘤生长。因此，肿瘤组织中若含有大量淋巴细胞是预后良好的标志。如有先天性免疫缺陷或各种因素引起的免疫功能低下，则肿瘤组织皆有可能逃避免疫细胞监视，冲破机体的防御系统，从而癌细胞大量增殖和无限的生长。由此可见，机体的免疫状态与肿瘤的发生、扩散和转移有重大关系。

（2）内分泌系统。实验证明性激素平衡紊乱，长期使用过量的激素均可引起肿瘤，或对其发生有一定的影响。肾上腺皮质激素、甲状腺素的紊乱，也对癌的发生起一定作用。

（3）遗传因子。遗传因子与肿瘤发生有关，如一卵性双生子的相同器官的肿瘤相当普遍。动物实验证明乳腺癌鼠族交配，其后代出现同样肿瘤。

（4）其他因素。神经系统，营养因素、微量元素，年龄等也有很大影响。

(二) 肿瘤的症状

肿瘤的症状决定于其性质、发生组织、部位和发展程度。肿瘤早期多无明显临床症状。但如果发生在特定的组织器官上，可能有明显症状出现。

1. 局部症状

(1) 肿块 (瘤体)。发生于体表或浅在的肿瘤，肿块是主要症状，常伴有相关静脉扩张、增粗。肿块的硬度、可动性和有无包膜等因肿瘤种类而不同。位于深在或内脏器官时，不易触及，但可表现功能异常。瘤肿块的生长速度为良性慢、恶性快，恶性瘤肿块可能发生相应的转移灶。

(2) 疼痛。肿块膨胀生长、损伤、破溃、感染时，使神经受到刺激或压迫，可有不同程度的疼痛。

(3) 溃疡。体表、消化道的肿瘤，若生长过快，引起供血不足继发坏死，或感染导致溃疡。恶性肿瘤，呈菜花状瘤，肿块表面常用溃疡，并有恶臭和血性分泌物。

(4) 出血。表在肿瘤，易损伤、破溃、出血。消化道肿瘤，可能呕血或便血。泌尿系统肿瘤，可能出现血尿。

(5) 功能障碍。肠道肿瘤可致肠梗阻，如乳头状瘤发生于上部食管，可引起吞咽困难。

2. 全身症状

良性和早期恶性肿瘤，一般无明显全身症状，或有贫血、低烧、消瘦、无力等非特异性的全身症状。如肿瘤影响营养摄入或并发出血与感染时，可出现明显的全身症状。恶病质是恶性肿瘤晚期全身衰竭的主要表现，发病部位不同，恶病质出现迟早各异。有些部位的肿瘤可能出现相应的功能亢进或低下，继发全身性改变，如颅内肿瘤可引起颅内压增高和定位症状等。

(三) 肿瘤诊断

1. 临床鉴别诊断

指视诊、触诊和问诊相结合的传统方法，当兽医缺乏必要的仪器时，只能用此方法做临床鉴别。通过门诊、视诊、触诊等临床常用手段了解肿瘤生长速度、表面状态、与周围组织的界限是否清楚、生长方式、是否持续出现，以及是否发生转移等，判断其是良性还是恶性。应注意与血肿、脓肿和炎性肿胀的鉴别诊断。当肿胀在 2~3d 内出现，且指压有热、痛，一般是细菌感染，经消炎治疗，肿胀减小或消退。

2. 活组织检查

简称活检。活检是一种迅速而准确的临床诊断方法，通常是切去、穿刺、刮去肿瘤组织，或用脱落的组织碎片等在显微镜下进行病理组织学检查而做出诊断。活检前，应了解被检动物的基本情况，如动物种类、品种、性别、年龄、肿瘤生长部位、生长速度、外观及触诊的情况等，做到有的放矢。

3. 仪器诊断

X 线透视、摄片是判断肿瘤部位的有效方法，临床上常用。对腹腔肿瘤可用 B 超协助诊断。各种窥镜，如食管和胃窥镜、结肠镜、腹腔镜等对肿瘤的诊断有重要意义，国内已开始在兽医临床上使用。

4. 免疫病理学检查

通过检测与肿瘤有关的抗原和抗体进行诊断。随着肿瘤免疫学的研究发现，在肿瘤细胞或宿主对肿瘤的反应过程中，可异常表达某些物质，如细胞分化抗原、胚性抗原、激素、酶受体等肿瘤标志物。这些肿瘤标志物在肿瘤和血清中的异常表达为肿瘤的诊断奠定了物质基础。针对肿瘤标志物制备多克隆抗体或单克隆抗体，利用放射免疫、酶联免疫和免疫荧光等技术检测肿瘤标志。

（四）肿瘤的治疗

在确定了肿瘤的性质和位置之后，才能进行肿瘤的治疗。治疗时应考虑动物的年龄和身体状况。可采用一种方法或几种方法相结合进行治疗。

1. 化学疗法

适用于不宜手术或手术不能根治的肿瘤。药物治疗又称化疗，是人医常用的治疗手段。但小动物常因肿瘤发现晚，或肿瘤发展快，或药物昂贵等原因，临床上难广泛应用。化疗也可与手术治疗结合应用。

2. 物理疗法

磁疗、放射疗法和超声治疗等是治疗手术难以根治的肿瘤的措施。

3. 手术治疗

对于多数良性肿瘤（已经确定肿瘤范围），通过手术摘除肿瘤是最有效的临床治疗方法，广泛应用。对于某些非良性肿瘤，其前提是肿瘤未扩散或转移。手术时，应注意以下几点。

（1）动作要轻而柔，切忌挤压和不必要的翻动癌肿。

（2）手术应在健康组织范围内进行，不要进入癌组织。

（3）尽可能阻断癌细胞扩散的通路（动、静脉与区域淋巴结），肠癌切除时要阻断癌瘤上、下段的肠腔。

（4）尽可能癌肿连同源发器官和周围组织一次整块切除。

（5）术中用纱布保护好癌肿和各层组织切口，避免种植性转移。

（6）高频电刀、激光刀切割，止血效果好，可减少扩散。

（7）对部分癌肿，在术前、术中可用化学消毒液冲洗癌肿区，如迨金氏液，即 0.5%次氯酸钠溶液用氢氧化钠缓冲至 pH 值为 9，要求与手术创面接触 4min。

4. 其他方法

包括载体导向治疗、中药疗法、免疫疗法等，均在临床上针对不同病例及其不同阶段有一定的治疗作用。

二、犬淋巴细胞白血病

犬的淋巴细胞白血病发病率较高，属于渐进性、致命性疾病。起源于淋巴器官或骨髓，是以造血组织（包括骨髓、淋巴组织、网状内皮系统）的系统性、自主性增生为特征的恶性肿瘤。在外周血常见异常增生的白细胞。根据血象，可分为白血性、亚白血性和无白血性白血病。

白血性白血病是由于造血组织的肉瘤性增生，使增生的未成熟白细胞大量进入血循环，造成血液白细胞总数异常增多，同时红细胞减少。亚白血性白血病仅有少量的未成熟白细胞进入血液，白细胞总数并不增多，有时还稍减少；无白血性白血病，白细胞总数未见异常，也无未成熟的白细胞。

早期的临床症状是无痛性外周淋巴增生性病变，一般先发生在颈、喉部的淋巴结。此后，患病犬出现厌食，嗜睡，不爱活动，体重减轻，体质下降，呼吸困难，咽下困难，烦渴，多尿及贫血等症状。多数病犬腹泻，可视黏膜苍白或黄染。血检白细胞明显增多，但主要是幼稚型白细胞，红细胞减少。部分（约20%）病犬会出现血钙增高症。如未及时治疗，可加快病犬的死亡。

一般预后不良。低剂量的化疗可以减轻病犬的临床症状。一般按照诱导期和维持期用药，联合使用环磷酰胺、长春新碱、去氢化可的松，建议添加天门冬酰胺酶和阿霉素，可以增强疗效。

对于已充分分化的淋巴细胞白血病，内服苯丁酸氮芥，以 0.2mg/kg 的剂量连用 7~10d，之后将剂量减少至 0.1mg/kg，可以缓和病情。本病的平均存活时间为 6 个月。

三、乳腺肿瘤

乳腺肿瘤母犬最为多见，占总肿瘤的 42%，猫乳腺肿瘤居第三位。临床常见良性混合性乳腺瘤、乳腺瘤和乳腺癌三种。其中，犬乳腺瘤发病率最高，在国内外犬的肿瘤临床病例中，约 50%为母犬乳腺瘤。

良性混合性乳腺瘤主要发生在中、老年母犬。发情期结束时肿瘤增长快，一般常见多个乳腺同时发病。外观凹凸不平，表面光滑，质地硬实，瘤体较大，触诊其瘤体可移动。有时，乳腺瘤皮肤与地面摩擦而破损。

良性混合性乳腺瘤与周围组织界限清晰，有纤维膜包裹，细胞分化良好，包括由完整的腺泡结构组成的上皮和黏液瘤组织的间质结构等，常以一种成分为主。由于有恶性发展的趋势，应早期切除。

乳腺瘤一般为混合性肿瘤，体积不大，有包膜，与周围组织界限清楚，质地坚实。乳腺癌与周围组织界限不清，生长快，易发生表面溃疡或继发感染。乳腺瘤和乳腺癌起源于乳腺导管或乳腺腺泡上皮，与其他动物相比，猫乳腺瘤和乳腺癌一般为恶性。

三种乳腺肿瘤均以手术治疗为主。良性肿瘤切除单个乳腺。恶性肿瘤则应切除全部乳腺或乳区，切除时应当将乳腺周围至少 1cm 的健康组织一并切除。对于恶性乳腺瘤，应当同时切除卵巢甚至子宫。化疗的临床疗效不理想。

在第一次发情前摘除卵巢，可大大地降低母犬乳腺肿瘤的发病率。

四、肾肿瘤

肾肿瘤是肾组织细胞在内、外致病因子的作用下，以细胞过度增殖为特点的病理性新生物，这种新生物无规律生长，丧失正常细胞功能，破坏肾结构，扰乱肾功能。

1. 病因

肿瘤的发生原因复杂多样，大致分为外因和内因两大类。外因主要是多种物理因素，如紫外线、电离辐射等。化学因素，如致癌化合物和重金属。生物因素，如某些病毒等。内因是由于免疫功能低下，内分泌功能紊乱，某些遗传性疾病等。

机体细胞在正常分化和分离过程中，产生的极少数突变细胞被机体的免疫系统及时清除。如有内、外致病因素的作用，导致机体免疫功能低下时，产生的突变细胞不能及时清除，便增殖为肿瘤。

2. 症状

病犬食欲不振，渐进性消瘦。因红细胞生成素过多可引起红细胞过多症。有时可见多尿、血尿和烦渴。肾肿大，呼吸困难可能与肺转移有关。

根据肿瘤细胞的形态结构和增长方式以及致病作用，将其分为良性与恶性肿瘤两大类。

（1）良性肿瘤。生长缓慢，以膨胀方式不断地增大，肿瘤外包一层纤维性包膜，界限清楚不发生转移，而瘤细胞分化得比较好，其细胞形态和组织结构与其起源的肾组织细胞形态和结构很相似，细胞比较成熟，如犬的腺瘤、变异细胞的乳头状瘤、脂肪瘤、血管瘤及纤维瘤等。

（2）恶性肿瘤。生长快，以浸润性生长方式不断地增长，侵入周围的正常肾组织，肿瘤周围无包膜或包膜不完整，可沿淋巴和血管转移，瘤细胞分化程度低，与其起源的肾组织细胞形态和结构很少相似，一般细胞较幼稚和不成熟，如犬的肾细胞癌、胚胎性肾胚组织瘤及肾淋巴肉瘤等。

3. 诊断

单一根据临床症状难以确诊，必须做辅助检查。尿量 X 线造影检查有助于区别一般性肾肿大。血液学检查的结果为贫血或红细胞增多，血液尿素氮和肌酐酸不同程度升高。活组织检查时，如发现肿瘤细胞可确诊。

注意与一般性肾肿大和邻近器官炎性肿胀相区别。

4. 治疗

肾良性肿瘤和恶性肿瘤的早期可实行单侧患肾及输尿管切除。手术前要通过排泄性尿路造影评价对侧肾机能。手术时尽快结扎肾动脉和肾静脉，完全摘除输尿管，尽可能摘除肾周围脂肪，切除局部淋巴结和淋巴管。

恶性肿瘤中后期可试用放、化疗。

五、子宫肿瘤

子宫肿瘤是子宫由于致癌因子的作用，使细胞过度增殖而形成的病理性新生物。子宫肿瘤可分为良性瘤和恶性瘤，良性瘤包括平滑肌瘤（最常见）、纤维瘤和脂肪瘤。恶性瘤包括平滑肌肉瘤、子宫腺瘤、淋巴肉瘤。

1. 症状

老龄（9～10 岁）犬多发，良性瘤临床症状不明显。可能出现的临床症候包括腹部膨大、有团块，伴发腹水。患犬体重下降，阴道有分泌物排出，难产，不孕、子宫积脓，子宫积水。肿瘤发生转移可引起相应器官的功能障碍。

2. 诊断

良性瘤通常是尸体剖检时才发现。腹部触诊、X 线摄影、B 超检查、子宫输卵管造影等技术有助于确定子宫团块。确诊需要做活组织检查。

应注意与腹部其他器官的新生物、子宫蓄脓相区别。

3. 治疗

（1）手术疗法。手术切除卵巢和子宫，如为良性肿瘤，常能治愈。如为恶性肿瘤，常发生转移而很少治愈。

（2）放疗和化疗。对于特别昂贵的犬，如有肿瘤转移，可试用本法。

六、纤维瘤

纤维瘤常发生于皮下富有疏松结缔组织的部位，由胶原纤维和结缔组织细胞构成，多见于头部、胸侧、腹侧、四肢皮下和黏膜。生长缓慢，大小不一，多呈球形，有包膜，属良性肿瘤。瘤体质硬或质软，有的瘤体内有液体。黏膜的纤维瘤称息肉，有根蒂，呈粉红色，常发生于鼻腔、食管、软管、直肠和阴道内。纤维瘤手术摘除效果良好。

七、脂肪瘤

脂肪瘤是由脂肪细胞形成的良性肿瘤，常见于纯种老龄母犬。脂肪瘤生长慢，光滑，可移动，质地软，有包膜，与周围组织有明显地界限。多位于胸侧壁或腹部皮下。手术摘除效果好，很少复发。

八、乳头状瘤

乳头状瘤属良性上皮瘤，是由皮肤或黏膜的上皮转化而形成。某些病例是由一种 DNA 病毒所引起。多发于老年犬。乳头状瘤有宽的基础，有蒂，上端呈乳头状或分支的乳头状突起，表面光滑或凹凸不平，可呈结节状与菜花状，瘤体可呈球形、椭圆形，大小不一，小者米粒大，大者可达几千克，有单个散在，也有多个集中分布。一旦瘤体长大易受损伤而破溃疡出血。常发生于犬的口腔、头部、眼睑、趾部和生殖道等部位。有些瘤在 1~2 个月后会自行消退，不治而愈。一般采用手术切除，烧烙或冷冻疗法等治疗，效果良好。

九、鳞状细胞癌

鳞状细胞癌是由鳞状上皮细胞转化而来的恶性肿瘤，简称鳞癌。多发于 6~9 岁老年犬。长期阳光辐射、机械刺激、烧伤或冻伤可诱发本病，常单个发生，基底部宽，表面呈菜花状或火山口状，多发于头部、尤其耳、唇、鼻、眼睑部常见。常侵害骨骼，转移到局部淋巴结。分化完好的瘤细胞可产生大量角蛋白形成"角化珠"。早期可做大范围的瘤体切除，但易复发，结合反射疗法或化学疗法可减少复发。

第五篇
产科

第一章　产科生理

第一节　母畜

一、性发育

性发育的主要标志是雌性动物出现第二性征。雌性动物在出生后一定时期，生殖器官虽然生长发育，但无明显的性活动表现。当其生长发育到一定时期，卵巢开始活动，在雌激素的作用下出现明显的雌性第二性征，如乳腺开始发育使乳房增大。长骨生长减慢、皮下脂肪沉积速度加快，出现雌性体型。

二、性成熟

雌性动物性成熟的标志是第一次出现发情和排卵。

发情是由卵巢上卵泡发育引起，受下丘脑——垂体-卵巢轴系调控的生理现象。某些动物，如绵羊（湖羊例外）、马和驴等的发情发生在某一特定季节，称为季节性发情。湖羊、山羊、猪、牛等动物在全年均可发情，称为非季节性发情。雌性动物发情时，不仅在行为上有明显的改变，而且其生殖系统也发生一系列变化。

（一）卵巢变化

雌性动物一般在发情开始前 3~4d，卵巢上的卵泡开始生长，至发情前 2~3d 卵泡迅速发育，卵泡内膜增生，卵泡液分泌增多，卵泡体积增大，卵泡壁变薄而突出于卵巢表面，至发情症状消失时卵泡已发育成熟，卵泡体积达到最大。在激素的作用下，卵泡壁破裂，卵子从卵泡内排出。

（二）生殖道变化

发情时，随着卵泡的发育成熟，雌激素分泌增加，孕激素分泌减少。排卵后开始形成黄体，孕激素分泌增加。由于雌激素和孕激素的交替作用，引起生殖道的显著变化。这些变化主要表现在血管系统、黏膜、肌肉及黏液的性状等方面。

雌性动物发情时随着卵泡分泌的雌激素量增多，生殖道血管增生并充血，至排卵前卵泡达到最大体积，雌激素分泌达到最高峰，生殖道充血最明显。排卵时，雌激素水平骤然降低，引起充血的血管发生破裂，使血液从生殖道排出体外。这种类似于灵长类动物"月经"的现象在奶牛和黄牛比较多见，有80%~90%的处女牛、45%~65%的经产母牛在发情时从阴道流出血液，其他动物则很少发生这种现象。发情时，生殖道黏膜上皮细胞发生一系列变化。以牛为例，输卵管的上皮细胞在发情时增高，发情后降低。子宫内膜腺泡细胞在发情前呈圆柱形，发情时快速增长，至发情后由于孕激素的作用，子宫内膜增厚。子宫颈的上皮细胞高度在发情时也有所增加，发情后表层上皮缩小。阴道黏膜在发情时呈水肿和充血，表层上皮有白细胞浸润。外阴在发情时充血、肿胀，是鉴别发情的主要特征之一。

发情时，子宫腺体生长发育加快并产生许多分支，分泌大量黏膜，是鉴别发情的另一主要特征。排卵前由于雌激素的作用，子宫腺分泌大量稀薄黏膜并从阴道排出体外。排卵后由于孕激素的作用，黏膜量分泌减少而变浓稠。

发情时，子宫肌细胞的大小和活动也发生变化，表现为子宫肌细胞变长、收缩频率加快、收缩幅度减小。通常雌激素使子宫肌肉收缩增强，而孕激素使收缩活动减弱。

（三）行为变化

发情开始时，在卵泡分泌的雌激素和少量孕激素的作用下，刺激中枢神经系统，引起性兴奋，使雌性动物兴奋不安，对外界环境变化特别敏感，表现为食欲减退、鸣叫、喜接近公畜，或据腰弓背、频繁排尿，或到处走动，甚至爬跨其他雌性动物或障碍物。

雌激素对中枢神经系统的刺激作用需要少量孕激素的参与才能引起行为变化。雌性动物第一次发情时，由于卵巢没有黄体，血液中孕激素水平较低，常常发生安静发情，即只排卵而发情表现不明显。

三、性活动的分期

（一）初情期

雌性动物第一次出现发情表现并排卵的时期，称为初情期。

（二）性成熟

雌性动物在初情期后，一旦生殖器官发育成熟，发情和排卵正常并具有正常生殖能力，则称为性成熟。动物的这一年龄阶段称为性成熟期。性成熟期与初情期有类似的发育规律，即不同动物种类、同种动物不同品种，以及饲养水平、出生季节、气候条件等因素都对性成熟期有影响。

（三）适配年龄

雌性动物在性成熟期配种虽能受胎，但因此期的身体尚未完全发育成熟，势必影响母体及胎儿的生长发育和新生仔畜的成活，所以在生产中一般选择在性成熟后一定时期才开始配种。适配年龄又称配种适龄，是指适宜配种的年龄。除上述影响初情期和性成熟期的因素外，适配年龄的确定还应根据其具体生长发育情况和使用目的而定，一般比性成熟期晚一些。

四、发情周期阶段的划分

根据雌性动物的生理和行为变化，可将发情周期划分为几个阶段。阶段的划分主要有三种方法，由于侧重面不同，实际意义也不同。四分法主要侧重于发情症状，适于进行发情鉴定时使用。二分法侧重于卵泡发育，适于研究卵泡发育、排卵和超数排卵的规律和新技术时使用。三分法主要根据动物的精神状态将发情周期划分为兴奋期、均衡期和抑制期三个时期，其术语比较抽象，对于指导配种工作没有实际意义，故在国内很少采用，一般都采用二分法和四分法对发情周期各阶段进行划分。

（一）四分法

1. 发情前期

为发情的准备期。对于发情周期为21d的动物（如牛、猪、山羊、马、驴等），如果以发情症状开始出现时为发情周期第 1 天，则发情前期相当于发情周期第 16 天至第 18 天。卵巢上的黄体已退化或萎缩、卵泡开始发育；雌激素分泌增加，血中孕激素水平逐渐降低；生殖道上皮增生和腺体活动增强，黏膜下基层组织开始充血，子宫颈和阴道的分泌物增多，但无明显的发情症状。

2. 发情期

有明显发情症状的时期，相当于发情周期第 1 天至第 2 天。主要特征表现为：精神兴奋、食欲减弱；卵巢上的卵泡发育较快、体积增大，雌激素分泌逐渐增加到最高水平，孕激素分泌逐渐降低至最低水平；子宫充血、肿胀，子宫颈口肿胀、开张，子宫肌层收缩加强、腺体分泌增多；阴道上皮逐渐角质化、并有鳞片细胞（无核上皮细胞）脱落；外阴充血、肿胀，并有黏液流出。

3. 发情后期

发情症状逐渐消失的时期，相当于发情周期第 3 天至第 4 天。精神由兴奋状态逐渐转为抑制状态；卵巢上的卵泡破裂、排卵，并开始形成新的黄体，孕激素分泌逐渐增加；子宫肌层收缩和腺体分泌活动均减弱，黏液分泌量减少而变黏稠，黏膜充血现象逐渐消退，子宫颈口逐渐收缩、关闭；阴道表层上皮脱落，释放白细胞至黏液中；外阴肿胀逐渐减轻并消失，从阴道中流出的黏液逐渐减少并干涸。

4. 间情期

又称休情期，相当于发情周期第 4 天或第 5 天至第 15 天。动物的性欲已完全停止，精神完全恢复正常，发情症状完全消失。开始时，卵巢上的黄体逐渐生长、发育至最大，孕激素分泌逐渐增加至最高水平；子宫角内膜增厚，表层上皮呈高柱状，子宫腺体高度发育，大而弯曲，且分支多，分泌活动旺盛。随着时间的进程，增厚的子宫内膜回缩，呈矮柱状，腺体变小，分泌活动停止；黄体发育停止并开始萎缩，孕激素分泌量逐渐减少。

（二）二分法

1. 卵泡期

指卵泡从开始发育至发育完全并破裂、排卵的时期。在猪、马、牛、羊、驴等大动物中持续 5~7d，约占整个发情周期（17d 或 21d）的 1/3。在小鼠、仓鼠等小动物中持续 2~3d，约占整个发情周期长度（4~5d）的 1/2。在卵泡期，卵泡逐渐发育、增大，血中雌激素分泌量逐渐增多至最高水平；黄体消失，血中孕激素水平逐渐降低至最低水平。由于雌激素的作用，使子宫内膜增厚肥大，子宫颈上皮细胞生长、增高呈高柱状，深层腺体分泌活动逐渐增强，黏液分泌量逐渐增多，肌层收缩活动逐渐加强，管道系统松弛；外阴逐渐充血、肿胀，表现出发情症状。与四分法比较，卵泡期相当于发情周期的发情前期至发情后期的时期。

2. 黄体期

指黄体开始形成至消失的时期。在发情周期中，卵泡期与黄体期交替进行。卵泡破裂后形成黄体，黄体逐渐发育，待生长至最大体积后又逐渐萎缩，至消失时卵泡开始发育。在黄体期，由于黄体分泌大量孕激素，作用于子宫，使内膜进一步生长发育并增厚，血管增生、肌层继续肥大，腺体分支、弯曲，分泌活动增加。与四分法相比，黄体期实际相当于间情期的大部分时期。

第二节 受精

一、精子的获能

大多数哺乳类动物精子在刚进入雌性生殖道中时是不能使卵子受精的。精子在穿透透明带之前，必须在母畜生殖道内经过一个生理变化及形态变化的阶段以增强呼吸和活动能力。然后其头部才能发生顶体反应，释放能够分解蛋白的溶蛋白酶，作用于透明带，这种变化称为精子的获能。精子获能的场所是母畜生殖道的某一部位，目前大多数学者认为，生殖道的不同部位对精子的获能起着协同作用。精子首先在子宫中开始获能，然后在输卵管内进一步完成获能的整个过程。精子获能的效率受生殖道内激素环境的控制，雌激素具有促进作用，孕酮则有抑制作用。此外，精子不仅在同种动物的雌性生殖道中可以获能，在异种的生殖道中亦可获能；而且不仅在体内可以获能，在体外亦可获能。

二、精子的顶体反应

精子获能后头部顶体的结构随之出现明显的形态学变化，并将储存该处的酶系统依序陆续释放出来，使精子能够进入卵子的相应各被膜，特别是透明带，这种现象称为顶体反应。不同种类的哺乳类动物顶体反应所引起的顶体区变化也不一样。根据电子显微镜观察，在顶体反应进行时，顶体膨胀为一泡囊，使精子头部被泡囊样结构所包围；同时顶体外膜与精子原生质膜间发生多处融合，形成许多小孔，顶体中的酶系统即从中释放出来。

三、受精过程

（一）精子穿越放射冠

放射冠是包围在卵子透明带外面的卵丘细胞群，它们以胶样基质相粘连，基质主要由透明质酸多聚体组成。经顶体反应的精子所释放的透明质酸酶可使基质溶解，使精子得以穿越放射冠接触透明带。

（二）精子穿透透明带

精子进入卵子必经的第二道关是通过透明带。在通过之前，精子须有一个附着于透明带上的过程。这时，精子顶体酶系统中的前顶体素可能转化为顶体素，精子牢固地与透明带结合，不易使之分离。在精子进入透明带时，发生过囊泡样变化的精子原生质膜和顶体外膜已经消失，顶体内容物被释放了出来，在大鼠、小鼠等实验动物精子就露出了穿孔器（顶突）。精子斜着穿过透明带，这条通路是释放出来的顶体素在透明带上消化出来的，同时穿孔器本身也有机械性穿孔作用。

（三）精子穿过卵黄膜进入卵黄质内

精子通过透明带进入卵黄周隙后，头部很快黏附在卵黄膜上。约半小时后，整个精子便被卵黄质原生质所吞没，于是精子和卵子的原生质就彼此互相融合。在大鼠，精子被膜的一部分被卵黄所结合，其余的则在卵黄质内破裂，形成很多小囊样的东西。该阶段在受精过程中是极为重要的，因为精子接近和进入卵子时发生激活作用，使卵子从休眠状态苏醒过来，开始继续发育。激活的内容包括：①停顿了的第二次成熟分裂中期，此时重新继续进行，达到后期和末期，并完成第二极体的排出。②卵子产生防止多精子受精的阻拦作用。③卵子的合成过程，特别是 DNA 的复制被激活。

精子进入卵黄质时，有的哺乳类种属的精子仅是头部进入，而有的连尾部也进入。精子进入后，卵黄表面形成一凸起点，可持续几个小时。

据报道，使用透射和扫描结合的电子显微镜研究仓鼠精子进入卵黄的过程显示出：卵黄表面的微绒毛抓住精子的头部，然后精子和卵子的原生质膜破裂并互相融合，这样精子就进入卵黄内，其原生质膜则与卵黄膜相互融合。

（四）雌原核和雄原核的形成

1. 雌原核的形成

在精子穿过卵黄膜进入卵黄后不久，卵子受到激活而完成第二次成熟分裂，并排出第二极体。这时原生质浓缩，体积缩小 9%～17%，其中的液体被排至卵黄周隙。雌原核的形成在排卵后 6～18h。

2. 雄原核的形成

精子进入卵黄后，头部的穿孔器及尾部脱落，精核则变大，成为明胶样，核膜破裂，致密的染色质逐渐松散。其后，精核内形成多个小点状核仁，并逐渐联合而增大，最后被新形成的核膜所包围，其结构有如一个体细胞核；至此，雄原核即形成。雄原核开始形成及雄性染色质开始松散胀大的时间比雄原核早，其体积也较大。

（五）配子配合

两原核形成后，卵子中的微管、微丝也被激活，重新排列而使雌、雄原核相向往中心移动、彼此靠近，原核相接触部位相互交错。松散的染色质高度卷曲成致密染色体，接着两核膜破裂，核膜、核仁消失，染色体混合、合并，形成二倍体的核；随后染色体对等排列在赤道部，出现纺锤体，达到第一次卵裂的中期。受精至此结束。

四、异常受精

哺乳类的正常受精是一个精子进入卵子，但偶尔（3%）也发生异常受精现象，主要是多精子受精。偶尔可能有双雌核受精及雌核发育，异常受精产生的是多倍体或单倍体胚胎，由于染色体数目异常，胚胎都在发育早期就夭折。

多精子受精是有 2 个或 2 个以上的精子进入卵黄内发生受精，这些精子称为超数精子。超数精子的核都可发育成雄原核，染色体组也相应增多。双雌核受精是卵子第一次或第二次成熟分裂时未能将分出的极体排至卵黄外，卵内存在有 2 个或 2 个以上的卵核，并形成雌原核；猪在发情开始后 36h 配种，双雌核受精的发生率可高达 20% 以上。

第三节　妊娠

一、妊娠识别

卵子受精以后，妊娠早期胚胎即可产生某些化学因子作为妊娠信号传给母体，母体随即做出相应的生理反应，以识别和确认胚胎的存在，从而为胚胎和母体之间生理和组织的联系作准备，这一过程称妊娠识别。妊娠识别的实质是胚胎产生某种康溶黄体物质作用于母体的子宫或（和）黄体，阻止或抵消 PGF_{2a} 的溶黄体作用，使黄体变为妊娠黄体，维持母畜妊娠。妊娠识别后，母畜即进入妊娠的生理状态，但各种家畜妊娠识别的时间不同，猪为配种后 10～12h、牛 16～17h、绵羊 12～13h、马 14～16h。

二、妊娠母畜的主要生理变化

（一）生殖器官的变化

1. 卵巢

受精后有胚胎发育时，母体卵巢上的黄体转为妊娠黄体分泌孕酮，维持妊娠，发情周期中断。妊娠早期，卵巢偶有卵泡发育，致使孕后发情，但多不能排卵而退化，闭锁。

2. 子宫

妊娠期间，随着胎儿的发育子宫容积增大，通过增生、生长和扩展的方式以适应生长的需要。同时子宫肌层保持着相对静止和平稳的状态，以防胎儿过早排出。附植前，在孕酮的作用下子宫血管增加，子宫腺增长、卷曲。附植后，子宫肌层肥大，结缔组织基质广泛增生，纤维和胶原含量增加。子宫扩展期间，自身生长减慢，胎儿迅速生长，子宫肌层变薄，纤维拉长。

3. 子宫颈

内膜腺管数增加并分泌黏稠的黏液封闭子宫角管，称子宫栓。牛的子宫颈分泌物较多，妊娠期间有子宫栓更新现象；子宫栓在分娩前液化排出。

4. 阴道和阴门

妊娠初期，阴门收缩紧闭，阴道干涩；妊娠后期，阴道黏膜苍白，阴唇收缩；妊娠末期，阴唇、阴道水肿，柔软有利于胎儿产出。

（二）母体全身的变化

妊娠后随着胎儿生长，母体新陈代谢加强，食欲增加，消化能力提高，营养状况改善，体重增加，被毛光润。妊娠后期，胎儿迅速生长发育，母体常不能消化足够的营养物质满足胎儿的需求，需消耗前期储存的营养物质，供应胎儿。胎儿生长发育最快的阶段，也是钙、磷等矿物质需要量最多的阶段，往往会造成母畜体内钙、磷含量降低；若不能从饲料中得到补充，则易造成母畜缺钙，出现后肢跛行、牙齿磨损快、产后瘫痪等表现。

在胎儿不断发育的过程中，由于子宫体积增大、内脏受子宫的挤压，引起循环、呼吸、消化、排泄等器官适应性的变化。呼吸运动浅而快，肺活量变小；消化及排泄器官因受压迫，时常出现排尿次数增加而量减少。

三、妊娠期

各种动物的妊娠期有明显的差异，同品种动物的妊娠期也受年龄、胎数、胎儿性别和环境因素的影响。

一般早熟品种妊娠期较短。初产母畜、单胎动物怀双胎、怀雌性胎儿以及胎儿个体大等情况，会使妊娠期相对缩短。多胎动物怀胎数更多时会缩短妊娠期；家猪的妊娠期较野猪短；马怀骡时妊娠期延长；小型犬的妊娠期比大型犬短。

第四节 胎膜

胎膜是胚胎的辅助器官，其体积很大，包围着胚胎，所以也叫胚胎外膜。胎儿通过胎膜上的胎盘从母体内吸取营养，又通过它将胎儿代谢产生的废物运走，并能进行酶和激素的合成，因此胎膜是维持胚胎发育并保护其安全的一个重要的暂时性器官，产后即被摒弃。胎膜由卵黄囊、羊膜、尿膜、绒毛膜、脐带和胎盘构成。

一、卵黄囊

卵黄囊在胚胎发育早期起着原始胚胎的作用，可从子宫中吸取营养。家畜的卵黄囊大，在胚胎发育时它就退化。虽然它是一个暂时性结构，但在永久胎盘形成以前具有重要功能。当脐带形成后，卵黄囊萎缩并被包在脐带内。

二、羊膜囊

卵黄囊发育到一定程度以后才开始出现羊膜囊。羊膜囊是一个外胚层囊，如同一个双层的袋，将胎儿整个包围起来，囊内充盈羊水，胎儿悬浮其中，对胎儿起着机械性保护作用。羊水清澈透明、无色、黏稠，妊娠末期增多；羊水中含有电解质和盐分，整个妊娠期间其浓度很少变化；含有的胃蛋白酶、淀粉酶、蛋白质、激素等，随着妊娠期的阶段不同而有变化。

三、绒毛膜囊

绒毛膜囊是胎膜的最外层，其形状在牛、羊、马与妊娠子宫同形，其表面有绒毛，绒毛在尿囊上增大，尿囊上的血管在尿膜-绒毛膜内层上构成血管网，是胎儿胎盘形成的基础。

四、尿膜囊

尿膜囊是沿脐带并靠近卵黄囊由后肠而来的一个外囊，它生长在绒毛膜囊之内，其内面是羊膜囊，尿膜囊则位于绒毛膜和羊膜之间；早期尿膜囊通过密闭的脐尿管收贮尿液。大家畜于妊娠24~28d，尿膜囊就完全形成。尿囊液来自胎儿的尿液和尿膜上皮的分泌物或从子宫内吸收而来。尿囊液初清澈、透明、水样，含有白蛋白、果糖和尿素，妊娠末期尿囊液牛4 000~15 000mL；绵羊和山羊500~1 500mL；猪100~200mL；犬10~15mL；猫3~15mL。

五、脐带

脐带是由包着卵黄囊残迹的两个胎囊及卵黄管延伸发育而成，是连接胎儿和胎盘的纽带，其外膜的羊膜形成羊膜鞘，内含脐动脉、脐静脉、脐尿管、卵黄囊的遗迹和黏液组织。血管壁很厚、动脉弹性强，静脉弹性弱。牛、羊的脐带较短，脐血管为两条动脉和两条静脉，它们也互相缠绕，但很疏松，且静脉在脐孔内合为一条。

六、胎盘

胎盘通常是指尿膜-绒毛膜和子宫黏膜发生联系的一种暂时性器官，由两部分组成。

尿膜-绒毛膜的绒毛部分为胎儿胎盘，子宫黏膜部分为母体胎盘。胎儿的血管和子宫血管各自分布到胎盘，但并不直接相通，仅彼此发生物质交换，保证胎儿发育的需要。胎盘是母体与胎儿之间联系的纽带，它是母子之间进行物质和气体交换的场所。

家畜胎盘按照形态可分为两个类型，即弥散性胎盘和子叶型胎盘。

七、胎盘屏障

胎盘的屏障功能表现为两个方面：一是阻止某些物质的运输；二是具有免疫屏障功能。前者是指将胎儿和母体血液循环分隔开的一些膜，这些膜使得胎盘摄取母体内的物质时具有选择性，该选择性即胎盘屏障作用。胎盘屏障的功能同胎盘类型有关，胎盘涉及的组织层次多，其屏障作用就大。在通常情况下，细菌不能通过绒毛进入胎儿血液中，但某些病原体（如结核杆菌）在胎盘中引起病变而破坏了绒毛时，则可通过绒毛进入胎儿血中。母体血清中的抗体有的可以通过胎盘使胎儿获得被动免疫，这是新生仔畜生存和防御疾病所必需的；新生仔畜出生后一段时间内的抗病能力就是经胎盘传递而得到的。

第五节　分娩

妊娠期间，胎儿发育成熟、母体将胎儿及其附属物从子宫内排出体外，这一生理过程称为分娩。

一、决定分娩过程的要素

分娩的过程是否正常，主要取决于产力、产道和胎儿三个因素。如果这三个因素是正常的，能够相互适宜，分娩就顺利；否则就可能发生难产。

（一）产力

将胎儿从子宫内排出的力量称为产力，它由子宫肌和腹肌有节律的收缩共同构成。子宫肌的收缩称为阵缩，是分娩过程中的主要动力。腹壁肌和膈肌的收缩称努责，它在分娩的产出期与子宫肌收缩协同，对胎儿的产出也起着十分重要的作用。

子宫肌的收缩由子宫底部开始，向子宫方向进行，收缩是一阵阵的，具有间歇性。起初，收缩持续时间短、力量不强、间歇不规律，以后逐渐变得收缩持续时间长、规律、有力。每次收缩也由弱到强，持续一段时间又减弱消失。母畜血液中乙酰胆碱和催产素均有促进子宫收缩作用，这种阵缩对胎儿的安全是非常重要的。如果收缩没有间歇，由于胎盘上的血管受到持续压迫，血液循环中断，胎儿缺少氧气供应，在胎儿排出过程就可能发生窒息。在每次收缩间歇时，子宫肌的收缩虽然暂停，但它并不完全弛缓，子宫角也不恢复到收缩以前的大小，因为子宫肌除了缩短以外，还发生皱缩，使子宫壁增加变厚，子宫腔渐次变小。

（二）产道

1. 产道的构成

产道是分娩时胎儿产出的必经之道，分为软产道和硬产道。

（1）软产道。由子宫颈、阴道、前庭和阴门构成。在正常情况下软产道分娩前数天开始变软、松弛、到分娩时能够扩张。

（2）硬产道。它又称骨盆，主要有荐骨与前三个尾椎、髋骨（耻骨、坐骨、髂骨）及荐坐韧带构成。可分为四个部分。

①入口：是腹腔通往骨盆的孔道，斜向前下方，由上方的荐骨基部、两侧的髂骨及下方的耻骨前缘所围成。骨盆入口的大小由荐耻径、横径及倾斜度所决定。

荐耻径（上下径）是岬部到骨盆联合前端的连线长度，岬部是第一荐椎体向下突出的地方。横径有上、中、下3条：上横径是荐骨基部两端之间的距离；中横径是指骨盆入口最宽部分的宽度，即两髂骨干上的腰肌结节之间连线的长度；下横径是耻骨梳两端之间连线长度。倾斜度是髂骨与骨盆底所构成的夹角。

荐耻径、中横径的长度决定骨盆入口的大小，两者长度的差距决定入口的形状，差距越小，越接近圆形。骨盆入口要求大而圆，越大越圆，胎头越容易进入骨盆腔。倾斜度要求大，倾斜度越大，髂骨干越向前方倾斜，骨盆顶后端的活动部分就越向前移，胎儿通过骨盆狭窄部即两侧坐骨上棘之间时，骨盆顶部就容易向上扩大，便于胎儿通过。

②出口：出口是由第三尾椎、两侧由荐坐韧带的后缘以及下方的坐骨弓形成的，出口的上下径是当第三尾椎体和坐骨联合后端连线的长度。由于尾椎活动性大，上下径在分娩时容易扩大。出口的横径是两侧坐骨结节之间的连线，坐骨结节构成出口侧壁的一部分，因此结节越高，出口的骨质部分越多，越妨碍胎儿通过。

③骨盆腔：骨盆入口与出口之间的腔体称为骨盆腔，其大小决定于骨盆腔的垂直径及横径。垂直径是由骨盆联合前端向骨盆顶所作的垂线；横径是两侧坐骨上棘之间的距离。坐骨上棘越低，则荐坐韧带越宽，胎儿通过时骨盆腔就越能扩大。

④骨盆轴：骨盆轴是一条假想线。它通过入口荐耻径、骨盆垂直径及出口上下径3条线的中心点，线上的任何一点距骨盆壁内面各对称点的距离都是相等的，代表胎儿通过骨盆腔时所走的线路。骨盆轴越短、越直，胎儿通过就越容易。

2. 各种母畜的骨盆特点

（1）牛（奶牛、黄牛）。骨盆入口横径比荐耻径小，因此呈竖椭圆形，倾斜度也较小，骨盆底下凹，荐骨突出于骨盆腔内，骨盆侧壁的坐骨上棘很高而且斜向骨盆腔；因此横径小、荐坐韧带窄，出口处坐骨结节高，妨碍胎儿通过。骨盆轴是先向上再水平，然后又向上形成一曲折的弧线，因此胎儿通过较其他家畜稍难。

（2）水牛。水牛骨盆入口中横径比荐耻径稍小，近乎圆形，倾斜度比水牛大，而且出口较大，骨盆底较平坦，骨盆轴较直。

（3）猪。猪的骨盆入口和牛的相似，但倾斜度很大且坐骨发达，坐骨后部较宽。骨盆轴先后下倾斜，近于直线，胎儿通过较容易。

（4）羊。绵羊和山羊的骨盆结构和牛的很相似。髂骨较为向前倾斜，与骨盆底呈30°~40°。骨盆入口的倾斜度比牛的大，荐骨不向骨盆腔突出，荐骨后方的数枚椎骨具有活动性，骨盆腔的垂直径在第4或第5荐骨上。坐骨结构较小，骨盆底也较平坦，骨盆轴为稍向下弯的弧形，胎儿通过较易。

（三）分娩时胎儿与母体产道的关系

1. 胎向

即胎儿的方向。它表示胎儿身体纵轴与母体纵轴的关系，可分为三种。

（1）纵向。胎儿的纵轴与母体的纵轴互相平行称纵向。习惯上又将纵向分为两种：一种是胎儿的方向和母体的方向相反，及头和前腿先进入产道，称正生；二是胎儿的方向和母体的方向相同，即后腿或臀部先进入产道，称倒生。

（2）横向。胎儿横卧于子宫内，胎儿的纵轴与母体的纵轴呈水平垂直时称横向。胎儿背部向着产道的，称为背部前置的横向（背横向）；腹壁向着产道（四肢伸入产道），称为腹部前置的横向（腹横向）。

（3）竖向。胎儿的纵轴向上与母体的纵轴垂直时称竖向。有的背部向着产道，称为背竖向；有的腹部向着产道称为腹竖向。

纵向是正常的胎位，横向及竖向是异常的。严格的横向及竖向通常是没有的，只是程度不同地倾向于横向或竖向。

2. 胎位

即胎儿的位置。它表示胎儿的背部和母体背部或腹部的关系，可分为三种；

（1）上位（背荐位）。伏卧在子宫内，背部在上，靠近母体的背部及荐部。

（2）下位（背耻位）。胎儿仰卧在子宫内，背部在下，向着母体的腹部及耻骨。

（3）侧位（背髂位）。胎儿侧卧在子宫内，背部位于一侧，靠近母体左或右侧腹壁及髂骨。

上位是正常的，下位和侧位是异常的，侧位如果倾斜不大，称轻度侧位，仍可视为正常。

3. 胎势

即胎儿的姿势，说明胎儿各部分是伸直的或是屈曲的。

4. 前置

它又称先露，它是指胎儿最先进入产道的部分。哪一部分向着产道，就称哪一部分前置，在胎儿性难产中，常用"前置"这一术语来说明胎儿的异常情况。例如，前肢的腕部是屈曲的，没有伸直，腕部向着产道，称为腕部前置。后肢的髋关节是屈曲的，后肢位于胎儿自身之下，坐骨向着产道，称为坐骨前置。

二、分娩预兆

（一）一般预兆

母畜分娩前，在生理和心态上发生一系列变化，称为分娩预兆。根据这些变化的全面观察，往往可以大致预测分娩时间，以便做好助产的准备。

1. 乳房

乳房在分娩前迅速发育，腺体充实；有的在乳房底部出现浮肿。临近分娩时，可从乳头中挤出少量清亮胶状液体或初乳，有的出现露乳现象。乳头的变化对估计分娩时间也比较可靠，及分娩前数天乳头增大变粗；但营养状况不良的母畜，乳头变化不明显。

2. 外阴

临近分娩前数天，阴唇逐渐柔软、肿胀、增大，阴唇皮肤上的皱襞展平，皮肤稍变红。阴道黏膜潮红，黏液由浓厚、黏稠变为稀薄、滑润。某些畜种由于封闭子宫颈管的黏液塞软化，流入阴道而排出，呈透明状黏液。子宫颈在分娩前数天开始松软、肿胀。

3. 骨盆部韧带

骨盆部韧带在临近分娩的数天内变得柔软松弛，特别明显的是位于尾椎两侧的荐坐韧带后缘由硬变松软，因此荐骨的活动性增大；当用手握住尾根上下活动时，能明显感觉到荐骨后端容易上下移动。由于骨盆部韧带的松弛，臀部肌肉出现明显塌陷。

4. 行为

行为方面也有明显改变，如猪在分娩前6~12h有衔草做窝现象，家兔则扯咬自己的腹部被毛做窝。分娩前数天，多数家畜出现食欲下降，行动谨慎小心，喜好僻静地方，群牧时有离群现象。

（二）各种动物分娩预兆的特点

1. 犬

犬在分娩前2周乳房开始膨大，分娩前数天乳房分泌乳汁，骨盆和腹肌持续松弛，同时可看到阴门水肿并从阴道内流出黏液。通常在分娩的前夜，母犬不愿意离开它的住处，往往拒绝吃食。临产前母犬不安、喘息，寻找僻静之处筑窝。一旦分娩的确定症状出现后，母犬就很少改变它所选好的分娩场所。

2. 猫

猫在分娩前一周，活动量减少，常寻找僻静温暖而黑暗的场所。产前1~2d，会阴部肌肉松弛，乳房肿胀，乳头突出并变为深粉红色，母猫出现营窝行为，对陌生人的敌对情绪增强。

3. 兔

多数母兔在临产前数天乳房肿胀，可挤出乳汁，肷部凹陷；外阴肿胀、充血，黏膜潮红湿润；食欲减退，甚至绝食。在临产前数小时或 2~3d 内开始衔草营巢，并将自己胸前、肋下及乳房周围的毛薅下来，衔入巢箱内做窝。

三、分娩的过程

分娩期是从子宫开始阵缩到胎儿及其附属物完全排出为止，为叙述方便，将其划分为三个阶段，即开口期、产出期和胎衣排出期。

（一）开口期

开口期是指从子宫开始阵缩到子宫颈口充分开张，于阴道之间的界限消失为止，但牛、羊的子宫颈与阴道间的界限不能完全消失。这一期的特点是只有阵缩而不出现努责。初产畜表现不安，时起时卧，徘徊运动，尾根抬起，常作排尿姿势，食欲减退；但经产畜一般表现安静，有时看不出什么明显的表现。

由于子宫颈的扩张和子宫肌的收缩，迫使胎水和胎膜推向已松弛的子宫颈，促使子宫颈扩张。开始每 15min 左右子宫肌收缩一次，每次持续约 20s。但随着时间的进展，收缩频率、强度和持续时间增加，到最后每分钟便出现一次收缩。

（二）胎儿产出期

胎儿产出期是指从子宫颈充分开张至产出胎儿为止。这一阶段的特点是阵缩和努责共同作用，而且都很强烈，每次阵缩和努责的出现间歇期短。产畜表现烦躁不安、时常起卧、前肢刨地、后肢踢腹部、呼吸和脉搏加快；通常侧卧，四肢伸直，强烈努责直至产出胎儿。

（三）胎衣排出期

胎衣是胎儿附属膜的总称，其中也包括部分断离脐带。胎衣排出期是从胎儿产出后到胎衣完全排出为止，其特点是当胎儿产出后，母畜即安静下来，经过几分钟后，子宫主动收缩，有时还配合轻度努责而使胎衣排出。

四、各种动物分娩前的特点

（一）犬

犬胎儿的数目因品种不同而异，一般每胎产 2~8 只。分娩时，母犬以腹部和子宫的节律性收缩将胎儿排出。产仔间隔为 5~60min，母犬产仔时往往沿着它的窝周围走动，舔净仔犬身上的黏液，自行咬断脐带和撕破仔犬身上的囊膜；多数母犬会吞食掉胎衣。母犬从分娩开始到产仔结束一般为 3~6h。

（二）猫

猫在分娩前表现不安、鸣叫。从胎膜破裂到产出第一个胎儿需要 30~60min，产出胎儿时常发出尖叫声。每产一个胎儿，母猫就快速舔胎儿，咬断脐带，有的母猫先清洁自身，然后才舔仔猫。产仔间隔时间为 5min 至 1h，整个产仔过程 2~6h。胎衣一般随各仔一同排出；母猫有吃胎衣的习性。

（三）兔

母兔在临产前表现精神不安，四爪刨地，顿足、腹痛、弓背努责、排出胎衣，不久仔兔便顺次连同胎衣等一并产出。母兔边产仔边将兔脐带咬断，并将胎衣吃掉，同时舔干仔兔身上的血迹和黏液，分娩即告结束；最后跳出巢箱或穴窝，觅水。母兔的分娩时间比较短，一般整个分娩过程约30min，但也有个别母兔产下一批仔兔后间隔数小时，甚至数十小时再产第二批仔兔。所以分娩结束后，应认真触摸其腹部有无残留胎儿尚未排出。

第六节　接　产

一、接产前的准备

（一）产房

接产前准备专用的产房或分娩栏。产房除要求清洁干燥、阳光充足，通风良好无贼风外，还应宽敞，以免因为狭窄使母畜踏伤仔畜或妨碍助产。墙壁及饲槽须便于消毒。猪的产房内还应设仔猪栏，以避免母猪压死仔猪。天冷的时候，产房须保温，特别是猪，温度应不低于12℃，否则分娩时间延长，且仔猪死亡率增高。根据预产期，应在产前7~15d将待产母畜送入产房，以便让它熟悉环境。

（二）用具及药品

在产房里，接产用具及药品如70%乙醇、2%~5%碘酊、煤酚皂溶液、催产药物等，应放在一定的地方，以免临时缺此少彼，造成不便。条件许可时，最好备有一套常用的手术助产器械。

（三）接产人员

接产人员应当受过接产训练，熟悉各种母畜分娩的规律，严格遵守接产的操作规程及必要的值班制度。

二、正常分娩的接产

（一）接产步骤和方法

为保证胎儿顺利产出的母仔安全，接产工作应在严格消毒的原则下进行。

（1）清洗母畜的外阴部及其周围，并用消毒药水擦洗。用绷带缠好尾根，拉向一侧系于颈部。在产出期开始时，接产人员穿好工作服及胶围裙、胶靴、消毒手臂，准备作必要地检查。

（2）为了防止难产，当胎儿前置部分进入产道时，可将手臂消毒后伸入产道，进行临产检查，以确定胎向、胎位及胎势是否正常，从而便于对胎儿的异常作早期诊断。及早发现、及早矫正，不但容易克服难产，甚至还能救活胎儿。

（3）当胎儿唇部或头部露出阴门外时，如果上面盖有羊膜，可把它撕破，并把胎儿鼻孔内的黏液擦净，以利呼吸。但也不要过早撕破，以免胎水过早流失。

（4）注意观察努责及产出过程是否正常，如果母畜努责阵缩微弱，无力排出胎儿；产道狭窄或胎儿过大，产仔滞缓；正生时胎头通过阴门困难，迟迟没有进展；倒生时，因为脐带可能被挤压于胎儿和骨盆底之间，妨碍血液流通，均须迅速拉出；以免胎儿因氧的供应受阻，反射性地发生呼吸，吸入羊水、引起窒息。

（二）新生仔畜的护理

1. 预防吸入羊水

胎儿产出后，应立即将其鼻、口内及其周围的羊水擦干并观察呼吸是否正常，如无呼吸或呼吸不正常必须立即抢救。犬在出生时身上包有一层囊膜，如母犬未撕破应立即撕破。

2. 处理脐带

胎儿产出时，有的脐带随母畜站立或仔畜移动而被扯断，对于大家畜最好将其剪断，但在剪断前应将脐带内血液挤入仔畜体内；这对增进幼畜健康很有好处。并且脐带断端不宜留过长。断脐后，可将脐带断端在碘酊内浸泡片刻或在其外面涂以碘酊，并将少量碘酊倒入羊膜鞘内。断脐后如有持续出血，须加以结扎。

3. 擦干仔畜身体

猪、犬等小动物的胎儿产出后，应将其身上的羊水擦干，天冷时尤须注意，以免受到冻害；对牛犊和羊羔，应让母畜舔干，这样母畜可以吃入羊水，增强子宫收缩，加速胎衣的脱落；并且还可以使母畜识仔，这在群牧的羊群中建立母子之间的牢固联系具有特别的重要意义。擦干或由母畜舔干仔畜，还可以促进仔畜的血液循环。

4. 扶助仔畜站立

大家畜的新生仔畜产出不久即试图站立，但是最初一般是站不起来，宜加以扶助，以免摔伤或骨折。

5. 辅助哺育

仔畜出生后一般都能自行寻找乳头吮乳，但对于体弱者或母性不强而拒绝哺乳的母畜，应辅助仔畜找到乳头或强迫母畜哺乳，使仔畜及时吮上初乳。对于猪等多胎动物，在分娩结束前，就应让已出生的仔畜吮乳，以免仔畜的叫声干扰母畜继续分娩。在辅助仔猪哺乳时，可按强弱相对固定乳头。

6. 预防注射

对新生仔畜和母畜最好注射破伤风抗毒素，以防感染破伤风。

7. 寄养或人工喂养

寄养是指给那些母畜无乳或死亡，或因仔畜过多而得不到哺乳的新生仔畜找产期相近的保姆畜代哺乳。但母畜一般对非亲生仔畜排他性很强，寄养前应将仔畜身上涂以保姆畜的乳汁或尿液，使仔畜身上带有保姆畜的气味，然后才将仔畜放在保姆畜身边。尽管如此，有些保姆畜仍然怀疑而咬仔畜，故在寄养的头几天应注意监护。如果一时找不到合适的保姆，也可用牛奶或代乳品进行人工喂养。

第七节　产后期

从胎衣排出到生殖器官恢复原状的一段时间称为产后期。

一、行为变化

产后母畜表现出强烈的母性行为，如舔舐仔畜、哺乳、护仔等。

1. 舐仔畜

除马、驴以外，所有家畜分娩之后都表现有舐舐仔畜的行为。母畜舐去仔畜身上的羊水可以减少蒸发引起的散热，保持仔畜体温，还能刺激仔畜的循环。舐羊水常从仔畜头颈背部开始，逐步遍及全身；舐舐仔畜的肛门区域特别重要，因为这里有各自的独特气味，母畜以后就是借助这种气味识别自己的仔畜。

2. 哺乳

新生仔畜站起以后即走向母畜，寻找乳头吮乳，母畜会调整自己体位而接近仔畜，便于哺乳。牛羊在哺乳中还不断舐舐犊牛、羔羊，并用鼻嗅肛门区。

3. 护仔

各种家畜产后均有强烈的护仔习性，猪、狗表现最为明显。即使平时温驯畜，产后期如果有人接近其仔畜，也会表示警惕，甚至攻击。上述母畜行为随仔畜的成长逐渐减弱，直至消失。母羊产后能识别羔羊的期限通常只有 6~12h，超过这个时间母羊就拒绝收养。

二、生殖器官的变化

（一）子宫复旧

产后期生殖器官中变化最大的是子宫，怀孕期中子宫所发生的各种改变在产后期中都要恢复原来的状态，这称为复旧。产后期子宫的复旧与卵巢机能的恢复有密切的关系。产后卵巢如能迅速出现卵泡活动，即使不排卵，也会大大提高子宫的紧张度，促进子宫的变化。卵巢的机能恢复较慢，卵巢中无卵泡发育，尤其存在有持久黄体时，可引起子宫长久弛缓，导致不孕。

胎儿和胎衣排出后，子宫迅速缩小。它的收缩在产后头一天大约 1min 1 次，以后 3~4d 期间逐渐减少到每 10~12min 1 次。这种收缩使怀孕期间伸长的子宫肌细胞缩短，子宫壁变厚。随着时间推移，子宫壁中增生的血管变性，它们部分被吸收；一部分肌纤维和结缔组织也变性被吸收，剩下的肌纤维变细，子宫壁变薄，但子宫并不会完全恢复原来的大小及形状，因而经产多次的母畜子宫比未生产过的要大且松弛下垂。

由于子宫收缩，浆膜上出现纵行的皱襞。黏膜上也形成很多皱襞，和肌肉层的联系疏松，充满于子宫腔内。分娩以后，子宫黏膜发生再生现象，一部分黏膜实质发生变性萎缩并被吸收。怀孕期中作为母体胎盘的黏膜表层变性脱落，并由子宫腺的上皮增生而重新长出新的上皮。再生过程中变性脱落的母体胎盘，残留在子宫内的血液、胎水以及子宫腺的分泌物被排出来，称为恶露。产后头几天，恶露量多，因含血液而成红褐色，内有白色、分解的母体胎盘碎屑；以后颜色逐渐变淡，血液减少，大部分为子宫颈即阴道分泌物；最后变为无色透明，停止排出。正常恶露有血腥味，但不臭；如果有腐臭味，便是有胎盘残留或产后感染。恶露排出期延长，且色泽气味反常或呈脓样，表示子宫中有病理变化，应及时予以治疗。在子宫肌纤维及黏膜发生变化的同时，子宫颈也逐渐复旧。复旧的快慢因家畜的种类、年龄、胎次、是否哺乳、产程长短、是否有产后感染或胎衣不下等而有差异，健康状况差、年龄大、胎次多、哺乳难产及双胎怀孕、产后发生感染或胎衣不下的母畜复旧较慢。

（二）卵巢的复原

分娩后，卵巢内可能有卵泡开始发育。但各种动物产后第 1 次出现发情的时间早晚有所不同。马在分娩时已无黄体，分娩后很快即有卵泡发育，因而产后不久就会出现发情。牛、羊的妊娠黄体分娩后才萎缩、被吸收，所以产后发情晚。

（三）其他器官的复原

阴道、前庭、阴门、骨盆及骨盆韧带一般在产后 4~5d 复原。

（四）妊娠浮肿

腹下的浮肿在分娩后逐渐缩小，一般经过 10d 左右消失。乳房的浮肿在产后数天即消失。

第二章　产科疾病

一、不育症

不育症是指母犬、母猫和公犬、公猫的暂时性或永久性不能繁殖。不孕则仅指母犬、母猫不能受胎而言。不育症是多种原因引起的一种后果，并不是一种独立的疾病。

（一）病因

1. 母犬、母猫不孕的原因

（1）先天性不孕。主要是由于生殖器官发育不良或缺陷所致。如两性畸形、生殖道畸形、卵巢发育或机能不全、子宫发育不全或缺陷等。

（2）营养性不孕。当长期饲料不足，机体缺乏各种必需的营养物质（特别是蛋白质、糖类等）时出现营养不良，整个机体机能和新陈代谢障碍。生殖系统发生机能性和其他变化造成不孕。

维生素 A 不足时，能引起机体内蛋白质合成、矿物质和其他代谢过程障碍，生长发育停滞，内分泌腺萎缩，激素分泌不足，子宫黏膜上皮变性，卵细胞及卵泡上皮变性，卵泡闭锁或形成囊肿，不出现发情和排卵。

维生素 B_1 缺乏时，可使子宫收缩机能减弱，卵细胞生成和排卵遭到破坏，长期不发情。维生素 D 对生殖能力虽无直接影响，但对矿物质、特别是与钙磷代谢有密切关系，因此，维生素 D 缺乏也可间接引起不孕。

维生素 E 不足时，可引起妊娠中断、死胎、弱胎或隐性流产（胚胎消失）。长期不足则使卵巢和子宫黏膜发生变性，变成经久性不孕。

钙磷等矿物质不足时，各个器官和系统的机能都发生障碍，其中繁殖机能障碍表现较早。

长期喂饲过多的蛋白质、脂肪或碳水化合物饲料，同时缺乏运动，可以使母犬过肥，卵巢脂肪沉积，卵泡上皮脂肪变性，而造成不发情。

（3）环境性不孕。母犬的生殖机能与日照、气温、湿度、饲料成分变异以及其他外界因素都有密切关系。当环境突然变化，可使母犬不发情或发情不排卵。

（4）配种技术性不孕。在许多国家为获得良种犬的后裔而进行人工授精。由于受精技术不熟练、精液处理不当、错过适当的配种时间，往往引起母犬不孕。

（5）生殖器官畸形。母犬缺乏阴门和阴道，阴道闭锁，或道瓣过度发育。子宫发育不全，缺少子宫角或只有 1 个子宫角，缺乏子宫颈或有双子宫颈等。

（6）两性畸形。母犬有两性生殖器官，外观上会阴较长，阴门狭小，阴蒂发达类似龟头。检查内部生殖器官时，可发现既有卵巢又有睾丸，有的只有睾丸而无卵巢。

（7）幼稚病。母犬达到性成熟后，生殖器官仍不发育或不具有生殖能力。检查生殖器官时，可发现阴唇及子宫颈发育不全，阴道短而狭窄，子宫及卵巢都很小。

（8）生殖器官疾病发生的不孕。卵巢、输卵管、子宫、子宫颈以及阴道发生疾病时，常引起不孕。

（9）疾病性不孕。它是指生殖器官疾病和某些全身性疾病而引起的不孕。如卵巢炎、卵巢囊肿、持久黄体、子宫内膜炎、子宫蓄脓综合征等。全身性疾病如布氏杆菌病、弓形体病、钩端螺旋体病、结核病、李氏杆菌病等，都可导致母犬、猫不孕。

2. 环境性不孕的原因

（1）营养性不育。饲料不足，可使睾丸发育不良，表现睾丸体积小，精子数量少，精子生成迟缓。蛋白质不足，则精子生成发生障碍，精子数和精液量减少。维生素 A、维生素 E 不足，精子生成减少，并发生畸形。钙、磷、钠盐不足或钙磷比例失调，精子数和精液量降低，精子活力很差。

（2）环境性不育。改变管理方法、变更交配环境或在交配时外界人为干扰，可使性欲发生反射性抑制。长期禁闭的公犬性欲降低。

（3）疾病性不育。除某些传染病、寄生虫病、内科病、外科病外，生殖器官的疾病引起公犬不育，如隐睾、睾丸发育不全、睾丸萎缩、睾丸炎及附睾炎、尿道炎、副性腺（前列腺、尿道球腺）炎、包茎、阳痿等疾病，可引起性欲缺乏、交配困难、精液品质不良，造成不育。

（4）配种技术性不高。人工授精时，采精消毒不严，精液处理不当，可使精液品质下降。

（二）症状

本病的共同特征是性机能紊乱和障碍。如不发情、持续发情，屡配不孕或不能配种等。其他症状则因致病原因不同而有差异。如先天性不孕病例，除性机能紊乱外，主要表现为生殖器官的解剖构造异常（畸形、发育不全或细小等）。后天获得性生殖器官疾病引起的不孕病例，则有生殖器官疾病的症状，如子宫内膜炎、阴道炎、子宫蓄脓等病例均有炎性分泌物自阴道流出等表现。而其他疾病引起的不孕症，除表现性机能紊乱，不孕或流产外，主要表现为原发病的固有症状，如布氏杆菌病、弓形体病、钩端螺旋体病等。

（三）诊断

不孕症的诊断包括了解病史、临床检查和实验检查等方面。重点在临床检查。临床检查包括全身检查和生殖系统检查两部分，而重点是生殖系统的检查。通过全身检查，可以了解不孕犬、猫的全身状况，是否患有其他疾病。生殖系统的检查包括外生殖器官的检查、阴道检查和触诊检查，如观察阴门的大小、形状、有无肿胀和分泌物、分泌物的性质和数量等；检查阴道黏膜颜色、有无炎性分泌物，有无损伤、水泡和结节，子宫颈的状态；通过腹壁触诊，可感知子宫的位置、大小、质地和内容物的状态等。有条件或必要时，为判断患犬、猫丘脑下部、垂体和卵巢的机能是否正常，可对其生殖激素水平进行测定。

（四）治疗

犬、猫不孕症的治疗，应根据病因采取相应地治疗措施。如生殖器官先天性发育不良或缺陷所致的不孕病例，可采用生殖激素如孕马血清促性腺激素或绒毛膜促性腺激素、前列腺素等。对疾病性不孕病例，则根据不同的疾病，采取不同的治疗措施，如子宫炎，可进行子宫冲洗、注入抗生素等，详见有关疾病的治疗。对营养性不孕病例，应改善饲养管理，给予全价营养的饲料，特别注意补给足够的蛋白质、维生素和微量元素，要有足够的运动。对环境性不孕病例，应除去外界环境不良应急因素的刺激。对技术性不孕病例，应掌握配种时机，采用重复交配或多次交配，以增加受精机会。人工授精时，要遵守采精、保存、授精等操作规程。由于种公犬、猫不育症而引起的母犬、猫不孕，应更换种公犬、猫。

可试用中药治疗。

方剂 1：党参 15g、茯苓 15g、甘草 15g、枸杞 20g、菟丝子 20g、鹿角霜 20g、熟地 20g、当归 15g、山药 20g、巴戟天 20g、仙灵脾 20g、香附 15g，补脾养血。煎服。

方剂 2：当归 15g、川芎 10g、香附 10g、坤草 30g、丹参 15g、泽兰 15g、茯苓 15g、赤芍 15g、熟地 20g、甘草 10g，以养血、活血、调经。煎服。

（五）防治

引起犬不育的原因是极其复杂的，为了防治不育的原因，仔细检查母犬及公犬的全身生殖器官的情况。

预防不育要注意改善饲养管理，给予富有营养的饲料，足够的运动。

由于生殖器官疾病引起的不育，可用理疗、中药、消炎、激素等药物治疗。

适时配种与受孕关系极大，最好采用重复交配或多次交配，增加受精机会，要严格遵守采精、保存、授精等操作规程。

由于种公犬不育引起母犬不孕，应更换公犬。对于无利用价值的种公犬，应作淘汰处理。

二、卵巢机能不全

卵巢机能不全是指卵巢机能暂时性扰乱、机能减退、性欲缺乏、卵巢静止或幼稚、卵泡发育中途停顿等，或其机能长久衰退而引起卵巢萎缩。

（一）病因

饲养管理不良、蛋白质不足、长期患慢性病、体质衰弱等，均可出现卵巢机能不全。甲状腺机能减退使脑垂体促性腺激素活性降低是主要原因。近亲繁殖也常造成卵巢发育不良或卵巢机能减退。

（二）症状

主要表现性周期延长或不发情。卵巢机能障碍严重时，生殖器官萎缩。

（三）诊断

根据病史及临床症状，可以建立初步诊断。要想进一步确诊，需作开腹探查和卵巢组织学检查：初级卵泡中卵细胞核溶解，卵泡区增厚，同时第三期卵泡的卵泡膜卵皮脱落，以后卵丘萎缩，卵泡黄体化，皮质和髓质内结缔组织增生并有浆细胞。有时出现初级、次级和第三期卵泡小颗粒变性，皮质内小血管堵塞，较大血管透明蛋白变性。

（四）治疗

治疗原则是改善饲养管理，治疗原发病，刺激性机能。

刺激性机能可选用孕马血清促性腺激素（PMSG）100～200IU、人绒毛膜促性腺激素（HCG）100～200IU、促卵泡激素（FSH）20～50IU，肌内注射，每天 1 次，连用 2～3 次后，观察效果。

三、卵巢炎

卵巢炎按病程分急性和慢性，按炎症性质分浆液性、出血性、化脓性和纤维素性卵巢炎。

（一）病因

急性卵巢炎主要由于附近器官组织（子宫、输卵管等）炎症蔓延所致，或病原菌经血液和淋巴循环进入卵巢而感染。慢性卵巢炎多数由急性转变而来。

（二）症状

急性卵巢炎通常表现精神抑郁、食欲减退、体温升高，出现腹痛、喜卧。慢性卵巢炎全身症状不明显，性周期不规则或不发情。

（三）诊断

卵巢组织学检查，急性炎症时，卵巢组织浸润，卵泡生长和成熟停止，慢性炎症时，卵巢组织变性，被结缔组织所代替。

（四）治疗

急性卵巢炎可使用抗生素及磺胺类药物，温敷腰荐部。慢性卵巢炎可进行卵巢摘除。

四、永久黄体

在分娩或排卵后，黄体超过正常时间不消失，称为永久黄体。据国外报道，永久黄体发病率约占卵巢疾病的49.2%。

（一）病因

主要是不平衡的饲养、过肥或过瘦，维生素缺乏或矿物质不足、造成新陈代谢障碍、内分泌机能紊乱。由此而引起脑下垂体前叶分泌促卵泡激素不足，促黄体激素过多，导致卵巢上的黄体持续时间过长而发生滞留。

此外，子宫疾病、中毒或中枢神经系统协调紊乱影响丘脑、垂体和生殖器官机能的一些其他疾病也是黄体潴留的部分原因。

（二）症状

主要特征是母犬产后或配种后长期不发情。

（三）诊断

根据不发情的病史及开腹探查，可以确诊。

（四）治疗

除去发病原因，改善饲养管理，补充维生素及矿物质饲料，增加运动，如有其他疾病同时治疗，这不仅可促进黄体消退，而且治愈后也不易复发。

选用促使黄体消散的激素，如肌内注射前列腺素F2a（PGF2a）1~2mg，注射2~3d，黄体即溶解消失。或注射孕马血清促性腺激素（PMSG）50~100IU、促卵泡激素20~50IU、己烯雌酚1~2mg，每天1次，连用2~3次。

五、卵巢囊肿

卵巢组织中未破裂的卵泡或黄体，因其本身成分发生变性和萎缩，形成球形空腔即为囊肿。前者卵泡囊肿，后者为黄体囊肿。犬的卵巢囊肿发病率占卵巢疾病的 37.7%。

（一）病因

至今还未完全阐明，一般认为与脑下垂体分泌促黄体激素不足有关。下列情况是本病发生的因素。

饲料中缺乏维生素 A、维生素 E，运动不足，注射大量的孕马血清促性腺激素或雌激素；继发于子宫、输卵管、卵巢的炎症等。

（二）症状

1. 卵泡囊肿

由于卵泡素分泌过多，可引起母犬、猫的慕雄狂，表现为性欲亢进，持续发情，阴门红肿，偶尔见有血样分泌物；神经过敏，变性情凶恶，经常爬跨其他犬、猫、玩具或家庭成员，但母犬、母猫却拒绝交配。

2. 黄体囊肿

母犬、母猫表现为长期不发情。

（三）诊断

犬的临床症状主要根据病史、临床症状来诊断，必要时可作开腹探查。

（四）治疗

认真分析发生囊肿的原因，改善饲养管理的条件，合理地使用激素疗法。

1. 促黄体激素和人绒毛膜促性腺激素单用或联合应用

促黄体激素 20~50IU，肌内注射，1 周后无见效者，可再注射 1 次，剂量应稍加大，或肌内注射人绒毛膜促性腺激素 50~100IU。

2. 肌注黄体酮

剂量为 2~5mg，每天或隔日 1 次，连用 2~5 次。也可口服 17α-羟孕酮 3mg/kg。

3. 手术疗法

激素疗法无效时，可将卵巢摘除。

六、输卵管炎

输卵管炎按病程分急性和慢性。按炎症性质分浆液性、卡他性或化脓性输卵管炎。

（一）病因

主要是由于子宫或卵巢的炎症扩散所引起，有可能由于病原菌经血液或淋巴循环进入输卵管而感染。

（二）症状

1. 急性输卵管炎

输卵管黏膜肿胀，有出血点，黏膜上皮变性和脱落。炎症发展常形成浆液性、卡他性或脓性分泌物，堵塞输卵管。其上部蓄积大量分泌物时，管腔扩大，似囊肿状。肌炎和浆膜发炎时，可与邻近组织或器官粘连。

2. 慢性输卵管炎

其特征是结缔组织增生，管壁增厚，管腔显著狭窄。

（三）诊断

根据病史和开腹探查，可以确诊。

（四）治疗

对急性输卵管炎用抗生素和磺胺类药治疗，同时配合腰荐部温敷，可有一定效果。慢性输卵管炎治愈困难。

七、子宫内膜炎

子宫内膜炎是子宫黏膜及黏膜下层的炎症。按病程分为急性和慢性。按炎症性质分为卡他性、化脓性、纤维素性、坏死性子宫内膜炎。

（一）病因

通常是在动物发情前、配种、分泌、难产助产时，由于链球菌、葡萄球菌或大肠杆菌等的侵入而感染。子宫黏膜的损伤及机体抵抗力降低，是促使本病发生的主要因素。

此外，阴道炎、子宫脱、胎衣滞留、流产、死胎等，都可继发子宫内膜炎。另外据报道，卵巢机能障碍和孕酮分泌增多，可引起子宫蓄脓（增生性子宫内膜炎）。

（二）症状

1. 急性子宫内膜炎

母犬体温升高，精神沉郁，食欲减少，烦渴贪饮，有时呕吐和腹泻，有时出现弓腰、努责及排尿姿势。从生殖道排出灰白色混浊含有絮状物的分泌物或脓性分泌物，特别是在卧下时排出较多。子宫颈外口肿胀、充血和稍开张。通过腹部触诊时子宫角增大、疼痛、呈面团样硬度，有时有波动。

2. 慢性子宫内膜炎

慢性卡他性子宫内膜炎时，发情不正常，或者发情虽正常但屡配不孕，即使妊娠，也容易发生流出。动物发情前延长或频繁，并有出血，有时从生殖道排出较多的混浊带有絮状物的黏液。子宫颈外口肿胀、充血。通过腹部可触知子宫壁变厚、子宫角粗大。患慢性脓性子宫内膜炎时，母犬不发情或发情微弱或持续发情。经常从生殖道排出较多的污白色、混有脓汁的分泌物。子宫颈外口充血、肿胀，有时有溃疡。有时由于子宫颈肿胀和增生而变狭窄，脓性分泌物积聚于子宫内，致子宫角明显增大，子宫壁紧张而有波动，触诊疼痛。

（三）诊断

根据病史和临床症状，一般容易诊断。

（四）治疗

子宫内膜炎的治疗原则是增强机体抵抗力，消除炎症及恢复子宫机能。

1. 冲洗子宫

首先肌内注射己烯雌酚 0.5~1mg 或垂体后叶激素 2~10IU，以促使子宫颈口开张和子宫收缩。

然后用温生理盐水或 0.02%呋喃西林溶液冲洗，每天冲洗 1 次，连续 2~4 次。

2. 注入药液

在冲洗之后向子宫内注入青霉素 20 万 IU 和链霉素 500mg，或注入新霉素 100mg。

全身疗法：当子宫内膜炎伴有全身肿胀时，宜适当补液，并应用抗生素疗法。

手术疗法：如上述疗法无效时，需进行卵巢、子宫切除术。

八、子宫蓄脓

子宫内蓄积大量脓性渗出物不能排出时，称为子宫蓄脓，常见于 5 岁以上的母犬。

（一）病因

子宫蓄脓综合征，主要与母犬、猫体内激素代谢紊乱、微生物感染、机械性刺激有关。

1. 内分泌因素

黄体激素（孕酮）长期持续作用于子宫内膜可引起子宫黏膜囊性增生，囊性子宫黏膜增生是子宫对孕酮的一种异常反应，也是子宫蓄脓的开始阶段。雌激素可以增强孕酮对子宫的损害作用和加快子宫蓄脓的发展。如母犬发情结束后，不论妊娠与否，功能性黄体可持续分泌黄体激素两个月以上。假妊娠时，紊乱阻止泌乳，长期注射或内服黄体激素或合成黄体激素类药物等，都可导致本病的发生。

2. 微生物感染

当子宫黏膜囊性增生时，子宫抵抗力降低，使病原菌（葡萄球菌、大肠杆菌、变形杆菌和沙门氏菌等）易于侵入和繁殖，引起子宫内膜炎、化脓和蓄脓。

3. 机械性刺激

有人实验证明，对子宫内膜逐渐增加机械刺激，如用铁丝线插入子宫内或用铁丝搔刮子宫内膜，可出现典型的子宫内膜增生症。

（二）症状

病犬精神沉郁，厌食，多数患犬、猫多饮多尿，有的犬呕吐。一般体温正常，发生脓毒血症时，体温升高。阴门排出分泌物较多，带有臭味。阴门周围、尾和后肢跗关节附近的被毛被阴道分泌物污染，有的犬频频舔阴门。子宫颈关闭的病例，其腹部膨大，触诊敏感，可摸到扩张的子宫角。子宫显著肥大的病例，可见其腹壁静脉怒张。

（三）诊断

1. 诊断和鉴别诊断

根据病史、临床症状、临床血相检查和 X 射线检查等进行综合分析，即可做出诊断。

2. 直肠检查

排粪排尿后，举起犬的后躯，把手指尽量向直肠深部插入，即可触到骨盆前方扩张的子宫。

3. X 射线检查

从腹中部到腹下部有旋转的香肠样均质像，有时可出现妊娠中期的子宫角念珠状膨大像。

4. 超声波断层检查

将犬仰卧保定，腹下部充分剪毛和涂布耦合剂后，把探头垂直接触皮肤，先确定膀胱的位置和大小，然后把探头从子宫颈方向边移边观察子宫的图像，子宫内蓄脓的扩大子宫腔呈散射回波。子宫内滞留有多量内容物时，呈上皮上升的回波。糖尿病病例，也有多饮多尿，但腹围不增大，不呕吐，并表现多食、高血糖和糖尿等，可与之相区别。本病与腹水的鉴别可通过触诊和 X 射线检查进行。与膀胱炎、慢性肾炎、钩端螺旋体病、肠梗阻、中毒症等鉴别诊断，主要靠血液学检查。

（四）治疗

为排出子宫内积脓，可应用抗生素。根据病情适当补液。

根据病情，可采取手术疗法或药物疗法。

1. 手术疗法

即进行卵巢、子宫摘除术是本病的根治方法。但有相当一部分患犬由于体质虚弱，不适宜手术，因此，应先采用支持疗法即适当给予输液、输血、使用抗生素等，待机体体液、电解质失衡状态改善后，再行手术。对有低蛋白症的患犬、猫，可用右旋糖酐制剂 15～30mL/kg 体重，静脉注射。

2. 药物疗法

以促使子宫颈张开和子宫收缩，消除子宫内感染的微生物，除去致病因素（孕酮）的来源为治疗原则。可选用雌激素、睾酮、催产素或前列腺素等。己烯雌酚 0.2～0.5mg，3～4d 后注射垂体后叶素 2～5IU。睾酮每次内服 200～300mg，每周 2 次，连用 3 周；前列腺素 0.25～1mg/kg 体重，肌内注射。

对囊性增生型子宫蓄脓综合征，有人曾用搔刮子宫内膜的方法而治愈。

九、阴道炎

阴道炎是由于阴道及前庭黏膜受损伤和感染所引起的炎症。未阉割的成年、青春期或切除卵巢的母犬均可发生。

（一）病因

通常是在交配、分娩、难产及阴道检查时，受到损伤和感染而发生。

此外，阴道脱、子宫脱及子宫内膜炎等疾病中，可继发阴道炎。

（二）症状

常见的症状是时常舔舐阴门，从阴门流出黏液性或脓性分泌物，并散发出一种能吸引公犬的气味，阴道黏膜出现肿胀、充血及疼痛。

（三）诊断

根据阴道黏膜潮红、肿胀，并不断排出炎性分泌物，可以确诊。用电光检耳镜仔细检查阴道可发现黏膜上有小的结节、脓疱或肥大的淋巴滤泡。

为区别子宫颈、子宫体、子宫角的炎症，采用空气或阳性造影剂进行造影 X 线摄片检查有助于诊断。

（四）治疗

1. 冲洗阴道

排出渗出物，可用生理盐水、2%碳酸氢钠溶液、0.1%高锰酸钾溶液、1%硫酸铜溶液或0.02%呋喃西林溶液冲洗阴道。

2. 涂布药膏

冲洗之后，可于黏膜上涂布碘甘油、磺胺软膏或青霉素软膏。有溃疡时，涂以 2% 硫酸铜软膏，或注入抗生素栓剂。

3. 全身疗法

伴有全身症状者，可肌内注射青霉素或口服磺胺二甲基异恶唑，同时给予己烯雌酚，以排出分泌物。

十、假孕症

假孕又称伪妊娠，是指犬、猫排卵后，在未受孕的情况下出现腹部膨大、乳房增大，并可挤出乳汁，以及其他类似妊娠犬、猫的征候群。

（一）病因

母犬假孕，主要由于母犬发情排卵后交配期不当而不受孕或根本未曾交配，其卵巢上均能消除功能性黄体（或称性周期黄体）。此黄体的功能至少维持 75d，在此期间由于它分泌孕酮的作用，使母犬产生一系列类似妊娠的表现。

母猫假孕，由于母猫的排卵属于刺激性排卵，所以母猫发情后，只有经过交配而未受孕的母猫，其卵巢上的卵泡才会成熟破裂排卵，并形成黄体，出现假孕现象。而发情后未交配的母猫，则不排卵和形成黄体，所以也不会出现假孕现象，这点与犬不同。此外，母猫假孕的时间比母犬短，因为母猫的功能性黄体在排卵后 44d 时即丧失功能。犬猫假孕，除内分泌紊乱（黄体功能持续，所分泌的孕酮作用时间延长等）外，母犬、猫生殖器官疾病（如子宫炎、子宫蓄脓等）或母犬、猫长期拴系，缺乏运动等更易诱发此病。

（二）症状

犬多发生于发情后 2~3 个月期间，猫则发生于发情配种而未受孕后的 1~1.5 个月期间。临床表现与正常妊娠非常相似，患犬、猫性情温和、被毛光亮、早期有呕吐、腹泻、食欲增加等妊娠反应。随后在发情或配种后 50d，腹部脂肪蓄积，腹部增大，乳房增大，并可挤出乳汁。接近分娩时期（约 55d）也会出现筑窝行为，食欲不振或废绝，母性本能增强，并愿为其他母犬、猫所产的仔犬、猫哺乳。有的病例吸吮自己乳汁。若为内分泌紊乱所致假孕的患犬、猫，一般在出现上述分泌前症状 1~2 周后，其症状即可消失。若为子宫蓄脓则会排出多量脓性分泌物，污染产床和房舍，处理不及时、不恰当，可转为慢性炎症过程。

（三）诊断

根据发情配种情况和临床特征，即可做出诊断。腹部触诊可感知子宫角增粗变长，但无胎儿。必要时可进行 X 线或 B 超检查，有助于确诊。

（四）治疗

对于内分泌紊乱所致的病例，可以肌内注射卵泡激素或睾丸素，以抑制黄体孕酮的分泌。如甲基睾丸酮 1~2mg/kg 体重，或前列腺素 1~2mg 次，每天 1~2 次，连用 2~3d。有的假孕病例，特别是猫往往不治自愈。只要投给一些镇静剂（如溴剂等），加强运动，乳房极度增大时可涂以碘酊，戴上嘴罩防止吸吮自己的乳汁等，可促使早日摆脱假孕现象。对于子宫蓄脓等病例，在治疗本病的同时，可参照本章节有关疾病进行治疗。

十一、子宫外孕

子宫外孕是指受精卵、胚胎或胎儿在子宫外的任何部位，建立营养关系，继续发育一段时间或发育成熟。根据胚胎附植的部位不同，常有卵巢妊娠、输卵管妊娠、腹腔妊娠。据报道，犬的胎儿胎盘附着在肠系膜和网膜上，能继续发育成熟。

（一）病因

子宫外孕的原因，主要是卵细胞移行过程发生破坏。如排卵时卵细胞不排出卵泡，精子通过腹腔钻进了这种卵泡而发生卵泡内受精，胚胎在卵泡内发育；输卵管蠕动机能紊乱使管腔狭窄，受精卵不能移行于子宫内，在输卵管内发育，常由于严重出现伴随输卵管破裂而中断妊娠或继发腹腔妊娠。

（二）症状

子宫外孕无明显症状，只表现不发情。胎儿通常是不能发育足月即死亡、吸收或包在结缔组织内。

（三）治疗

及时进行开腹术。

十二、流产

流产是妊娠的中断，是由于内外各种因素的作用，破坏了母体与胎儿正常孕育的关系所致。

（一）病因

引起流出的原因很多，主要有以下几方面。

1. 饲养不当

饲料单一或不足，长期饥饿，使胎儿不能得到充分的营养，发育受到影响，造成流出。饲料中缺乏维生素（A、D、E）、矿物质（钙、磷、钠等），均可引起流出。

2. 机械性损伤

任何外力（打架、跳跃、碰撞、跌倒、压迫等）作用于孕犬腹壁，均有可能造成流出。

3. 手术影响

如孕犬的外科手术、保定等刺激，可引起子宫收缩导致流出。

4. 用药错误

给孕犬全身麻醉、子宫收缩以及大量的泄剂、利尿剂、发汗剂等，均能造成流出。

5. 胎膜和胚胎发育不良

由于近亲交配或其他原因，使精子或卵子发育不良，受精的合子活力不强，可使胚胎早期死亡被吸收。胎水过多、胎膜水肿、胎盘异常，使胎儿的营养供给发生障碍，引起胎儿死亡。

6. 生殖器官疾病

慢性子宫内膜炎，虽然妊娠，但妨碍胎儿继续发育，怀孕到一定时间发生流出。

7. 全身性疾病

母犬的心、肺、肝、肾及胃肠道疾病、某些病原微生物（常见病原体有布氏杆菌、葡萄球菌、大肠杆菌、沙门氏菌、犬瘟热、钩端螺旋体、胎儿弧菌、弓形体等）、寄生虫病、中毒病等，均可并发流出。

8. 内分泌失调

孕犬体内雌激素过多而孕激素不足，可引起流出。甲状腺功能减退可使细胞氧化过程受到障碍，亦能影响胚胎继续发育而使其死亡。

（二）症状

1. 隐性流出

妊娠早期可发生潜在性流出，即胚胎尚未充分形成胎儿，易被子宫吸收。或一个胚胎死亡，而其他同胎的胚胎仍然正常发育。

2. 产生不足月的胎儿（早产）

早产儿可能具有生活力。流出前母犬出现阵痛，并从阴门流出胎水。

3. 排出死胎

胎儿死亡后，可引起子宫反应，而将死胎及其胎膜排出。但也有长期不排出者。

4. 胎儿干死化（木乃伊化）

妊娠中断后，胎儿遗留在子宫内，没有腐败的细菌侵入，其组织中的水分被吸收，胎儿变干，体积缩小，呈干尸样。

5. 胎儿浸溶

胎儿死亡后经本身发酵分解，软组织浸溶（分解液化）变为液体，而骨骼残骸留在子宫内。

6. 胎儿腐败（或称气肿）

胎儿未能排出，通过子宫颈管侵入腐败细菌，使其组织分解，产生气体，积于皮下组织或腹腔内。

（三）诊断

根据病史和临床症状，即可做出诊断。对感染性流出，如布氏杆菌感染时，可通过流出胎儿或胎盘的细菌分离培养，以及母犬、母猫血清凝集试验来确诊。弓形体感染时，可通过胎儿脏器，尤其是胎儿脑组织中包囊的检查，或进行组织切片进行确诊，或用母犬、母猫血清进行补体结合反应诊断。

（四）治疗

安胎、保胎：当发现母犬有流出征兆时，应及时安胎、保胎，可肌内注射黄体酮 5~10mg，每天 1 次，连用 3~5d。有习惯性流出病史的母犬、母猫，可在妊娠的一定的时间，预计发生流出之前可以注射孕酮。已出现流出预兆的，也可使用孕酮和镇静剂，如氯丙嗪、溴剂等。禁止阴道检查，以免刺激母犬、母猫促进流产。

1. 促进胎儿排出

子宫颈口已张开，胎膜已破，胎水流出，胎儿不能排出时，可使用催产素或前列腺素、雌激素等，可肌内注射己烯雌酚 0.5~1mg，促进子宫收缩，将胎儿排出。若子宫颈口张开不良或不开时，以及胎儿干尸化时，可使用己烯雌酚，能使干尸化胎儿排出，或子宫内注入前列腺素可获得良好的效果。若胎儿较大或胎儿位置、姿势不正常，用上述方法仍不能排出时，则进行引产术，将胎儿取出。

2. 胎儿浸溶的治疗

对胎儿已经腐败或软组织浸溶液化时，可使用雌激素或手术方法扩张子宫颈口，将胎儿骨骼逐块取出。术后用0.1%高锰酸钾或雷夫奴尔溶液冲洗子宫，将残留在子宫内的未分解组织和液体排出。转移加强护理和预防继发败血症。

十三、难产

难产是指妊娠犬、猫在分娩过程中，已超过正常分娩时间而不能将胎儿娩出。

（一）病因

引起犬、猫难产的原因有以下几个方面：

1. 胎儿异常

如胎儿过大、胎位不正、畸形胎、胎向和胎势异常、气肿胎等，往往会引起难产。

2. 母体产道狭窄

包括子宫狭窄（如子宫先天性发育不良、子宫捻转、子宫肌纤维变性），子宫颈狭窄（子宫颈异常、先天性发育不良、纤维组织增生或瘢痕），阴道和阴门狭窄，骨盆腔狭窄、畸形以及产道肿瘤等，都会影响胎儿娩出。

3. 母体分娩力不足

如营养不良、年老体弱、运动不足、过度肥胖，以及激素不平衡或不足（雌激素、前列腺素或垂体后叶素分泌失调、孕酮过多等），都可引起分娩力（阵缩与努责）微弱，造成难产。

（二）症状和诊断

难产的症状通常是显而易见的，但要区分其种类、程度、是否还有胎儿未分娩出等，则有赖于病史调查和临床检查。

1. 病史调查

即了解或询问病例是初产还是经产，经产者以往是否难产；配种日期和公犬、公猫的配种及大小；本次分娩发动时间，阵缩和努责的强度及频率，是否已分娩出胎儿及只数，每只胎儿娩出的间隔时间；是否经过处理和处理情况如何等。

2. 临床检查

即先观察病例的阵缩和努责情况，从产道流出的分泌物情况和已娩出的仔犬、仔猫情况。然后在畜主将母犬、母猫保定好的情况下，进行腹部触诊和产道检查。可以查明子宫的大小、产道扩张程度、有无异常、有无胎儿、是死胎还是活胎等。

难产母犬、母猫通常有如下表现，有助于诊断。

（1）阵缩和努责持续时间和强度正常，但自分娩开始发动后30min，胎儿未娩出者，很可能为难产。若从阴道内流出绿色分泌物，表明胎盘已经分离，胎儿仍未娩出则为难产，且多为产道狭窄和胎儿异常性难产。

（2）阵缩和努责次数少、持续时间短、力微弱，自分娩开始发动后3h，胎儿尚未娩出则为难产，且多为原发性子宫乏力性难产。

（3）当分娩出1只或几只胎儿后，经过4h以上无继续分娩现状，但腹部触诊或产道检查产道内仍有胎儿则为难产，且多为胎儿发育过大性难产。

（三）治疗

犬、猫难产的治疗方法包括药物助产和手术助产两类。

1. 药物助产

主要用于母体原发性阵缩和努责微弱或无力时。对于产道狭窄，胎向、胎位、胎势异常时禁用，以免引起子宫破裂。在子宫颈口完全张开以后，可使用催产素（缩宫素）5~10IU、垂体后叶素 5~30IU 或己烯雌酚 0.5~1mg，皮下或肌内注射。注射后 3~5min 子宫开始收缩，可持续 30min，然后再注射一次，同时配合按压腹壁。为了增强子宫对子宫收缩剂的敏感性和促进子宫颈口开张，可先肌内注射雌激素（如己烯雌酚、雌二醇等）0.1~1mg，再注射催产素。也可静脉注射 10% 葡萄糖酸钙溶液 10~100mL，以增强子宫的收缩。

2. 手术助产

方法包括牵引术、矫正术、截胎术和剖腹产术。牵引术是指用手指或长柄产钳伸入产道，将胎儿夹住牵拉取出。矫正术是指用手指或器械伸入产道，将胎向、胎位或胎势异常的胎儿矫正后，再牵引取出。截胎术是指经牵引术助产无效（因胎儿过大、产道狭窄等）、胎儿仍活时，切开母体腹壁和子宫，将胎儿取出。以上手术助产方法，可根据难产的类型、产道的状态、胎儿的死活和胎向、胎位、胎势是否正常，以及母体健康状况等，选择最佳方案。

十四、子宫捻转

子宫捻转是指子宫沿其纵轴发生程度不同的扭转。本病多发生于妊娠中后期的犬、猫。

（一）病因

子宫捻转多与剧烈运动，如跳跃、翻滚等有关，当犬、猫身体进行急剧转动时，沉重的子宫未能随之迅速转动而引起捻转。早产或分娩时子宫角的异常收缩，以及胎儿的异常活动，也可促进子宫捻转的发生。此外，子宫阔韧带过长或松弛，也可诱发本病。

（二）症状

子宫捻转发生于妊娠期，称为产前捻转。病犬、病猫以突然发生疝痛症状为特征。皮温降低，黏膜苍白或发绀，呼吸浅表、脉搏微弱、肌肉张力降低，对刺激反应迟钝乃至消失，严重者发生昏迷等症状。腹部触诊和配合直肠指检时，可发现产道狭窄或完全封锁，直肠和腹部检查时，可触及捻转的子宫。

（三）诊断

根据发病突然、急性疝痛、分娩时发生难产，以及腹部触诊、直肠和产道指检结果，即可做出诊断。

（四）治疗

可提起患犬、患猫的两后肢，急速地向子宫捻转方向旋转，力求捻转的子宫复位。否则可进行剖腹整复术或剖腹产术。

十五、子宫破裂

（一）病因

子宫破裂是因妊娠后期遭受外力作用，难产时助产操作的错误或用过量催产药，以及产后急性坏死性子宫炎或子宫蓄脓所致。

（二）症状

患犬、患猫精神沉郁、体温升高、拒食、腹痛、呕吐等。延误治疗可继发腹膜炎或有生命危险。

（三）诊断

根据病史和临床症状（腹腔穿刺流血液性混合液），即可做出诊断。

（四）治疗

立即进行剖腹术，将子宫破口缝合或将子宫切除，严格冲洗腹腔，并注入抗生素，闭合腹腔切开，静脉注射电解质和抗生素，术后加强护理。

十六、子宫脱

子宫的部分或全部翻转，脱出于阴道内或阴道外，称为子宫脱。根据脱出程度可分为子宫套叠及完全脱出两种。通常在分娩后数小时内发生，多见于老龄犬、猫。

（一）病因

营养不良，运动不足，经常老龄犬、猫，胎儿过大或胎水过多，子宫过度扩张使之松弛，分娩后阴道有损伤或过分刺激，努责剧烈等，都可引起子宫脱出。助产时不加润滑剂而粗暴牵引也会诱发本病。

（二）症状

1. 子宫套叠

从外表可发现子宫角套叠于子宫、子宫颈或阴道内。患犬、患猫表现不安、努责，腹壁紧张，有轻度腹痛现象。阴道检查时可发现子宫翻转脱出于阴道内。子宫套叠不能复原时，易发生浆膜粘连和顽固性子宫内膜炎，引起不孕。

2. 完全脱出

全部脱出的子宫露出阴门外。有的为一侧子宫角脱出，外观呈长圆形棒状物悬挂于阴门外，也有两侧子宫角同时脱出，外观呈分叉状的两根长圆形棒状物悬挂于阴门外。脱出的子宫黏膜淤血或出血，水肿，受伤及感染时可化脓、坏死，有的患犬咬破脱出的子宫可引起大出血，继发败血症。

（三）治疗

治疗是采用手术整复的方法，将脱出的子宫还纳复位。整复前应进行局部或全身麻醉，以便于手术操作和减轻母犬、母猫来自产道刺激的敏感性。对部分脱出阴道内的子宫，术中手指消毒后伸入阴道内，轻轻向前推压脱出的子宫部分，必要时将并拢手指或用器械伸入阴道及子宫内，顶住脱出的子宫，左右摇动向前推进，可将子宫复位。有时用生理盐水灌注子宫内，借水的压力，可使子宫角复原。

对完全脱出于阴门外的子宫，应先选用 0.1% 高锰酸钾溶液或 2% 明矾溶液清洗，并清除污物和血凝块等，然后向阴道和子宫内推送，在推送时，助手将患犬两后肢提起，利用重力便于将脱出的子宫还纳复位。对较难回纳病例，可在腹腔切开一小口（在耻骨前缘的腹中线上），手指伸入将子宫牵引回腹腔后再缝合腹壁切口。

整复后向阴道和子宫内投入抗生素胶囊（如金霉素或土霉素等），同时肌内注射垂体后叶素5~10IU。为预防术后再脱出，可在阴道内填塞以纱布卷做成的阴道塞，放置1~2d，也可在阴门周围进行荷包缝合，2~3天可拆线。

当脱出子宫发生破裂、大面积损伤或发生坏死或难以还纳以及反复脱出时，外挽救母犬、母猫的生命，可进行子宫切除术。

十七、胎衣不下

犬、猫的分娩与其他多为一样，分为子宫收缩、排出胎儿和排出胎衣3个阶段。有的犬、猫在分娩出一个胎儿后，立即将相应的胎衣排出，有的则是胎儿排出后经15min左右才将胎衣排出。当最后一个胎儿分娩后2~6h胎衣仍不排出时，称为胎衣不下。

（一）病因

主要由于子宫收缩无力，而引起胎衣不下。如子宫内因多胎和持续分娩胎儿之后而剧烈伸张时、分娩时母体肥胖导致子宫复原不全、缺乏运动或运动不足时可引起子宫弛缓等，都可引起子宫收缩无力而发生胎衣滞留。

妊娠期间子宫有炎症时，也可能引起胎衣不下，因为胎衣以胎盘绒毛固定在凹穴内，即使剧烈阵缩也不容易从凹穴中脱出来。当胎盘发炎时则绒毛膜上的绒毛也肿胀，它们往往和子宫黏膜紧密地粘连，导致胎衣不下。因此，某些全身感染性疾病（如布氏杆菌病、结核病等）的犬、猫，常会发生胎衣不下。

此外，饲料质和量的不足，也是造成胎衣不下的诱因。

（二）症状

在正常情况下，胎儿分娩后只排出少量绿色分泌物（为胎盘中红细胞降解成子宫绿素，当胎膜脱离时，从产道排出），分娩后数小时内即停止排出。若分娩后有多量分泌物排出，并且由绿色变为黑色分泌物达6h以上，即为胎衣滞留。

胎衣不下的犬、猫，病初有剧烈努责现象，但未见胎衣排出，腹部触诊上感知子宫呈阶段性肿胀。若滞留在子宫内的胎衣在12~24h内完全排出来，犬、猫多半不会发生并发症，全身症状不明显。若胎衣不下超过1d则发生腐败，微生物和毒素很快进入机体内，在第二天即表现明显的全身症状，如体温升高，食欲废绝，呼吸和心跳增数，产道内流出难闻的分泌物。若不及时治疗，往往并发败血症后很快（35d内）死亡。

（三）诊断

早期诊断胎衣不下的最好方法，是在犬分娩时仔细观察排出的胎衣是否与胎儿数相同，少则可能滞留在子宫内。又可对分娩后数小时，产道内仍排出大量分泌物的母犬，进行阴道检查时发现有部分胎衣滞留于产道内和腹部触诊时发现子宫节段性肿大，即可做出诊断。

（四）治疗

胎衣不下超过12h的病例，先用防腐消毒药液（如0.1%高锰酸钾或0.1%雷佛奴尔等）冲洗（灌注）子宫，隔一段时间后再投入抗生素（如青霉素等）可促进胎衣的排出和控制子宫内感染。同时注射催产素或垂体后叶素（5~30IU/次），或麦角新碱（0.1~0.5mg/次）。若子宫颈口未张开时，则先注射雌激素（0.2~0.5mg/次），待宫颈张开后再用上述子宫收缩药。

对部分胎衣滞留时，可用两指伸入阴道内夹住胎衣牵引出。也可用产科钳伸入产道内夹住胎衣并加以旋转，将其抽拉出。

对无法取出的胎衣，如子宫颈已紧密关闭或子宫已坏死的病例，可进行剖腹剥离胎衣或切除子宫。对全身症状较明显的病例，应根据病情实施全身性对症和保护治疗。

十八、产褥痉挛

产褥痉挛又称产后癫痫、产后搐搦，是运动神经异常兴奋而导致肌肉发生搐搦性或战栗性的痉挛性疾病。临床上以痉挛、低血钙症和意识障碍为特征。多发生于产仔多、泌乳量高的母犬、母猫。此病虽然在产前、分娩过程中和产后 4 周之内均可发生，但多发生于产后 2~6 周。

（一）病因

缺钙是导致发病的主要原因。经临床血钙检验表明，正常母犬血钙含量 9~12mg/100mL（2.241~2.988mmol/L）。而病犬血钙含量多为 8mL/100mL（1.992mmol/L），严重的病畜只有 6~7mL/100mL（1.494~1.743mmol/L）或更少。由于胎儿的发育、骨骼的形成需要大量的钙，由于分娩前后钙补充不足，母体本身缺钙或从肠道吸收钙量减少，或由于幼犬吸吮大量乳汁，致使血钙浓度显著下降，使细胞外液中的钙显著降低，神经肌肉兴奋性增高，从而引起肌肉强直性痉挛。

此外，饲养管理不善，肥胖、妊娠后期日粮中食盐过多等，均可引起本病。

（二）症状

此病开始病犬表现不安、乱跑和恐惧。10~30min 后出现运步蹒跚、后躯僵硬、运步失调，然后突然倒地，四肢伸直，肌肉战栗性痉挛，此时病犬口张开并流出泡沫状唾液，呼吸急迫，脉搏细而快，眼球向上翻动，可视黏膜充血。少数病例体温升高达 40℃ 左右。产褥痉挛，可呈现间歇性发作，病情和症状逐次加重，在发作间歇期患犬不表现上述症状。痉挛发作持续 2~4d 时间，如不及时治疗，患犬通常在痉挛发作中死亡，少数是在昏迷状态中死亡。

（三）诊断

妊娠母犬在分娩前后出现典型的战栗性痉挛症状，实验室检查出现低血钙（4~7mg/dl），即可确诊。

（四）治疗

以补钙、镇静、抗痉挛为治疗原则。

1. 补钙

10%葡萄糖酸钙溶液 10~50mL/次，静脉注射。病情缓解后，可每天喂服钙片 0.5~1g/次和维生素 D₃0.5 万~1 万 IU/次，连用 3~4 周。

2. 镇静

紊乱镇静可注射盐酸氯丙嗪 0.5~1mg/kg 体重。

3. 抗痉挛

对持续性痉挛病例，用上述药物疗效不明显时，可注射 25%硫酸镁溶液 0.1mL/kg 体重。痉挛可以得到缓解和消除。若经过若干时间又复发，可用同样剂量重复注射。其他可根据病情进行对症治疗。

十九、产褥败血症

产褥败血症是由于子宫或阴道严重感染而继发的全身性疾病。

（一）病因

由于分娩过程中，子宫或阴道受到损伤，局部发生炎症，病原菌及其毒素由炎症灶进入血液循环，引起全身性的严重感染。

引起产褥败血症的病原菌通常是溶血性链球菌、金黄色葡萄球菌和大肠杆菌等。

（二）症状

病犬全身症状重剧，病初体温升高到40℃以上，呈稽留热，恶寒战栗，末梢冷厥，脉搏细数，呼吸快而浅表。食欲废绝，贪饮，泌乳停止。常伴发腹泻、血便、腹膜炎、乳腺炎等。

子宫弛缓，排出恶臭的褐色液体，阴道黏膜干燥、肿胀。

（三）治疗

由于产褥败血症发展迅速，发病严重，因此，必须及时治疗，才能挽救母犬生命。

1. 处理局部感染灶

阴道内有创伤或脓肿时，须进行外科处理，涂布软膏，切开排脓。子宫内积有渗出物，可应用子宫收缩剂，促进排出，随后子宫内注入抗生素。

2. 应用抗菌药物

宜早期应用敏感的抗菌药物，消灭侵入血液中的病原菌。最好以抗生素和磺胺类药物联合应用。

3. 对症治疗

根据病情可应用输血、补液、强心、抗酸中毒疗法。

二十、乳房炎

乳房炎是指乳腺受到病原菌生物的感染而发生的急性或慢性炎症。

（一）病因

病原微生物主要通过乳头或乳头皮肤损伤侵入感染，也可由体内其他部位的感染病灶，经血行转移至乳腺所致。常见病原微生物为葡萄球菌、链球菌、大肠杆菌、绿脓杆菌等。此外，布氏杆菌、结核杆菌、变形杆菌和霉形体等也可引起乳房炎。慢性乳房炎，可由急性乳房炎转变而来，但更常见于老龄犬、猫，其发生可能与体内激素代谢紊乱或失调有关。

（二）症状

1. 急性乳房炎

病初，乳房潮红、肿胀、皮肤紧张，触诊坚实，并有热痛，母犬、母猫常不让仔犬、仔猫吮乳，泌乳量减少或停止。随后，在患病乳房内形成一些小肿块，此时体温升高、精神沉郁、食欲减退，从乳房中可挤出稀薄、混浊、含有絮状物或血液的乳汁。

2. 慢性乳房炎

临床上以乳腺内结缔组织增生而形成硬块，乳腺萎缩，泌乳功能丧失等为主要症状，其他全身症状不明显。

（三）诊断

根据临床症状和乳汁变化，即可做出诊断。

（四）治疗

急性乳房炎，为缓解炎症可注射抗生素和糖皮质激素（1~2次/d，连用2~3d），并在乳房外涂以鱼石脂软膏或用普鲁卡因青霉素溶液在患病的乳房基部做环形封闭，以促进炎症消散。患乳房炎的病犬必须经常少量挤奶，为了减少泌乳可肌内注射长效己烯雌酚0.2~0.5mg，每天1次，连续5d。若形成脓肿则及时切开排脓和用防腐药物冲洗。若呈现毒血症则进行抗生素和输液疗法。

慢性乳房炎，可参照上述方法，若治疗无效时，可考虑将患病乳腺切除。有些病例则应进行卵巢子宫切除术。

复习题

1. 难产的种类及治疗方法。
2. 乳房炎的治疗方法。

第六篇
外科实践实训

实训一　宠物外伤的常规处理

实训目的

掌握宠物外伤的检查方法与治疗技术。

实训材料及设备

动物：外伤的宠物。

器械：止血钳、手术刀、手术镊、探针、体温计、听诊器、缝合针、缝合线、持针器等。

材料：消毒乳胶手套、绷带、纱布等。

药品：高锰酸钾、新洁尔灭、酒精、碘酊、青霉素、0.25%普鲁卡因溶液、10%生理盐水等。

实训内容及方法

1. 外伤的检查

（1）一般检查。首先应检查受伤部位和救治情况。接着是问诊，应了解外伤发生的时间，致伤物的性状，发病当时的情况和犬、猫的表现等。然后是全身检查包括犬、猫的体温、呼吸、脉搏，以及观察犬、猫的可视黏膜颜色和精神状态。最后是系统检查包括呼吸、循环系统的变化。特别要注意各天然孔是否出血，胸腔、腹腔内是否有过多的液体，触诊膀胱是否膨满，并注意排粪、排尿状况。当发生四肢外伤时，并怀疑伴有骨和关节损伤时，应弯曲各关节，观察是否有疼痛反应和变形。

（2）外伤外部检查。按由外向内的顺序，仔细地对受伤部分进行检查。先视诊外伤的部位、大小、形状、方向、性质，创口裂开的程度，有无出血，创围组织状态和被毛情况，有无外伤感染现象。继则观察创缘及创壁是否整齐、平滑，有无肿胀及血液浸润情况，有无挫灭组织及异物。然后对创围进行柔和而细致的触诊，以确定局部温度的高低、疼痛情况、组织硬度、皮肤弹性及移动性等。

（3）外伤内部检查。外伤的内部检查，首先对创围剪毛、消毒，在遵守无菌原则下，检查外伤内情况，应胆大心细。注意创缘、创面是否整齐、光滑，有无肿胀、血液浸润及上皮生长等。注意检查创内有无血凝块、挫灭组织、异物。创底有无创囊、死腔等。必要时可用消毒探针、硬质胶管等，或用戴消毒乳胶手套的手指进行创底检查，摸清外伤深部的具体情况。新鲜创最好不用探针检查，因其常能将微生物和异物带入深部，有引起继发性感染的危险，且容易穿通外伤邻近的解剖腔造成不良后果。但为了明确化脓创或化脓性瘘管（或窦道）的深度、方向及有无异物时，可使用探针或消毒指套的手指进行检查，切忌粗暴。

对于有分泌物的外伤，要注意分泌物的颜色、气味、黏稠度、数量和排出情况等。对于出现肉芽组织的外伤，应注意肉芽组织的数量、颜色和生长情况等。

（4）其他检查方法。在外伤检查中，还可以根据需要借助仪器采用穿刺、实验室检查、X线透视或摄片等检查手段。

2. 外伤的治疗

（1）清理创围。清理创围时，先用数层灭菌纱布块覆盖创面，防止异物落入创内。后用剪毛剪将创围被毛剪去，剪毛面积以距创缘周围 10cm 左右为宜。创围被毛如被血液或分泌物黏着时，可用 3% 过氧化氢和氨水（200∶4）混合液将其除去。再用 70% 酒精棉球反复擦拭紧靠创缘的皮肤，直至清洁干净为止。离创缘较远的皮肤，可用肥皂水和消毒液洗刷干净，但应防止洗刷液落入创内。最后用 5% 碘酊或 5% 酒精福尔马林溶液以 5min 的间隔时间，两次涂擦创围皮肤。

（2）清洁创面。揭去覆盖创面的纱布块，用生理盐水冲洗创面后，持消毒镊子除去创面上的异物、血凝块或脓痂。再用生理盐水或防腐液反复清洗外伤，直至清洁为止。创腔较浅且无明显污物时，可用浸有药液的棉球轻轻地清洗创面；创腔较深或存有污物时，可用洗创器吸取防腐液冲洗创腔，并随时除去附于创面的污物，但应防止过度加压形成的急流冲刷外伤，以免损伤创内组织和扩大感染。清洗创腔后，用灭菌纱布块轻轻地擦拭创面，以便除去创内残存的液体污物。

（3）清创手术。清创手术前要进行消毒和麻醉，修整创缘时，用外科剪除去破碎的创缘皮肤和皮下组织，造成平整的创缘；扩创时，是沿创口的上角或下角切开组织，扩大创口，消灭创囊、创壁，充分暴露创底，除去异物和血凝块，以便排液通畅或便于引流。

对于创腔深、创底大和创道弯曲不便于从创口排液的外伤，可选择创底最低处且靠近体表的健康部位，尽量于肌间结缔组织处作适当长度的辅助切口 1 至数个，以利排液；外伤部分切除时，除修整创缘和扩大创口外，还应切除创内所有失活破碎组织，造成新创壁。失活组织一般呈暗紫色，刺激不收缩，切割时不出血，无明显疼痛反应。为彻底切除失活组织，在开张创口后，除去离断的筋膜，分层切除失活组织，直到有鲜血流出的组织为止。

（4）外伤用药。用 0.25% 普鲁卡因青霉素溶液向创内灌注或行创围封闭即可；如外伤污染严重、外科处理不彻底，为了消灭细菌，防止外伤感染，早期应用广谱抗菌性药物，可向创内撒布青霉素粉、磺胺碘仿粉（9∶1）等；对外伤感染严重的化脓创，为了消灭病原菌和加速炎性净化，应用抗菌药和加速炎性净化的药物，可用 10% 食盐水、硫呋液（硫酸镁 20.0mL、0.01 呋喃西林溶液加至 100.0mL）湿敷；如果创内坏死组织较多，可用蛋白溶解酶（纤维蛋白溶解酶 30IU、脱氧核糖核酸酶 2 万 IU，调于软膏基质中）创内涂布；如肉芽创应使用保护肉芽组织和促进肉芽组织生长，以及加速上皮新生的药物，可选用 10% 氧化锌软膏、生肌散（制乳香、制没药、煅象皮各 6g、煅石膏 12g、煅珍珠 1g、血竭 9g、冰片 3g，共研成极细末，撒布于创面）或 20% 龙胆紫溶液等涂布；如赘生肉芽组织，可用硝酸银棒、硫酸铜或高锰酸钾粉腐蚀。

（5）外伤缝合。根据外伤情况可分为初期缝合、延期缝合和肉芽创缝合。

①初期缝合：是对受伤后数小时的清洁创或经彻底外科处理的新鲜污染创施行缝合，条件是外伤无严重污染，创缘及创壁完整，且具有生活力，创内无较大的出血和较大的血凝块，缝合时创缘不致因牵引过分紧张，且不妨碍局部的血液循环等。

②延期缝合：是根据外伤的不同情况，分别采用的缝合措施。外伤部分缝合，于创口下角留一排液口，便于创液的排出；或创口上下角的数个疏散结节缝合，以减少创口裂开和弥补皮肤的缺损；或先用药物治疗 3~5d，无外伤感染后，再施行缝合，称此为延期缝合。

③肉芽创缝合又称二次缝合。适合于肉芽创，创内应无坏死组织，肉芽组织呈红色平整颗粒状，肉芽组织上被覆的少量脓汁内无厌氧菌存在。对肉芽创经适当的外科处理后，根据外伤的状况施行接近缝合或密闭缝合。

（6）外伤引流。以纱布条引流最为常用，多用于深在化脓感染创的炎性净化阶段。把纱布条适当地导入创底和弯曲的创道，就能将创内的炎性渗出物引流至创外。作为引流物的纱布条，根据创腔的大小和创道的长短，可做成不同的宽度和长度。纱布条越长，则其条幅也应宽些。将细长的纱布条导入创内时，因其形成圆球而不起引流作用。引流纱布将适当长、宽的纱布条浸以药液（如青霉素溶液、中性盐类高渗溶液、奥立夫柯夫氏液、魏斯聂夫斯基氏流膏等），用长镊子将引流纱布条的两端分别夹住，先将一端疏松地导入创底，另一端游离于创口下角。

（7）外伤包扎。外伤包扎，应根据外伤具体情况而定。一般经外科处理后的新鲜创都要包扎。当创内有大量脓汁、厌氧性及腐败性感染，以及炎性净化后出现良好肉芽组织的外伤，一般可不包扎，采取开放疗法。外伤绷带有3层，即从内向外由吸收层、接受层和固定层组成。

（8）全身疗法。受伤动物是否需要全身性治疗，应按具体情况而定。许多受伤动物因组织损伤轻微、无外伤感染及全身症状等，可不进行全身性治疗。当受伤动物出现体温升高、精神沉郁、食欲减退、白细胞增数等全身症状时，则应施行必要的全身性治疗，防止病情恶化。例如，对污染较轻的新鲜创，经彻底的外科处理以后，一般不需要全身性治疗；对伴有大出血和外伤愈合迟缓的宠物，应输入血浆代用品或全血；对严重污染而很难避免外伤感染的新鲜创，应使用抗生素或磺胺类药物，并根据伤情的严重程度，进行必要的输液、强心措施，注射破伤风抗毒素或类毒素；对局部化脓性炎症剧烈的病畜，为了减少炎性渗出和防止酸中毒，可静脉注射10%葡萄糖酸钙溶液10~20mL和5%碳酸氢钠溶液10~100mL，必要时连续使用抗生素或磺胺类制剂以及进行强心、输液、解毒等措施；疼痛剧烈时，可肌内注射杜冷丁或氯丙嗪。

实训报告

简述外伤的治疗方法。

实训二　脓肿的诊治技术

实训目的

了解脓肿的病因，掌握脓肿的诊断与治疗方法。

实训材料及设备

动物：患病宠物。

器械：止血钳、手术刀、手术镊、探针、体温计、听诊器、缝合针、缝合线、持针器、注射器等。

材料：消毒乳胶手套、绷带、纱布等。

药品：高锰酸钾、新洁尔灭、龙胆紫、酒精、碘酊、青霉素、0.25%普鲁卡因溶液、10%盐水、生理盐水、鱼石脂软膏、鱼石脂樟脑软膏、复方醋酸铅溶液、鱼石脂酒精等。

实训内容及方法

1. 脓肿的诊断

浅在性脓肿诊断并不困难，深在脓肿诊断比较困难，确诊可进行穿刺或超声波检查后确诊。后者不但可确诊脓肿是否存在，还可确定脓肿的部位和大小。穿刺时当肿胀尚未成熟或脓腔内脓肿过于黏稠时常不能排出脓汁，但在后一种情况下针孔内常有干涸黏稠的脓汁或脓块附着。根据脓汁的性状并结合细菌学检查，可进一步确定脓肿的病原菌。但要注意与血肿、淋巴外渗和疝的区别。

2. 脓肿的治疗方法

（1）保守疗法。

①消炎止痛及促进炎症产物消散与吸收：当局部肿胀正处于急性炎性细胞浸润阶段可局部涂擦樟脑软膏，或用冷疗法（如复方醋酸铅溶液、鱼石脂酒精），以抑制炎性渗出并具有消肿止痛的功效。当炎性渗出停止后，可用温热疗法、短波透热疗法、超短波疗法以促进炎症产物的消散吸收。局部治疗的同时，可根据患病动物的情况适当配合抗生素、磺胺类药物等进行对症治疗。

②促进脓肿的成熟：当局部炎症产物已无消散吸收的可能时，局部可用鱼石脂软膏、鱼石脂樟脑软膏、超短波疗法、温热疗法等以促进脓肿的成熟。待局部出现明显波动时，应立即进行手术治疗。

（2）手术疗法。脓肿形成后，其脓汁常不能自行消散吸收，因此，只有当脓肿自溃排脓或手术排脓后经过适当地处理才能治愈。脓肿时常用的手术疗法有：

①脓汁抽出法：适用于关节部脓肿形成良好的小脓肿。其方法是利用注射器将脓肿腔内的脓肿抽出，然后用生理盐水反复冲洗脓腔，抽净腔中的液体，最后灌注混有青霉素的溶液。

②脓肿切开法：脓肿成熟出现波动后立即切开。切口应选择波动最明显且容易排脓的部位。按手术常规对局部进行剪毛消毒后再根据情况作局部或全身麻醉。切开前为了防止脓肿内压力过大，脓汁向外喷射，可先用粗针头将脓汁排出一部分。切开时一定要防止损伤对侧的脓肿膜。切口要有

一定的长度并作纵向切口以保证在治疗过程中脓汁能顺利地排出。深在性脓肿切开时除进行确实麻醉外，最好进行分层切开，并对出血的血管进行仔细的结扎或钳压止血，以防引起脓肿的致病菌进入血液循环，而被带至其他组织或器官发生转移性脓肿。脓肿切开后，脓汁要尽力排净，但切忌用力压挤脓肿壁（特别是脓汁多而切口过小时），或用棉纱等用力擦拭脓肿膜里面的肉芽组织，这样就有可能损伤脓肿腔内的肉芽组织而使感染扩散。如果一个切口不能彻底排空脓汁时，也可根据情况作必要的辅助切口。对浅在性脓肿可用防腐液或生理盐水反复清洗脓腔。最后用脱脂纱布轻轻吸出残留在腔内的液体。切开后的脓肿创口可按化脓创进行外科处理。

　　③脓肿摘除法：常用于治疗脓肿膜完整的浅在性小脓肿。此时注意勿损伤刺破脓肿膜，预防新鲜手术创的污染。

实训报告

写出实训报告。

实训三　眼科疾病的常规检查

实训目的

掌握眼科疾病常规检查方法和内容。

实训材料及设备

动物：成犬与猫各一只。
器械：聚光灯、角膜镜、检眼镜、手术镊等。
药品：2%荧光素、生理盐水、阿托品、新洁尔灭等。

实训内容及方法

1. 眼眶检查

用肉眼观察眼眶有无肿胀、肿瘤和外伤等。

2. 眼睑检查

用肉眼观察眼睑是否有无先天性异常、位置和皮肤变化等；观察眼裂大小，有无眼裂闭合不全，上眼睑是否下垂，有无上下眼睑内翻、外翻、倒睫、睫毛乱生等；最后应观察眼睑有无红肿、外伤、溃疡、瘘管、皮疹、脓肿等。

3. 泪器检查

用肉眼观察泪器的色彩，有无肿胀、泪点与小泪管有无闭塞、狭窄，是否通畅。观察泪囊部有无红肿、压痛、瘘管、肿块等。

4. 结膜检查

检查之前将上眼睑翻转，充分暴露结膜、结膜穹隆和球结膜，用肉眼观察睑结膜、结膜穹隆部和球结膜的颜色、光滑度，有无异物、肿胀、外伤、溃疡、肿块滤泡、分泌物等情况。

5. 眼球检查

用肉眼观察眼球的大小，是否有萎缩或膨大，其位置有无突出或内陷现象。

6. 角膜检查

（1）聚光灯检查。常用聚光灯以不同角度照射角膜各部，注意观察有无角膜翳、新生血管、缺损、溃疡、瘘管以及结膜穹隆程度的变化。聚光灯检查时也可以配合放大镜检查，可使病变看得更清楚，可发现细小的病变和异物。

（2）角膜镜检查。如同心环影响形态规则，则表示角膜表面完整透明，弯曲度正常；同心环呈梨形，则表示圆锥形角膜；同心环协调出现中断，则表示角膜有混浊或异物。

（3）角膜染色检查。在角膜表面滴1滴2%荧光素，不冲洗，用一手拇指和食指分开眼裂同时轻轻压迫眼球，观察角膜表面，如发现有一绿色流水线条不断激流，则瘘管就在流水线条的顶端。

7. 巩膜检查

注意观察巩膜血管变化，如巩膜表面充血等。

8. 眼前房

检查观察眼前房，应注意其深浅及眼房液是否混浊。

9. 虹膜检查

检查虹膜时，应与健侧进行比较，注意观察虹膜的颜色、位置、纹理，有无缺损、囊肿、肿瘤、异物、新生血管等。

10. 瞳孔检查

要注意其大小、位置、形状以及对光的反应等。

11. 晶体状

检查前先用阿托品点眼，使瞳孔散大后，再检查晶状体有无混浊、色素附着、位置是否正常。

12. 玻璃体和眼底检查

检查玻璃体和眼底必须利用检眼镜，检查前先在被检眼滴入1%硫酸阿托品溶液进行散瞳。检查者右手持检眼镜，左手固定上下眼睑，光源对准患眼瞳孔，检查者的眼应立即靠近镜孔，转动镜上的圆板，直至清晰地看到眼底为止。

眼底检查的顺序，通常是先找到视神经乳头，观察其大小、形状、颜色，边缘是否整齐，有无凹陷或隆起，然后再观察绿毡和黑毡。

检查视网膜时，应注意有无出血、渗出、隆起和脱离，特别要注意血管的粗细、弯曲度、大静脉血管直径的比例、动脉血管壁的反光程度。

实训报告

写出实训报告。

实训四　脐疝的诊断

实训目标

了解脐疝的组成，掌握脐疝的诊断与治疗方法。

实训处理及设备

动物：患脐疝的犬或猫各1只。

器械：止血钳、手术刀、手术镊、体温计、听诊器、缝合针、缝合线、持针器、注射器等。

材料：消毒乳胶手套、绷带、纱布等。

药品：高锰酸钾、新洁尔灭、酒精、碘酊、青霉素、0.25%普鲁卡因溶液、生理盐水等。

实训内容及方法

1. 疝的诊断

疝的诊断并不困难，一般根据临床症状：疝缺乏炎性症状不疼痛，柔软，有弹性及压缩性；容积可随腹压的增加而增大，腹压缩小而缩小；具有还纳性，压迫或体位改变可完全消失，但除去压迫或恢复原位又可脱出；有疝门。但注意与脐部脓肿和肿瘤等相区别，必要时可进行穿刺，根据穿刺液的性质可做出诊断。

2. 疝的治疗

（1）非手术疗法（保守疗法）。适用于疝轮较小，年龄小的动物。可用疝带（皮带或复绷带）、强刺激剂等促使局部炎性增生闭合疝口。但强刺激剂常能使炎症扩展至疝囊壁与肠管发生粘连。国内有人用95%酒精（碘液或10%~15%氯化钠溶液代替酒精），在疝轮四周分点注射，每点3~5mL，取得了一定效果。

幼龄动物可用一大于脐环的、外包纱布的小木片抵住脐环，然后用绷带加以固定，以防移动。若同时配合疝轮四周分点注射10%氯化钠溶液，效果更佳。

（2）手术疗法。比较可靠。术前禁食。按常规无菌技术施行手术。全身麻醉或局部浸润麻醉，仰卧固定，切口在疝囊底部，呈梭形。皱襞切开疝囊皮肤，仔细切开疝囊壁，以防止损伤疝囊内的器官。认真检查疝内容物有无粘连和变性、坏死。仔细剥离粘连的肠管，若有肠管坏死，需实行肠部分切除术。若无粘连和坏死，可将疝内容物直接还纳腹腔内，然后缝合疝轮。若疝轮较小，可做荷包缝合，或纽扣缝合，但缝合前需将疝轮光滑面作轻微切割，形成新鲜创面，以便于术后愈合。如果病程较长，疝轮的边缘变厚变硬，此时一方面需要切割疝轮，形成新鲜创面，进行纽扣缝合，另一方面在闭合疝轮后，需要分离囊壁形成左右两个纤维组织瓣，将一侧纤维组织瓣缝在对侧疝轮外缘上，然后将另一侧的组织瓣缝合在组织瓣的表面上。修整皮肤创缘，皮肤作结节缝合。

实训报告

写出实训报告。

实训五　骨折的诊断与治疗

实训目标

掌握动物骨折的诊断方法与治疗技术。

实训材料及设备

动物：患骨折的犬或猫 1 只。
器械：体温计、听诊器、X 线、外科常用手术器械 1 套等。
材料：消毒乳胶手套、绷带、纱布、竹片或木条、棉花、髓内针（钉）、接骨板等。
药品：高锰酸钾、新洁尔灭、酒精、碘酊、青霉素、0.25%普鲁卡因溶液、生理盐水等。

实训内容及方法

1. 骨折的诊断

（1）病史调查。主要了解动物患病的经过与致伤后的表现。

（2）临床检查。应注意以下几点：

①机能障碍：因疼痛和骨折后肌肉失去固定的支架，致使肢体不能屈伸，而出现显著的跛行。

②变形：由于骨折断端移位、肌肉保护性收缩和局部出血，使骨折外形和解剖位置发生改变。

③疼痛：骨折后骨膜、神经受损，病犬明显疼痛，常见全身发抖等表现。

④异常活动和骨摩擦音：全骨折时，活动远侧端，出现异常活动，并可听到或感觉到骨断端的骨摩擦音。

⑤肿胀：骨折部位出现肿胀，是由于出血和炎症所引起。

⑥开放性骨折：除具有上述闭合性骨折的基本症状外，尚有新鲜创或化脓创的症状。

（3）X 线检查。必要时可进行 X 线检查来确定骨折的性质。

2. 骨折的治疗

（1）治疗的原则。紧急救护，正确复位，合理固定，促进愈合，恢复机能。

（2）紧急救护。骨折发生后，于原地进行救治，主要是保护伤部，制止断端活动，防止继发性损伤。应就地取材，用竹片、小木板、树枝、纸壳等材料，将骨折部固定。严重的骨折，要防止休克和出血，并给予镇痛剂，如吗啡、唛啶等药物。对开放性骨折，要预防感染，可于患部涂布碘酊，创内撒布抗生素等药物，然后进行包扎。

（3）正确复位。骨折复位是使移位的骨折断端重新对位，重建骨骼的支架作用。时间要越早越好，力求做到一次整复正确。为了使整复顺利进行，应尽量使复位无痛和局部肌肉松弛，可选用局部浸润麻醉或神经阻滞麻醉。必要时可采用全身浅麻醉。

整复时对轻度移位的骨折，可由助手将病肢远端进行适当的牵引后，术者用手托压、挤按手法，即可使断端对正。骨折部肌肉强大而整复困难时，可用机械性牵引法，按"欲合先离，离而复合"的原则，先轻后重，沿着肢体纵轴作对抗牵引，采用旋转、屈伸、托压、挤按、摇晃等手法，以矫正成角、旋转、侧方移位等畸形。复位是否正确，要根据肢体外形，特别是与健肢对比，检查病肢的长短、方向，并测量附近几个突起之间的距离，以观察移位是否已得到矫正。有条件的最好用 X 线检查配合整复。

（4）合理固定。骨折复位以后，为了防止再移位和保证断端在安静状态下顺利愈合，必须对患部进行有效地固定。

①外固定：常用的外固定方法有夹板绷带、支架绷带等。

夹板绷带：主要用于四肢骨折的固定，通常需同石膏绷带、水胶绷带、支架绷带配合使用。选择具有韧性和弹性的竹片、木条、厚纸片或金属板条，按肢体形状制成相符的弯度，为了防止夹板上、下、左、右串动，可将其编成帘子，固定前对患部清洁消毒和涂布外敷药，外用绷带包扎，依次装上衬垫（棉花、毛毯片等），放好夹板，用布带或细绳捆绑固定。

石膏绷带：骨折整复后，刷净皮肤上的污物，涂布滑石粉，然后于肢体上、下端各绕一团薄的纱，布棉花衬垫物。同时将石膏绷带浸没于 30～35℃ 温水中，直到气泡完全排出时为止（约10min），取出绷带，挤出多余的水分。先在患肢远端作环形带，后作螺旋带向上缠绕直到预定部位，每缠一层，都必须均匀地涂抹石膏泥，石膏绷带上、下都不能超出衬垫物。在包扎最后一层时，必须将上、下衬垫物向外翻转，包住石膏绷带的边缘，最后表面涂石膏泥，并写上受伤及装置的日期。为了加速绷带硬化，可用电吹风机吹干。

当开放性骨折时，为了观察和处理创伤，常应用有窗石膏绷带。"开窗"的方法是在创口覆盖消毒的创伤压布，将大于创口的杯子或其他器皿放于布巾上，固定杯子后，绕过杯子按前法石膏绷带，最后取下杯子，将窗口边缘用石膏泥抹平滑。此外，亦可以在缠好石膏绷带后用石膏刀切开制作窗口。

为了便于固定和拆除，也可用预制管型石膏绷带，即将装着的石膏绷带在未完全硬固前沿纵轴剖开，即成两页，待干硬后，再用布带固定于患部，这种绷带便于检查局部状况，当局部血液循环不良时，可以适当放松，肿胀消退时也可适当收紧。

支架绷带：主要用于四肢腕、跗关节以上的骨折，可以制止患肢屈曲、伸展，降低患肢的活动范围，以防止骨折断端再移位。常与夹板绷带、内固定等结合使用。犬用托马斯（Thomas）支架绷带效果较好，即用直径 0.3～0.5cm 的铝棒或钢筋制成。由上面的近似圆形的支架环和与之相连的两根支棒构成。环的大小和角度要适合前臂和胸壁间，或大腿与肋腹间的形状，勿使与肩胛部、髋结节等部位摩擦。前、后肢的支架棒要弯成和肘关节、膝关节、跗关节相符的角度。

②内固定：用手术方法暴露骨折段，进行整复和内固定，可使骨折部达到解剖学部位和相对固定的要求，特别是当闭合复位困难，整复后又有迅速移位，外固定达不到复位要求以及陈旧性骨折不愈合时，采用切开复位和内固定的方法是有效的。内固定的方法很多，应用时要根据骨折部位的具体情况灵活选用。

髓内针（钉）固定：本法适用于臂骨、股骨、桡骨、胫骨等骨干的横骨折。髓内针长度和粗细的选择，应以患骨的长度及骨髓腔最狭处的直径为准，过短过细的针达不到固定作用。

接骨板固定：内固定应用最广泛的一种方法，适用于长骨骨体中部的斜骨折、螺旋骨折、尺骨肘突骨折以及严重的粉碎性骨折等。接骨板的长度，一般为需要固定骨骼直径的 3～4 倍，结合骨折类型，选用4孔、6孔或8孔接骨板。固定接骨板的螺丝钉，其长度以刚穿过对侧骨密质为宜，过长会损伤对侧软组织，过短则达不到固定的目的。骨骼的钻孔，以手摇骨钻较好，电钻钻孔过快可产生高热而使骨骼坏死。钻孔位置、方向要正确，不然螺丝钉可能折断或使接骨板松动。

螺丝钉固定：某些长骨的斜骨折、螺旋骨折、纵骨折或膝盖骨骨折、踝部骨折等，可单独或部分地用螺丝钉固定，根据骨折的部位和性质，再加用其他内固定法。

钢丝固定：主要用于上颌骨和下颌骨的骨折，某些四肢骨骨折可部分地用钢丝固定，用外固定以增强支持。

内固定有时因固定不牢固或骨骼破裂而失败，为此必须准确地选用固定方法，应加内固定时，必须严格地遵守无菌操作，细致地进行手术。最大限度地保护骨腔和减少骨折部神经、血管的损害，积极主动地控制感染，这些都是提高治愈率的必要条件。

骨折后，若能合理地治疗，在正常情况下，经过7~10周，可以形成坚固的骨痂，此时某些内固定物（接骨板、螺丝钉）须再次手术拆除。

（5）药物疗法。中西医结合治疗骨折，可以加速愈合。

①外敷药：可灵活选用消肿止痛、活血散瘀的中药。

铁瓦散：乳香（炒）、没药（炒）、自然铜（锻醋淬）、生半夏、南星、土鳖虫、五加皮、陈皮各等份，共研细末，鸡蛋清调和包裹患部，外用夹板固定。

白芨膏：白芨120g，乳香、没药各30g，研为细末，醋500mL。先将醋加温，加入白芨粉熬成糊状，待冷至不烫手后，加入乳香、没药，搅拌均匀，涂于骨折部周围，用宽绷带缠紧，稍干后，外加夹板绷带固定。

②内服药：可服用云南白药或七厘散等。为了促进骨痂的形成，可给予维生素A、维生素D及鱼肝油、钙片等。

（6）物理疗法。骨折愈合的后期，常出现肌肉萎缩、关节僵硬、病理性骨痂等，为了防止这些后遗症的发生，可进行局部按摩、搓擦，增强功能锻炼，同时配合直流电钙离子植入疗法、中波透热疗法或紫外线疗法。

（7）开放性骨折。除按上述方法治疗之外，预防感染十分重要，要彻底地清洁创伤，同时应用抗生素疗法。

实训报告

写出实训报告。

实训六　难产的诊断与助产

实训目标

掌握难产的诊断方法和助产技术。

实训材料及设备

动物：患难产的犬或猫 1 只。

器械：体温计、听诊器、导尿管、X 线、外科常用手术器械 1 套等。

材料：消毒乳胶手套、绷带、纱布等。

药品：高锰酸钾、新洁尔灭、酒精、碘酊、青霉素、0.25% 普鲁卡因溶液、生理盐水等。

实训内容及方法

1. 难产的诊断

（1）病史调查。主要了解动物分娩过程中的表现，是否超过了正常分娩时间。

（2）临床检查。

①阵缩及努责微弱所引起的难产：指母犬在分娩过程中，阵缩和努责无力，超过了正常分娩时间，不见胎儿分娩。多见老弱、肥胖、妊娠中缺乏运动或怀孕过多等，可引起阵缩及努责微弱。

②产道狭窄所引起的难产：如子宫颈狭窄、阴道及阴门狭窄、骨盆腔狭窄以及产道肿瘤等，可影响胎儿娩出。母犬不到繁殖年龄，过早配种受胎，常引起产道狭窄。

③胎儿异常所引起的难产：包括胎儿过大、双胎难产（两胎而同时陷入产道）、胎位不正（横复位、横背位、侧胎位等）、畸形胎、气肿胎等。

2. 难产的助产

（1）首先对患部动物进行全身检查，必要时可进行强心补液。

（2）对阵缩及努责微弱所引起的难产。可应用药物催产，垂体后叶素 2~15IU、催产素（缩宫素）5~10IU、己烯雌酚 0.5~1mg，皮下或肌内注射。注射后 3~5min 子宫开始收缩，可持续 30min，然后再注射 1 次，同时配合按压腹壁。

（3）对产道狭窄和胎儿异常所引起的难产。经助产无效时，可施行剖腹产手术。

实训报告

写出实训报告。

实训七 子宫蓄脓的诊治

实训目标

掌握子宫蓄脓诊断方法和治疗技术。

实训材料及设备

动物：患子宫蓄脓的犬或猫 1 只。

器械：体温计、听诊器、X 线等。

药品：已烯雌酚、垂体后叶素、樟脑磺酸钠注射液、生理盐水、5%葡萄糖、高锰酸钾、酒精、碘酊、青霉素等。

实训内容及方法

1. 子宫蓄脓诊断

（1）病史调查。主要了解动物分娩时间，阴道分泌物的性状与气味。

（2）临床检查。精神沉郁，食欲不振，烦渴，呕吐，呼吸增数，体温有时升高。腹部膨大，触诊疼痛。有时伴发顽固性腹泻。阴门肿大，排出一种难闻的具有特殊甜味的脓汁，在尾根及外阴部周围有脓痂附着。

（3）X 线检查即可确诊。

2. 子宫蓄脓的治疗

（1）促进子宫内脓汁的排出。可肌内注射已烯雌酚 0.2~0.5mg，3~4d 后再注射垂体后叶素 2~5IU。子宫颈开张后可用 0.1%高锰酸钾冲洗。

（2）为防止败血症发生。可静脉或肌内注射抗生素。根据病情适当补液。

（3）强心补液。樟脑磺酸钠注射液 0.05~0.1g、生理盐水 50~250mL、5%葡萄糖 50~250mL 等。

实训报告

写出实训报告。

实训八　尿石症的诊断与治疗

实训目标

掌握动物尿石症的诊断方法和治疗技术。

实训材料及设备

动物：患尿石症的犬或猫 1 只。

器械：体温计、听诊器、导尿管、X 线、外科常用手术器械 1 套等。

材料：消毒乳胶手套、绷带、纱布等。

药品：高锰酸钾、新洁尔灭、酒精、碘酊、青霉素、0.25%普鲁卡因溶液、生理盐水等。

实训内容及方法

1. 尿石症的诊断

（1）病史调查。主要了解排尿量及排尿时有无腹痛和血尿。

（2）临床检查。主要症状是排尿障碍、肾性腹痛和血尿。由于尿石存在的部位及对组织损害程度不同，其临床表现也不一致。如肾盂结石多呈盂炎症状，可见血尿，肾区疼痛，严重时形成肾盂积水；输尿管结石时病犬不愿运动，表现痛苦，步行拱背，腹部触诊疼痛；膀胱结石时表现尿频和血尿，膀胱敏感性增高；尿道结石时排尿痛苦，排尿时间延长，尿液呈断续状或滴状流出，有时排尿带血。尿道完全阻塞时，则发生尿闭、肾性腹痛。导尿管探诊插入困难。膀胱膨满，按压时不能使脓液排出。时间拖长，可引起尿毒症或膀胱破裂。

（3）尿道探诊。可用导尿管进行探诊，来确定尿道结石的位置。

（4）X 线造影检查。用 X 线造影技术，来确定结石的位置。

2. 尿石症的治疗

（1）当有尿石形成可疑时，应给予矿物质含量少而富含维生素 A 的食物，并给大量清洁饮水，增加尿量，来稀释尿液，借以冲出尿液中的细小结石。同时还可以冲洗尿道，使细小的结石随尿排出。对体积较大的结石，并伴发尿路阻塞时，需及时施行尿道切开术或膀胱切开术。

（2）为预防感染，可应用抗生素，如青霉素等。

（3）对磷酸盐和草酸盐结石，可给予酸性食物或酸制剂，使尿液酸化，对结石有溶解作用。尿酸盐结石可内服异嘌呤醇4mg/（kg·d），以防止尿酸盐凝结。对胱氨酸结石应用 D-青霉胺 25～50mg/（kg·d），使其成为可溶性胱氨酸复合物，由尿排出。

（4）为防止尿结石复发，可内服水杨酰胺 0.5～1 片/d。

实训报告

写出实训报告。

主要参考文献

高利，胡喜斌．2008．宠物外科与产科 ［M］．北京：中国农业科学技术出版社．

宋玉伟，冯东亚，李进萍．2016．动物临床医学 ［M］．北京：中国农业科学技术出版社．

汪惠兰，李世保，薛荣．2000．养狗与狗病防治 ［M］．郑州：河南科学技术出版社．

王东卫，杨前锋．1994．观赏犬家庭养殖 170 问 ［M］．天津：天津科技翻译出版公司．

王国卿，史兴山．2008．宠物外科手术 ［M］．北京：中国农业科学技术出版社．

王洪斌．2007．家畜外科学 ［M］．北京：中国农业出版社．

张智勇，等．2011．犬猫疾病学 ［M］．北京：中国农业大学出版社．

周红蕾，赖晓云．2013．宠物外产科病 ［M］．北京：中国农业出版社．